日本の曲木家具
その誕生から発展の系譜

石村眞一
Shinnichi Ishimura

鹿島出版会

CYBORG　喜多俊之設計　1887年　株式会社アイデック

KOMA-A

KOMA-S

ゲルト・ランゲ設計　1885年　株式会社アイデック

緒言

　曲木家具の中で、とりわけ椅子については、現在も喫茶店やレストランで広く使用され、トーネット社のNo.14やNo.18といった19世紀中期から後期にかけてデザインされたコピー製品が、延々と使われ続けている。一見無頓着に使用しているこうした曲木椅子も、実は150年前には特許による先端技術を導入して開発された製品であった。世界で最も数多く生産されているNo.14の椅子は、1850年代後半より量産体制に入ったことから、まさにロングセラーの極みということができる。ロングセラーの始まりには、必ずと言っていいほど先端技術が関与している。

　建築家のル・コルビュジエがアドルーフ・ロースのデザインしたカフェ用曲木椅子を高く評価した。また画家のパブロ・ピカソがトーネット社のロッキングチェアを長く愛し、絵の題材にも使っていた。さらにアメリカ映画『アパートの鍵貸します』で、複雑な曲面を持つ曲木製ベッドが置かれていた、といったトーネット社に代表される欧米で生産された曲木家具に関する話題は現在も事欠かない。そして今日においても数多くのコレクターが存在し、ミュージアムにおいてコレクションが公開されている。

　ところが、日本の曲木家具については、現在どのような点が話題になっているのであろうか。デザインを専攻する大学生に聞いたところ、日本の曲木家具メーカーの名前は一社も出てこなかった。還暦を迎えた少し年輩のデザイン関係者に聞いてみると、秋田木工の曲木椅子を知っているという答えが返ってきた。しかし他のメーカー名、デザイナーの名前を答える人はほとんどいない。ましてや折り畳みの曲木椅子が昭和初期に輸出されていたことを知っている人は皆無に等しい。当然日本で生産された曲木家具のコレクターは極めて少数で、ミュージアムで常設展示はしていない。

　椅子の歴史に関する刊行物では、19世紀末から20世紀初頭にトーネット社、J&J・コーン社でアドルフ・ロース、ヨースト・ホフマンといったデザイナーが曲木椅子のデザインを行ったと記述している。極端な言い方をすると、近代におけるインダストリアルデザインとしての椅子は、曲木椅子から始まったと言っても過言ではない。近代デザイン史に曲木家具の存在が明確に位置付けられていないのは、ニコラス・ペヴスナーに代表される初期のデザイン史研究家が、トーネット社を研究の対象としなかったためである。ペヴスナーの近代デザイン史観では、モリスからバウハウスというコンテクストしか見えなかったのであろう。そのコンテクストの基層をなすのは美学や社会思想であり、トーネット社の曲木家具製造に関する特許や量産方法などは眼中になかったようだ。

　特許資料を縦横に駆使して近代デザイン史に臨んだジークフリード・ギーディオンでさえ、生産方法の具体的な変遷についてはほとんど触れていない。ギーディオンは人文・社会科学をベースにして研究を進めたことには違いないが、デザインを外観だけでなく特許を通して構造からも考察した意義は深い。それでも、ギーディオンの解説だけで、製品の再現をすることは難しい。造形観と実際の造形という行為には、極めて大きな乖離がある。本書では曲木家具史を通して、この造形における感性と行為を、限りなく近づけてみたいと考えている。

本書で取り扱う曲木家具は、蒸し曲げ法によって生産された家具のことである。第二次大戦後に発達する高周波成型を主体とした製品は対象としない。

　なぜ蒸し曲げ法が衰退した現在に、古い技法で曲木家具に関する歴史を振り返るのかという疑問を持つ方もおられるであろう。しかし、日本の洋家具産業の中で、国策として取り組み、最初に工業化を行って輸出に貢献したのが、蒸し曲げ法による曲木家具であったことを知る人は意外に少ない。蒸し曲げ法による曲木家具の歴史を辿ることは、国産広葉樹材活用のために導入した技術や意匠、海外視察、国の研究機関と民間企業との関連性、家具の輸出振興とマネジメントといった、用材の確保と持続という近代日本の洋家具史における最も希薄な部分を明確化することにつながる。

　曲木家具に関する研究は、筆者の知る限り、昭和初期以降、加工技術と意匠に二極分化していったように感じる。ところが、明治後期から大正期においては、技術と意匠を包括した研究がいくつか見られる。その代表が大正前期に木檜如一が著した『雑木利用　最新家具製作法　上・下』である。本来、家具の研究は、意匠、構造、生産技術等を総体的に捉える必要があり、技術の基礎が確立されなければ意匠も進展しない。明治後期から大正前期にかけては、曲木家具研究を官民で行っており、その研究領域は、材料の製材および乾燥から製品の意匠と加工、マネジメントにまで及んでいる。すなわち、現在より進んだ研究がなされていたのである。

　日本の曲木家具に関する意匠については、単にトーネット社の製品をキャッチアップしただけと受け取られがちである。こうした認識も、明治末から始まる具体的な製品のラインナップが、これまで体系的にまとめられていないため、狭い視野で製品の意匠を捉えていることから生ずるもので、日本の曲木家具を、短絡的に欧米追従という視点だけで規定することは危険である。

　近年の雑誌類に見られる家具史に関する記述は、ほとんどが人気のある商品の意匠と、デザイナーの活動に関する内容である。確かに、そうした家具の流行現象やデザイナーの動向が、近代以降の生活に躍動感を与えていったことは事実であり、経済効果も高かった。しかしながら、家具史においては、新たな材料の発見および発明、加工法の開発といった生産技術の革新にも目を向けなければならない。曲木家具の発達においても、19世紀前半に発展した蒸し曲げによる加工技術と、それまでほとんど家具に利用することがなかったブナ材を採用した点を抜きにして、150年以上の歴史を語ることはできない。

　日本の洋家具業は、現在海外から輸入する広葉樹材、針葉樹材に依存し、国産材の使用にはさしたる展望を持っていない。明治後期から60年も経たないでブナ材の枯渇化が進展した。1960年代以降、曲木家具業が衰退していくのは、国産ブナ材の資源が枯渇化したことと無関係ではない。広葉樹の育成と活用に関する研究を連動しなければならない状況に陥っているのに、これまで具体的な検討が行われてこなかった。資源が豊かな時代における企業経営観から脱却しなければ、21世紀の曲木家具は衰退の一途を辿るだけである。

　本書においては、明治後期から開始され、昭和初期まで発展を続ける日本の曲木家具史をアーカイブするとともに、魅力的な優雅な曲面を持つ曲木家具を、今後も持続していくためのソリューションを提示していく。

目次 ＊ 日本の曲木家具

緒言 ··· 5

序章

1 研究の方法と対象 ·· 14
 1.1 文献調査 ··· 14
 1.2 フィールド調査 ··· 14
 1.3 画像資料調査 ·· 14

2 既往の研究 ··· 14

第1章 木・竹製品における伝統的な曲げ加工技術と意匠

1 はじめに ·· 22
2 木製品の曲面と加工 ·· 22
3 エジプトにおける木製品の曲げ加工 ·· 24
4 ヨーロッパの曲木加工と造形 ·· 25
 4.1 樽に見る曲木加工 ··· 25
 4.2 ウインザーチェアに見る曲木加工 ······································· 27
5 中国の曲木加工と造形 ·· 29
 5.1 パオに見る軟質広葉樹の曲木加工 ······································· 29
 5.2 木製椅子、竹製椅子に見る曲木加工 ··································· 30
 5.3 筏に見る太い竹の曲げ加工 ··· 32
 5.4 籐製椅子に見る曲木加工 ·· 35
6 小結 ··· 37

第2章　蒸し曲げ法の開発と普及

1	はじめに	40
2	トーネット社における曲木家具の開発	40
	2.1　初期の薄板を使用した曲げ加工とその製品	41
	2.2　ソリッド材を使用した曲げ加工と特許申請	42
	2.3　製品ラインナップの強化と会社規模の拡大	43
	2.4　特許有効期限以降のコピー会社の進出	50
3	北海道におけるロシア型馬橇製作技術の導入	51
	3.1　日本在来の橇とその製作技術	51
	3.2　ロシア型馬橇製作技術の日本への導入	52
	3.3　ロシア型馬橇製作技術の実態	55
4	トーネット社で製作された橇	60
5	小結	61

第3章　我が国における曲木家具製作技術の導入

1	はじめに	64
2	調査方法	64
3	農商務省による広葉樹の利用促進計画	65
	3.1　農商務省における木材利用方法に関する基礎研究	65
	3.2　農商務省の森林資源および木材利用に関する調査	65
	3.3　農商務省による広葉樹の利用促進に関する啓蒙活動	66
	3.4　農商務省嘱託員の平尾博洋による曲木家具製造事業調査	67
	3.5　農商務省営林技師佐藤鈊五郎のヨーロッパ留学	70
	3.6　農商務省における広葉樹利用試験	74
4	農商務省における曲木家具研究	79
	4.1　農商務省による曲木家具産業の奨励	79
	4.2　林業試験所における曲木椅子製作試験	79
5	民間による曲木家具製造	81
	5.1　東京における曲木椅子製造業の発達過程	81

	5.2	大阪における曲木家具製造業の成立	86
	5.3	秋田木工株式会社の設立	91

6	我が国における広葉樹の利用と曲木産業に関する編年	100
7	小結	100

第4章 大正期における曲木家具

1	はじめに	108
2	家具研究の進展	108
3	明治期に創業した曲木家具企業の動向	110
	3.1 東京曲木工場	110
	3.2 泉家具製作所	110
	3.3 秋田木工株式会社	110
4	新たに創業した曲木家具企業	138
	4.1 協立物産木工株式会社	138
	4.2 東京曲木製作所	140
	4.3 日本曲木株式会社	140
	4.4 北海道曲木工芸株式会社	140
	4.5 清水曲木製作所	141
	4.6 信濃興業株式会社	142
	4.7 東京木工製作所	142
	4.8 日本曲木工業合資会社	143
	4.9 中央木工株式会社	143
	4.10 東洋木工株式会社	143
	4.11 鳥取木工株式会社	143
	4.12 沼田木工所	144
	4.13 富士木工株式会社	144
	4.14 東京曲木家具工場	145
	4.15 奈良曲木製作所	145
	4.16 合資会社山本曲木製作所	145
	4.17 神戸曲椅子製作所	146
5	小結	146

第5章 昭和初期における曲木家具

1 はじめに ……………………………………………………………… 150

2 曲木家具製作法における基礎研究の進展 ……………………… 150

3 明治・大正期に創業した曲木家具企業の動向 ………………… 151
 3.1 合資会社泉家具製作所 ……………………………………… 151
 3.2 秋田木工株式会社 …………………………………………… 159
 3.3 東京曲木製作所 ……………………………………………… 172
 3.4 東京木工製作所 ……………………………………………… 176
 3.5 日本曲木工業合資会社 ……………………………………… 192
 3.6 飛驒木工株式会社 …………………………………………… 220
 3.7 東洋木工株式会社 …………………………………………… 221
 3.8 鳥取木工株式会社 …………………………………………… 243
 3.9 合資会社山本曲木製作所 …………………………………… 248

4 新たに創業した曲木家具企業 …………………………………… 251
 4.1 松本平三郎商店 ……………………………………………… 251
 4.2 昭和曲木工場 ………………………………………………… 253
 4.3 鳥取家具工業株式会社 ……………………………………… 287

5 折り畳み椅子の開発 ……………………………………………… 301

6 生活に見る曲木家具 ……………………………………………… 315

7 小結 ………………………………………………………………… 317

第6章 第二次大戦後における曲木家具

1 はじめに ……………………………………………………………… 322

2 明治期、大正期、昭和初期に創業した曲木家具業の動向 …… 322

3 新たに創業した曲木家具業 ……………………………………… 325

4 戦後の曲木家具に見られる意匠、構造 ………………………… 327
 4.1 秋田木工株式会社 …………………………………………… 327
 4.2 飛驒産業株式会社 …………………………………………… 334

5	曲木加工技術の実態	334
6	小結	350

第7章 曲木家具用材の資源と今後の展望

1	はじめに	354
2	**中国地方における広葉樹の利用**	355
	2.1　本節のねらい	355
	2.2　中国地方におけるアンケート調査	355
	2.3　山口県における利用	356
	2.4　広島県における利用	357
	2.5　岡山県における利用	359
	2.6　島根県における利用	361
	2.7　鳥取県における利用	362
3	**中部地方における広葉樹の利用**	363
	3.1　本節のねらい	363
	3.2　愛知県における利用	363
	3.3　静岡県における利用	364
	3.4　岐阜県における利用	364
	3.5　長野県における利用	366
	3.6　福井県における利用	368
	3.7　石川県における利用	368
	3.8　富山県における利用	370
	3.9　新潟県における利用	370
	3.10　中部地方における広葉樹利用の特徴	371
4	**東北・北海道における広葉樹の利用**	372
	4.1　本節のねらい	372
	4.2　明治末期の東北・北海道地方における広葉樹の利用	373
	4.3　明治末期の東北地方における利用	373
	4.4　明治末期の北海道地方における利用	377
	4.5　現在における東北・北海道地方の利用	379
	4.6　東北・北海道における利用の特徴	386
5	**曲木家具用材に関する資源の実態と今後の展望**	387
	5.1　本節のねらい	387

5.2	調査の方法と対象	387
5.3	和家具用材の造林	387
5.4	日本の曲木家具材	388
5.5	ブナの資源	391
5.6	コナラの資源	406
5.7	聞き取り調査による曲木家具用材の資源	411
5.8	曲木家具用材資源の将来	411

6 小結 ... 419

終章

1 はじめに ... 422
2 曲木家具における技術と意匠の変遷 ... 422
3 曲木家具用材の資源 ... 425
4 日本の曲木家具業における展望 ... 426

資料 ... 429

あとがき ... 441

索引 ... 443

序章

1　研究の方法と対象

　本書においては、文献史料調査、画像資料調査、フィールド調査により、まず曲木家具に関する資料を収集し、その後検証して分類する。それぞれの調査対象は次の内容である。

1.1　文献調査
① 雑誌類:『大日本山林會報』『山林公報』『林業試驗報告』『林學會誌』『木材工業』『商業名鑑』
② 新聞:『秋田魁新報』
③ 海外留学復命書および海外調査報告書
④ 社史:『八十年史 秋田木工株式会社』『飛驒産業株式会社七十年史』『創業50年史 マルニ木工株式会社』
⑤ 市販の単行本

1.2　フィールド調査
1) 文献によって得られた内容の検証
2) 写真、図面類の検証と新たな発掘
3) 現存する製品の調査
4) ブナ、コナラの資源調査

1.3　画像資料調査
1) 写真、図面類の検証
2) ポスター、広告類の検証

　次に上記の調査結果を時系列に整理し、明治末、大正前期、大正後期、昭和前期、第二次大戦後という各時代が持つ曲木家具産業の性格と特質とを抽出し、我が国における曲木家具産業の盛衰についてまとめる。さらに持続的な曲木家具産業に必要な要件を、製品の造形美、価格、材料、ユーザーの長期使用の諸点を通して提示する。
　表記については、引用文献が旧字体の場合は、すべて旧字体で示す。

2　既往の研究

　日本の曲木家具研究だけに特化した論文、著書は少なく、多くはトーネット社による曲木家具の内容と結び付けて行っている。本書が曲木家具を産業史を基盤に考察することから、工学系の実験を主体とした論文も読みとれる範囲で取り扱う。また論文以外においても報告、海外留学の復命書、雑誌および新聞記事、社史に関する内容も研究に関する貴重な資料であり、曲木家具研究全体に関連する内容を包含するものも多数認められる。よって本来は論文と資料は別に取り扱うべきであろうが、本書においては論文、著書と同様に既往の研究という範疇にて取り扱う。また本文中に示せない少し長い重要な記述については、巻末に資料とし

て示した。

1) 大日本山林會：曲木家具製造業の有望、大日本山林會報 第二百七十五號、大日本山林會、52-53頁、1905年［資料1］
　曲木家具製造業に関する史料としては最も古いもので、民間の雑誌に掲載されている。オーストリアの企業が、日本に曲木工場を設置してはどうかと農商務省に打診してきたこと。また我が国は材料、職工共に質が高く、アジアおよび米国への輸出には材料の調達距離や輸出先への距離では有望であると論じている。この小さな記事は、1905（明治38）年あたりにおける農商務省の考え方を凝縮して示しているといえよう。

2) 平尾博洋：墺匈國ニ於ケル曲木製造業ニ就テ、農商務省商工彙報明治41年第3号、農商務省、259-267頁、1908年
　農商務省の嘱託員であった平尾博洋が、曲木家具製造業の実態調査をするために、米国およびドイツ、オーストリアを視察した報告書で、日本の曲木研究に関する嚆矢となるものである。技術面より曲木家具産業の構造やマネジメントに関する内容が多く見られる。

3) 佐藤鈊五郎：獨墺兩國森林工藝研究復命書、農商務省山林局、1909年
　農商務省山林局の技師であった佐藤鈊五郎は、木材工芸の視察のために1906（明治39）年6月から1908（明治41）年8月にかけて、ドイツ、オーストリアに留学を命じられた。この報告書は142頁に及ぶ膨大なもので、ウィーン高等農林学校での聴講、商工省直轄の工業講所における研修、企業における調査を基に、最新の木材工芸に関する調査内容をまとめている。その中でも、とりわけ曲木家具については詳細に技術と意匠の関係を論じており、留学の主たる目的が曲木家具産業の視察にあったことが窺われる。

4) 寺崎渡・高橋久治：曲木椅子製作ニ關スル實驗、林業試驗報告 第六號、農商務省山林局、87-96頁、1909年
　農商務省山林局の技師であった佐藤鈊五郎がヨーロッパで曲木家具業の視察を行っていた同時期に、山林局林業試験場では曲木椅子の製造に関する実験を重ねていた。本報告は、その実験結果をまとめたもので、ヨーロッパで使用されるブナ材だけではなく、国産広葉樹材を広く使用して実験しているところに特徴があり、今日でも参考にすべき点が多々見られる。

5) 寺崎渡・高橋久治：曲木椅子製作ニ關スル實驗報告、山林公報 第十二號、農商務省山林局、262-271頁、1909年
　本報告は、4)と概ね等しく、山林局の広報誌に掲載したものである。

6) 飯島直助：ぶな、其他雑木の工藝的利用に就て（一～五）、秋田魁新報、1909［資料2］
　秋田県林務技師飯島直助が、ブナ材を曲木家具に利用することの経済的価値を論じたもので、農商務省の曲木家具企業育成の政策を秋田県が引き継いでいることが理解できる。この論説は単に農商務省の政策を紹介しただけでなく、秋田県下から実際に起業家を創出しようとする強い意欲が窺われる。

7) 日南生：曲木業、大日本山林會報 第三百十八號、大日本山林會、31-32頁、1909年［資料3］
　わずか700字に満たない記事であるが、淀橋曲木工場、東京曲木工場といった東京における曲木業と、佐藤徳次郎という技術者とのかかわりが記述されている。また曲木家具業の

生産品目に車輪、農具、船具、運動具が見られるなど、曲木業に関する揺籃期の実態を伝える貴重な史料となっている。

8) 佐藤鋠五郎：歐洲に於ける木材工藝に就て、大日本山林會報 第三百二十八號、大日本山林會、74-100頁、1910年
本論説は佐藤鋠五郎のヨーロッパ留学復命書のダイジェスト版であり、曲木家具業の技術を先端的なものとして位置づけ、木材工芸を論じている。

9) 農商務省山林局：鍛治谷澤製材所製品案内、大日本山林會報 第三百三十五號、大日本山林會、87-91頁、1910年［資料4］
1909（明治42）年に開設された鍛治谷沢製材所における製品案内を詳細に行っている。この中にブナによる曲木材料、曲木椅子材料という記述があり、鍛治谷沢製材所においても曲木家具製作に関する研究を行っていたことが理解できる。

10) 農商務省山林局：安東、廈門、「シヤトル」及「シカゴ」に於ケル曲木細工、山林公報第十五號、農商務省山林局、583-589頁、1910年
安東、廈門、「シヤトル」「シカゴ」という各領事館からの報告をまとめたものである。安東にては、曲木細工の製品はあっても、ヨーロッパの曲木家具は見られない。ところが廈門にはオーストリアとアメリカ製の曲木椅子が輸入され、近年は在留外国人だけでなく、富裕な清国人も使用している。シヤトルでは料理店で曲木椅子を使用しており、ほとんどがアメリカで作られたものであるが、材料はオーストリアから輸入している。またシカゴで使用されている曲木家具類は、ほとんどがオーストリアから輸入したものであると述べている。

11) 農商務省山林局：露國ニ於ケル曲木細工、山林公報第十六號、農商務省山林局、61-65頁、1910年
モスクワ領事館の報告をまとめたもので、ロシアにおけるブナ曲木家具の輸入を中心に、木材と轆轤加工を施した木製品の課税について詳しく触れている。こうした内容は、ロシアにおける課税の方法に起因すると思われる。

12) 農商務省山林局：孟買に於る曲木細工家具、大日本山林會報 第三百三十六號、大日本山林會、54-55頁、1910年［資料5］
インドのボンベイにおける曲木家具の需要と供給について、孟買領事館の報告をまとめたものである。曲木家具のほとんどが椅子で、オーストリアからの輸入品が使用されている。また曲木椅子以外には、イギリスが指導するチーク、ブラックウッド材の椅子も売られ、廉価で美的であると述べている。

13) 農商務省山林局：吉林、蘇州及新嘉坡に於ける曲木細工、大日本山林會報 第三百三十九號、大日本山林會、54-55頁、1911年［資料7］
農商務省山林局の記事として掲載されたもので、中国の吉林、蘇州の曲木細工は籐や竹細工を指しており、木製の曲木椅子に関してはシンガポールについて述べている。シンガポールでの輸入状況、価格、需要については、日本の曲木椅子の輸出を想定した記述のように感じる。

14) 農商務省山林局：桑港に於ける曲木細工家具、大日本山林會報 第三百四十二號、大日本山林會、41頁、1911年［資料8］

サンフランシスコを中心とする、アメリカの太平洋岸の曲木細工椅子の使用状況、および日本の曲木椅子を輸出品として売り込める可能性について述べている。農商務省はアジアだけでなく、アメリカも曲木椅子の輸出対象地域に考えていた。

15) 佐藤鉱五郎：闊葉樹の利用について、大日本山林會報 第三百四十七號、大日本山林會、116-131頁、1911年
ヨーロッパ留学から帰国した佐藤鉱五郎は宮城県の国営鍛冶谷沢製材所の所長に着任し、各地で闊葉樹の利用について講演を行っている。本論説はそうした講演内容をまとめたもので、闊葉樹の有効な利用に曲木家具を挙げている。トーネット社とブナの関係を論じ、日本の曲木家具業が輸出振興に貢献することをことさら強調している。

16) 農商務省山林局編纂：木材ノ工藝的利用、大日本山林会、73-74頁・341-359頁・1006-1013頁、1912年
農商務省山林局が木材に関する全国の利用状況を調査したもので、望月常を中心に進められた。その成果は実に精緻で膨大な量である。現在でも木材の利用の比較研究を行ううえでは貴重な資料となっている。曲木家具についても記述があり、秋田木工株式会社の資料が多く使用されている。

17) 農商務省山林局編：農商務省山林局林業試験場要覽、農商務省山林局、20-26頁、1912年
1907（明治40）年に設置された林業試験場が、1912（明治45）年までに辿った歴史と現況について記したものである。『木材ノ工藝的利用』とほぼ同時期に刊行されており、明治末期における研究機関の様子を知る手掛かりとなる。曲木家具に関しては、既に林業試験場での研究が終わった時期であり、鍛冶谷沢製材所の中に曲木の装置が移されている。

18) 小泉吉兵衛：和洋家具製作法及圖案、須原屋書店、114-120頁、1913年
曲木家具製作法を論じた最初の刊行物であろう。ただし、内容は独自な資料がほとんどなく、山林局の試験報告、『木材ノ工藝的利用』を参考にしている。

19) 農商務省山林局：曲木法に就て、大日本山林會報 第三百八十七號、大日本山林會、20-21頁、1915年
曲木法に関する質問を、林業試験場が答えたという形式で記述されている。この中の「曲木法を記述する内外書籍名及發行所」という部分では、ヨーロッパの刊行物が3例紹介されており、貴重な資料となっている。

20) 木檜恕一：雑木利用 最新家具製作法 下巻、博文館、8-26頁、1916年
1914（大正3）年に上巻が刊行され、本書は2年後に刊行されたものである。広葉樹＝雑木の家具製作に関する大著であり、木材の性質から家具の意匠まで総合的に家具製作を論じている。曲木家具に関する記述は、ヨーロッパに留学した佐藤鉱五郎の復命書、林業試験場の研究報告、海外の書籍を参考にしている。

21) 松波秀實：明治林業史要、明治林業史要發兌元、159-161頁、1919年
著者の松波秀實は、農商務省山林局の重職を歴任した人物で、その職歴を活かして明治期の林業史をまとめている。曲木家具については大正中期までに創業した企業について解説している。

22) 木檜恕一：木材の加工及仕上、博文館、293-317頁、1920年
本書は、木檜が大正前期に刊行した『雑木利用 最新家具製作法 上下巻』を廉価版としたも

ので、曲木家具に関する記述も基本的には同じものである。
23) 木檜恕一：木材工藝、京都帝国大学林學会、82-114頁、1920年
本書も木檜が著した『雑木利用 最新家具製作法 上下巻』を基礎にした内容である。114頁の中で、曲木工芸が32頁を占めており、木檜の曲木工芸に対する取り組みの深さが感じられる。
24) 東京營林局：闊葉樹林利用調査書、東京營林局、75-83頁、1929年
闊葉樹の利用に関する調査をまとめたもので、曲木に関する内容は資料も多く充実している。特に昭和初期の曲木家具製造業を記した部分は、地方の小企業も加えており、貴重な資料となっている。
25) 泉岩太：曲木に就て、林學會雑誌 第十三巻第二號、林學會、58-63頁、1931年
アメリカの曲木製造工場を視察し、そこで得た資料を基礎に試験した結果を論じている。アメリカでの椅子材にはマホガニーが含まれているという記述は貴重である。試験はナラ材を用い、蒸気圧、蒸煮時間と曲げ加工の結果をまとめている。
26) 寺尾辰之助：明治林業逸史、大日本山林會、590-605頁、1931年
木材工芸に関する部分は佐藤鋲五郎が執筆しており、鍛治谷沢製材所に曲木の機械が設置されていたと記述している。また曲木工芸に関する記述では、代表的な曲木家具業の歴史について詳しく解説している。
27) 渡邊治人訳：曲木工に就て、林學會雑誌 第十四巻第三號、林學會、60-70頁、1932年
原著はA.Prodehl：Zur Holzbiegetechnik.V.D.I、Nr.39、1931で、曲木加工を理論的に分析し、ブナを使用した機械加工の適正条件を導き出そうとする試みである。内容は完全な工学であり、極めて完成度の高い研究といえる。
28) 鎌田一雄：曲木作業、木材工業 第4巻第1号、日本木材加工技術協會、1949年
曲木の作業を幅広く論じた内容で、新しい理論とか資料といったものは見られない。戦争で中断した曲木の研究が復活したのであるが、著者の鎌田は秋田県横手工業高校の教員であり、秋田木工株式会社の存在が研究の下地になっていることは間違いない。
29) 小林彌一：曲木及び挽物用樹種解説、木材工業 第6巻第1号（特集 曲木と挽物）、日本木材加工技術協會、2-7頁、1951年
鈴木太郎：曲木と挽物、木材工業 第6巻第1号（特集 曲木と挽物）、日本木材加工技術協會、7頁、1951年
斎藤美鶯：曲木と曲木機械に就て、木材工業 第6巻第1号（特集 曲木と挽物）、日本木材加工技術協會、8-11頁、1951年
斎藤美鶯・北原覚一・石井堅太郎：曲木の基礎実験、木材工業 第6巻第1号（特集 曲木と挽物）、日本木材加工技術協會、12-17頁、1951年
島田重義：デザイン・曲木利用の寝室家具、木材工業 第6巻第1号（特集 曲木と挽物）、日本木材加工技術協會、25-26頁、1951年
高橋一郎：バドミントンラケットと曲木、木材工業 第6巻第1号（特集 曲木と挽物）、日本木材加工技術協會、27-29頁、1951年
杉浦庸一：ステッキと曲木、木材工業 第6巻第1号（特集 曲木と挽物）、日本木材加工技術協會、35-36頁、1951年

上記の内容は、いずれも『木材工業 第6巻 第1号(特集 曲木と挽物)』に掲載されたものである。総合的に曲木を取り扱っている点は評価できるが、個々の論究には過去に研究された内容も含まれている。

30) 豊口克平:トーネットの曲木-その創造的技術開発と造型の歴史、デザイン9 No.88、36-43頁、1966年

トーネットの曲木家具と、その影響を受けて開始された日本の曲木家具について、技術開発と造形の関連を論じたものである。日本の曲木家具企業の歴史に関しては、秋田木工株式会社で社長を務めた長崎源之助からの聞き取りを詳細に記述している。

31) 小島班司:曲木、木材工業 第22巻第10号、日本木材加工技術協会、39-44頁、1967年

著者は飛驒産業株式会社、鳥取家具株式会社といった曲木家具企業に長年勤務した技術者で、曲木の理論と実際の技術という両面から曲木を考察している。曲木の機械化に関する記述は当時の技術を知るうえでも貴重である。

32) 創業50年史編纂委員会:創業50年史-洋家具と共に歩んだ半世紀、マルニ木工株式会社、1982年

曲木家具の専門メーカーとして起業したマルニ木工株式会社の歴史を著したもので、曲木家具企業としては最も早い社史ということになる。昭和初期から家具の量産を目指した足跡を知るうえでも貴重な資料となる。

33) 島崎信・加藤晃市:特集=永遠のモダーン:トーネットー曲木椅子のあゆみ、SD8305、5-61頁、1983年

島崎信は、トーネット社の曲木家具を本格的に研究した最初の人物であり、デザインの変遷に関する資料と考察は卓越している。日本の曲木家具企業史についても触れ、1925(大正14)年頃とされる奈良曲木製作所のカタログが掲載されている。加藤晃市は当時株式会社アイデックの社長を務め、トーネット社曲木家具のコレクターとしても知られた人物で、トーネット曲木家具の魅力について述べている。

34) 秋田木工株式会社:八十年史、秋田木工株式会社、1990年

明治末期に創業した秋田木工株式会社は、現在も曲木家具を専業とする企業で、現存する企業としては最も長く稼働している。設立の過程が『秋田魁新報』の記事を通して詳細に記述されており、農商務省山林局という国策との関わり、また秋田県における秋田木工株式会社の位置づけが理解できる。

35) 加藤眞美:飛驒産業株式会社七十年史、飛驒産業株式会社、1991年

岐阜県高山市で大正期に創業し、現在も稼働している飛驒産業株式会社の社史である。創業の経緯、販路拡大の難しさ、戦時下の仕事内容、海外への輸出等、70年間の歩みが記述されている。

36) 加藤晃一・中村義平二・吉村實・加藤ゑみ子:トーネットとウィーンデザイン 1859-1930、光琳出版、1996年

本書は、19世紀中葉から20世紀前半におけるトーネット社とウィーンの社会で展開したデザインとの関連を論じたものである。ジャポニズム、ゼセッションとトーネット社のデザインを検討したことは興味深い。

37) 中川輝彦:曲木の家具デザイン「HIDA OLD STYLEの開発」、木材工業 第52巻第1号、日本木

材加工技術協会、40-41頁、1997年

飛驒産業株式会社が戦前に製作していた曲木椅子を、リデザインして新たな商品とする企画をまとめたものである。曲木椅子のデザインを考えるうえで参考となる。

38) 石村眞一・田村良一・本明子：我が国における曲木椅子製作技術の導入、デザイン学研究 第46巻6号、9-18頁、2000年

農商務省山林局における曲木家具研究の開始と、民間企業とにおける曲木家具企業の創設について論じたもので、官民が一体となって取り組んだ資料を提示している。

39) 本明子・石村眞一：蒸し曲げ法による曲木材の検証、デザイン学研究 第46巻6号、19-26頁、2000年

簡易的な蒸煮装置で、国産広葉樹について曲げ加工を行い、曲木家具の適材について考察したものである。

40) 石村眞一・田村良一：秋田木工株式会社の設立と曲木家具製作技術の導入、デザイン学研究 第48号3巻、103-112頁、2001年

秋田木工株式会社の設立が農商務省山林局、秋田県庁、東京曲木工場と深く関わっていることに着目し、文献史料を通してその実態を検証した。

41) 石村眞一：地方の曲木家具企業におけるベンチャー的要因、デザイン学研究特集号第8巻3号、53-59頁、2001年

大正時代には数多くの曲木家具企業が創設された。特に地方の曲木家具企業は地域の資産家が資金を提供していることから、現在のベンチャー企業と類似した要素がある。本論では、このベンチャー的要因が海外への輸出と関係が深いことを追究した。

第1章

木・竹製品における伝統的な曲げ加工技術と意匠

1 はじめに

　木・竹を曲げ加工する歴史は意外に古く、エジプトでは軽量であった戦車の車輪に応用していた可能性が高い。同様の戦車は中国に伝えられ、殷代以降に普及している。

　ローマ期のヨーロッパでは木製の樽が普及し、紡錘形に木材を加工するために側板を焼いて曲げる技術が発達する。オークのような硬い広葉樹を曲げる技術は難しく、現在においても熟練した職人でないと作れない。側板の形状は微積分法で求めることもできるが、職人は経験による勘で一枚の板を削りだして成形する。樽は唐代あたりには中国に伝えられ、北宋代には既に普及している。しかし、なぜか中国では曲げ加工は施さない。日本には鎌倉期以降に樽は伝えられるが、普及するのは室町期である。日本の樽は中国のものとは異なり、側板を多少曲げている。しかし、桶・樽の内側全体を焼いて曲げるというヨーロッパの技法は明治期以前には伝来しない。

　東南アジア、東アジアでは籐、竹といった素材を曲げる。籐、竹は硬質の木材とは性質が異なる。それでも熱を加えて曲げるという方法自体は、同一の加工技術と考えて間違いない。籐の製品は、大航海時代にヨーロッパに伝えられ、籐で編んだ座面、背もたれの椅子が流行する。こうしてみると、曲げ加工は、ヨーロッパとアジアが互いに影響しあいながら発達したということになる。その実態を事例を通して検証していく。

2 木製品の曲面と加工

　木製品の曲面は削って成形する方法と、曲げて成形する方法がある。中国では削って成形することが多く、図1-1、1-2[注1]に示したような桶の曲面は、最初に側板を弓鋸で曲面に切り、その後鉋の類で仕上げる。この方法は華南、華北でも共通しており、中国の技術文化として長く定着している。ただし、現在見られる技法が、当初より存在したかどうかについては、必ずしも明確な論拠があるわけでもない。中国における弓鋸の成立が結物（ゆいもの）の成立より先行していれば問題はない。しかし、桶・樽の成立が早くとも唐代あたりだとすると、弓鋸とほぼ同じ時期に西方から伝わったということになり、曲面のある桶類の成立は少し時代が下るとすべきである。北宋代に制作された『清明上河図』に描かれた桶・樽類は、すべて側板が直線状である。中国は広大であるため地域差もあるが、仮に華南であっても、桶・樽がシルクロードを通して伝来している以上、北宋代以降に曲面を持つ桶・樽類が出現したとすべきであろう。

　図1-3[注2]は中国の陝西省漢中市郊外の農地で見かけた肥樽である。どう見ても側板に曲面はない。こうした曲面がなく、傾斜角度の小さい桶・樽類は、陝西省、甘粛省、新疆ウイグル自治区では現在も見かける[注3]。『清明上河図』に描かれた桶・樽が延々と継承されているということなのだろうか。

　図1-1、1-2の曲面は三次元であるが、二次元の曲面成形は、曲物類のように世界中で似たような技法を用いる。すなわち桶・樽のような結物文化に先行する曲物文化は、木材の樹種、綴

第1章　木・竹製品における伝統的な曲げ加工技術と意匠　　23

図1-1　削って曲面を成形した桶（中国江蘇省蘇州市）

図1-2　削って曲面を成形した桶（中国江蘇省蘇州市）

図1-3　側板に曲面がない樽（中国陝西省漢中市郊外）

図1-4　曲物容器（中国チベット自治区ラサ郊外）

図1-5　挽物容器と曲物容器（中国チベット自治区林芝郊外）

図1-6　曲物の篩（ウズベキスタンのタシケント市内）

じる技法と素材に違いはあっても、熱湯の中で煮る、または浸ける、木材が熱いうちにローラーのようなもので曲面の基礎を成形する、といった技術原理は概ね等しい。
　図1-4、1-5、1-6[注4]はいずれも現在使用されている曲物である。図1-4は標高4,000mの高地で竹製の曲物容器をバター入れに使用している。この地域では、バターが生活の必需品なので、大切な容器として取り扱われている。図1-5は、日本でも見られるような曲物容器である。挽物容器とともに大切に置かれている。図1-4と図1-5は共に伝統的な素材で板を綴じている。

図1-6は、ウズベキスタンのタシケント市で売られている篩（ふるい）である。この場合は鉄製の釘のようなもので綴じているが、元々は羊の内臓を干し、細い紐にして使用していたはずである。

木材を曲げて成形する方法は、曲げた後に元の状態に戻らないタイプと、曲げた後に多少戻るので、紐や金属で固定するタイプに大別される。前者の代表が橇（そり）で、後者の代表が欧米で使用される樽である。こうした曲げ加工に共通するのは、熱と水分の供給である。その加工実態については、後で個々に解説する。

3 エジプトにおける木製品の曲げ加工

エジプトにおける代表的な木製品の曲げ加工は、戦車に使用される車輪である。図1-7[注5]はツタンカーメンの墓で見つかったもので、紀元前1330〜1340年あたりに製作されたものである。現在我々が知る木材加工のほとんどが古代エジプトで開発されており、曲げ加工、スカーフ接合（scarf joint）、柄接合が組み合わされて成り立っている。

曲げ加工の素材が枝材であるか、または大木の幹の加工材であるかで、曲げ方が異なる可能性がある。すなわち、柔軟性が高いか、低いかで熱の加える方法が異なると推定する。例えばヨーロッパで樽の箍（たが）材に使用するヤナギやハシバミは、柔軟な材質であるため、50％以上の水分を持っていれば、熱を加えなくとも曲率次第では曲げることはできる。しかし、応力があるため、何らかの接合方法で固定する必要がある。ヤナギは枝材、ハシバミも芽吹いた若い幹（枝と似ている）を使用することで、より柔軟な材を確保することが可能となる。

図1-8[注6]はトルコのトラブゾン市で筆者が購入した小型の桶で、ハシバミの細い幹を半分に割って箍にしている。釘も固定に使用しているが、ハシバミの柔軟性を利用しているところに特徴がある。

図1-7の車輪は、図1-9に示したスカーフ接合を用いている。少し接合面の長さが短いようだが、明らかにスカーフ接合である。一本の木材を使用して輪にする方法としては、このスカーフジョイントがよく用いられる。使用する木材の厚さに対し、接合面の長さが6倍以上あると接合本来の強度が得られる。また、接合面に噛み合わせ構造を付加すれば、さらに強い接合力を得ることができる。図1-7には接合面とその近くに針金を使用している。これは発掘後の補修であって、図1-7からは接合面の正確な固定方法を読みとることは難しい。

このスカーフジョイントは曲物にも見られ、一枚の板を輪状の形態にする最も利便性の高い接合方法である。先に示した図1-5の曲物容器では紐状の素材で綴じて最終固定としている。図1-10[注7]は、スカーフジョイントにフックを付けて針金等で固定している。この場合の使用目的は、桶状の容器の箍である。図1-7にフックを付けることは可能なので、図1-10に似た方法で固定したのかもしれない。

図1-7 エジプトに見られるスカーフ接合『エジプトの秘宝 トット・アンク・アメンⅡ』

図1-8 ハシバミを箍に使用した桶(トルコのトラブゾン市)

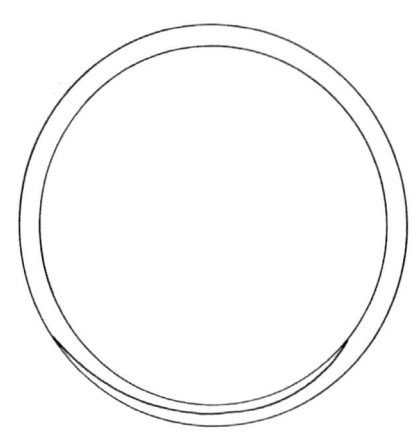
図1-9 スカーフジョイントの模式図

図1-10 フックによる固定(中国チベット自治区林芝郊外)

4 ヨーロッパの曲木加工と造形

4.1 樽に見る曲木加工

　樽の起源についてはエジプトという説がある。しかし、結物の構造を明確に立証した文献は見当たらない。桶と樽の発達が同時期だという論拠はなく、広葉樹のオーク材を曲げて紡錘状の形態を構成する樽は、ローマ時代の1〜2世紀あたりにヨーロッパ西部で発達する。当時の技術を現在再現することは難しいので、日本の洋樽業界の技術を参考に解説する[注8]。

樽の大きさは規格化されており、ここでは、ウイスキー等を貯蔵する約240リットルの容量を持つホッグスヘッド、480リットルの容量を持つバットという樽に関する製作方法について述べる。ホッグスヘッドは次のような順序で製作される。

　①使用木材の乾燥(水分調整も含む)→ ②木取り作業 → ③仮組み → ④樽の内側を焼く → ⑤乾燥 → ⑥本組み → ⑦漏れの確認 → ⑧完成

　①の乾燥で平衡含水率に達していた場合には、仮組みで熱を加える際に、桶の内側に水を掛けたりしている。図1-11、1-12、1-13は仮組をしているところである。図1-11は樽の片側に箍を掛け、内側から火で炙っている。図1-12は、炙りが完了したものを電動のウインチを使用して絞り込んでいる。この電動ウインチが発達するまでは、手動のウインチを職人が一人で操作していた。歯車のない時代では、おそらく太いロープに棒を差し込んでねじる、またはロープと側板の間に楔を叩き込んでいたと推察する。図1-13は図1-12の作業を終えた後、鉄製の箍を機械で下方に強く入れている。この作業も19世紀後半までヨーロッパにおいては職人が道具を使用して手で行っていた。

　図1-14は、樽の内側を焼く作業である。この作業時に樽の底はなく、次に図1-15のように樽を横に倒し、転がして内側を均等に焼いて火を消す。こうして樽の内側を2〜3mm焼いた樽は、ウイスキー、ブランデー、焼酎等の貯蔵に用いられている。ウイスキーの色は、この焼いた樽の内側と関連している。図1-15の作業後、しばらく乾燥させ、その後変形した部分等を削り

図1-11　洋樽製作①

図1-12　洋樽製作②

図1-13　洋樽製作③

図1-14　洋樽製作④

図1-15　洋樽製作⑤　　　　　　　　　図1-16　洋樽製作⑥

　直すなど調整して完成する。**図1-16**は完成して既に使用されている樽である。樽の表面を丁寧に削り、箍は8本掛けられている。端に1本増えているということは、底板が入る部分が漏れやすいため、外側から補強しているのである。

　ヨーロッパでブナを使用した曲木家具が発達した背景には、ブナ科のオーク（ナラ）を曲げて樽にした技術文化が長く継承されていたことも見逃せない。ただし、樽の曲げ加工は、曲げてはいても内部から応力がある。長期使用する容器としての強度も検討されており、家具の曲げ加工とは一線を画しているといえよう。

　近年の洋樽は、底の大きさが従来より大きくなる傾向がある。底を大きくすると、側板の曲率が緩くなり、曲げ加工が容易になる。洋樽が円筒形に近づくほど構造は弱くなる。機械による箍の加圧が増したことで、構造の弱さを補強しているが、本来樽が持つ独自の形態から少しずつ変化しているのが実態である。そのねらいは、人工乾燥したオーク材を使用するため、強い曲げを施すと側板中央に割れが入るからである。割れが入らないためには、含水率を20%程度にする必要があり、そうした曲げ加工で仮組みをすれば、長期間乾燥させないと本組みができない。つまり、樽の生産効率を向上させることと、強い曲げ加工は相反する関係にあるといえる。

4.2　ウインザーチェアに見る曲木加工

　『THONET』の著者であるAlexander von Vegesackは、トーネット社のソリッド材による曲木家具の開発以前に、**図1-17、1-18、1-19**[注9]に示したイギリスで発達したウインザーチェアと、**図1-20**[注10]に示したアメリカのSamuel Graggが1810～1820年に販売した椅子に、ソリッド材の曲げ加工が施されていると述べている[注11]。

　しかし、**図1-17、1-18、1-20**には時間差がある。ウインザーチェアは17世紀に特許を取得し、18世紀になるとBow-back、Arm-backという部位に曲げ加工を施している。ウインザーチェアは、座面の板に脚と背もたれ等を固定した極めてシンプルな構造を採用しており、座面はニレ、差し込んで固定する材はブナを使用している。ニレに対してブナの方が硬く、部材の硬度差が接合力の強化に関与していると推察される。

　Bow-back、Arm-backはブナを使用している。また高温の湯で煮て曲げ加工を施していることから、トーネット社の曲木材料、加工法と深い関わりを持っている。つまり、ブナ材による

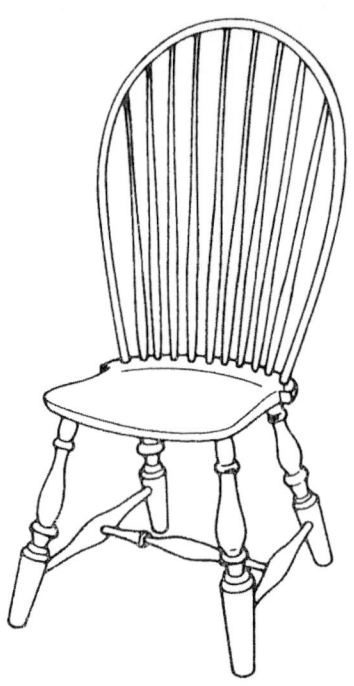
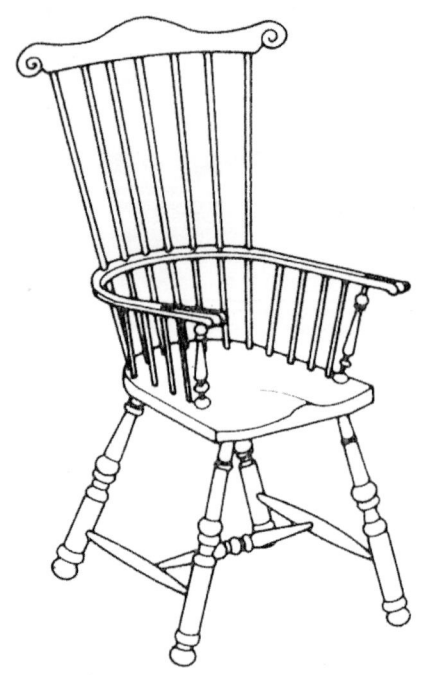

図1-17 Bow-back Windsor Chair『DICTIONARY OF FURNITURE』

図1-18 Comb-back Windsor chair『DICTIONARY OF FURNITURE』

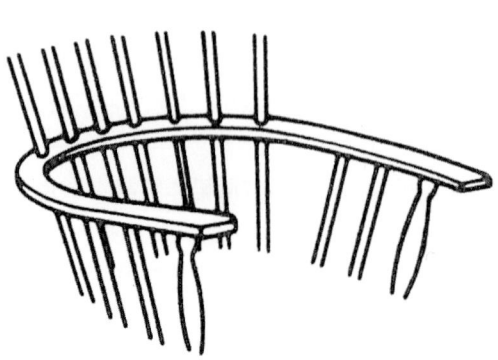

図1-19 Arm bow『DICTIONARY OF FURNITURE』

図1-20 Samuel Gragg設計の椅子（フォード博物館所蔵）

曲げ加工という発想は、すべてミヒャエル・トーネットのオリジナルと断定することはできない。

図1-20は、アメリカでは1810〜1820年に販売されており、1808年に特許を取得している。座面、背もたれに使用する木材はソリッド材のようで、強い曲げを施している背もたれは、材の厚みが20mm以下である。この程度の厚みなら、帯鉄を用いるトーネット法でなくとも曲がりそうだ。問題なのは、ミヒャエル・トーネットが図1-20の存在を知っていたかである。

おそらく、知らなかったというのが筆者の考えである。その論拠は、ミヒャエル・トーネットが、1840年代まで薄板の積層材で曲げ加工を行っており、ソリッド材による曲げ加工研究は、早くとも1840年代半ば以降であるため、図1-20とは大きな時間差が生じているからである。ただし、トーネットの薄板積層材による曲げ加工は、二次元による曲げ加工から三次元の曲げ加工に進展する。このことから、ウインザーチェアや図1-20の椅子に見られる二次元の曲げとは異なる進化の過程を示したことになる。この三次元への形態の進展は、明らかにトーネットのオリジナルである。

5 中国の曲木加工と造形

5.1 パオに見る軟質広葉樹の曲木加工

図1-21に見られる移動用家屋をモンゴル語ではゲル、中国語ではパオと呼んでいる。本章では、新疆ウイグル自治区ウルムチ市郊外での調査内容[注12]を紹介することから、パオという呼称を用いる。

図1-21のパオでは、カザフ族が生活している。図1-22はパオの外観で、ヤナギ材で加工した骨組みの上に、羊の毛で作ったフェルトを覆っている。調査した時期が夏であったので入口は開放状態になっていた。パオの最上部は少し開けられているので、骨組みの一部が見えている。

図1-23はパオの内部で、周囲に絨毯を配し、床坐の生活をしている。女性は朝鮮半島と類似する片膝を立てた胡座、男性は日本でもよく見かける胡座でくつろぐ。図1-23にはヤナギ材で作られたフレームが見られる。このフレームの一部を拡大したのが図1-24である。フレームを紐でつなげている部分に曲げ加工が施されている。

使用されている材はポプラの類のように見えた。聞き取り調査から、ヤナギ科であることは間違いない。パオは曲げたフレームを使用する方法と、全く曲げないフレームを使用する二つの組立方法がある。その分布は今後の課題とするが、曲げ方は実にユニークである。ある程度、材を乾燥させ、次に曲げようとする部分を家畜の糞で覆う。さらに糞で覆った部分を火で熱しながら、ヤナギを徐々に曲げる。糞で覆う目的には、直接火で炙ると焦げる。材に水分を与え蒸した状態にする、という二つの理由がある。とにかく、この曲げ方には、遊牧民の生活からしか創造できない独自性がある。乾燥地域では家畜の糞は燃料にもなり、生活に欠かせないものである。パオのフレームは、限られた材料を限られた条件で曲げ加工をする代表的な手法といえよう。

図1-21　ウルムチ市郊外の南山牧場

図1-22　パオの外観

図1-23　パオの内部

図1-24　パオのフレーム

5.2　木製椅子、竹製椅子に見る曲木加工

　中国の椅子には、唐代あたりから背もたれとアームを一体化した曲面を持つ形態が出現する。この椅子の発展したものが、**図1-25**[注13] に示した圏椅である。圏椅は明式家具を代表する独自な形態で、後にヨーロッパにも大きな影響を与えている。Hans J. WegnerのChinese Chairはその代表的な作品であろう。

　図1-25には、背もたれからアームにかけての大きな半円状の形態と、スプラットに相当する部分の2カ所に曲面がある。前者の曲面は3または5のパーツを接合している。接合方法は、**図1-26**[注14] に示した弧形彎材接合という、極めて独自性の高い技法を採用している。

　スプラットに相当する部分は、弓鋸を使用して角材から成形したと推察される。このことから、**図1-25**の曲面に曲げ加工は一切施されていない。とにかく、ひたすらカービングと難しい接合法で曲面の成形に対応している。換言すれば、産業革命によって蒸気の利用が盛んになるヨーロッパとは異なる古典的な造型法を、延々と継承していたのである。

　中国に、木や竹の曲げを利用した椅子が全くないかと言えば、実は日常生活で広く使用されている。**図1-27**[注15] と**図1-28**[注16] は木製の椅子であるが、脚と座面の成形に曲げ構造を採用している。この場合の曲げは、ソリッド材の全体を曲げているのではなく、材の外側を薄く加工して丸棒を包むようにしているだけである。この方法については、曲げとは言わないという意見があるかもしれない。しかし、薄くしても熱処理をしなければ曲がらないことから、曲げ加

第1章　木・竹製品における伝統的な曲げ加工技術と意匠

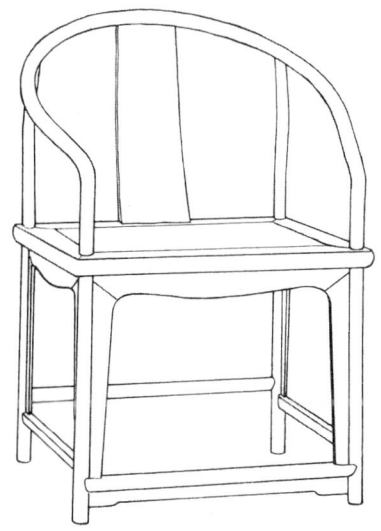

図1-25　圈椅『明式家具研究』

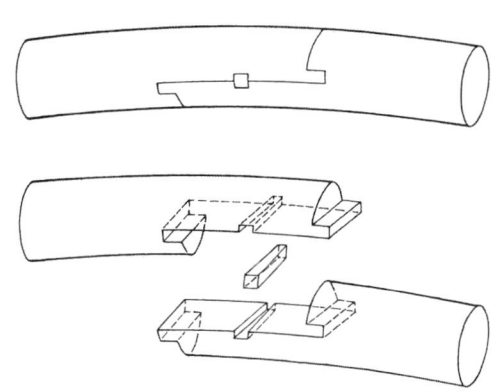

図1-26　弧形彎材接合『明式家具研究』

図1-27　曲げ加工を施した木製椅子（陝西省漢中市）

図1-28　曲げ加工を施した木製椅子（河南省開封市）

工というカテゴリーに加えなくてはならない。

　図1-27は陝西省漢中市郊外の農家で見かけたもので、相当使い込んだ椅子である。この場合は丸棒ではなく、丸太の四分の一を包み込むようにして固定している。座面部分には竹を使用している。図1-28は河南省開封市の路上で売られていた製品で、未使用のものである。

　図1-27、1-28の木製椅子に見られる曲げ加工は、図1-29、1-30[注17]に示した竹製椅子と概ね同じ技法である。木と竹のいずれが先行した技法であるかについては、現状では比較する資料がないことから検証することは難しい。図1-27、1-28、1-29、1-30の椅子は、すべて日常生活で使用しており、曲げ加工は高級な椅子には使用されていない。また図1-31に示したように、家庭の中で曲げ加工を施した木製と竹製の椅子が共存していることから、竹の多い地域でも木製の椅子を併用している場合がある。しかし、図1-32[注18]に竹製椅子示した四川省成都市では、曲げ加工を施した木製椅子は見かけない。成都市が竹の産地であることはよく知られている。しかし、竹の産地だから木製椅子がないというわけではなく、曲げ加工を施した木製椅子が使用されていないだけである。その理由については今後の課題としたい。

　竹の曲げ方については、成都市郊外で調査した図1-33①～⑥[注19]を通して紹介する。図1-33①の作業を行う前に竹を炙り、一部は曲げを直して直線状の形態にする。図1-33①は、竹のフレームに包み込む竹の穴を加工しているところである。専用の加工具を使用している。図1-33②は、製作するスツールの材料をセットにしている。前処理で、竹の表面を焦がしていることが理解できる。図1-33③は、藁に火を付けて竹を曲げている。10秒程度の作業である。図1-33④は、曲げた箇所に丸竹を組み込んでいるところである。図1-33⑤は、片側の脚を紐で仮固定し、もう一方の脚を組み込んでいる。図1-33⑥は脚の仮組が完成したところである。この後、各脚に貫を入れ、竹釘で固定してスツールが完成する。中国では、こうした低いスツールの需要が現在もある。

　図1-33の技法を使用した竹製の縁台が、日本でも広く使用されていた。筆者が大阪の下町で実施した調査でも、1950年代まで使用していたことが確認された。大阪における竹製品の調査では、戦前より台湾から竹加工の技術者が移住して、縁台を専門に製作していたという話があった。戦後は、移住していた職人が台湾に戻ったことから、衰退したというのである。脈絡のない話ではないので、そうした要因で衰退したのかもしれない。

　曲げ加工を施した竹の縁台は、浮世絵にもいくつか見られる。喜多川歌麿の「風流六玉川 紀伊」にも登場する。だとすると、江戸時代から日本に中国の技術が定着しているように感じるが、実際には定着していないようだ。図1-29、1-30、1-32のような竹製の椅子も、日本には定着しない。使用する竹は豊富にあるのに、竹の椅子はなぜか普及しなかった。中国の竹製椅子類においては、貫類の固定に竹釘を使用している。この結合方法では、乾燥すれば釘が抜けやすい。この点が日本人には欠点と捉えられた可能性がある。

5.3　筏に見る太い竹の曲げ加工

　中国では細い竹だけでなく、直径が15.0cmを超えるような太い竹を曲げる加工技術も見られる。その代表的なものが、図1-34[注20]に示した中国南部の桂林市で製作される竹製の筏(いかだ)である。使用目的からすれば、筏というより竹製の船といった方が適切かもしれないが、形状自体が筏を基本に展開しているので、本章では筏と規定しておく。

第1章　木・竹製品における伝統的な曲げ加工技術と意匠　　33

図1-29　曲げ加工を施した竹製椅子（上海市郊外）

図1-30　曲げ加工を施した竹製椅子（上海市郊外）

図1-31　曲げ加工を施した木製と竹製椅子（江西省景徳鎮市）

図1-32　曲げ加工を施した竹製椅子（四川省成都市）

図1-33①　竹を挟む溝を削り取る

図1-33②　スツールに必要な材料

図1-33③ 竹の曲げ作業

図1-33④ 脚の組立作業

図1-33⑤ 脚の組立作業

図1-33⑥ 脚の組立が完成

　太い竹を曲げるという技術文化が日本にはないことから、筆者は桂林市の製作現場を三度訪れた。最初に訪れた後、日本に帰って自力でどうしても曲げることができないので、三度訪れた次第である。三度目は筆者と同じ職場の工学系の教員と製作現場に行き、徹底的に技術指導を受けた。竹の筏の製作手順は次のようにまとめられる。
　①竹の伐採と適度な乾燥 → ②竹の皮むき → ③竹の曲げ作業 → ④竹を番線にて結束 → ⑤桐油を塗布して完成
　①における伐採時期は、日本と同じように冬季である。竹の成長期に伐採は行わない。
　乾燥については聞き取り調査でも曖昧で、1週間程度から1カ月までかなり幅がある。木材を曲げるときの目安とする20%の含水率より、かなり高い水分を持っているように感じる。竹の乾燥が進むと表面にヒビが入り、曲げる際に悪い影響があることも事実である。
　図1-35では、竹に梃子（てこ）の原理を応用し、表面を炙り、また焼いて曲げ加工を行っている。1カ所を焼きすぎると爆発する可能性が高くなり、とにかく緊張する作業が続く。**図1-36**は曲げ作業が終了したところである。竹の先端に石を載せていき、最終的に竹の先端部分が地表に達すれば作業が終了する[注21]。当然最初に竹の先端部の高さを調整しておくのである

図1-34　太い竹を曲げた筏（広西壮族自治区桂林市）

図1-35　太い竹を曲げる①

図1-36　太い竹を曲げる②

図1-37　曲げた竹の表面

が、石の重さでバランスをとるという極めて感覚的な技術が現在も継承されている。

　太い竹を曲げるという原理は、木材とは全く異なる。木材は内圧縮という原理に基づくが、竹は内圧縮ができない。図1-37の中央に置かれた竹は、一部表面が窪んでいる。太い竹の曲げは、この窪みを数多く作ることで成り立っている。すなわち、窪むことで内側の長さが短くなり、曲がったように見えるのである。この技法を筆者の勤務する大学で2年間授業で行ったが、同じ曲率に直径が15.0cm前後もあるモウソウチクを曲げることは極めて難しいと感じた。

5.4　籐製椅子に見る曲木加工

　籐はヤシ科の植物を原料とするもので、正倉院が収蔵する椅子にも使用されていることから、中国では唐代以前から広く用いられていたと推察する。しかしながら、籐は中国国内では最南端の地域しか自生しない。したがって、古くから中国以南の地域から輸入していた可能性が高い。図1-38[22]に見られる籐の椅子は、蘇州市で使用されているものである。この形式の椅子が中国では圧倒的に多く、特に高級な椅子として扱われているわけでもない。

　図1-38に見られる籐製の椅子は、正しく解説するならば、竹芯籐巻という構造で、すべて籐で製作されているわけではない。現在日本で使用されている籐製の椅子に、竹芯構造は一切使用されていない。図1-39、1-40、1-41は、陝西省漢中市の調査で訪れた籐家具工場で撮影したもので、図1-39のような椅子を製作している[23]。この中には図1-38に見られる椅子と類似す

図1-38　家庭で使用される籐の椅子(江蘇省蘇州市)

図1-39　竹芯籐巻の椅子(陝西省漢中市)

図1-40　竹芯の構造(陝西省漢中市)

図1-41　竹の曲げ作業(陝西省漢中市)

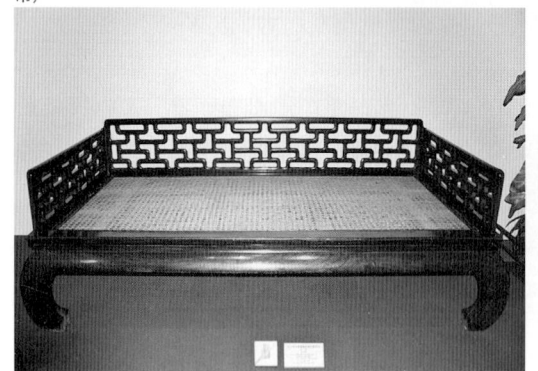

図1-42　明代の牀(上海市博物館)

図1-43　籐編み(上海市博物館)

るものも含まれており、伝統的な構造、形態を知る手掛かりとなる。

　図1-40は、図1-39の左端に置かれている椅子のフレームに近く、かなり大きな椅子である。すべて竹で製作されており、釘類や枘も含め、多様な方法で接合している。このフレームには数多くの曲面がある。その対応には、図1-41に示したように、火に当てながら手で曲げている。籐は編んでいるだけなので、図1-38、1-39の椅子は、竹フレームの構造で主たる強度を得ているということになる。すなわち、中国の伝統的な籐椅子は、竹の曲げ技術の延長上に位置する文化と、籐編みの文化が結合したものと読み取れる。

図1-44　籐製の椅子（広西壮族自治区桂林市）　　図1-45　籐製の椅子（インドのラクノウ市）

　明式家具に代表される中国の高級家具には、座面を籐編みにしたものが見られる。図1-42、1-43[注24]は明代に製作された牀で、長椅子と寝台の機能を兼ねたものである。図1-43はその籐編みで、この編み方が17世紀にヨーロッパに伝えられ、富裕層の椅子に盛んに用いられた。トーネット社の曲木椅子に見られる籐編みの原点は、中国の伝統的な技法であり、その一つの編み方を延々と踏襲している。
　図1-44[注25]は桂林市で見かけた籐の椅子である。中国で製造したという確たる論拠はないが、椅子は竹芯構造を採用していない。こうした構造が中国独自の造型方法かどうかが焦点になる。先に挙げた竹芯籐巻が先行し、次にすべて籐材を使用した構造に展開したとは簡単に断言できない。竹芯籐巻の構造は、籐材を節減することへの対応だとすれば、高級品はすべて籐材による構造であった可能性も残している。図1-44の椅子の背もたれは籐編みを施している。この意匠はヨーロッパで始まったもので、中国には元々存在しない。だとすれば、図1-44の椅子全体に関する意匠も、ヨーロッパで構築されたという可能性がある。
　図1-45[注26]は、インド北部のラクノウ市で製作されている籐製の椅子である。ここでは竹芯籐巻構造の椅子も製作しており、中国の籐椅子文化と強い類似性がある。籐編みの意匠には、インドの独自性を感じるが、椅子の形態は明らかにヨーロッパの意匠を参考にしている。イギリスの長い植民地時代における意匠の影響もあり、折衷的な意匠が展開したと捉えるべきであろう。

6　小結

　ヨーロッパから中国までの造形文化を通して、トーネット社のソリッド材による曲木家具が誕生する以前の曲げ加工について概観した。中国について強いこだわりを持ったのは、竹製品には多様な曲げ加工があっても、木製品にはほとんど認められない点にある。技術と意匠は同時展開するわけではないようで、圏椅のような大きな曲面を持つ椅子であっても、中国では曲げ加工を施していない。Hans J. Wegnerは、圏椅をリデザインして、Chinese Chairと称する椅子を発表する。この椅子は曲面を曲げ加工で対応している。つまり外観は類似していても構造は異なる。

19世紀以降、中国は家具においてもヨーロッパの影響を受けるようになる。17〜18世紀は、チッペンデールに代表されるように、ヨーロッパの先進国が中国の影響を受けたが、次第に立場が逆転する。それでも中国は竹の曲げ加工のように、独自の技術を継承しており、木や竹の加工技術がすべてヨーロッパ化したわけではない。

　日本の木、竹加工文化は、長く中国の影響を受けてきたことは確かで、それゆえ木による曲げ加工は発達しなかった。しかしながら、日本の樽には多少曲げ加工を施しており、単に中国の木材加工を追従していたわけではない。この中国文化の日本的消化と、いち早くヨーロッパの先進文化を取り込む対応力が、日本の曲木家具の誕生と発達に深く関与しているように思える。

注
1 ── 筆者撮影、2004年。図1-1は手桶、図1-2は便器である。
2 ── 筆者撮影、1999年
3 ── 筆者による1989年から2007までの中国調査では、側板が直線で傾斜角の小さい桶・樽は河南省から西部の地域が圧倒的に多い。
4 ── 筆者撮影、2002年（図1-4、1-5）、2003年（図1-6）
5 ── エジプトの秘宝 トット・アンク・アメンⅡ、講談社、271頁、1978年
6 ── 筆者購入、2003年
7 ── 筆者撮影、2002年。この容器は桶のような形をしているが、結物ではなく、刳物である。すなわち、刳物容器の割れ防止のために木製の箍を多数掛けている。こうした箍の使用法はチベット自治区南部の林芝付近に集中している。
8 ── 宮崎県都濃町の有明産業株式会社で行われる作業について撮影許可をいただいた。
9 ── Charles Boyce:DICTIONARY OF FURNITURE、Roundtable Press、pp.319-325、1985
10 ── フォード博物館にて筆者撮影、2006年
11 ── Alexander von Vegesack:THONET、HAZAR、pp.12-13、1996
12 ── 2004年に調査を行う。図1-21〜1-24は筆者撮影
13 ── 王世襄編著:明式家具研究（圖版巻）、三聯書店、50頁、1989年
14 ── 王世襄編著:明式家具研究（文字巻）、三聯書店、109頁、1989年
15 ── 筆者撮影、1999年
16 ── 筆者撮影、2005年
17 ── 筆者撮影、1999年
18 ── 筆者撮影、2000年
19 ── 筆者撮影、2000年
20 ── 筆者撮影、2006年（図1-34〜1-37）
21 ── 曲げる竹の先端が地面に到達すると終了する方法以外にも、竹をさらに高く立て、竹の先端が高さ1m程度になると終了するという方法もあり、画一的なものではない。一種の流派のようなものが地域に点在しているように感じた。
22 ── 筆者撮影、1999年
23 ── 筆者撮影、1999年
24 ── 筆者撮影、1999年
25 ── 筆者撮影、2005年
26 ── 筆者撮影、2001年

第2章

蒸し曲げ法の開発と普及

1 はじめに

19世紀中葉に開発されたトーネット社のソリッド材による曲木家具が、木材を蒸煮した後、木材の外側に帯板を固定して伸びを抑え内圧縮を行う、いわゆるトーネット法にて曲面を成形したことはよく知られている。

しかしながら、トーネット法の利用は、椅子への応用が最初とは限らず、橇への利用時期についても検討しなければならない。これまでのトーネット社に関する研究も、対象を曲木家具、スチールパイプの家具に限定していることが多く、橇については製品例やその変遷に関する紹介はあっても、製作方法である曲げ加工の実態については詳しく触れていない[注1]。

曲木という技法自体も造船業や樽業が先行しており、その起源はローマ期あたりまで遡る。蒸し曲げ加工も家具業が先行しているわけではなく、造船の曲面部分や橇の前方部分（鼻）にいち早く展開されている。馬橇のような2m程度の大きさであれば、トーネット法がトーネット社の家具製造以前に開発されていた可能性もある。

我が国に蒸し曲げ法が導入された経緯については、これまで体系的に論じられたことがない。蒸し曲げ法を利用した馬橇の製作方法については、既に関秀志によって詳細な報告がなされており、伝来時期も明らかにされている[注2]。ところが、関の論述の中にはトーネット法に関する指摘がなく、蒸し曲げ法という技術体系における橇製作技術の位置づけには言及していない。

本章においては、トーネット社による蒸し曲げとトーネット法による製品を紹介し、さらに北海道開拓使によるロシア型橇技術の日本への導入と、トーネット法との関連性を検討する。

2 トーネット社における曲木家具の開発

近代デザイン史において、トーネット社の曲木製品は、少なくとも戦前期までは積極的に取り上げられていない。ニコラス・ペヴスナーは近代デザインの出発をウイリアム・モリスと規定し、モリスからヴァルター・グロピウスへの流れが近代デザインの本流と捉えた。この1930年代の近代デザイン史の視点が、その後も長く支持されたことから、トーネット社の曲木製品は、近代デザイン史の流れから一線を画して紹介されるようになる。

ヨーロッパではトーネット社製品のコレクターも多く、各地の博物館で展示品もよく見かける。プロダクトデザインの歴史を拓いた製品としてトーネット社の曲木家具を位置づけたのは、ル・コルビュジエと言っても過言ではない。後にコルビュジエチェアと呼ばれる椅子を、1925年に行われたアール・デコ展のエスプリ・ヌーヴォー館で使用したコルビュジエの感性は、鋼管製椅子の発達に繋がる要素を持っていた。トーネット社の椅子類は、時代を経ても、モダンな雰囲気を醸し出しているとコルビュジエは捉えたのであろう。大量生産を否定したモリスの思想と、些か対極的な考え方で製作されたとされるトーネット社の椅子も、近代デザイン史に正しく位置づける必要がある。モリスからグロピウスという理想主義の展開は、確かに近代デザインの大きな足跡であるが、量産可能で質の良い廉価な製品の販売を目指す

トーネット社も、20世紀のデザインに与えた影響は頗る大きい。

2.1 初期の薄板を使用した曲げ加工とその製品

　トーネット社の歴史については数多くの先行研究があるので、本章ではポイントとなる部分にだけ的を絞って紹介する。

　トーネット社の創始者であるミヒャエル・トーネット（以降、トーネット）は、1796年にドイツのライン川流域に位置するボッパルトに生まれる。トーネットはボッパルトで家具職人の修行をし、1819年には独立して家具工房を開設する。この時代の作品は現存しない。1830年以降に製作された**図2-1**[注3]は、ビーダーマイヤー様式を示し、薄板を膠を溶かした容器で煮てから集成してプレスしたものである。トーネットはこの技法で特許を取得しているが、薄板を膠の入った容器で煮た後、治具でプレスする手法自体を開発したという確証はない。治具でプレスする形態は、すべて二次元的なものである。図2-1の椅子は、二次元状のパーツを寄せ集めたものと規定することも可能である。

　図2-2[注4]は、1851年に開催されたロンドンの万国博覧会に出品したテーブルと同じ種類で、脚部の製作技法は図2-1と類似している。異なるのは、**図2-3**[注5]の破損している渦巻き状の部分

図2-1　薄板積層材による椅子（トーネットウィーン社所蔵）　　図2-2　薄板積層材によるテーブル（トーネットウィーン社所蔵）

図2-3 テーブルの脚(部分)　　　　　　　　図2-4 トーネット法の模式図

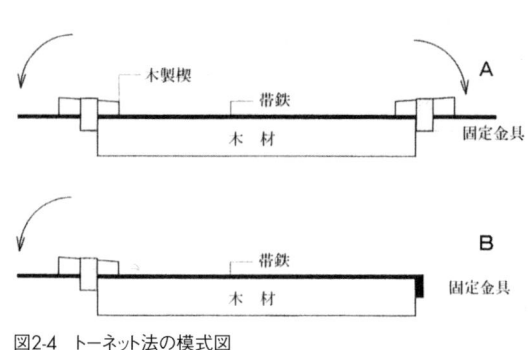

に見られるような、薄い金属板が薄板の中に混ぜて積層されている点である。この金属板の役割は、細かな曲げを補強することにあり、完全な木製ではないのに、木製で強い曲げを行ったかのような、一種のだましを取り込んでいる。トーネットの技術では、これだけ曲がりますよという、デモンストレーションを行っているのである。図2-2、2-3を見る限り、1851年という時期は、トーネットの薄板による曲げ加工技術が既に成熟期に入ったことを示している。

　トーネットの薄板による曲げ加工技術は、日本に伝えられた形跡がない。仮に伝えられたとしても、1820〜1850年という時代に、日本ではクランプは使用されておらず、トーネットが考案したような積層材用治具を製作することは不可能である。この薄板による集成材の基盤になっている薄板の製作起源は、エジプトの象嵌にあると推定されるが、ヨーロッパではトーネットが製作する以前から伝統的な技法として定着していた。すなわち、トーネットは、既存の技術をより高度に展開したところに、独自な発想と工夫があったということになる。

2.2　ソリッド材を使用した曲げ加工と特許申請

　トーネットがソリッド材による曲木加工技術の研究を進めた背景には、ヨーロッパにおける政変、1848年のいわゆるウィーン革命で、パトロンであったメッテルニヒがイギリスに逃亡し、特権階級の顧客を失ったという出来事がある。工房を存続させるためには、庶民をターゲットユーザーとする量産タイプの家具を開発する必要があった。そこで、薄板の積層材からソリッド材の蒸し曲げ法への転換を試みる。その試みの一つが特許で、1856年7月10に「水蒸気または沸騰する液体の作用を応用して生ずる力による曲木の椅子類及びテーブルの脚等に関する加工法」[注6]という特許を取得する。

　この特許がトーネット法を示す根拠はない。また、日本の特許庁に問い合わせても、特許の詳細についてはネット検索で対応できないようである。「水蒸気または沸騰する液体の作用を応用して生ずる力」とは、蒸し曲げの前段作業である蒸気で蒸すことを指していることは間違いない。問題なのは「曲木の椅子類およびテーブルの脚等に関する加工法」の「加工法」である。曲げ加工が前提となるが、図2-4に示したトーネット法による二次元の曲げ加工とは直接関係はないと推察する。図2-4の木材部分を「椅子類およびテーブルの脚」に置き換えたとしても、何ら新規性はない。

　そもそもトーネット法が、トーネットによって発明されたことを検証した日本の文献が存

図2-5　三次元形状の治具による曲げ作業（トーネットウィーン社）　　図2-6　三次元形状で曲げられたソリッド材（トーネットウィーン社）

在しない。また、トーネット法が特許だと明記した文献もない。このことから、木材を蒸煮し、**図2-4**に示したように、帯鉄で木材上部を固定して内圧縮するA、Bの方法は、伝承としてトーネット法と言われているだけである。では、どのような理由でトーネット法と命名したかと言えば、トーネット社の曲木家具が大流行し、その曲げ加工法の一部が日本で特許化されていない技法であることから、次第にトーネット法という呼称が定着したと筆者は考えている。ただし、これは日本における現象であり、海外でもすべてトーネット法と統一して呼んでいるとは限らない。

　先のトーネットが申請した特許の「加工法」は、**図2-5**[注7]に示したような三次元の治具を使用して曲げる方法であると筆者は推定している。**図2-5**は長さ2m前後の丸棒を曲げているが、帯鉄は**図2-6**[注8]に示したように、三次元の治具で使用すれば、**図2-4**のような二次元の内圧縮による曲げ加工とは力の作用が異なる。**図2-6**の治具では、曲面が内丸から外丸に変化する際、ほとんど曲げ作用がない面がある。つまり、均質なトーネット法は展開しない。**図2-5、2-6**のような曲げ加工をすると、帯鉄は直線状の形体には戻らず、大きく変形する。その変形を元に戻して再利用する。トーネット法の三次元への展開は、想像以上に面倒である。だからこそ、特許を申請する価値があった。

　図2-5、2-6は、トーネット社のNo.14に代表される、後方の脚と背もたれが一体となった形状の成形である。曲げの難易度が高いのは、最も曲げの強い上部の側面である。そこに割れが生じる率が高いため、最初に倣い旋盤で材料を削る際、部分的に丸棒を細くして対応している企業もある。

　トーネットが三次元の治具に取り組むようになったのは、ソリッド材の使用以前であり、薄板の積層材による造形で三次元の治具を開発している。1851年のロンドン万国博には、積層材の椅子を出品しているが、ソリッド材とほとんど同じ三次元形状をしている。こうしたプロセスを経て、ソリッド材の曲木加工技術が確立されていった。このあたりにトーネットの強い独自性が感じられる。

2.3　製品ラインナップの強化と会社規模の拡大

　ミヒャエル・トーネットは、1853年になると5人の息子に会社を譲渡した。1852年には42名の労働者で運営していた会社[注9]が、トーネット兄弟社（以降、トーネット社）になると特許も取得

し、大量生産化が進行する。1857年にはブナ林の近くにコーリチャンの工場を建設する。1876年には4,500名の労働者を雇用する大企業に発展する[注10]。1900年あたりには3万人を超える労働者を束ねる企業となり、家具を主に取り扱う企業としては世界最大規模となる。

トーネット社の製品ラインナップは、会社の規模が大きくなるにつれて増加する傾向を示す。1859年のカタログでは26種類、1873年のカタログでは80種類以上に増加する。その後も加速的にラインナップが増加し、1904年のカタログでは各種のバリエーションも加えれば数千に達した[注11]。1870年代以降コピー会社が急増し、本家本元の地位を守るためにラインナップを増加させたという側面も見逃せない。ただし、共通に使用するパーツも多いことから、多品種化に工夫が全くないというわけではない。

トーネットウィーン社のコレクションと1904年のカタログを通して、トーネット社の製品を概観してみる（図の右側が1904年のカタログに掲載されたモデル）。

トーネット社の製品番号は、デザインされた年代と相関を持つとされることから、椅子類については番号が年代順になっていると推察される。しかし、3桁から4桁の番号への移行については、実態がよくわからない。また椅子以外の製品については4桁、5桁の番号になっていることが多く、必ずしも年代順に番号が並んでいるとは限らない。1870年代以降のカタログには、製品のデザインされた年代と番号が不連続になっている何らかの要因があったのかもしれない。

図2-7の長椅子は、No.2モデルのシリーズである。実物はカタログに比較して脚の反りが強く、脚部に施されていた楕円の補強もない。おそらく、1904年のカタログ以前の製品と思われる。背もたれは非常に複雑な構造を採用しており、特に交差する部分は組み立てる際にも注意を要する。全体を通してクラフト的な精神が強いという印象を受ける。

図2-8のNo.3モデルの椅子は、図2-7の構造とは対照的に形態がシンプルである。座面と背もたれに籐編みが使用され、クラシックな雰囲気を演出している。

図2-9はNo.4の布張りモデルであるが、脚の反りや脚に施されるリング状の補強がないことから、1904年のカタログより古い時代に製作されたものであろう。この椅子も背もたれにシンメトリックな難しい意匠を採用している。

図2-10はNo.5によく似ている。しかし、脚の形状や背もたれ上部の装飾は異なることから、極めて古い時代の椅子と推定する。脚の形状は薄板積層材時代と同じある。つまりソリッド材ではない可能性を持っている。

図2-11は、世界で最も大量に生産されているNo.14モデルである。No.14モデルはNo.8モデルとほとんど同じである。異なるのは、脚の最上部に旋盤で装飾的な面取りを施しているかどうかである。No.14は装飾がない分だけ値段が安い。すなわち、No.14モデルはNo.8モデルの廉価版ということになる。ということは、No.14モデルはNo.8モデルの売れ行きが好調なために、廉価版を作る必然性があった。1859年のカタログには、既にNo.8モデルとNo.14モデルの両方が掲載されている。同様のケースはNo.11モデルとNo.15モデルとの関係にも当てはまる。No.15モデルはNo.11モデルの廉価版なのである。

図2-12はNo.17モデルの椅子で、ハイバックチェアに属する。この椅子には、背もたれ上部に小さなリングが組み込まれている。この小さなリングの製作は技術的に難しく、意匠とともに製作技術の高さを誇示しているように感じる。

図2-13はNo.37モデルの椅子である。この椅子は、これまで紹介した椅子のような曲木椅子独特の曲線を持っていない。前方の脚は完全な挽物加工で、曲げは一切使用していない。トーネット社はラインナップが増加するにつれ、自社創作のデザインだけでなく、伝統的な椅子の様式もリデザインして巧みに取り込むようになる。そこにはラインナップ増加に伴う功罪が見え隠れする。

　図2-14はNo.47モデルの椅子である。座面と背もたれに合板が使用され、合板には型押しが施されている。籐の座面や背もたれに比較し、生産コストはかからないが、いかにも安っぽいという印象は払拭できない。現在、日本の骨董店にはこの種の曲木椅子が多く、籐張りの曲木椅子は修理が必要であるから意外に少ない。図2-14は合板を使用したという点では、大量生産の魁(さきがけ)となった。

　図2-15に示したNo.6009モデルの椅子は、コルビュジエが1925年にパリのエスプリ・ヌーヴォー館に使用して脚光を浴びたことから、別名コルビュジエチェアとも呼ばれている。この椅子自体は20世紀初頭にデザインされていることから、特にモダニズムと関連しているとは思えない。一人の偉大な建築家に評価されたことが契機となり、現在もロングセラーを続けている。

　図2-16は、No.7001モデルのロッキングチェアと少し異なる点がある。前方部にある装飾は、1904年のカタログに掲載されている他のモデルにも見られない。ところが1873年のカタログには、2種類のロッキングチェアに同様の装飾が認められる。このことから、かなり古いモデルを蒐集しているといえよう。

　図2-17はNo.9702の長椅子である。背もたれ部分の下には、高さを可変する機能が装着されており、機能面を重視していることが窺われる。

　図2-18はNo.9851aの鏡である。鏡の脚部は、デザイン教育を受けた者であれば、誰でもアール・ヌーボー様式と直感的に捉える。しかし、この女性用鏡は、1865年には既に市販されている[注12]。だとすると、アール・ヌーボー様式の萌芽期は、予想以上に遡ることになる。図2-18の鏡は、今後のアール・ヌーボー研究に大きな役割を果たすものと期待される。

　図2-19は赤ちゃん用の揺籠である。実物もさることながら、1904年のカタログでは仰々しい布で覆われた揺籠として紹介されている。当時のウィーンで流行していた東洋嗜好と共通

図2-7　No.2の長椅子

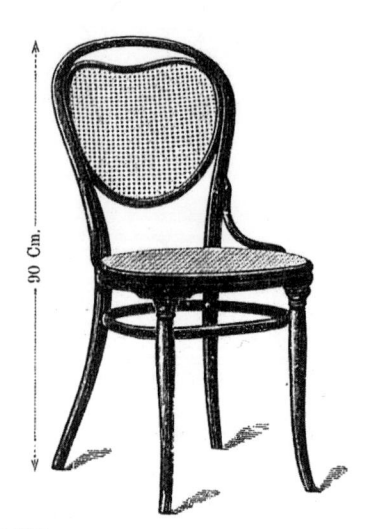

図2-8　No.3の椅子

図2-9　No.4の椅子

図2-10　No.5に類似する肘掛け椅子

図2-11　No.14の椅子

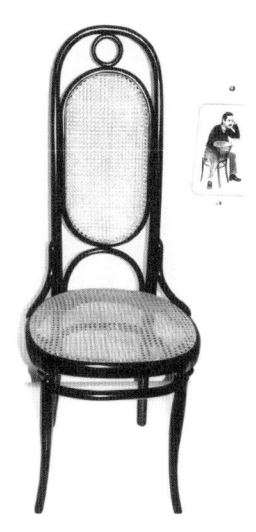

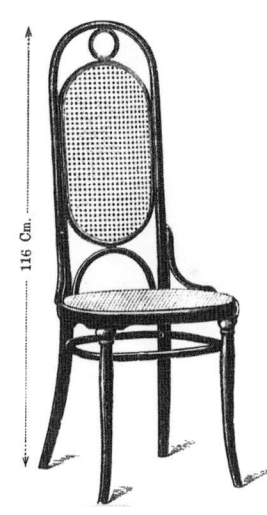

図2-12　No.17の椅子

図2-13　No.37の椅子

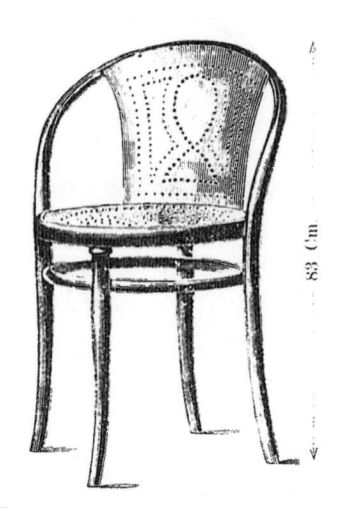

図2-14　No.47の椅子

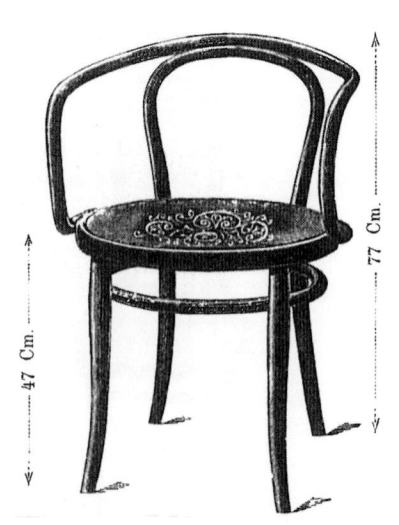

図2-15　No.6009の椅子

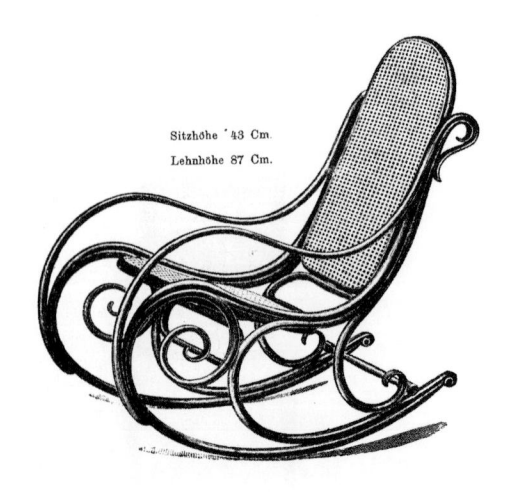

図2-16　No.7001のロッキングチェア

第2章　蒸し曲げ法の開発と普及　　49

図2-17　No.9702の長椅子

図2-18　No.9851aの鏡

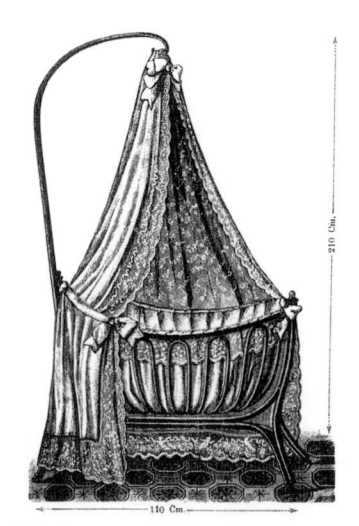

図2-19　No.12802の揺籠

性があるように感じる。布を掛けた絵がなければ、何をつり下げる棒なのかは全く理解できない。**図2-18、2-19**の鏡や揺籠と、**図2-11**のNo.14の椅子とは、製品の値段に大きな開きがある。製品のラインナップは、形態の差異を主目的とする初期の時代から、徐々に使用する生活者の対象を規定するようになる。

2.4　特許有効期限以降のコピー会社の進出

　1856年7月に取得した曲木加工に関する特許は、1869年には有効期限が切れたとされている。当時の特許は13～14年間しか効力がなかったのであろうか。1870年になるとヨーロッパのあちこちでトーネット社のコピー会社が設立され、No.14やNo.18モデルの類似品が大量に出回った。当初はヨーロッパからロシアにかけての市場がターゲットであったが、次第に北米、アジア、南米に輸出されるようになる。この輸出を可能にしたのが、ノックダウン方式を前提とした物流方法であった。

　図2-20注13)は、トーネットウィーン社の工場敷地内に設置されている博物館で、デモンストレーション用に置かれている物流モデルである。輸出先で組み立てれば、1㎥で、これだけ多くのパーツを梱包することが可能ですよ、というデモンストレーションを行っているのである。このパーツをよく見ると、約30脚用のパーツが入って、まだ隙間がある。仮に組み立てた椅子であるならば、8脚程度しか入らない。トーネット社は、物流に対する考え方を、根本から覆していった。

　トーネット社の物流方法は、コピー会社も受け継ぎ、19世紀末は曲木家具業が輸出で活況を呈した。ところが、コピー会社においても統廃合が進み、ヤコブ＆ヨゼフ・コーン社（以降、J&J・コーン社）のような巨大なコピー会社が出現する。20世紀に入るとJ&J・コーン社の力は増し、トーネット社に迫る勢いを持つ。その戦略の一つに、外部デザイナーの登用を挙げることができる。このデザイナーの代表格がヨースト・ホフマンである。

　四角っぽいフォルムを部分的に配したJ&J・コーン社の椅子は、いずれもホフマンのデザインである。J&J・コーン社は新たなデザインを採用することで、トーネット社の単なるコピー会社というイメージを払拭するようになる。しかし、1914年に第一次大戦が始まり、トーネット社、そしてコピー会社は大きな打撃を受ける。J&J・コーン社は、中小企業の連合体であるムンドス社と1917年に合併し、コーン・ムンドス社となる。そして1922年にはトーネット社と合併し、トーネット・ムンドス社になった。

　1922年以降のトーネット・ムンドス社は、会社規模を徐々に縮小する。その理由は第一次大戦後のドイツ・オーストリアの経済不況と連動する面も多く、また曲木家具が成熟期に入り、新鮮さがなくなったことも関連している。さらに材料としていたブナ材の枯渇化も量産を難しくさせていった。

　1930年以降、トーネット・ムンドス社は、鋼管製椅子の量産化に着手する。マルセル・ブロイヤー等の若いデザイナーとライセンス契約を交わし、モダンデザインを取り込んでいく。カンチレバーの鋼管椅子は1927年に開発され、1935年あたりまで世界中で大流行する。鋼管製椅子の製造は、曲木家具一筋にて展開してきたトーネット社としては、画期的な出来事であった。

　しかし、世界的な不況には勝てず、第二次大戦の勃発とともに巨大なトーネット・ムンドス

社は崩壊する。戦地となった多くの国々に所有していた工場を失ったことが、崩壊の主たる要因であることは間違いない。しかしそれだけが要因ではない。特許という知的財産権を武器に巨大化した企業は、特許の有効期限がなくなった瞬間にコピー会社が一挙に設立されることにより、本来持っていた独自なデザイン性を次第に失うことになる。価格、デザインの競争に明け暮れ、曲木家具独自の個性を打ち出せなくなっていった。トーネット社の初期製品に見られた難しい技術を要する製品は、イ

図2-20 物流方法を示すデモンストレーション(トーネットウィーン社所蔵)

ンダストリアルデザインとしては今日高い評価を受けることはない。シンプルな製品の一群だけが、モダンデザインの概念から評価されることが多い。ウイリアム・モリスの思想と実践を、トーネット社の製品開発と企業経営と比較することは難しいと考えていたが、19世紀から20世紀中葉のデザインを振り返れば、それほど対極的に捉える必要もないように感じる。トーネット社による大量生産とアーツ&クラフトには、それぞれ別の価値もあるが、ものづくりに情熱を燃やしたという点では共通性がある。トーネット社の大量生産は、フォード社の大量生産とは根本的に異なり、クラフトを機械化したという範疇と捉えるべきであろう。

3 北海道におけるロシア型馬橇製作技術の導入

　これまで日本における曲木家具の技術は、トーネット社に代表されるヨーロッパの技術を直接導入したとだけ捉えていた。しかし筆者の調査では、淀橋曲木工場のように1897(明治30)年には既に東京で曲木業を営んでいた企業もあった。椅子は製作していないので、曲木家具業といえない。しかし、だからといってヨーロッパの曲木加工技術の導入を否定することはできない。造船業での蒸煮による曲木加工の普及という視点も大切であるが、本章では北海道で発達した馬橇(ばそり)の曲木加工の実態に的を絞り、曲木家具業との接点を探ってみる。

3.1　日本在来の橇とその製作技術

　我が国の本州北部では明治期以前から橇が使用されていた。この橇は、台木先端に位置する鼻と呼ばれる曲がった部分の角度が浅いのが特徴である。図2-21 [注14] は、昭和40年代に使用されていた小型の橇で、台木の厚みが薄く、先端の鼻部分の曲げ角は浅い。こうした形状はスキーの板に似ている。

　鼻部分を成形するには二つの方法があった。一つは、天然の曲がった木材を使用する方法、もう一つは製材した角材を削り出して曲面を成形する方法である。いずれにしても、曲げ加工を用いないで前方の鼻部分の曲面を成形したものが、日本在来の橇ということになる。この在来の橇は概ね小型であり、馬橇のような大型のタイプは少数しかない。総じて日本在来

図2-21 日本在来型の橇(秋田県横手市)

の橇は、ロシアのものに比較して大規模な産業用には発達しなかった。換言すれば、北海道のような広大な平地がない本州北部においては、大型橇が発達する必要性がなかったという見方もできる。

日本における橇の出現が、独自の発明であるという確証はない。また橇の機能は雪上だけでなく、陸上や泥上での作業にも有効であり、古代より重量物の運搬に力を発揮した。

陸上で使用する橇と雪上で使用する橇との関連については、運搬の原理に関わる難しい課題であることから、本章では言及しない。本州北部で明治期以前より使用されていた雪上用の橇を、日本在来の橇と位置づけるが、この在来という意味は、地域独自の発明と解釈しているわけではない。単に起源がわからず、ロシアから橇の技術が導入される明治期以前より使用されていたという程度の意味で日本在来と規定する。

3.2 ロシア型馬橇製作技術の日本への導入

北海道では、明治初期より冬の交通機関、運搬具として馬橇が使用され、自動車の発達する昭和30年代まで道内各地で見られた。北海道で使用される橇は、ロシアの技術を導入したロシア型と規定されるものと、日本在来の橇にロシア型の曲げ加工を導入した日本在来改良型に大別することができる。

① ベタ橇：日本在来改良型（大正期に出現）……形は在来型に似ているが鼻は蒸し曲げ加工を施している。
② 柴巻橇：ロシア型改良型（明治20年代に出現）……鼻が大きく後方に曲がり、全体が頑丈に作られている。ハルニレやエンジュなどの若木を蒸し曲げして組み立てる。最も広く普及した。
③ カナ橇：ロシア型改良型（明治20年代に出現）……柴巻を使用せず金属を多く用いる。台木の厚みが②に比較して薄い。

上記①〜③の橇を**図2-22**[注15]に示した。

ここでは、**図2-23**[注16]に示した厚板に曲げ加工を施す②の柴巻橇（ロシア型改良型）を中心に、形態、構造、製作技術を考察する。

北海道では、1874（明治7）年に開拓使樺太支庁を通して樺太在留のロシア人から馬橇を購入した。これがロシア型馬橇の購入に関する最初の事例と考えられている[注17]。1869（明治2）年に設置された開拓使は、ロシアで使用される橇が優れていることを、明治初期から知っていた。

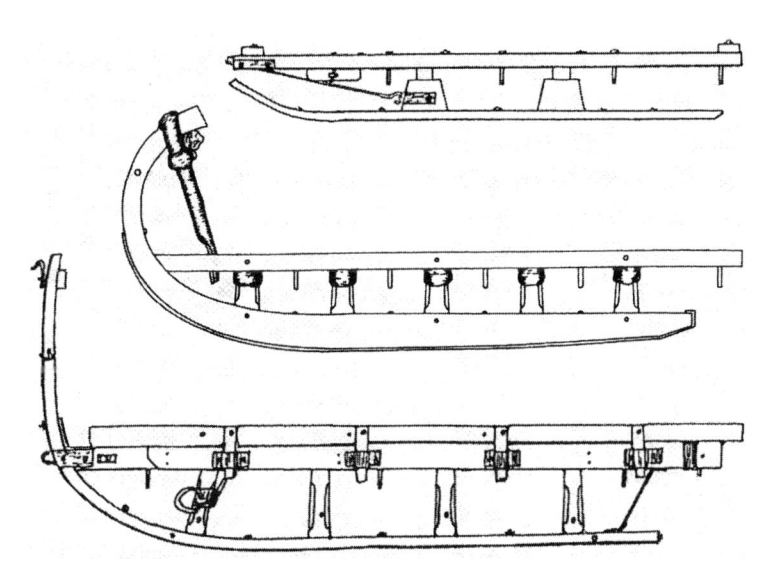

図2-22　ロシア型改良型の橇と在来改良型の橇(『北海道の馬橇』より作図)

図2-23　ロシア型の橇(北海道開拓の村)

長い冬期間に物資を運搬する必要があったことから、開拓使は設立直後から大型の馬橇に着目していたのである。

　我が国は、北海道の開拓にアメリカの技術文化を手本とする政策をとったが、同時にロシアが持つ北方技術文化の優れた点も取り入れている。その典型的な例が橇の製作技術ということになろう。

　開拓使が札幌の官営工場で橇の製作を始めたのは1875(明治8)年である。ところが、ここで製作された橇の台数は少なく、民間には普及していなかった[注18]。製作された台数が少ない理由は、製作技術が未熟であったため、量産することが難しかったということ、さらに当初から官営工場では試作としての研究が主で、量産に関する取り組みは設定していないという二つの点を挙げることができる。

輸入したロシアの馬橇と同様の技術は、日本の職人が持つ技量だけでは再現することが難しかった。難易度の高い技術が曲木加工の部分であることは、橇の構造や形態から見て明らかである。当時の状況について、札幌の初期移住者である深谷鐵三郎は次のように述べている[注19]。

　「真似を遣らしては得意の日本人職人の事ですから、一切夫れ等【ロシア型の車・家屋の模型】を製造したが、其手本に優るとも劣らない立派な品許りが出来上がったが、唯職人共が困ったのは橇で、是も外はできるが木を丸く曲げる事は如何してもできない。木を蒸して曲げると云う事丈は何所で聞いたか覚えて居たが、如何に蒸しても曲ら無いで皆折れて仕舞ふので、是れには閉口した」［1898（明治31）年7月27日、北海道毎日新聞記事］

　深谷鐵三郎の思い出話は、1877（明治10）年前後の様子を示していると推察される。特に蒸し曲げ法に関する内容が興味深い。木を曲げるには、蒸すという方法が不可欠であることを既に知っていた。おそらく、開拓使が樺太支庁を通して、ロシアから情報を収集したのであろう。しかしながら曲げ作業は予想以上に難しく、失敗を繰り返した。結局、開拓使は自力でのロシア型橇製作を断念する。

　開拓使が本格的にロシア型橇の製作方法を導入して橇の普及を開始したのは、1878（明治11）年である。製作方法を導入する契機となったのは、開拓使長官であった黒田清隆が1878（明治11）年8月にウラジオストクへ出張して運搬方法を視察した際、ロシア側から橇を贈られたことによる。この時、黒田は橇製作技術を習得するにはロシア人技師を招聘するしかないと決断したらしく、同年12月に樺太のコルサコフに出張し、ハムトフ、ノオパシン、イワノフという3名のロシア人木工職人を雇って帰国する。黒田は直ちに3人の日本人職工をロシア人に付けて修業させた。

　黒田はロシア人職工の持つ技術を短期間で日本人職工に習得させるため、札幌の器械場に作業所を新築した。1882（明治15）年2月に開拓使が廃止されるまで、ここで数多くの職工が育っていった。その後、作業所は農商務省の管理下に置かれたが、官営工場の払い下げが行われる1886（明治19）年まで、引き続いて職工の育成に務めた。

　ロシア人職工は、典型的なお雇い外国人ということになろう。ところが、ロシア人職工の専門分野は丸太を利用した耐寒建築大工であり、橇に関する専門の技術者ではない。すなわち、橇の製作技術に関しては精通しておらず、建築指導の合間に橇や馬車製作の技術指導をしたということになる。また馬車は荷車の類であり、曲木加工は車輪ではなく、車台の梶棒部分だけである[注20]。このことから、日本人の職工は橇と馬車の製作技術をロシア人技術者から指導を受けたが、高度な技術であったという保証はない。

　器械場の作業所では、車と橇の二つの作業をこなせる人材の育成を目的としており、橇の製作技術だけを特化させたものではなかった。すなわち、雪のない時期に物流方法の主体になる荷車と雪上期の物流に活躍する馬橇に、新たな蒸し曲げ法による曲木加工技術を導入したのである。

　ロシア人の職工は樺太から招聘されている。考えてみれば、樺太はロシアの東端に位置し、辺境の地である。そこで蒸し曲げ法による橇製作技術が19世紀後期に確立していたということなら、ヨーロッパに隣接するロシア西部、さらにポーランドやドイツといった地域では、少なくとも19世紀前期には、蒸し曲げ法による橇製作技術は完成していたと推察される。

3.3 ロシア型馬橇製作技術の実態

　明治前期に確立した、ロシア型馬橇の製作技術に関する具体的な資料は遺されていないが、製作技術の最も重要な部分が曲げ加工であることはいうまでもない。そして先のロシア職人の支援がなければ実現しなかった。

　明治前期の技術がその後改良されたとしても、蒸し曲げ法そのものは変化していない。昭和40年代の北海道における馬橇製作は、基本的に明治前期の方法とさしたる変化はないと考える。その論拠は、蒸煮装置やウインチに機械化が進展していないことを挙げることができる。具体的サンプルを、柴巻橇の実測図、北海道開拓の村に再現された昭和40年代の柴巻橇製作装置と、その製作工程から検討していく。

　図2-24は、1942(昭和17)年あたりに設計された柴巻橇の三面図である[注21]。構造と製作の主たる内容は次のようにまとめられる。

① 台木の太さは雪に接する部分が太く、曲げる鼻の部分はやや細い。蒸煮した後、曲げ加工する。
② 台木と桁木は束木を枘で組んで固定する。
③ 固定された台木は胴柴と鼻柴で固定される。
④ 鼻貫、鼻ボルトが固定される。
⑤ 裏金が釘またはネジで固定される。

　最も技術的に難しいのが、①の作業である。使用する材はミズナラ材で、長さ12尺、厚さ5寸、幅4寸の柾目材に加工する。この台木材は、さらに**図2-25**のように削り込む。その目的は、

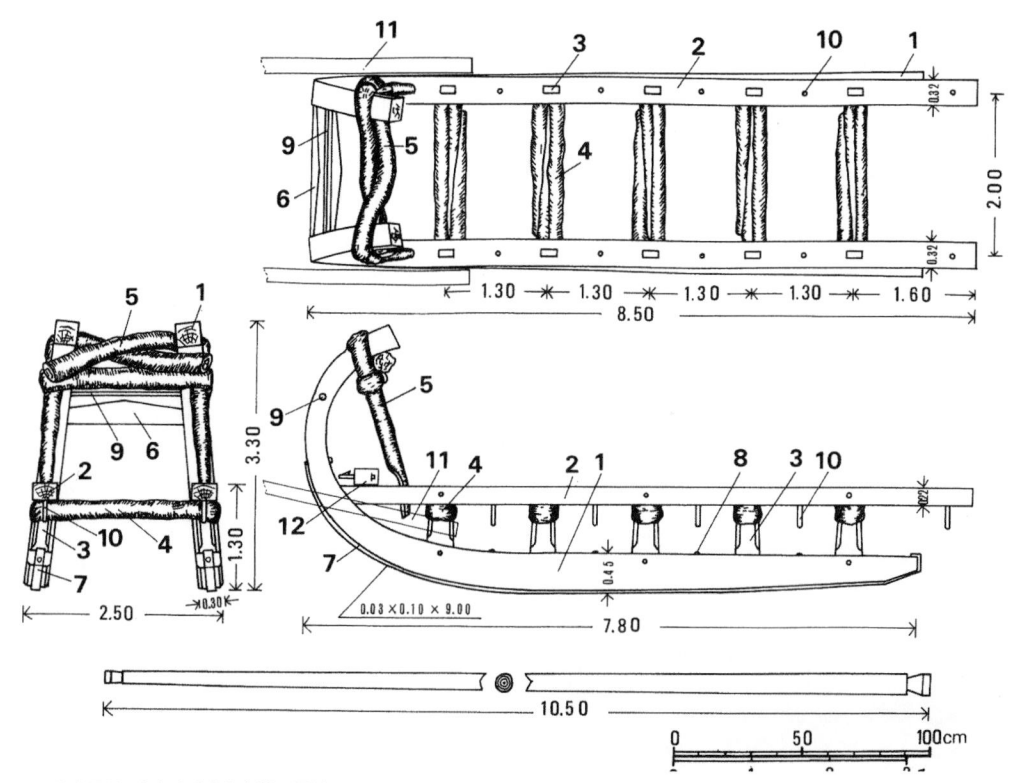

図2-24　柴巻馬橇と各部名称『北海道の馬橇』

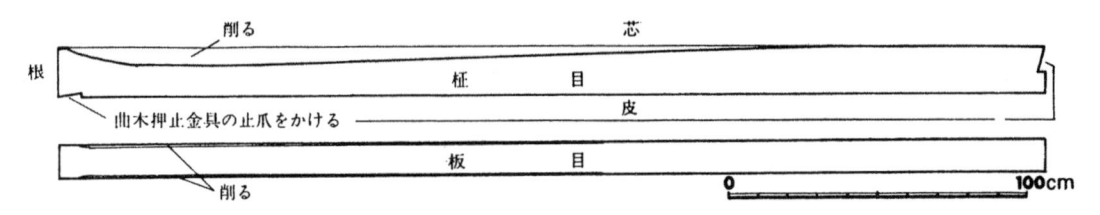

図2-25　台木の加工形状『北海道の馬橇』

曲げる部分の厚みを薄くして、曲げやすくするためである。また台木材は雪面に接する方向には心材面、上部には辺材面を割り当てている。この方法は、曲げる際の内圧縮を柔らかい辺材で対応するための配慮であろう。

　なぜ最も曲げに適したブナ材を使わないのかという疑問も生じる。北海道にブナが生育していなかったのではなく、樺太にはブナが自生していないので、ロシア人はナラ材を使用していたため、単に日本人が追従しただけである。換言すれば、明治前期にはブナ材を曲木製品に使用する知識が北海道にはなかったということになる。橇材は曲げることだけが目的ではなく、重量物の運搬に用いるため、堅牢であることも要求された。ロシアではミズナラが伝統的に橇の良材として受け継がれてきた。日本人が北海道のミズナラに経済的な価値を見いだすのは、明治30年代になって三井物産が砂川に広葉樹専用の製材工場を設営し、小樽港から海外へ輸出するようになってからである。

　次に蒸煮装置について紹介する。**図2-26**[注22]は橇製造業、車製造業等で使用された蒸煮装置である。下に湯を沸かす釜を据え、薪を燃料として蒸気を上の角状の容器に送り込んでいる。容器には少し傾斜を持たせ、手前に開口部を設けて台木を出し入れする。ボイラーではないので当然常圧での蒸煮となっている。概ね3時間〜3時間半蒸したと、関秀志は聞き取り調査によって確認している[注23]。**図2-26**の蒸煮装置には少し傾斜を持たせている。造船業で使用する長尺材の装置は水平であり、装置の両端から蒸気を出す仕組みになっている。

　図2-26の方法で均一に蒸煮できたのかという疑問も残る。おそらく、鼻になる部分を蒸気の出る上側に置いたと推察される。35mmのブナ材でも常圧で3時間前後の蒸煮が必要とされており[注24]、何か特別な工夫があったのかもしれない。

　蒸煮されたミズナラの台木は、**図2-27**[注25]のような装置によって曲げられる。この曲げ方は、**図2-28**[注26]に示したように、鉄板を曲げる部材の外側に密着させ、鉄板の端は部材上部の伸びを防止して内側を圧縮するというトーネット法を採用している。**図2-27**の曲げ

図2-26　蒸煮装置（北海道開拓の村）

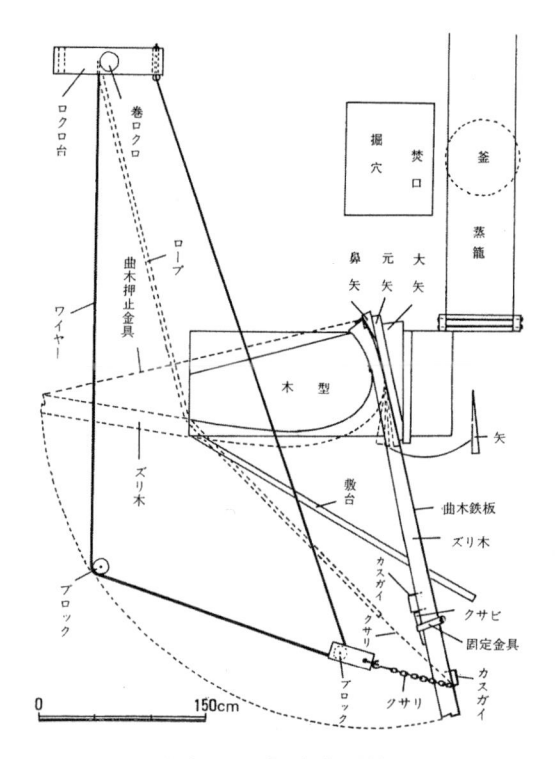

図2-27　馬橇用曲げ加工装置『北海道の馬橇』　　　　図2-28　トーネット法による曲げ加工（北海道開拓の村）

木装置は1942（昭和17）年の記録である。ロシアの職工が伝えた技術は、原理は同じでも、もっと簡略化されていた可能性がある。図2-23に示したような鼻部分に60mm以上の厚みを持つミズナラ材を、トーネット法を使用しないで半径500mm以内の曲率で曲げることは不可能である[注27]。仮に厚さ45mmの部材を半径が板厚の30倍より大きい1,350mm以上の型で曲げるなら、トーネット法を用いないでも曲げ作業は可能である。

　図2-29[注28]は明治前期の開拓使で製作された馬橇で、長さは7尺五寸であった。確かに図2-24に比較して台木の厚みは薄く、厚みも均一である。それでも厚みは40mm以下には見えない。仮に40mmの部材だとしても、半径1,200mm以上の型でなければトーネット法を駆使しない限り曲がらない。先の深谷鐵三郎の思い出話に示された「蒸して曲げても折れてしまう」という失敗談は、トーネット法を知らなかったためである。図2-29から図2-24へと発達する曲げ加工技術は、ウインチの導入とトーネット法の習熟によるものであり、部材の外側を2パーセント程度まで伸ばすといった曲げ加工の限界点を承知したうえでの展開である。

　図2-30は、1908（明治41）年あたりに、農商務省山林局林業試験場にてトーネット法による曲げ加工を行った際、内圧縮に失敗した事例である[注29]。とにかく曲げ加工の技術は日本人にとって難しいものであった。

　曲木の技術は、蒸し曲げとトーネット法によって大きく飛躍したと言っても過言ではない。先にも述べたように、トーネット法による馬橇の製作方法が1860年代の樺太で確立していたのならば、トーネット法自体は、少なくとも数十年前には、ドイツやオーストリアで実用化していたはずである。ミヒャエル・トーネットは、トーネット法を開発したのではなく、椅子の

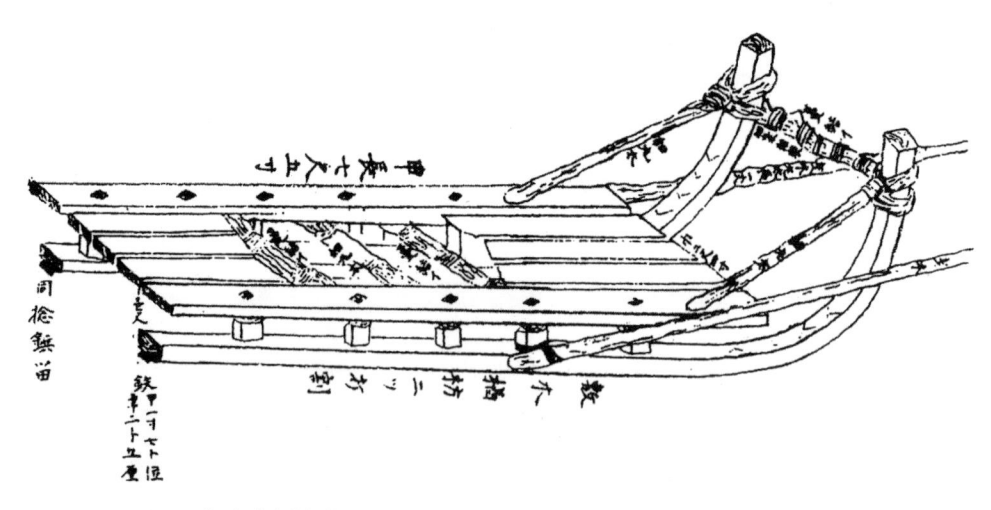

図2-29　露国形橇ノ図『開拓使事業報告』

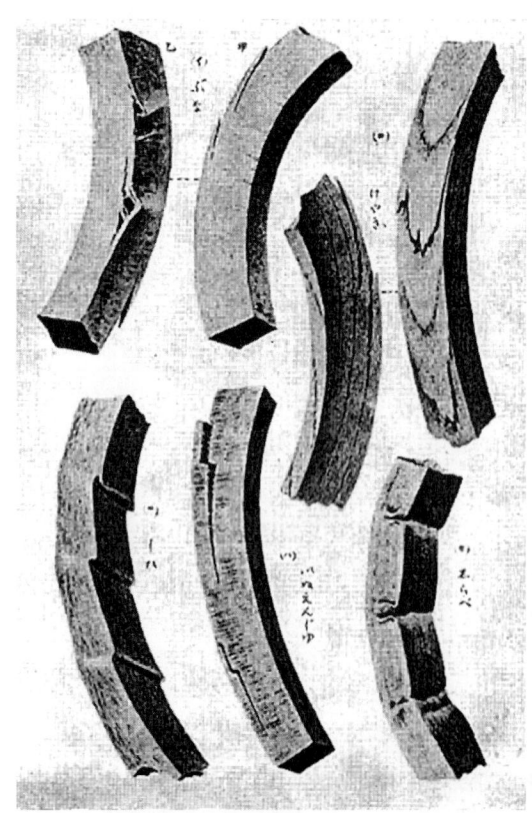

図2-30　内圧縮の失敗例『林業試験報告第六号』

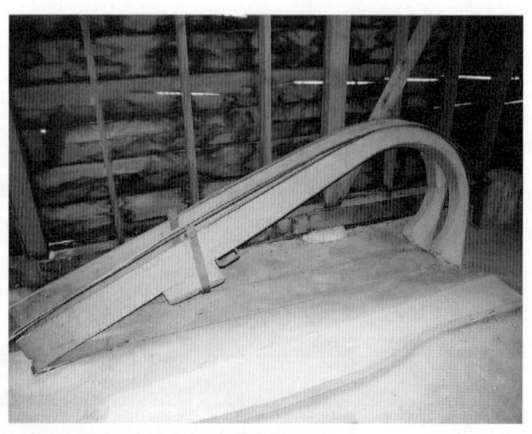

図2-31　成形した台木（北海道開拓の村）

製作に応用したにすぎないと考えるべきである。

現在のトーネット法は、各種のクランプを使用している。つまりネジによる固定で、曲げ加工に対応している。ところが、**図2-27**では木型に鼻矢、元矢、大矢といった3種類の楔が使用され、クランプは一切見られない。**図2-28**においても多様な木製楔が使用されている。トーネット法という新たな技術を取り入れても、北海道では楔という伝統的な道具と組み合わせて曲げ加工が行われた。

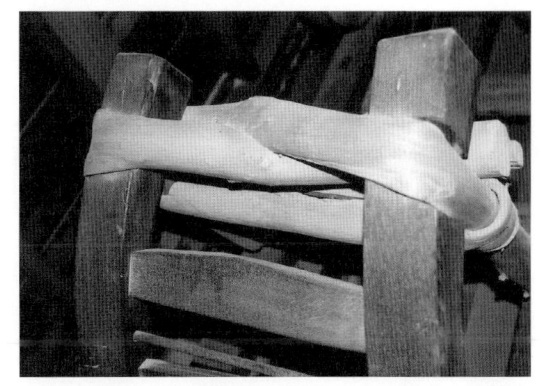

図2-32 柴巻の方法（北海道開拓の村）

台木は蒸煮され、木型に楔と手動式のウインチで固定され、その後乾燥する。**図2-31**[注30]は乾燥後に型からはずした台木である。鼻の曲面に、ヨーロッパで開発された技術の高さと、北海道の職人による長年の工夫を感じる。

ロシア型馬橇の製作技術には、柴巻というもう一つ特徴的な技術が含まれている。柴巻の柴とは、ハルニレやエンジュなどの若木を指す。**図2-24**の4を胴柴、5を鼻柴と呼んでいる。いずれも細い若木の柔軟性を活かし、台木同様、蒸煮した後に曲げて組み立てる。この技術は日本になかったと関秀志は主張している[注31]。確かに、蒸し曲げという方法で若木を曲げることは日本には見られない技術である。ただし、皮の付いたマンサクの若木を生の状態で結束材として使用することが、岐阜県の白川郷の屋根葺きに見られることから、結束材に広葉樹の若木を用いることは、山地の生活では伝統的に継承されていた技術である。エンジュ、マンサク等を生木で使用すると、後で硬くなって丈夫になり、長持ちするという技術は、おそらく日本を含めた広域に存在する。ロシアにおいて蒸煮するという新たな技術と接合したことによって、より精度の高い結束方法に発展したと読みとることも可能である。

柴巻は、鼻柴、胴柴のいずれも、台木の鼻や束を巻き付けるため、一部をえぐっている。固定のためと、曲げやすくするという二つの目的でえぐっているわけだが、こうした広葉樹の若木に関する利用法は、単なる結束という目的だけでなく、造形と深く関わることになる。第1章では、中国四川省成都市で行われている、竹の曲げ加工を利用した椅子の製作方法を紹介した。この方法は広葉樹でも見られる。**図2-32**[注32]に示した柴巻の技法と類似するえぐって曲げるという点では共通しており、近代以前に類似した技法が東アジアに広く存在していたことを裏付ける根拠になる。

柴巻橇は、最後に台木の滑走面に鉄板を取り付ける。**図2-33**[注33]は馬橇の下部で、台木よりやや幅の狭い鉄板が取り付けられている。この鉄板以外は極力金属を使用しないのが柴巻橇の特徴であり、カナ橇との大きな相違点となっている。**図2-24**の柴巻橇に取り付けられるボルト、ナット類は、明治前期以降に改良されたもので、**図2-29**の開拓使時代には使用されていない。北海道で展開したロシア型馬橇の製作技術は、近代の技術と伝統的な技術が混在した実に不思議な造形方法を醸し出している。

図2-33　馬橇の下部（旭川市博物館）　　図2-34　トーネット社が製作した橇

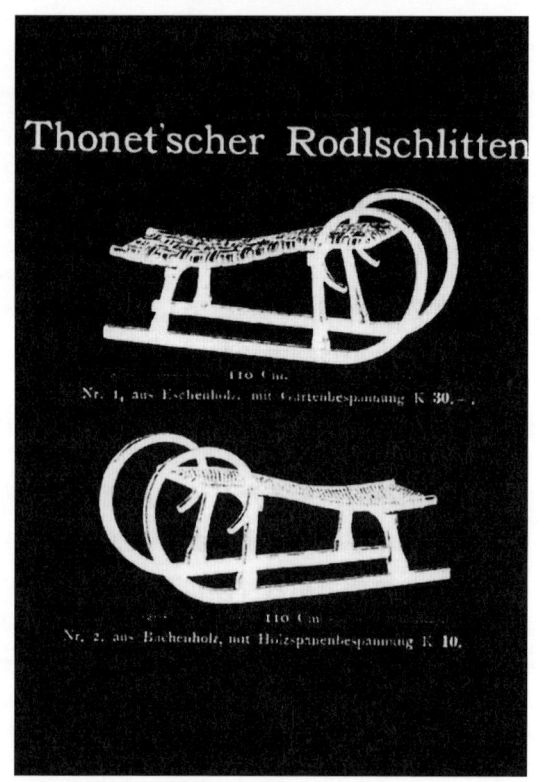

4 トーネット社で製作された橇

　オーストリアのウィーンで誕生したトーネット社は、薄板を集成した家具から生産を開始し、1850年代になるとソリッド材による曲木家具を生産するようになる。家具メーカーであるのに、**図2-34**注34)のような小型の橇を生産している。1904（明治37）年の総合カタログには橇が含まれていないことから、ウインタースポーツ専用のカタログが編集されていたのかもしれない。いずれにしても、主力商品でなかったことだけは確かである。

　図2-34の橇はレジャー用のもので、先の北海道で使用される馬橇とは使用目的が異なる。台木の鼻は大きく湾曲している。この形態はハンドルという実用的な機能だけでなく、マンモスの牙をイメージさせる意匠性も併せ持っている。**図2-34**の橇の製作には、これだけ木材を曲げることができるという、トーネット社の技術力をアピールする目的もあった注35)。特別高価ではないが、実用性と意匠性が上手に統合された造形がトーネット社の持ち味であり、**図2-34**の橇に見られる造形もそうしたポリシーを反映している。

　トーネット法は、加飾性の強い製品から、実用的な構造を必要とする製品まで、幅広く使用された。現状の資料からは、トーネット法が開発された時期を確定することはできないが、馬橇や荷車のような厚い木材を曲げる実用的な製品の技術改良が、トーネット法を生み出す一つの契機となったことは間違いない。

5 小結

　本章においては、トーネット社における曲木加工技術および意匠の進展と、ロシア型馬橇製作方法の導入を通して、曲木家具製作技術とトーネット法の関連性を検討した。

　トーネット社の曲木加工技術は、薄板を膠で煮た後に集成して加圧固定する方法から、ソリッド材の蒸気による蒸し曲げに移行する。また、移行する以前から三次元の造型を試み、最終的にソリッド材による三次元加工で特許を1956年に取得する。トーネット社の独自性は、この三次元形状に曲げ加工することにあり、この技術を駆使することで家具類に多様な意匠を展開していった。トーネット社の創始者であるミヒャエル・トーネットは、高い技術力と豊かな造形力を兼ね備えた人物であった。

　特許の有効期間が過ぎた後は、コピー会社との競争が激化し、会社の規模は大きくなるが、意匠面では斬新性がなくなり、第一次大戦を契機に衰退が始まる。1930年代には鋼管製椅子に活路を求めた時期もあった。最終的には第二次大戦によって自社工場が使用できなくなり、3万人以上の従業員を抱えた大企業は崩壊した。

　明治10年代の北海道に導入された馬橇製作法を、トーネット法と断定することはできないが、その可能性が高い。明治期の文献を見る限り、トーネット法を使用しないで橇の鼻を深く曲げることは難しい。またロシアの技術者を招聘したという具体的な記録が存在する以上、新たな曲木加工技術を導入したことは間違いない。この曲木加工技術が東京に伝播した可能性もある。曲木加工技術者を招聘した北海道開拓使長官の黒田清隆は、1889（明治21）年には農商務大臣に就いており、首都圏で曲木業が展開したとしても不思議ではない。その具体的な検討は第3章で行う。

注
1 ── Alexandwe von Vegesack:TONET─Classic Furniture in Bent Wood and Tubular Steel─、HAZAR、1996
2 ── 関秀志:橇の製作と利用に関する調査概要（1）──三上幸次郎氏の柴巻馬橇製作、北海道開拓記念館調査報告、第10号、北海道開拓記念館、1975年
　　　関秀志:橇の製作と利用に関する調査概要（2）北海道開拓記念館調査報告、第12号、北海道開拓記念館、1976年
　　　関秀志:橇の製作と利用に関する調査概要（3）──住吉栄吉氏のベタ橇製作、北海道開拓記念館調査報告、第14号、北海道開拓記念館、1977年
　　　関秀志:橇の製作と利用に関する調査概要（4）──カナ橇（函館型橇）について、北海道開拓記念館調査報告、第16号、北海道開拓記念館、1978年
　　　関秀志:橇の製作と利用に関する調査概要（5）──集・運材用馬橇について、北海道開拓記念館調査報告、第18号、北海道開拓記念館、1979年
　　　関秀志:橇、北海道開拓記念館研究報告 第5号、北海道開拓記念館、1980年
3 ── トーネットウィーン社の展示施設で1998年に筆者撮影
4 ── 同上
5 ── 同上
6 ── 島崎信・加藤晃市:特集＝永遠のモダーン:トーネット─曲木椅子のあゆみ、SD8305、37頁、1983年
7 ── トーネットウィーン社にて1998年に筆者撮影
8 ── 同上
9 ── カール・マンク、宿輪吉之典訳:トーネット曲木家具、鹿島出版会、p.40、1985年
10 ── 前掲9）:p.56

11 ── 1904年のカタログは1911の図がある。各種のバリエーションを加えると3000種類以上になる。
12 ── 前掲1)：p.42
13 ── 筆者撮影、1998年
14 ── 須藤功：運ぶ──フォークロアの眼3、国書刊行会、102頁、1977年　この写真は1967(昭和42)年に撮影されたものである。
15 ── 関秀志：北海道の馬橇──資料解説シリーズ No.7、北海道開拓記念館、見開き、1984年
16 ── 筆者撮影、2001年。北海道開拓の村は、札幌市の厚別区の開拓記念館に隣接した地域に建設され、北海道の伝統的な職人文化を再現している。
17 ── 関秀志：橇、北海道開拓記念館研究報告 第5号、北海道開拓記念館、p.56、1980年
18 ── 前掲17)：56頁
19 ── ユネスコ東アジア文化センター：資料 御雇外国人、小学館、173・218・345・353頁、1975年
20 ── 前掲17)：44頁
21 ── 前掲15)：14頁　三上幸次郎氏の設計図である。
22 ── 筆者撮影、2001年
23 ── 前掲15)：37-38頁
24 ── 秋田木工株式会社における曲木椅子の工程においては、直径が35mmのブナ材の丸棒でも、3時間以上蒸煮する場合がある。
25 ── 前掲15)：37頁
26 ── 筆者撮影、2001年
27 ── トーネット法では、曲率半径が材厚の30倍より小さい場合は、帯鉄による固定が必要としている。
28 ── 開拓使事業報告 第3編、北海道出版センター、742頁、1983年
29 ── 寺崎渡・高橋久治：曲木椅子製作ニ関する実験報告、林業試験報告 第六号、図9、1909年
30 ── 筆者撮影、2001年
31 ── 前掲15)：36頁
32 ── 筆者撮影、2001年
33 ── 筆者撮影、2001年
34 ── Volker Fisher:Design Classic The Chair No.14 by Michael Thonet、Verlag form、p.47、1998
35 ── トーネット社は、1851年にロンドンで開催された第1回万国博覧会に曲木家具を出品している。その曲木加工には薄い鉄板を木と積層して使用しており、あたかも木材だけで難しい曲げ加工が成立したかのように見せている。トーネット社は曲げ加工をデモンストレーションとして展示することがたびたびあった。また、マンモスの牙状の形態は19世紀後半における一種の流行だったようで、類似する製品も多い。このルーツがトーネット社であったかどうかについては今後の課題とする。

第3章

我が国における曲木家具製作技術の導入

1 はじめに

　本章は、19世紀中葉にオーストリアで開発された蒸し曲げ法による曲木椅子製作技術が、どのような経過で日本に伝えられ、定着したかを明らかにすることを目的とする。

　我が国の洋風文化の普及に、曲木椅子は深く関わってきた。この場合の洋風文化とは、官公庁、学校、大企業といった場ではなく、レストラン、ビアホール、カフェといった都会の飲食業を中心とする中産階級の文化である。

　明治後期あたりから大都市で展開するビアホールでは、曲木椅子が流行し、大衆がヨーロッパの文化を受け入れる積極的な場となっていた。明治30年代より、オーストリアのトーネット社製の曲木椅子を中心に、ヨーロッパで生産された曲木椅子の輸入が増加する。国産品は明治末近くになってやっと登場する。この国産曲木椅子の誕生に関しては、筆者の知る限り、これまでまとまった研究がなされていない。

　高周波等を利用し、単板を接着して三次元の曲面を得ることが全盛となった今日では、蒸し曲げ法による木材の加工は、もはや古典的な手法として位置付けられている。椅子の歴史研究者以外は、国産曲木椅子の揺籃期に対する関心がなくなったと推察する。明治末に創業した曲木家具業界で、現在まで存続しているのは、秋田木工株式会社だけである。換言すれば、それだけ多くの曲木家具業が廃業したことになる。

　では、曲木家具業の将来に展望がないかというと、実はそうではない。人工高分子の接着剤を多用した家具類は、必ず何らかの環境汚染に関与する可能性がある。だからこそ、膠を使用した曲木家具製作技術導入の実態を、正確に記録しておく必要がある。

　本章においては、ヨーロッパの蒸し曲げ法の導入過程を、農商務省という国の機関と民間企業の両面から考察していく。

2 調査方法

　明治中期から昭和初期までの木材加工史および木材産業史に関する代表的な文献史料とされる『大日本山林會報』『木材ノ工藝的利用』『林業試験報告』『明治林業史要』『明治林業逸史』『秋田魁新報』[注1]、また『秋田山林會報』、秋田木工株式会社『八十年市』を基礎史料とする。これらの史料に記されたブナ、ナラを中心とする広葉樹の利用方法、曲木産業に関する内容をすべて摘出する。その後、内容を年代順に整理し、ヨーロッパから蒸し曲げ法による曲木椅子製作技術が伝えられた経過について編年化を試みる。

　次に、この編年作業を通して、農商務省における曲木加工技術の研究および曲木椅子産業の奨励政策について考察する。さらに、民間における曲木産業の成立と発達過程について資料を通して検討し、我が国の曲木椅子生産における初期の実態を明らかにしていく。

3 農商務省による広葉樹の利用促進計画

3.1 農商務省における木材利用方法に関する基礎研究

　明治も半ばになると、ヨーロッパの林業に関する研究が活発化していく。その事例の一つに、ガイエルの原著を望月常が1894(明治27)年に訳した『木材工藝的性質論』を挙げることができる。望月常は農商務省山林局に勤務する技師である。後に全国の木材調査を行い、1912(明治45)年に刊行された『木材ノ工藝的利用』の編集に携わった。ガイエルの原著を翻訳した目的は、日本の木材資源の有効な活用に関する手本を、ドイツに求めることにあった。材料の性質を科学的に分析し、その特性を活かして輸出産業に貢献するという明治期の国策は、木材の工芸への利用にも反映していたということになる[注2]。『木材工藝的性質論』の翻訳から15年後、農科大学助教授の諸戸北郎が1909(明治42)年に『木材ノ性質』を著す。諸戸は、その巻頭に次のような内容を記している[注3]。

　「……樹木ノ性質同ジカラザレバ則チ木材使用ノ途モ亦同ジカラズ是ヲ以テ適當ニ木材ヲ使用セント欲セバ先ズ樹木ニ即キテ其性質ヲ知ルコトヲ要ス余嘗テ此ニ感アリ乃チ獨乙人ガイエル氏ノ著書森林利用學ヲ基礎トナシ之ヲ平素ノ實驗ニ稽ヘ漸ク此ノ編ヲ成セリ……」

　上記の文中においても、ガイエルの学問を基礎としていることが述べられている。諸戸北郎は明治30年代後半まで山林局の技師として活動し、その後に農科大学に移ったことから、ガイエルの著書の翻訳が開始された明治20年代半ばより明治30年代後半まで、木材の工芸への利用に関する基礎研究は、一貫してドイツを模範としていることが窺われる。

3.2 農商務省の森林資源および木材利用に関する調査

　明治30年代の農商務省山林局は、林政課、林業課、調査課、主計課から構成されていた[注4]。この調査課が中心となり、明治30年代より森林資源および木材利用に関する調査が多数行われる。海外に関する主な調査報告書、視察復命書は次のようなものである[注5]。
- 清國木材視察報告、1900(明治33)年
- 澳太利國森林視察復命書、1901(明治34)年
- 印度森林視察報告書、1902(明治35)年
- 匈牙利王國森林視察復命書、1902(明治35)年
- 韓國森林視察復命書、1903(明治36)年
- 清韓両國森林視察復命書、1903(明治36)年
- 露國林業視察復命書、1904(明治37)年
- 韓國森林調査書、1905(明治38)年
- 清國及比律賓群島森林視察復命書、1905(明治38)年
- 清國林業及木材商況視察復命書、1905(明治38)年
- 沖縄縣森林視察復命書、1906(明治39)年
- 満州森林調査書、1906(明治39)年
- 南部樺太森林調査書附国境付近の林況、1907(明治40)年

- 清韓両國木材ノ商況及需用調査書、1907（明治40）年
- 曲木家具製造事業ニ關スル調査報告書、1908（明治41）年
- 車輛用材調査復命書、1908（明治41）年
- 樺太森林調査書明治39年度〜明治40年度、1908（明治41）年
- 南滿州木材商況調査書、1908（明治41）年
- 獨墺兩國森林工藝研究復命書、1909（明治42）年
- 清韓両國及臺灣各地市場木材商況調査書、1909（明治42）年
- 南米森林視察復命書－伯西爾共和國之部、1909（明治42）年
- 樺太森林調査書明治41年度、1909（明治42）年

　上記の中で　ヨーロッパに限った調査報告書は下記の内容である。
① 村田重治：澳太利國森林視察復命書、農商務省山林局、1901（明治34）年
② 松波秀實：匈牙利王國森林視察復命書、農商務省山林局、1902（明治35）年
③ 道家充之：露國林業視察復命書、農商務省山林局、1904（明治37）年
④ 平尾博洋：曲木家具製造事業ニ關スル調査報告書、農商務省山林局、1908（明治41）年
⑤ 佐藤鈊五郎：獨墺兩國森林工藝研究復命書、農商務省山林局、1909（明治42）年

　①〜⑤に示したように、1901（明治34）年にはオーストリア、翌1902（明治35）年にはハンガリーの森林視察復命書が提出されており、アジアにおける森林視察とともに、ヨーロッパの森林資源と木材利用の調査も継続して行われている。こうしたヨーロッパ（ドイツ、オーストリア）の林業を模範とする姿勢は、先に望月常の『木材工藝的性質論』を示したように、明治20年代後半まで遡る。ほかにも、ドイツ、オーストリアの林業に関する研究を記した山林局関連の刊行物は、次のようなものが知られている。

- 志賀泰山編集：獨逸國森林事情 上巻、1901（明治34）年
- 志賀泰山編集：獨逸國森林事情 下巻、1903（明治36）年
- 持田軍十郎：瑞西國及墺匈國留學習得學科ニ關スル論文、1906（明治39）年

　上記の『獨逸國森林事情 上巻、下巻』によれば、志賀泰山は山林局林業課の課長として、1900（明治33）年6月より1901（明治34）年5月までドイツを中心に視察を命じられている。また、持田軍十郎は山林局林業課営林技師として1903（明治36）年6月から1905（明治38）年3月までスイス、ドイツに留学を命じられている。このことから、佐藤鈊五郎がヨーロッパに留学した1906（明治39）年から1908（明治41）年以前に、山林局より視察、留学が多数実施されていたことになる。換言すれば、曲木産業の視察も含め、ドイツ、オーストリアの木材工芸を調査した佐藤鈊五郎の留学は、農商務省の計画的な林業政策に位置づけられた要素が強く、突発的な命令ではなかった。

3.3　農商務省による広葉樹の利用促進に関する啓蒙活動

　明治30年代後半には、日本の木材資源の有効利用に関する議論が農商務省で積極的に行われた。当時の農商務省における見解については、1905（明治38）年に鹽澤健が著した「世界各國に於ける森林及び木材貿易の概況」[注6]という報告を事例として挙げる。この報告の最終的な目的が輸出にあることは次の内容から明らかである。

　「……國民經濟に於ける一般の商工業が非常の隆運に向かうべきは勿論、林業界に於ても亦

従来の面目を一新して盛大なる事業の勃興を見るべきや必せり。則ち内地の深山幽谷、北海道及び臺灣の僻在地に於て、無慮幾億尺〆の蓄積を有し、しかも概して皆相當の伐期に到達せる廣大の天然林は、最早之を今日の侭に放置して永く生産上に閑却せしむるを許さず、近き将来に於て意外にも利用開發の一大好機運を誘致せむこと期して待つべきなり。故に今より豫め世界各國に於ける森林及び木材貿易の状況を窺うは、林業商業者に取りて尤も緊要の事たるを認む。左に記する所は千九百三年（明治三十六年）墺國フウナーグル氏の調査に係るもの、其の他種々の外國林業雑誌より抄譯せるものなり、記事時に随ひ筆に委せ一定の順序次第なし、読者乞う之を諒とせよ」

表3-1 オランダにおけるオーストリア・ハンガリーからの木材輸入

材種	1899年	1900年
圓材（堅木）	81,300 (8,130)	28,400 (2,840)
圓材（堅木）	100 (10)	23,900 (2,390)
工藝用材（粗削り、堅木）	11,300 (1,130)	103,500 (10,350)
工藝用材（粗削り、軟木）	5,400 (540)	— —
桶材	20,600 (2,060)	15,700 (1,570)
鐵道枕木	7,400 (740)	6,300 (630)
鋸切材（堅木）	154,200 (15,420)	108,500 (10,850)
鋸切材（軟木）	88,300 (8,830)	190,600 (19,060)
計	368,600 (36,860)	476,900 (47,690)

※数量の単位は「メートルツエントネル」にして、括弧を付したるものは換算噸数

この文章の後に記された事例は、英國、佛國、白耳義（ベルギー）、和蘭（オランダ）、丁抹（デンマーク）、瑞典（スウェーデン）および諾威（ノルウェー）の各国である。すべてヨーロッパの国で、スカンジナビアの瑞典および諾威を除けば、いずれも木材を輸入している国である。つまり、「世界各國に於ける森林および木材貿易の概況」が示す世界各国とは、ヨーロッパの木材輸入国を主な対象とし、その輸入品目を示しているのである。その具体的種別の一つに、表3-1[注7]を示す。

表3-1の中では、堅木＝広葉樹を強く意識させている。日本国内では雑木とされてきた広葉樹が多数輸出されていることに着目している。「世界各國に於ける森林および木材貿易の概況」の中に記述される樹種は、次のようなものである[注8]。
○ 針葉樹（松⑥、ピッチパイン②、白松①、樅④、唐桧⑥）
○ 広葉樹（山毛欅⑥、栗③、槲⑤、楡②、欅②、アカチエ②、白楊②、柳①、櫻①、白樺②、シデ①、トネリコ①）
※丸付きの数字は記述の回数を示す。

ブナの記述には特に力が入り、「佛國に於て山毛欅の桶材の輸入次第に増加することは大に注目すべき所にして、……」[注9]とか、「……殊に山毛欅材の製作品、即ち牛酪を容るゝ桶類を独逸、和蘭、英國其の他高加索及び西比利亞地方へ輸出す、之に就き同國に於ては尚ほ山毛欅の桶材を、他のものとして又墺國のザルツカムメルグウトより輸入す」[注10]というように、桶材への活用にも注目している。日本では材の性質が悪く、ほとんど使用されないブナが、ヨーロッパでは有用材であることに筆者が驚いている様子が窺われる。そして、日本の広葉樹材が将来重要な輸出品になることを予測している。

3.4 農商務省嘱託員の平尾博洋による曲木家具製造事業調査

農商務省よりヨーロッパの曲木業調査に関する拝命は、1906（明治39）年5月に命を受け、1906

（明治39）年6月から1908（明治41）年8月にかけてドイツ、オーストリアに留学した佐藤鋠五郎が最初と解釈していた。ところが、農商務省は、曲木家具製造事業に関する調査を1905（明治38）年12月に嘱託員の平尾博洋に命じていた。この平尾博洋がどのような人物であったのかについては手掛かりがない。当時の住所が名古屋市南新町二番地となっているので、フィールド調査を実施したが、平尾博洋なる人物の痕跡は見いだせなかった。

1909（明治42）年4月発行の『名古屋商工人名録』、1910（明治43）年3月発行の『名古屋商工案内』、1910（明治43）年6月発行の『名古屋商工概要』にも名前は見当たらない。また、1904（明治37）年4月から1906（明治39）年12月に発行された『名古屋商業會議所報告』、1907（明治40）年1月から1909（明治42）年1月までに発行された『名古屋商業會議所月報』にも名前が見当たらないことから、名古屋商業会議所の関係者ではない。民間人であるならば、地域の商工業と何らかの接点があると推定したが、現在遺されている資料には平尾博洋の手掛かりがない。

理由は不明であるが、平尾博洋が実際に出発したのは1906（明治39）年12月であった。平尾の行動は「明治卅八年十二月八日付ヲ以テ澳太利、匈牙利國ニ於ケル曲木及日常家具製造事業ノ調査嘱託ノ命ヲ奉シ客年十二月廿九日神戸解纜ノ常陸丸ニテ出發翌四十年三月一日澳太利維也納府着爾來ビストエック、フユウメ、トリニスト、ブダペスト、等ノ各地ニ於テ調査ニ着手シ三月廿五日終了維也納府出發歸途獨、佛、英、米等ノ諸國ニ立寄リ尚ホ製品販賣ノ状況並ニ需用ノ状態ヲ視察シ本年六月一日歸朝仕候……」という復命書の記述から理解することができる。平尾の個人的な判断でヨーロッパ諸国やアメリカを視察したとは思えない。またこうした視察内容を実行できる平尾博洋という人物は、どうも名古屋市という地域から選出された商工業の関係者ではなさそうである。

平尾の記した『曲木家具製造事業ニ關スル調査報告書』を整理すると、次のようにまとめることができる。

① オーストリア＝ハンガリー連合帝国における曲木及日常家具製造の状況
- トーネット社による曲木加工技術の開発過程およびその低廉性、世界各地への大量輸出は高く評価できる。
- 1869年にトーネット社が取得していた特許権が切れたことから、オーストリアでは曲木製作会社が相次いで設立され、トーネット社を含め現在は25社以上が稼働している。

② 同上原料産出の状況並びに用途
- 材料は主としてブナを使用している。高級な製品にはコクタン等の貴重樹種を使用する場合もあるが[注11]、実用的な製品は概ねブナを使用している。
- トーネット社が度々工場を移転したのは、材料が枯渇化したため、材料の豊富な地域に工場を移したためである。
- 現在材料の調達に苦労しているが、オーストリア、ハンガリー、ポーランド産のブナ材で対応している。

③ 同上製品販路の状況並びに将来の見込
- 現在各社では、古くより使用されている家具類と同じ製品を多種多様に生産しており、廉価なために海外にも多数輸出されている。
- 曲木家具は当初海外で売れなかったが、1851年のイギリスでの博覧会出品、その後のミュンヘン、パリでの博覧会に出品して名声を得た。このような結果、輸出が増加し、現在もま

だ需用は増大している。
④ 同上需用および嗜好の状態
　曲木製品の需用をドイツ、フランス、イギリス、アメリカで視察したが、概ね良好であった。旅館、劇場、公会堂、店舗等で幅広く使用されている。
⑤ 同上諸外国製品販路の状況
　曲木家具製造はオーストリア、ハンガリーで盛んである。諸外国においても曲木家具製造は行われているが、規模が小さいため、オーストリア、ハンガリーに曲木家具を輸出することはない。オーストリア、ハンガリーでは従来より継承されている家具生産は曲木家具に圧迫されている。
⑥ 同上市場取引関係並びに製品の価格
　市場における曲木製品の種類は千種類に及んでいる。価格は5クローネから200クローネの間であり、概ね現金によって取引がされている。
⑦ 将来我が国における製品供給に参考となる事項
- 曲木家具は、将来日本にて製造を開始すれば利益が大きく、国家にとっても有益となる。
- 使用するブナ材は、日本においては豊富であるが、ほとんど利用されていない。オーストリア、ハンガリーでは、ブナを有用材として森林経営を行っている。
- 日本の労働賃金はオーストリア、ハンガリーの1/3程度であり、日本人は手工芸的能力が高いことから、オーストリア、ハンガリーの製品より廉価で製造できる可能性がある。
- 日本に現在輸入される各種の曲木家具製品は、意匠、構造共に精緻ではあるが、多くは比較的価格の低い類であるため、構造は簡単なものである。しかしながら、改良の必要があるかどうかについては容易に判断できない。
- 現在オーストリア、ハンガリーで生産される曲木家具は、欧米の需用を満たすことで精一杯であるため、日本には少量しか輸出されない。日本人の多くは曲木家具に接していないことから、その良さを本当に理解していないと考えられる。

　平尾博洋は、1907(明治40)年3月1日にウィーンに到着し、3月25日までという極めて短期間の調査しか行っていない。わざわざ3カ月近くもの期間を要して日本からウィーンへ渡航しながら、こうした短い日程で調査を終えたことに疑問も残るが[注12]、事前に調査に対する支援体制が整っていたのかもしれない。

　①の25社とは、**表3-2**に示した企業である[注13]。備考に「本表ノ外二十七箇ノ單獨事業家アルモ調査上其必要ヲ認メサリシニ依リ取調ヲナサズ」とある。とすると、オーストリア・ハンガリーだけで50社以上の曲木家具業が存在したことになる。この数にドイツの曲木家具業を加えると、おそらく70社以上になると推察される。

　表3-2には「ヨゼフ、ホフマン」という会社名も見られる。ウィーン工房のホフマンと関係があるのだろうか。ウィーンの「ヤコープ」ウント「ヨゼフ、コーン、ア、ゲ」はJACOB & JOSEF KOHN AGのことである。

　平尾の報告書は、曲木家具産業の導入を前提として記述しているが、④の部分では、日本人の嗜好に曲木家具が本当に合うかについて積極的な言及を避けている。椅子の使用が生活に定着していなかった明治後期の社会では、輸出産業としての見通しはあっても、日本国内での需要に関しては判断する材料がないため、積極的な言及を避けたのではなかろうか。

表3-2　オーストリア、ハンガリーにおける曲木家具製造会社

所在地名	会社名
クラカウ	「ミツベル、アドレル」
マルヒ河畔ノウエツセリー	「ヨハン、ブリーフ」
ウヰンナ府	「ヨジアス、フキアラ」
ロストクラート	「ヨハン、フキアラ」
ビーリッツ	「カル、フキベル」
ウヰンナ、プラーグおよびニーメス	「エミル、フキッシエルゼーネ」
ボーデン、バッハ	「フリードリッヒ、フラシユ子ル」
クラカウ	「イグ」「フックス」
オプロトニック	「ハーフエンリヒテル」
チラウツ	「ヨゼフ、ホフマン」
ビーリッツ	「ヨゼフ、ホフマン」
フライスタット	「ファル、ヤドルニッエク」
シビッツ	「ヨゼフ、ヤウォレク」
ノキス	「アントン、コブリシエック」
ウヰンナ	「ヤコープ」ウント「ヨゼフ、コーン、ア、ゲ」
ニーメス	「ルードルフ、ラッアル」
ボーフスラウキツ	「カスパル、ラキダー」
ロヂゴウキツエ	「フゴー、ラキヒ」
トローレッツ	「ェー、エム、シユロツセル」
メール、ワキスキルヒェン	「ヨト、ゾムメル」
ロイテンスドルフ	「タイブレル」ウント「ゼーマン」
ウヰンナおよびビストリッツ	「ゲブリュウデルトネット」
ブクツコウキツエ	「アドルフ、ウエツヒ」
クラカウおよびブクッコウキツエ	「ルードルフ、ヴァキル」
フキウメ	「ヒュマーネルメーベルハブリックアリチエンゲゼルシヤフト」

調査の中心となる⑦については、未利用の豊富なブナ材、安い労働賃金、優れた技能を持つという我が国の特性を活かせば、曲木家具産業の育成は可能という見解を平尾は示した。しかしながら、問題となるのは、材料となるブナの森林経営を安易に考えている点である。「……蓋シ之レカ原料タル木材ハ本邦森林中繁茂スル區域廣ク隨テ産額豊富ナルト劣等ノ樹種トシテ用途又狭少ナルトニ依リ殆ント材價トシテ見ルヘキ價格ヲ有セス之ヲ澳匈國ニ於テ有用材トシテ大面積ノ森林経營シ相當ノ材價ヲ保ツモノニ比スレハ實ニ奇異ノ威ヲ生ス……」という記述から、真剣にブナの森林経営を検討していたとは思えない。ヨーロッパの曲木家具産業が、ブナ林の枯渇化を促進させているという現実を分析しないで、ブナ林の活用性だけを評価して有効な森林経営と解釈しているのである。

平尾の報告は「曲木家具製造事業ニ關スル報告書」として、1908（明治41）年2月に発行された『山林公報第四號』に掲載され[注14]、全国の主要林業研究機関に、ブナ材の活用方法として曲木家具産業が有望であることを強くアピールした。

平尾博洋の海外渡航は、海外実業練習生の制度を利用して実施したものであるから、曲木家具業に関係した若手の人物による調査と位置づけるべきであろう。しかし、その後の曲木家具業に平尾博洋の名前はなぜか見当たらない。

3.5　農商務省営林技師佐藤鉦五郎のヨーロッパ留学

農商務省によるヨーロッパの森林調査は、3.2で示したように、明治30年代初頭より積極的に行われているが、木材を活用する方法、とりわけ広葉樹の木材工芸に関する本格的な調査は実施されていない。

農商務省は山林局技師の佐藤鉦五郎をドイツ、オーストリアに留学させ、木材工芸の視察を命じる。『獨墺兩國森林工藝研究復命書』[注15]によれば、佐藤鉦五郎は1906（明治39）年6月23日に日本を出発し、8月18日にウィーンに到着している。先に示した平尾博洋が1907（明治40）年3月

にウィーンに到着するが、既に佐藤鋠五郎は半年以上前から滞在していることになる。このことから、ウィーンで佐藤と平尾が交流している可能性がある。少なくとも、同じ農商務省の命を受けて渡欧している者が、曲木家具産業の情報交換を行うのは当たり前の事である。佐藤は1908（明治41）年8月19日に調査を終えて帰国している。

　佐藤鋠五郎の記した復命書は次のような内容である。

「獨墺兩國森林工藝研究復命書」
第一章　　總論
第一節　　工藝ノ意義
第二節　　木材工藝研究ノ必要
第三節　　歐洲ニ於テ木工上使用シツツアル樹種
第四節　　木材ノ乾燥
第五節　　木材ノ蒸煮
第二章　　各種ノ木工
第一節　　壓搾彫刻
第二節　　燒繪
第三節　　絲鋸細工
第四節　　寄木細工
第五節　　木象眼 附擬象眼
第六節　　藥液焦蝕法
第七節　　大理石象眼
第八節　　噴砂器法
第九節　　木材色付
第十節　　玩具
第十一節　壓搾木屑
第十二節　コルク煉瓦
第十三節　薄板及貼木細工
第十四節　曲木細工
第十五節　ぶな材ノ一般用途及木材使用ノ集約
第三章　　結論

　上記の内容で、曲木家具製造に関する主たる部分は第二章の第十四節であるが、十五節の一部も関与している。佐藤は平尾の報告書に見られるマネジメントに特化した内容とはやや異なり、曲木加工技術の内容を中心に論じている。その詳細は次のような項目で構成されている。

第十四節　曲木細工(Holzbiegerei)
(1)原材料ノ選定
(2)桿材ノ蒸煮

(3) 桿材ノ屈撓
(4) 屈撓材ノ乾燥
(5) 曲木家具の製作順序
(6) 着色効果の地域嗜好
(7) まとめ

　曲木細工に関する内容は、ドイツのドレスデンとオーストリアのシュレシエンの曲木工場を調査したものである。トーネット社の工場視察は、高官を介して何回も交渉を重ねたが拒否され、実現しなかった。日露戦争に勝利した日本に対して、トーネット社だけでなく、ヨーロッパの大企業は強い警戒心を示した。シュレシエンの工場を見学できた経過については詳細に記述している[注16]。

　トーネット社の見学を断られた佐藤は、他の曲木工場の見学を行うため、1907（明治40）年11月にシュレシエンの工場視察を申し出る。しかし、翌1908（明治41）年2月になっても許可が下りないことから、再度工場を訪れる。その際、工場の社長より曲木業はその操業に秘密にしている部分があり、また日本人は自国のブナ材を用いて曲木工業を興す可能性があることから、東洋への販路に障害を来す可能性があることを指摘される。それでも佐藤は諦めず、さらに2回の交渉を重ね、ついに4月上旬にウィーンから急行列車で7時間を要し、シュレシエンのハインツエンドロフ村にて工場を縦覧する。その時間がわずか2時間であったため「……即チ一工場ヲ僅々二時間縦覧センカ為メ約半ヶ年間各種ノ方面ヨリ運動ヲ試ミ終ニ急行列車七時間余ヲ往復シ宿泊料車馬賃等ヲ合セ約一百クローネンヲ費シタリ……」[注17]と嘆いている。

　佐藤の視察は、すべて曲木家具の技術面に終始しているわけでもない。(6)の着色効果の地域嗜好では、次のように記述し[注18]、輸出を前提としたマネジメントにも及んでおり、総合的な見地で曲木家具を捉えている。
・佛國　　　　　薄色及くるみ色
・獨國及其他　　暗黒色
・米國　　　　　かし材色及帯黒「マハゴニー」材色
・東洋　　　　　黒色、くるみ色及木地
　　尚木地ハ何レノ邦國ニモ適ス
　さらに「……由來墺匈國ハ曲木家具製作ノ産地ニシテ其産額多大ナルカ故ニ其状況ヲ略述センニ同國ニ於テ此製作ヲ開始セシハ今ヲ距ル約五十七年前ニシテ其産額ハ一千八百六十年ニ於テハ僅々二十萬圓ニ過キサリシカ一千八百七十年ニハ一躍一百二十萬圓トナリ一千八百八十年ニハ三百二十萬圓ニ達シ一千八百九十年ニハ約五百二十萬圓ノ巨額ニ及ヘリ然リ而シテ曲木會社の主ナルモノハトーネット兄弟合名會社ヲ元祖トシ之ニ亞クヤコッブ及コーノノ合名會社トセシカ三箇年前多數ノ小工場主合同シテ新タニ墺國曲木家具製造株式會社ナルモノヲ組織シ（小官ノ縦覽セシハ之ニ屬スルー工場ナリキ）前二者ヲ凌駕スルニ至レリ……」[注19]と述べ、トーネット社のコピー会社に関する経済価値を高く評価している。佐藤鋠五郎は、日本の曲木家具産業の位置付けを、トーネット社が長年構築してきたブランド品としての高い造形性にだけ求めたのではなく、コピー会社も対象に日本の曲木業を想定したのである。

佐藤鋠五郎が記した『獨墺兩國森林工藝研究復命書』の中で、曲木家具製造に関する内容はわずか14頁にすぎない。ところが、曲木工場の視察に対する使命感は強く、帰国する2ヵ月前まで多大な労力と金銭を費やして曲木工場の視察を敢行するのである。佐藤はドイツのドレスデンとオーストリアのシュレシエンの曲木工場を訪れているが、シュレシエンの曲木工場が最初の視察であったので、2時間という縦覧では満足する成果を得ることができず、その後帰国するまでの2ヵ月の中で、ドイツのドレスデンまで出かけたのである。

佐藤鋠五郎は、1908（明治41）年に帰国した後、広葉樹利用に関する啓蒙的講演を各地で行っている。その講演内容は、1911（明治44）年に発表した「闊葉樹の利用に就いて」[注20]とほぼ同じと考えられることから、この講演内容を整理すると次のようになる。

(1) 工芸原料としての木材の必要なる所以
① 東西に共通する普遍的な資源
② 木材の物理特性、保存特性、加工特性
③ 加工の容易な工芸原料
④ 低廉な価格

(2) 我邦に於ける未利用広葉樹に対する利用開発の急務
① 日本ではこれまで加工が容易なことから、針葉樹を主体として使用してきた。
② 日本には多様な広葉樹が天然林に存在するのにもかかわらず、一部の広葉樹しか利用されないことから、多くの資源が宝の持ち腐れ状態となっている。

(3) 欧州に於けるナラ及ブナ利用の現状
① ヨーロッパにおける広葉樹の価格（ウィーンにおける挽割材一尺〆の市価）
　ナラ（21〜27円）、カヘデ（13〜24円）、クルミ（16〜19円）、カンバ（8〜11円）、ブナ（6〜8円）、ハンノキ（9〜12円）
② ナラ材の用途と樹木の枯渇化：ナラ材の用途は、建築材、車輛用材、造船用材、鉄道枕木、樽材、家具什器材、機械器具用材、貼木用薄板材、其他測量器械・医療器械等の外箱・旋工・玩具である。ナラ材は需要が増しており、資源が枯渇化している。植林も実施しているが、需要に追いつかない。
③ ブナ材の歴史、特性、用途：ブナ材の活用は、ナラ材のような古い歴史を持たず、40〜50年前からヨーロッパで本格的に使われるようになったにすぎない。ブナ材の欠点とその補正について、事例を挙げて解説している。ブナ材の用途は家庭建築、土木、水木、橋梁、機械及器具、造船及船具、曲木細工、指し物、旋工、車輛、桶樽類、割り材工業、彫刻、其他の板材工業、編物細工、農業上の用途、製紙原料、乾留原料等である。
④ 日本における近年の広葉樹利用状況
　・ナラ材を三井物産から輸出し、ヨーロッパ市場で評判が良い。
　・近年ナラ材の貼木細工によって楽器、家具が作られるが、製品の質は劣っていないのに、海外から輸入されるオーク製の家具類に人気がある。
　・日本のブナ材についてはほとんど利用されていない。

・九州のタブもマホガニーの代用になる可能性がある。

(4) 工芸の木材利用に及ぼす影響
　日本の木材工芸のレベルが幼稚であるため、広葉樹に対する新しい取り組みが見られない。ヨーロッパのトーネット社を事例として挙げ、ブナの曲木加工によってトーネット社は多様な曲木製品を生産し、巨大な産業に成長している。日本においても近年曲木産業が興り、今後さらに発達することは国家のために喜ばしいことである。

(5) 広葉樹の利用に関し最も注意すべき点
　伐木と製材、乾燥、色付け及艶出し、薄板及貼木工芸の諸点に対し、貴重材の節約と劣等材の利用を基調として対応策を述べている。また、山林局鍛冶谷澤製材所で具体的な加工を実践していることを紹介している。

(6) 結語
　未利用広葉樹の利用開発は急務であり、公私有林の蓄積は多く、官民一体で促進させなければならない。農商務省においては、1909（明治42）年度から宮城県玉造郡温泉村に鍛冶谷澤製材所を設け、広葉樹の利用のため研究を進めている。民間においても、斬新なる利用法を研究し、輸出に貢献してもらいたい。そのことが国利民福を進めることになる。
　上記の内容は、当時の農商務省全体の方針であったことはいうまでもない。具体的な対象材は、広葉樹の中でもナラとブナに集中している。このナラはミズナラであり、コナラは対象としていない。ヨーロッパのオークに最も近い材をミズナラと見立てたのであろう。
　ブナ、ミズナラの中で、ミズナラは加工しなくとも輸出の対象となるが、ブナは安価であるため、加工した工芸製品しか輸出の対象にならない。工芸の木材利用に及ぼす影響においては、内容のほとんどの部分がトーネットの曲木製品の賞賛である。つまり、同じ広葉樹であっても、ブナとミズナラの利用は、方向性が当初より異なったのである。佐藤鋠五郎の講演は、官民一体となって取り組んでいるブナ材の利用を強く印象づけることになった。そして具体的な利用方法としては、秋田曲木製作所[注21]を事例に挙げ、ブナの曲木家具への利用を高く評価しているのである。

3.6　農商務省における広葉樹利用試験
　農商務省は広葉樹利用試験のため、1906（明

図3-1　佐藤鋠五郎[注22]（昭和3年還暦記念）

治39）年にドイツのキルヒネル社に各種木材機械を注文する[注23]。佐藤鋠五郎をヨーロッパへ派遣した同じ時期に大量の機械を発注したことは、それ以前に農商務省で広葉樹利用の計画が詳細に検討されていたことを裏付ける論拠となる。

　1908（明治41）年になると、農商務省は、先にドイツに注文して取り寄せた木材機械を据え付けるため、宮城県玉造郡温泉村鍛冶谷沢に官営製材所の建設に着手する。翌1909（明治42）年に竣工し、鍛冶谷沢製材所と命名された。初代の所長は、ヨーロッパに留学した佐藤鋠五郎である。『木材ノ工藝的利用』によると、製材所に据え付けられた機械は次のようなものである[注24]。

・原動力　ランカシャー式汽罐一基併ロビー會社製横置式單汽筒一臺アリ能ク百五十馬力ノ動力ヲ起スコトヲ得燃料トシテ薪材及木屑ヲ用フ
・製板機械　六臺　大割帯鋸機（二）、圓鋸機（二）、振子鋸機（二）
・木工機械　二十三臺　薄板鋸機（一）、欅鋸機（一）、廻挽鋸機（一）、鉋機（一）、鉋削旋刀機（一）、腕形旋刀機（一）、型刀旋盤（一）、製函機（二）、鑽孔機（二）、鑿孔機（二）、曲木用機械各種（七）、木材磨上機（二）
・修理機　十臺　金工旋盤（一）、金工鑽孔機（一）、帯鋸伸展機（一）、帯鋸目立機（一）、圓鋸目立機（二）、鉋身研機（一）、旋刀研機（一）、砥石機（一）
・蒸材装置　四個　煉瓦造蒸材窯（一）、鐵製蒸材罐（二）、木製蒸材函（二）
・木材乾燥装置　木材乾燥室　一棟（二十八坪半）

　上記の内容から、当時のドイツで市販されている木材加工機械を、農商務省がセットで購入したことが理解できる。とりわけ、機械類の中でも曲木用機械各種（七）は数量が突出しており、蒸材装置も含め、曲木家具に対する研究が当初から計画されていたことは明らかである。この曲木用機械類は、林業試験所で最初に使用されたものと筆者は推測している。

　鍛冶谷沢製材所は、鳴子温泉に近い辺鄙な場所に設置されていた。いくつか候補地は国有地にあったが、東北の広葉樹資源の活用を目指して鍛冶谷沢に決定したのであろう。鍛冶谷沢製材所は、1910（明治43）年には林業試験場の支場となり、鍛冶谷沢木工所と名称を変更した。この名称変更は、木材加工の内容自体が変化したことも関連している。製材中心の事業から、洋風住宅に使用する各種加工品を製作することに事業内容が変化したのである。曲木加工もその一環として取り組まれたと読みとるべきで、総じて佐藤鋠五郎が留学先で学んだ加工法を基礎にしている。

　図3-2、3-3[注25]は、鍛冶谷沢木工所の位置と平面図を示したものである。図3-2より、陸羽東線の小牛田駅から製品を全国に配送したことが理解できる。また、使用する広葉樹材は、荒雄川上流の鬼首温泉郷周辺の国有林からトロッコで運搬したと推定される。図3-3には曲木室が設けられており、明らかに曲木家具の加工を目的として施設を整えている。それにしても、荒雄川にこれほど近いと、水害を受けることは誰にでも理解できそうなものだが、当時は話題にならなかったのだろうか。

　農商務省山林局は、これだけ大規模な広葉樹専門の国営木工所を建設しながら、大正の初期に閉鎖する。荒雄川の洪水で施設が打撃を受けたことも関与しているが、民間の製材業が国営の製材所の存在を否定したことが閉鎖した主たる要因のようだ。『鳴子町史』には、鍛冶谷沢木工所の閉鎖について次のように記している[注26]。

「……しかし四十三年の水害によって、トロ線は勿論木工所も大被害をうけ、その後復旧す

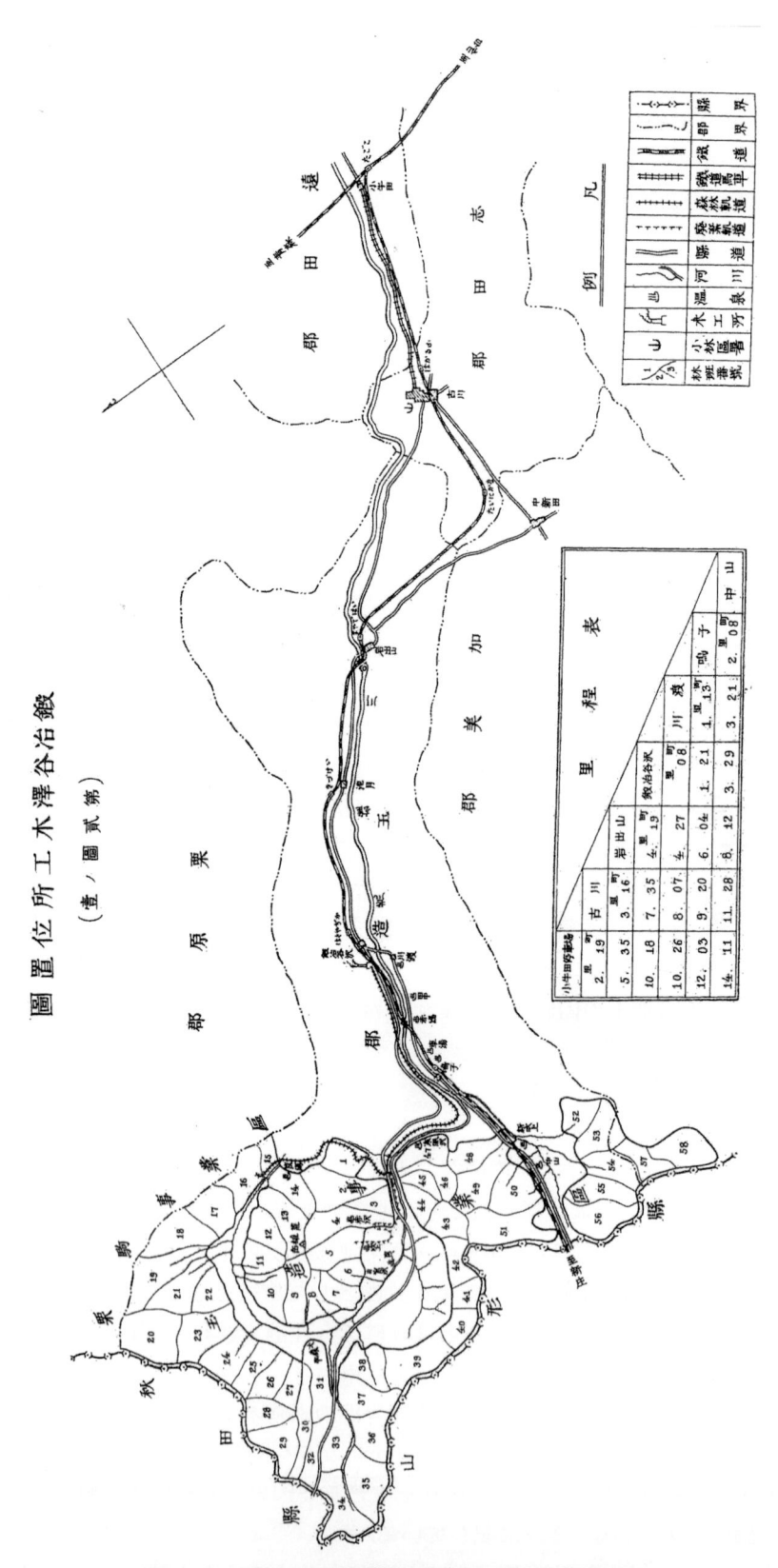

図3-2 鍛冶谷沢木工所の位置『農商務省山林局林業試験場要覧』

第3章 我が国における曲木家具製作技術の導入

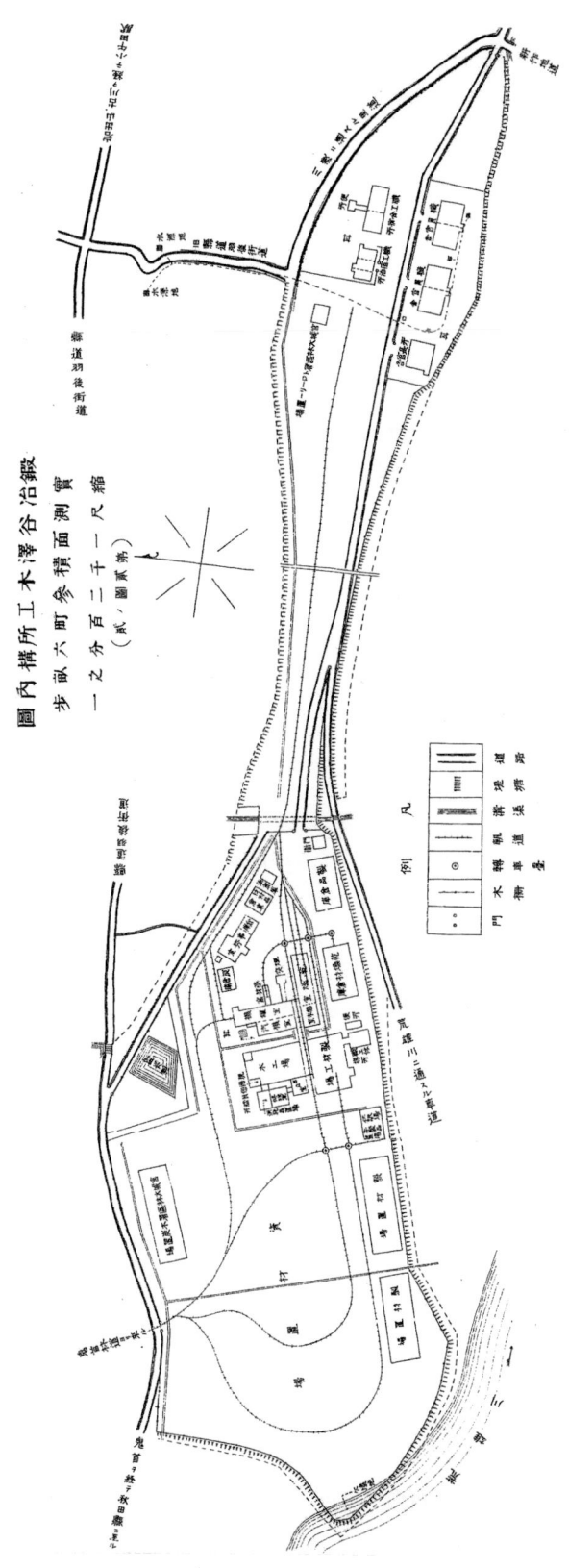

図3-3 鍛冶谷沢木工所平面図『農商務省山林局林業試験場要覧』

図3-4　鍛冶谷沢木工所全景『林業試験場六十年のあゆみ』

図3-5　鍛冶谷沢木工所跡地(荒雄川左岸)

ることなく、大正三年(1915)三月三十一日廃止されてしまった。事務所や工場の建物の用材は、その後鍛冶谷沢に建てられた小学校の建築材の一部に使用された」

　図3-4[注27]は、1910(明治43)年頃の鍛冶谷沢木工所である。それほど大規模な施設ではないが、それでも民間の製材所の規模とは異なる。2002(平成14)年の冬にフィールド調査を行った。図3-5[注28]に示したように、荒雄川のすぐ脇に位置していた鍛冶谷沢木工所の痕跡は一切認められなかった。稼働期間が短かったこともあり、木工所の存在自体が地域社会にほとんど伝承されていない。山林局による日本の広葉樹活用政策は、最初からつまずいたということになる。この事業の反省は、公的な文献には具体的な記載がない。河川に近いという立地条件の悪い場所にトロッコも含めた施設を建設したこと、海外から輸入した機械設備を無駄にした山林局の責任は極めて重い。まさに税金の無駄遣いである。

4 農商務省における曲木家具研究

4.1 農商務省による曲木家具産業の奨励

　1905（明治38）年に「曲木家具製造業の有望」と題した記事が大日本山林会報に掲載されている[注29]。この記述に、農商務省による曲木椅子の実験目的と関連する内容があるので紹介する。
　「曲木家具製造を以て世界に冠たる墺匈國アレキサンデル、コリードは頃者我國に製造所を設置するの有望なる旨を陳べ資本家の紹介者を農商務省商品陳列館に求め來れり其要旨に依ば堅牢なる曲木を以て製造したる家具は多くの墺匈國所在の製造所即ち

　維　　納　　ゲブリュデル、トネット
　同　　　　　ヤコプウント、ヨスフ、コーン
　同　　　　　エミル、フイシユル、ゼー子
　ヒユムヒ　　コーマー子ル、メーベルフアブリック株式会社

等より産出して各國へ輸出するものなり佛、西、伊及獨の諸外國に於ても曾て該業を移植すべき試験を企てしも今尚功を奏するものなきは必竟曲木家具の原料たるブナノキに乏しく勢ひ原料を墺匈國に仰がざるを得ざるを以てなり之に反し日本はヒツホリー（サワグルミ属）の如き其他類似の名を有せる樹種にして曲木家具を製造するに最も適切なる原料に富めるのみならず労銀低廉にして且つ訓練し易き職工に富めるを以て若し該業を起すに於ては其品質を以て世界市場における墺匈國産品に大打撃を與ふるは言を俟たず加之日本に於て該製造業を起すの有利なるは從來墺匈國産品が海外へ輸出せらるゝ經路はトリエスト及ヒューム又は漢堡を經由して印度、清國、豪洲、米國へ輸出せられ頗る多大の運賃を要し隨つて高價のものとなるも若し之れ日本若くば其附近の地に於て製造する時は相當の代價と利益を収め得べきは勿論なるべし其他木材以外の原料即ちシュエルラックワニス及籐は日本にも在りては原産地に近きを以て歐洲に於けるよりも一層廉直に調達するを得べく且つ該事業を導入するも他の製造所に比し特別の費用と困難とに遭ふこと稀にして僅かに日本在來の職工を指導する為墺匈國より二三の熟練せる職工を我國に渡航せしむれば足れりと云ふに在り」
　材料の点はともかく、最後の「二三の熟練せる職工を我國に渡航せしむれば足れり」という熟練工を招聘するという方法は、北海道開拓使でも行っており、海外の技術導入を行う定石である。農商務省は、1905（明治38）年あたりから曲木家具産業の育成を本格的に検討しており、オーストリア人が示したこの提案が一つの契機になったと解釈することも可能である。

4.2 林業試験所における曲木椅子製作試験

　1905（明治38）年に新設された農商務省山林局林業試験所で、農商務技師の寺崎渡と山林技手の高橋久治が、1907（明治40）年より曲木椅子製作試験を開始している。この目的は、ブナ材を含めた国産広葉樹材による輸出向けの曲木椅子を、広く国内の家具製造業に奨励するためである。曲木家具の中でも、最も需要の多い椅子に的を絞ったのも、輸出を考慮してのことである。
　不思議なことに、留学している佐藤鋠五郎が帰国する以前から、曲木家具の研究が日本国内で成されている。専門の技術者が関与しなくて研究が進展するとも思えない。また、機械を購

入した際に付いていた解説書程度で、難易度の高い曲木椅子が製作できるはずがない。寺崎渡と高橋久治が実施した試験は、基礎的な部分だけで、椅子の組み立てと、量産化に関する研究までは行っていない。仮にすべての作業工程を試験したならば、倣い装置付きの木工旋盤を当初から購入していなければ曲木材の加工は難しい。おそらく、トーネット法による基礎加工を中心に研究を進めたのであろう。

　研究成果は、1909(明治42)年に発表された[注30]。その実験に使用した曲木の型は、図3-6[注31]に示したように、トーネット社で最も多く生産されていたNo.14モデルと同類のものである。つまり、佐藤鉞五郎の留学以前から、トーネット社の曲木研究が計画され、実験に必要な機械類と鉄製の型類が一式発注されたのである。これらの機械と、先に紹介した鍛治谷沢木工所に配置された曲木用の機械はおそらく同一であろう。林業試験所からは、その後明治末期より大正期にかけて曲木家具の研究報告が出されておらず、1909(明治42)年に鍛治谷沢製材所が開業しているので、林業試験所の機械類が移されたと解釈すべきである。

　研究成果は曲げ加工のポイントと、使用材料の特性を中心にまとめている。トーネット法による失敗例を示すなど、試行錯誤で曲げ加工に取り組んだことが理解できる[注32]。30mm以上の厚さを持つ材は曲率が小さいとトラブルが多い。おそらく曲木椅子の座面フレーム部分を想定した試験を行ったのであろう。

　林業試験所では、ブナの他にも国産広葉樹に曲げ加工を施している。ケヤキ、シオジ、ヤチダモ、イヌエンジュ、シイ、ソロ(イヌシデ)、トネリコを試し、その性質を抽出している。ケヤキ、イヌエンジュ、イヌシデ、トネリコは曲げることは可能であり、ブナだけが曲木家具材ではないはずである。このあたりの取り組みは新たな試みであり、日本の広葉樹資源を活かすという点では重要である。しかし、この結果を製品開発にまで発展させるには至っていない。ケヤキの辺材は捨てられることも多いので、製材業を通してストックしておけば、曲木椅子材になる可能性を持っている。残念ながら、そうした細かな施策を農商務省山林局が示すことはなかった。山林局は雑木活用政策を進めているのに、貴重な実験結果を無駄にしている。

　ブナ以外の広葉樹を実験した背景には、東京で最も古くから稼働している淀橋曲木工場が、ミズナラ、ケヤキを使用していたことも関係している可能性がある。ミズナラは明治前期より北海道で馬橇材に使用されており、曲木家具に使用されても不思議ではない。とにかく未利用のブナは安価で資源が豊富であるため、研究の矛先が当初からブナに向いていた。

　林業試験所は、1910(明治43)年に林業試験場

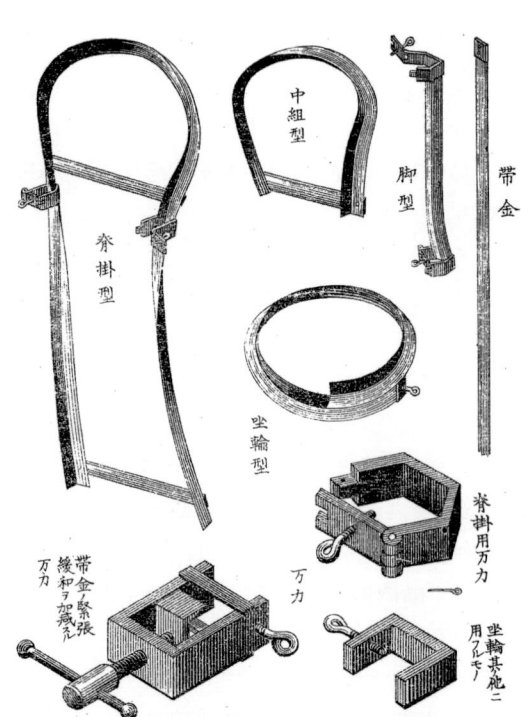

図3-6　林業試験所が使用した椅子の型『林業試験報告第六號』

と改称された。しかし、1909（明治42）年に発表された試験結果報告以降、曲木に関する研究は継続していないようだ。鍛治谷沢木工所に曲木の機械類を移動したのだから、当然と言えなくもないが、その鍛治谷沢木工所が洪水で閉鎖され、研究する環境もなくなっていった。農商務省山林局は、曲木の機械類をドイツから輸入した割りには、さしたる研究成果を出さずに曲木家具研究を終えてしまったのである。

明治末においては、曲木関係の研究、報告が比較的多く登場する。その内容は次のようなものである。
① 寺崎渡・高橋久治：曲木椅子製作ニ關スル實驗、林業試験報告第6號、1909（明治42）年
② 日南生：曲木業、大日本山林會報318號、1909（明治42）年
③ 佐藤鋠五郎：歐洲に於ける木材工藝に就いて、大日本山林會報328號、1910（明治43）年
④ 山林局記事：孟買に於る曲木細工家具、大日本山林會報336號、1910（明治43）年
⑤ 山林局記事：吉林、蘇州及新嘉坡に於ける曲木細工、大日本山林會報339號、1911（明治44）年
⑥ 山林局記事：桑港における曲木細工家具、大日本山林會報342號、1911（明治44）年
⑦ 佐藤鋠五郎：闊葉樹の利用に就いて、大日本山林會報347號、1911（明治44）年

②は、日暮里で営業していた東京曲木工場の生産状況と、ブナ材による曲木椅子生産が持つ高い経済価値について述べている。④、⑤、⑥は、海外の曲木椅子に関する情報を記述したものである。⑤は中国における曲木細工というタイトルにしているが、中国では曲木の技法が一切使用されていないということを述べているにすぎない。シンガポールについては、オーストリア製の曲木家具が大半を占めていると記している。④と⑥は、海外の港で輸入される曲木椅子の量と使用実態を示している。こうしてみると、ほとんどが海外の曲木家具の動向と関連した記事ということになる。

農商務省は、1905（明治38）年から1911（明治44）年にかけて、ヨーロッパ留学も含め、精力的に曲木産業の情報を収集し、特に椅子類の輸出に照準を定めている。そうした情報収集と同時に、生産方法の研究を林業試験所および鍛治谷澤製材所に指示し、輸出産業奨励政策を積極的に展開していった。また、民間の曲木業が軌道に乗り始めた1909（明治42）年4月より、明治政府は意図的に曲木椅子の輸入を完全に止めてしまう[注33]。国産曲木家具産業の保護と輸出奨励のために、農商務省はこうした強硬手段を用いた。

5 民間による曲木家具製造

5.1 東京における曲木椅子製造業の発達過程

明治30年代後半には、民間企業が国の機関に先がけて曲木椅子の研究を行い、生産を開始している。『明治林業史要』によれば、明治後期から大正前期にかけて設立された民間の曲木企業は次のものである[注34]。
① 東京曲木工場、1905（明治38）年開業、東京府下日暮里
② 泉家具製作所、1907（明治40）年開業、大阪府中河内郡楠根村字稲田
③ 秋田木工株式会社、1911（明治44）年開業、秋田県雄勝郡湯沢町

④ 日本曲木株式会社、1917(大正6)年開業、静岡県静岡市東町
⑤ 清水曲木製作所、1917(大正6)年開業、静岡県安部郡清水町
⑥ 北海道曲木工芸株式会社、1917(大正6)年開業、北海道旭川区
⑦ 信濃興業株式会社、1918(大正7)年開業、長野県安曇郡大町

　上記の内容を見る限り、『明治林業史要』に規定する曲木企業とは、曲木家具を主体に生産する企業である。すなわち、第2章で紹介した淀橋曲木工場のような曲木家具以外の製品を主体とする企業は含まれていないようだ。しかしながら、最も早く創業している東京曲木工場は、当初から曲木家具を製作しているとは限らない。

　東京曲木工場について『明治林業史要』では、「……資本金二萬圓ヲ以テ開業セシカ事業甚振ハス明治四十四年十一月遂ニ解散シ澁谷幸道氏之ヲ引受ヶ經營スルニ至レリ」と記述している注35)。ところが、1912(明治45)年に刊行された『木材ノ工藝的利用』によれば、「日暮里ノ東京曲木工場ハ明治三十九年ノ創業ニシテ現今職工五十人平均一日ニ椅子五十臺ヲ製作ス工賃ノ多キハ一日二圓乃至三圓ヲ得ルモノアリ平均一圓以上ナリトス、最近一ヶ年食堂椅子一二、六〇〇脚、車輪、洋杖、鞍骨、銃床七、二〇〇個等ニテ金額四萬五千九百圓ナリト稱ス」注36)と解説している。つまり、東京曲木工場の設立について1年間のズレが生じているのである。また、曲木家具以外の製品も生産していることに注目しなければならない。

　『明治林業史要』『木材ノ工藝的利用』という二例の文献史料を見る限り、1905(明治38)年成立説を全面的に支持することはできない。仮に、1906(明治39)年に東京曲木工場が設立されたと規定した場合、農商務省山林局林業試験所が曲木家具の試験を開始した1907(明治40)年以前に、曲木の技術を民間企業が研究していることになる。ここで問題となるのは、1905(明治38)年に発表された「曲木家具製造業の有望」と題する記事に示されている「二三の熟練せる職工を我國に渡航せしむれば足れり」という記述部分との整合性である。曲木用機械類を輸入したとしても、熟練した職工がいなければ成立しない。すなわち、日本における曲木産業の草創期に、海外から直接職工を呼び寄せて技術導入を行ったか、または海外に日本人が渡航して技術を習得してきたのかを明らかにしなければ、民間企業における曲木技術の成立という問題は解決しない。

　東京における曲木椅子工場の発達過程については、『明治林業逸史』が最も詳しい記述をしている注37)。『明治林業逸史』は1931(昭和6)年に刊行されたものであるが、曲木工芸の執筆部分はヨーロッパに留学した佐藤鋠五郎自身が担当していることから、信頼度の高い内容といえよう。東京曲木工場については、次のように記している。

・東京曲木工場は伊藤力之助が曲木椅子を製造するために建てた工場である。
・渋谷幸道が伊藤力之助に協力し、1907(明治40)年8月より本格的に事業を開始したが、資金に窮して失敗した。
・1910(明治43)年6月に、渋谷幸道、渋谷嘉助、伊藤力之助で匿名組合を組織して経営したが失敗した。
・1911(明治44)年2月に、合資会社東京曲木工場と改め再出発したが、伊藤力之助が死亡したため解散した。
・三越の田中忠三郎、三井物産の片桐文蔵、農商務省技師望月常が曲木椅子再興を勧めたため、渋谷幸道は1912(明治45)年3月に東京曲木工場を再興する。三井物産の手引きで海外に製品

を輸出するに至る。
- 1915（大正4）年2月に、藤倉電線会社重役の中内春吉、松本留吉、岡田謙蔵、植竹三右衛門の諸氏と提携し、渋谷幸道は東京曲木株式会社を設立するが、過剰投資になり、1918（大正7）年4月解散する。
- 1918（大正7）年10月に、渋谷幸道は個人経営にて東京木工製作所を設立し、1931（昭和6）年に至る。

　上記の東京曲木工場から東京木工製作所に至る推移を見る限り、海外から技術者を数名招聘して製作したという記述は一切見いだせない。『明治林業史要』によれば、東京曲木工場は資本金2万円で設立されたというのである。当時の2万円は、現在の数千万円に相当する金額である。工場の中には、ヨーロッパから取り寄せた曲木用機械類が設置されていたことは間違いない。しかし、海外から曲木家具専門職人を招聘したという事実はなさそうである。このことから、東京曲木工場を1905（明治38）年に伊藤力之助が開業しても、曲木椅子の製品化はなされていない。1907（明治40）年8月に渋谷幸道が協力して曲木椅子の生産を試みても失敗している。渋谷幸道は技術者ではなく、曲木家具の生産に情熱を持っているという人物である。

　では、いつから曲木椅子を生産したのかが問題となる。オーストリアで曲木の技術を習得した日本人が東京曲木工場にかかわっていたという指摘が、秋田木工株式会社の『八十年史』に記述されている[注38]。その具体的部分は次のようなものである。

　「……彼を曲木に踏み切らせた直接的要因は曲木技師佐藤との出会いであった。前出（秋田魁新報）記事（日本一の工場）によれば、佐藤徳次郎は日暮里にある東京曲木工場を辞めて、明治43年の夏飯島直助を頼って秋田に入った。飯島技師は直ちに彼を沓沢熊之助に紹介し、ここに曲木工場設立の動きが具体化していった」

　「……曲木加工技師佐藤徳次郎については、墺国に在りて技工を學び得たる佐藤徳次郎氏か其堪能なる手腕を振ふ」

　曲木技師の佐藤徳次郎は、1910（明治43）年夏に東京曲木工場を辞めて秋田に来たとされているが、東京曲木工場は1910（明治43）年の夏には倒産していることから、辞めたのではなく、職を求めてやってきたというのが事実であろう。さらに次のような記述がある。

　「……大正初期に入社した元社員渡辺綱光氏によると、設立当時の工場には曲木技師佐藤徳次郎をはじめ、彼が連れて来たといわれる、中村友一、橋詰新十郎、外山甚吉、牛込春吉などの人々がおり、秋田曲木製作所の製造部門を担っていた」

　佐藤徳次郎が連れてきた職工は、おそらく東京曲木工場で働いていた職工たちである。こうした記述を通して見る限り、東京曲木工場の製作技術部門を担っていた佐藤徳次郎が、民間曲木産業における技術者の中心的な存在であった。

　東京曲木工場の設立に関する記述ではないが、1909（明治42）年に報告された「曲木業」の中で、東京曲木工場に関する当時の動向について解説している[注39]。その内容は次のように集約できる。

- 東京曲木工場主の伊藤力之助は、淀橋曲木工場の石黒氏と匿名組合を結び事業に従事したが、良い結果が得られなかった。
- 組合を辞退した後、佐藤徳次郎に出会った。佐藤が技術主任となり、日暮里に工場を設けて曲木技術を確立した。「曲木業」は、1909（明治42）年当時の東京曲木工場の実態を知る手がか

りとなる。『明治林業逸史』の記述と異なるのは次の諸点である。
- 淀橋曲木工場が1909(明治42)年以前に実在した。
- 渋谷幸道は東京曲木工場に直接関与していない。
- 佐藤徳次郎が1909(明治42)年には技術者として加わっている。

　上記の淀橋曲木工場の存在は『明治林業逸史』に記載されていないが、1909(明治42)年3月29日の『秋田魁新報』に、秋田県林務技師飯島直助が淀橋曲木工場の設立が1897(明治30)年であると記している注40)。飯島は後に秋田木工株式会社の設立に関与することから、曲木業界の情報を農商務省山林局から得ていたはずである。飯島の記述を認めれば、淀橋曲木工場は本州で最も早く成立した曲木工場である。ただし、淀橋曲木工場は東京曲木工場のように注目されていない。その理由は判然としないが、先の飯島直助の淀橋曲木工場に関する記述では、製造している製品を「……軍用行李、丸窓其他の建築材料、車輪船具運道具とらんく枠木等諸般の曲木器具の製作を試みる……」としていることから、曲木製品の主体が、椅子を中心とする家具生産ではなかったことに起因すると推察される。

　技師の佐藤徳次郎が東京曲木工場を設立した伊藤力之助と出会った時期を、1909(明治42)年とすれば、ヨーロッパに留学していた佐藤鋠五郎が帰国した翌年である。確たる論拠はないが、佐藤鋠五郎がヨーロッパに留学した際、民間人も随行したのではないかという噂が後世に伝えられている注41)。ただし、民間人の随行があったとしても、佐藤鋠五郎と同様に、2年間もヨーロッパに滞在したとは考えられないことから、数ヵ月～半年の短期滞在であった可能性がある注42)。仮に、短期滞在であったならば、佐藤徳次郎は1907(明治40)年あたりに帰国した可能性もある。この推論の基盤としている佐藤鋠五郎の随行が、佐藤徳次郎の意志と経費で実施されたどうかが焦点となる。だが、そのことを裏付ける資料は見当たらない。佐藤鋠五郎の著書、報告の中に、佐藤徳次郎に関する記述は一切ない。東京曲木工場、秋田木工株式会社の主任技師をしていて、オーストリアにて技術研修を受けたというのに、面識がないというのは極めて不自然である。

　1966(昭和41)年9月に発行された『デザイン9』に、豊口克平が「トーネットの曲木 その創造的技術開発と造型の歴史」と題する曲木椅子に関する評論を投稿している。その中に佐藤徳次郎の内容があるので紹介する注43)。

　「1907-1908年(明治40年頃)に、大阪徳庵に泉藤次郎が泉製作所で曲木椅子を製作している。(これ以前、四国で曲木椅子が製作されていたという説もある)

　1910年頃、東京日暮里で渋谷幸道氏が、徳庵から佐藤徳次郎氏を連れてきて、曲木椅子の製作をはじめ、渋谷製作所と命名した。

　同年、秋田県湯沢町の隣町川連の人、沓沢(かづら)熊之助氏が佐藤徳次郎他職人4、5人を湯沢に連れてきて、丸鋸1台の製材工場の一隅で曲木家具製作をはじめたことになっている。この佐藤氏は弁舌さわやか、すこぶる器用人で、自ら金型を作り、ぶな材を蒸し、金型にはめて曲げ、けずり、組立てまでやってみせた。

　翌1911年に、秋田木工株式会社(社長柴田養助氏)が設立され漆塗りの曲木工芸品の製造を企画したが、能率が悪く、採算がとれず曲木椅子も佐藤氏以外には手におえない状態にあった。そのため、そりや農具の柄などに手が染められた。(佐藤氏は東京の渋谷製作所、浜松の東洋曲木にも関係し、指導していたのではないかと想像されている点で唯一の技術者であったようだ)」

豊口の佐藤徳次郎に対する認識は、おそらくこの評論を書いた頃、秋田木工株式会社の社長をしていた長崎源之助からの聞き取りで得たものであろう。豊口の記述にはいくつかの誤りが認められる（下線部分）。
・泉藤次郎 → 泉藤三郎
・1910年頃 → 1909年
・渋谷製作所 → 根拠づける資料がない。

先に紹介した「曲木業」では佐藤徳次郎が東京に来るのは1909（明治42）年としている。

また、秋田木工株式会社の『八十年史』では、佐藤徳次郎が秋田県に来るのは1910（明治43）年としており、東京には1909（明治42）年に来て働いていないと整合性が取れなくなる。豊口の評論で最も重要なのは「渋谷幸道氏が、徳庵から佐藤徳次郎氏を連れてきて」という部分である。仮に長崎源之助の話であっても、長崎は佐藤徳次郎とは秋田木工株式会社では会っていないし、1909（明治42）年当時についての内容は、秋田県林務技師の飯島直助から長崎が聞いた話題であったと推察する。それでも、学園都市線の駅名である徳庵にこだわっているのは、徳庵駅のすぐ近くにあった泉家具製作所に佐藤徳次郎が関与していたことを裏付ける明確な論拠になる。

東京曲木工場については、文献史料に曲木椅子の製造開始時期を明確に記述していない。伊藤力之助が創業した1905（明治38）年には曲木椅子は製造しておらず、渋谷幸道が関与するようになった1907（明治40）年も製造したという具体的な論拠はない。曲木家具の技術者である佐藤徳次郎が、1909（明治42）年に勤務する時期から椅子を製造するようになったとすべきである。よって、日本で最も早く曲木椅子を製造したのは、泉家具製作所ということになる。

東京曲木工場が文献史料に度々登場するのは、農商務省山林局や三井物産との関係が深いためである。

『明治林業逸史』の中で、佐藤鋠五郎は、東京曲木工場の再興に努力した渋谷幸道が曲木椅子に関心を持った経緯についても触れている[注44]。渋谷幸道は日露戦争に従軍した際、ロシア軍の銃床、砲車および輜重車の車輪が曲木製で耐久性のあることに気付き、日本に戻った後も新潟県で各種曲木製品の試作を行っていた。1907（明治40）年に日暮里へ移住し、付近で曲木業を創業していた伊藤力之助を訪問する。つまり、単に偶然出会ったのではなく、曲木に強い興味があったからこそ、伊藤力之助をわざわざ訪ねたのである。

渋谷幸道が出会った日露戦争時における曲木製品の中には、トーネット製も含まれていた可能性がある。トーネット社の最大の輸出先はロシアであり、おびただしい数の曲木椅子が毎年輸出されている。図3-7[注45]に示したように、1904（明治37）年9月に旅順で開かれた児玉源太郎参謀長と乃木希典軍司令官の会食風景では、トーネットのNo.14タイプとNo.18タイプの椅子が使用されている。こうした曲木椅子はロシア国内にも広く普及しており、戦利品である可能性も否定できない[注46]。いずれにしても、渋谷幸道が日露戦争時の中国東北部にてヨーロッパの曲木文化に接したことが、曲木椅子製作の契機になったことは確かである。

渋谷幸道が1912（明治45）年に東京曲木工場を再興した際、三越の田中忠三郎、三井物産の片桐文蔵、農商務省技師望月常が支援している[注47]。望月常の渋谷幸道に対する曲木椅子奨励は、ヨーロッパの優れた木材加工技術を我が国に定着させ、輸出に貢献するという国策と同じ意味を持っていた。また、三井物産は既に1903（明治36）年より北海道の砂川に製材工場を建設し、

図3-7　日露戦争時において使用された曲木椅子

ミズナラをヨーロッパに輸出していたことから、三越での国内販売も併せ、渋谷幸道は官民一体の支援を受けたことになる。こうした支援が、本当に民間企業を発展させたのかという点については、昭和期の曲木家具業に関する部分で私見を述べる。

5.2　大阪における曲木家具製造業の成立

　大阪府においては、1907（明治40）年に泉曲木工場が開業している。この開業時期については『明治林業史要』『木材ノ工藝的利用』共に一致している。『木材ノ工藝的利用』では、「大阪市ニ於ケル曲木椅子製造ハ幾多ノ變遷アリ一時二三ノ工場アリシモ収支償ハズトナシ癈業セリ又明治四十二年中合資會社ノ創立ヲ見シモ忽チニ失敗ニ歸シ破産セリ目下製造ニ就業セルハ泉藤三郎氏アルノミ從テ製造高ハ微々タルニ過ギズ其ノ工場ハ大阪府中河内郡楠根村字稲田ニアリ明治四十年五月ノ創業ナリ」[注48]と記述している。この内容から、大阪市では1907（明治40）年創業の泉曲木工場より早く開業した企業はない。『木材ノ工藝的利用』が刊行された1912（明治45）年までに「一時二三ノ工場アリ」ということから、少なくとも泉曲木工場以外にも曲木家具業が存在したことは事実である。「製造高ハ微々タルニ過ギズ」という表現が、どの程度的を射ているかは判断し難い。そもそも『木材ノ工藝的利用』は、大阪の業界に対し、明らかに東京の業界に優位性を持たせるような力が働いていると感じる。本来山林局としては、東京曲木工場より先に泉曲木工場が曲木家具の量産化をなし得たことを、明確に示す必要性があっ

たはずである。

　『明治林業逸史』も、大阪の泉家具製作所について解説している。泉曲木工場と表記せず、泉家具製作所としているのは、1935（昭和10）年の建築許可申請書[注49]には合資会社泉家具製作所となっていることから、名称を変更したものと思われる。しかし、その時期は特定できない。図3-8[注50]に示した泉家具製作所の当主である泉藤三郎は、東京より移住して、大阪市京町堀で洋家具商を開業する。開業年代は不明確であるが、1894（明治27）年頃より曲木椅子を販売するようになった。当時流行したビアホールの影響もあって、曲木椅子の需要が拡大したため、1907（明治40）年より自社生産するに至ったと記している。

　図3-9①②は、1902（明治35）年10月に発行された『大阪人士商工名鑑』に掲載された西洋家具に関連した商店である[注51]。泉藤三郎は、西区京町堀通りにて「泉藤商店」という店で家具類の販売と室内装飾業を営んでいる。

図3-8　泉藤三郎

　『明治林業逸史』の「……泉藤三郎氏は東京より移住して大阪市京町堀於て洋家具商を開業して居つた」という解説は誤りである。初代の泉藤平が東京出身で、大阪市に移って家具店を開業する。曲木家具工場を創業した泉藤三郎は二代目で、生まれは大阪市の平野町であり、後に泉家の養子に入る。三代目は泉宗三郎である[注52]。泉藤商店の創業者は泉藤平、泉家具製作所の創業者は泉藤三郎ということになる。

　図3-9①②を見る限り、西洋家具を取り扱う商店が東京の芝家具組合のように、一定の地域に集まっているとは思えない。東区の久宝寺町、久太郎町、西区の堀江、京町堀あたりが多いという程度である。図3-9②には、西洋家具商會のイラストに曲木椅子（トーネットNo.14）が見られる。泉藤三郎だけが曲木椅子を取り扱っていたわけではなく、大阪では需要が高まっていることから、曲木椅子の販売はおそらくかなり激化していたと推察される。

　合資会社泉家具製作所は、享和木工株式会社に社名を変更した時期もあったが、昭和50年代あたりまで稼働している。工場は現在のJR学研都市線の徳庵駅に接していた（戦前期の住所は大阪府中河内郡楠根村大字稲田1403番地）。この鉄道の駅に隣接した場所に工場を設置する目的は、材料に使用するブナ材を製材場所から貨物列車に積み込み、工場に運ぶことにある。出来上がった製品は、河川の船舶を利用して、西区京町堀の店に運ばれたようである。この鉄道の駅に接するという曲木家具工場の建設条件は、その後に建設される工場も概ね踏襲している。

　創業者泉藤三郎の親族が、泉家具製作所の創業に関する資料を保存されており、開業時の状況を一部推測することができる。創業時の資料は図3-10[注53]に示したものである。使用するボ

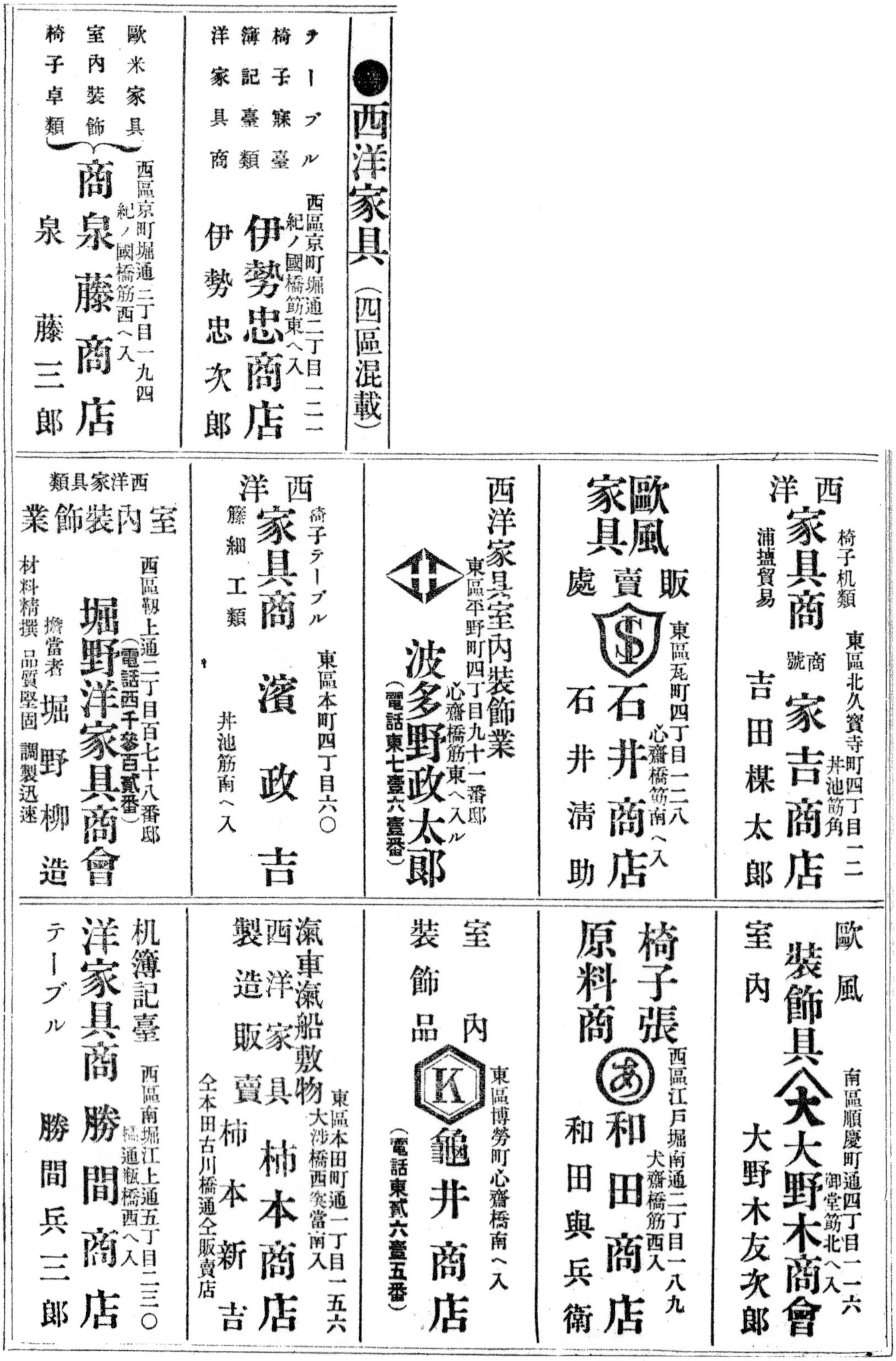

●西洋家具（四區混載）

伊勢忠商店　洋家具商／簿記臺類／椅子寢臺／テーブル
西區京町堀通二丁目一二三 紀ノ國橋筋東ヘ入

泉藤商店　椅子卓類／室内裝飾／歐米家具
西區京町堀通二丁目一九四 紀ノ國橋筋西ヘ入
泉藤三郎

吉田樣太郎
東區北久寶寺町四丁目一二三 井池筋角
浦鹽貿易 家吉商號　西洋家具商　椅子机類

石井清助
東區瓦町四丁目一二六 心齋橋筋南ヘ入
石井商店　歐風家具販賣處

波多野政太郎
東區平野町四丁目九十一番邸 心齋橋筋東ヘ入ル
（電話東七壹六壹番）
西洋家具室内裝飾業

濱政吉
東區本町四丁目六〇 井池筋南ヘ入
西洋家具商　椅子テーブル　籐細工類

堀野柳造
西區靱上通二丁目百七十八番邸
（電話西千參百貳番）
堀野洋家具商會
室内裝飾業／西洋家具類
擔當者 堀野柳造　材料精選　品質堅固　調製迅速

大野木友次郎
南區順慶町通四丁目一一六 御堂筋北ヘ入
大大野木商會　室内裝飾具　歐風

和田與兵衛
西區江戸堀南通二丁目一八九 犬齋橋筋西入
和田商店　原料商　椅子張

龜井商店
東區博勞町心齋橋南ヘ入
（電話東貳六壹五番）
室内裝飾品 K

柿本新吉
東區南本田町通一丁目一五六 大渉橋西突當南入
柿本商店　瀕車瀕船敷物　西洋家具製造販賣
全本田古川橋通全販賣店

勝間兵三郎
西區南堀江上通五丁目一三〇 極通瓶橋西ヘ入
勝間商店　洋家具商　テーブル　机簿記臺

図3-9① 1902（明治35）年『大阪人士商工名鑑』

トツマ製
㋚ 横井杉之亟
南區木津敷津町九五地
全同紡績西横町

装飾房製造販賣
並ニ椅子用其他眞田緣各種
商號 若狹屋
東區天神橋南詰西ヘ入
褒賞受領
高島文吉

西洋家具商
各博覽會
椅子 各種椅子類
土屋商店
東區南久寶寺町四丁目九九
井池南ヘ入
土屋平吉

椅子 テーブル 机卓
諸簿記臺机 造
簿記臺所
ボキダイ挽字
東區南本町三丁目八二
久保宇之吉
井池南ヘ入

造靴製發賣元
横来船トツマ製
山田金網商店
東區淡路町四丁目七三
(御堂筋南ヘ入)

椅子卓 テーブル
洋家具製造處
西區南堀江二番町一八
鐵橋西ノ辻南入
山谷長平

西洋家具
室内飾具
調進販賣
西區新町通三丁目一三五
宍喰屋橋筋東ヘ入
(電話西壹五八番)
藤田正業館
藤田正三郎

和洋家具
製造販賣
西區南堀江通一丁目六五
橋通加賀屋敷裏筋東
藤森商店
藤森寅次郎

歐風 椅子テーブル
室内具
簿記臺
帽掛類
東區南久太郎町四丁目
井池北ヘ入
(電話東參〇七七番)
小西卯商店
小西卯三郎

西洋家具商 テーブル
椅子類
東區北久寶寺町三丁目六三
小西音商店
小西音松

西洋家具類 ㋔
椅子 卓子 掛物
㋡室内装飾品
敷物
主任 和田嘉右衛門
西洋家具㊟商會
西區京町堀二丁目二六
(電話西貳五九番)

洋家具㊫
寢臺机類
製造販賣
東區淡路町四丁目四五
心齋橋筋西ヘ入
清水商店

椅子戸棚
回 椅子 宮川支店
轉椅子卓類
西洋家具
各博覽會
褒賞受領
東區南久太郎町四丁目番外一六
井池南ヘ入
(電話東參五五八番)
宮川平三郎

西洋家具 椅子テーブル仕入
簿記臺
食卓類所
東區北久太郎町四丁目一五七
井池南ヘ入
淺尾商店
淺尾吟松

図3-9② 1902(明治35)年『大阪人士商工名鑑』

図3-10　泉家具製作所のボイラー検査証

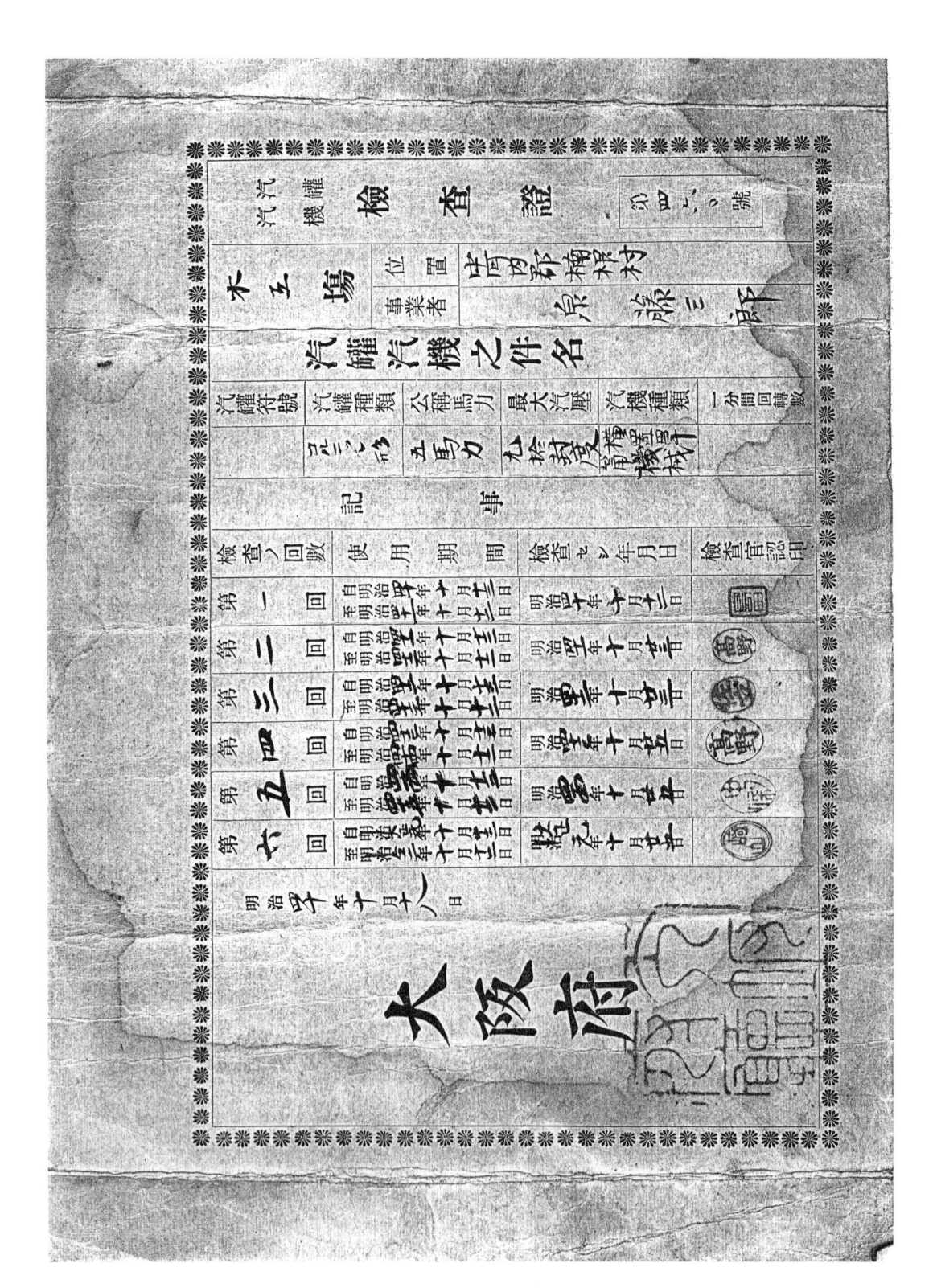

イラーの検査証で、日付が1907（明治40）年10月18日になっている。コルニッシュ型ボイラーという具体的なボイラーの形式を記されていることは貴重である。こうしたボイラーの選定については、専門家のアドバイスがあったことは言うまでもない。『木材ノ工藝的利用』では、創業を1907（明治40）年5月としているが、ボイラーの検査証に記された日付の後で工場が稼働したのであれば、曲木家具類の製作は10月18日以降である。

明治30年代になると、大都市ではビールが普及する傾向にあり、国産ビールのメーカーはビアホールを積極的に開業する。アサヒビールの本格的なビアホールは、「アサヒ軒」という名称で1897（明治30）年に大阪で誕生する。当初は夏場だけの営業であったが、1899（明治32）年より通年営業となり、ビールの消費量が拡大した[注54]。

東京の新橋に「恵比寿ビールビアホール」が1899（明治32）年に開店した。ビアホールという名称は、この「恵比寿ビールビアホール」から始まるとされている[注55]。明治30年代後期にはビアホールの数も増し、洋風文化が庶民化する一つの契機になっていった。すべてのビアホールが曲木椅子を採用したわけではないだろうが、ビアホールの発達と曲木椅子の需要が連動したことは、先に示した泉家具製作所の設立目的と、1907（明治40）年という設立時期から整合性が感じられる。

図3-11[注56]は、1896（明治27）年頃、大阪市の中之島公園にできた日本最初の本格的なビアホールである。規模の小さなビアホールは「アサヒ軒」より先に出現している。トーネットのNo.18タイプの椅子に和服姿の女性が座っており、ビアホールの出現当初から曲木椅子が使用されていることがわかる。

泉家具製作所の誕生とその後の展開には、農商務省山林局の曲木家具輸出振興という政策はダイレクトに伝わってこない。文献史料を見る限り、山林局の関係者も出入りしていないようである。

しかしながら、泉家具製作所は、大正後期になると海外にも輸出していたようで、1922（大正11）年発行の『大阪市商工名鑑』[注57]では、朝鮮、台湾、中国、シンガポール、インドも市場にしていると記している。このことから、山林局の輸出振興政策に貢献していることは間違いない。

泉家具製作所に佐藤徳次郎が技師として採用されたのは、偶然ではないような気がする。佐藤がオーストリアで技術を習得し、帰国する時期を想定して工場を建設したと考えるべきで、専門の技術者なしで開業は不可能である。泉藤三郎は、曲木家具に関する東京の情報に精通していた。だからこそ東京王子出身の佐藤徳次郎との接点があったと推察する。しかし、泉藤三郎は山林局とは少し距離を置いて独自の企業運営をしている。東京曲木工場、そして後に誕生する秋田木工株式会社とは、企業の歩み方が些か異なる。

5.3 秋田木工株式会社の設立
(1) 秋田木工株式会社設立に関する研究の意義

大阪で1907（明治40）年に泉家具製作所が創業し、曲木椅子の製作が始まり、東京では1909（明治42）年に東京曲木工場が曲木椅子製作を行っていることから、1911（明治44）年に創業された秋田木工株式会社の存在は、一見草創期の曲木家具業では二番煎じに位置づけられる可能性がある。ところが、秋田木工株式会社の誕生に関しては、文献史料も数多く遺されており、海外で開発された技術が地方で発展した理由を追究する格好の対象となる。

図3-11 明治27年頃のビアホール『なにわ今昔』

　1911（明治44）年に秋田木工株式会社が秋田県雄勝郡湯沢町に設立される。その当時の社会的背景および設立経過については、秋田木工株式会社『八十年史』に詳しく記載されている注58)。しかしながら、山林局のブナ活用政策および曲木椅子製作研究との関わりは体系的に示されていない。本節においては、農商務省のヨーロッパにおける曲木産業の情報収集事例との比較も含め、秋田木工株式会社設立に関連する官民一体の内容を文献史料を通して整理していく。

　秋田木工株式会社は、地方都市に設立された曲木家具企業である。1920（大正9）年に設立された岐阜県の中央木工（現在の飛驒産業株式会社）、1922（大正11）年に設立された広島県の沼田木工（その後昭和曲木工場と合併して現在のマルニ木工株式会社）も、設立当初は曲木椅子生産を主体としていたことから、秋田木工株式会社の設立経過に関する考察は、我が国の地方における洋家具産業の発達を考えるうえでも重要な意味を持つと考えられる。

(2) 秋田県林務技師飯島直助による新聞連載記事

　秋田木工株式会社設立に関する直接の契機は、1909（明治42）年3月27日から4月2日にかけて、秋田県林務技師の飯島直助が『秋田魁新報』に5回の連載で「ぶな、其他雑木の工藝的利用に就て」という記事を執筆したことによるとされている注59)。この記事の全容については、これまで具体的に取り上げられたことがないことから、どのような点が秋田木工株式会社の設立に関わったかを明らかにするために、まず飯島直助の記事を詳細に検討していきたい。飯島の記事の全文は資料に掲載したが、次のように要約した。

【その1】1909(明治42)年3月27日
・我が国の森林資源は豊かであり、この資源を活かした木材工芸は今後さらに研究をしていく

必要がある。
- 秋田県はスギの産地として有名で、スギ材は有効に利用されているが、広葉樹の利用は乏しく、有効に活用すれば秋田県の経済はさらに豊かになる。

【その2】1909（明治42）年3月28日
- 広葉樹の利用促進に慎重な意見もあるが、秋田県の杉材については国有林の資源はまだしも、民有林は伐採しすぎて資源が既に枯渇化している。こうしたスギ材の枯渇化を克服するためにも、広葉樹の工芸的利用が必要とされる。
- 来年度政府は宮城県内に製材の模範施設を作り、ブナ等の工芸的研究に着手するらしい。その目的は、従来の官営製材から民営に移行するための模範施設を作ることにある。民営化の努力を急ぎ、特に製材業を工業的経営に転換していかなければならない。
- 工芸的木材利用を行う企業の事例として、ブナ材を使用した曲木工業を挙げることができる。

【その3】1909（明治42）年3月29日
- 木材の曲木加工はオーストリア、ドイツを中心に行われ、大規模経営で展開している。オーストリアでは既に重要な産業となっている。従来より我が国で使用している曲木製品はオーストリアから輸入したものであるが、国家経済上このような輸入は好ましくない。
- 東京曲木工場は、山林局林業試験場の研究より先に研究に着手し、既に椅子等の曲木製品を販売している。
- 我が国で最初に曲木加工に取り組んだのは、1897（明治30）年に設立された淀橋曲木工場である。この工場では当初ナラ、ケヤキを使用していたが、現在はブナを主体としている。原材料とその乾燥、木材蒸煮前の乾燥確認という一連の加工技術が確立されている。

【その4】1909（明治42）年3月30日
- 蒸煮：間接と直接の蒸煮法があり、前者は小材に用いられ、12時間を要する場合もある。後者は6〜7気圧にて約10分程度で終了する。1寸3分角以上の材はこの方法で行う。
- 蒸煮後の乾燥：75〜85℃の乾燥室にて約12時間乾燥する。
- 工場の分業：工場の技術は非公開としており、細かな点は秘密とされている。
- 第1棟では鋸機による製材、轆轤加工、座の穴開け加工を分業する。また、曲木室では鉄製の型を使用して曲げ、乾燥後に膠で接着している。
- 第2棟では、組立、着色、塗装、座面の籐張りまたは座板の組み込みを分業している。
- 以上の内容は、東京曲木工場の視察と山林局林業試験場の研究内容を総合したものである。学識者のいない東京曲木工場の研究結果と、欧州先進国の研究成果が一致したのは驚くべきことである。
- 東京曲木工場は、職工30名にて1日に椅子を60〜70脚生産しており、一割五分の利益があり、国内販路を拡大している。
- ブナ材の保管と乾燥には注意が必要である。日本のブナ林は原生林が多く、ヨーロッパのように手入れが成されていない。そのため、曲木用材を得るには無駄が多い。

【その5】1909（明治42）年4月2日
- 欧州においては、ブナ材を広く利用しているが、我が国ではブナの利用が著しく少ない。こうした我が国の木材利用法は、欧州に比較して良材が多いため、ブナのような劣等材の使用

に関する工夫が足りないからである。ブナ材は曲木工業、また防腐材を注入すれば鉄道の枕木にもなることから、先行する欧州の利用方法を見習う必要がある。
・秋田県においても、良材の使用ばかりに目を向けるのではなく、ブナを含めた雑木林を工芸的または工業的に活用するための研究を、学校教育も含めあらゆる角度から検討し、経済発展に結びつけていかなければならない。

　上記【その1】は、広葉樹の利用に関する農商務省の基本的な姿勢と同じ内容を繰り返し述べているだけで、全体の序論というべきものである。
　【その2】は、当時宮城県玉造郡鍛冶谷沢に建設されている官営の製材所に触れながら、民営製材業の工業化を強く主張している。同様の工業化という表現を広葉樹を利用した曲木業にも重ね、この連載記事の主たる目的が曲木業の紹介にあることをほのめかしている。
　【その3】では、すべて曲木業の話に終始し、東京曲木工場の視察と山林局林業試験場の見聞を詳しく紹介している。記述した文章量も【その1】の倍以上に達している。
　【その4】は、曲木業の生産技術について詳しく述べている。生産技術、木材資源、経営方法に対する解説は専門的であり、飯島自身の見聞を基に述べていたのであろう。こうした曲木家具産業論の記述内容は、確かに「ぶな、其他雑木の工藝的利用に就て」という主題の展開ではあるが、曲木家具産業の有益性を賛美する評価観が突出している。
　【その5】では、ブナ材の有効利用について述べ、ヨーロッパにおける先行研究の事例を紹介しながら、最後に次のような具体的な課題を学校教育に求めている。
① 県内多産の樹種に対し木工材料として適当な種類の選定を研究すること
② 家具装飾用としての圧搾工芸
③ 焼絵に関する試験
④ 寄木細工及木象眼
⑤ 糸鋸細工
⑥ 薬液焦蝕法と大理石象眼
⑦ 木材色付染色と着色（プロフエサー、クラウデー氏の三原色法）
⑧ 薄板及張付細工

　上記①〜⑧の内容は、先に示した佐藤鋠五郎の『獨墺兩國森林工藝研究復命書』第2章そのものである。⑦については、佐藤が「……最近墺國ニ於テ賞用シツツアルプロフェッソル、クラウデー氏ノ發明ニ係ル三原色法ハ……」[注60]と記述していることから、飯島の主張は『獨墺兩國森林工藝研究復命書』の完全なコピーということになろう。ところが、飯島の記事は、1909（明治42）年3月27日から4月2日にかけて連載されており、佐藤の『獨墺兩國森林工藝研究復命書』は1909（明治42）年4月24日に発行されている。つまり飯島は、佐藤鋠五郎の復命書が発行される以前に、その内容について精通していたことになる。おそらく『獨墺兩國森林工藝研究復命書』より4カ月前に発表された『山林公報第四十七號』の「歐洲ニ於ケル木工ニ就テ」[注61]を参考にしていたのであろう。
　さらに、【その3】で指摘している山林局林業試験場の「曲木椅子製作ニ關スル實驗報告」は、1909（明治42）年3月に発行された『林業試驗報告第六號』[注62]、同年5月に発行された『山林公報第十二號』[注63]に掲載されていることから、飯島直助は林業試験場の実験結果が公表された直後に引用している。飯島の曲木家具業創設に関する情報収集は、職務であったのか、または個人

的な興味であったのかは判然としない。おそらく、飯島は山林局の誰かと接点があり、雑木利用政策について詳細な情報を入手し、秋田県内で実践可能なのは曲木家具業の創設だと考えるに至ったと推察する。この曲木家具業の創設は目標ではあっても、秋田県庁における義務とは思えない。すなわち飯島が執筆した新聞記事の連載は、一部職務であるが、多くは個人的な情熱が強く関わっていたといえよう。

(3)秋田曲木製作所の設立と曲木製品
(a)秋田曲木製作所の設立過程

飯島直助が『秋田魁新報』に連載した「ぶな、其他雑木の工藝的利用に就て」という記事に触発された人物が出現する。この人物、曲木家具製造の技師との出会いも含め、秋田曲木製作所の設立に発展していく過程が、1911(明治44)年2月10日～13日の『秋田魁新報』に、「日本一の工場」と題した記事で連載された。この記事の中で、触発された人物と技師に関連する内容は次の部分である。

- 「製作所の場主は沓澤熊之助といひ雄勝郡駒形村の人、其技師は佐藤徳次郎氏とて、長野縣籍の東京王子生れの人てある、沓澤氏は昨年の春、我が魁新報上に、飯嶋技師の談として、山毛欅材料利用の必要を説いたのを讀んで、技師のうまい仕事を教えて呉れたるに満悦した……」 1911(明治44)年2月10日 注64

- 「今曲木製作所に技師長して居る佐藤徳次郎氏といふは、元日暮里工場に在勤し居つた人なさうたか、議合はすして遂に職を去り、飯嶋技師を力に足を秋田に入れしは、實に昨年の盛夏てあつたそうた、是に於て技師は直に氏を沓澤氏に紹介し、曲木製作場を起すへく計畫を發表せるも……」 1911(明治44)年2月11日

上記の記述から、飯島直助による曲木家具製造に関する記事が『秋田魁新報』に連載された1909(明治42)年3月末から4月上旬より1年数カ月後の1910(明治43)年夏、東京曲木工場で技師として勤務していた佐藤徳次郎が、飯島直助を頼って秋田を訪れ、飯島が佐藤徳次郎を沓澤熊之助に紹介したということになる。このことから、1910(明治43)年の盛夏以前に、飯島直助は沓澤熊之助と佐藤徳次郎に面識があった可能性が極めて高い。少なくとも、沓澤は飯島に何度か会い、曲木業に対する強い関心を示していたことは間違いない。また、飯島直助は「ぶな、其他雑木の工藝的利用に就て」の中で「以上臚列せる記事は主として東京曲木工場の視察に依れり……」と述べているように、東京曲木工場の見学を行っていることから、佐藤徳次郎と東京曲木工場を通して面識があったと判断すべきである。

佐藤徳次郎に関する記述は『秋田魁新報』の「日本一の工場」以外に、次のような史料にも認められる。

- 「……其後も曲木業の将来有益なる事業なることを感想し全く斷念するに至らざる折柄現工場の技術主任たる佐藤徳次郎氏に會晤し其共力を得て新に東京府下北豊島郡日暮里村に工場を設けて再び曲木の方法を研究……」(日南生:曲木業、大日本山林會報 第318號、31頁、1909年)

- 「……技藝上に關しては墺國に在りて技工を學ひ得たる佐藤徳次郎が其堪能なる手腕を振ふのてあるから……」(秋田山林會:本縣に於ける雜木利用の曙光、秋田山林會報第五號、47頁、1911年)

上記の史料は、1909(明治42)年、1911(明治44)年に刊行された林業に関する専門誌での記載であることから、佐藤徳次郎がオーストリアで曲木家具製作の修業をし、東京曲木工場の技師を

していたことは事実である。

　事業に失敗していた東京曲木工場は、1910(明治43)年6月に匿名組合を組織して再開するが、まもなく失敗に終わる[注65]。このことから、佐藤徳次郎が飯島直助を頼って秋田に来た1910(明治43)年の夏は、東京曲木工場は稼働していなかった可能性が高い。つまり、佐藤徳次郎は職を求めて秋田にやってきたということになる。

　1910(明治43)年11月には、秋田曲木製作所が設立され、生産の準備が進められる。杳澤熊之助と佐藤徳次郎の出会いから、わずか3ヵ月程度の期間でこうした進展が成されていく背景には、曲木業に精通している飯島直助の支援が不可欠である。飯島の立場については『秋田山林會報第五號』によると「それに斯業につき最も熱心調査を遂けたる飯島技師か本工場の顧問として指導するのと……」[注66]と記していることから、当初より顧問として深く関与していたことがうかがわれる。確かに、秋田曲木製作所設立の功労者は事業家の杳澤熊之助と曲木家具技師の佐藤徳次郎であるが、実質的な采配はすべて飯島直助によって成されていたと解すべきである。

(b) 秋田曲木製作所の特色

　先の『秋田魁新報』に連載された「日本一の工場」によれば、秋田曲木製作所は下記のような特色を備えていたと記されている。

① 工場の規模は日本一である。
　「……而して今や此に日本一の工場出つ、地方の人たるもの、事業を發展し其成功を期せしむる……」

② ブナ材の供給に適した立地条件である。
　「……從つて工場は勢ひ山元か若くは其附近に設置するに非すんは、到底收支相償ふ能はさる結果に陥るから、之を山毛欅山地たらさる都會に置くは、遂に日暮里の轍を覆むものて、杳澤氏等か湯澤に設けたるも此理由に外ならすてある」
　「縣南の濶葉樹、殊に山毛欅に富めるは、一たひ同地山嶺を蹈破したる者知る所……」

③ 独自の塗装を施している。
　「製品の最大特色は、ニスを用ひす全部漆を以てするにあり……」

④ 従来の曲木製品より廉価である。
　「……而して其椅子一脚の價、墺國製は秋田市相場にて四圓、日暮里製と雖も三圓貳拾錢を下らす、然るに曲木製作所は大貳圓七拾錢、小貳圓五拾錢を以て販賣されつつある状況なれは、十分競争場裡に出るに足ると思ふ」

⑤ 今後事業を拡大し、設備をさらに充実させる。
　「……只始んと椅子の一方のみに限られあれと、日ならす卓子、帽子傘立、化粧臺、洋服掛、車輪、器具、船具、運道具等の如き一切を製作して、大に維納産と競争せんとの設備に着手して居る」
　「聞く湯澤町の有力家等、此事業の尚ほ一段の發展を計らんか為に、之を株式に改むるの議ありと、我輩其組織の何れを問はす、事業の成功を期する上に於て協力一致の態度に出つるやう切望せさる可らすてある」

　①については、秋田魁新報の記者がどの程度曲木業を理解していたかが判然としない。東京曲木工場は秋田曲木製作所に比較して狭小と記しているが、記者が東京に出向いて実際に

比較をしたかどうかはやや疑わしい。「日本一の工場」とタイトルに掲げているため、その整合性を示す何らかの根拠を必要としたのであろう。

②では、秋田曲木製作所の優位性を示す論拠の一つとして、ブナ材の供給地に隣接していることを特色として挙げている。ブナは伐採後に放置しておくと微生物の作用で腐蝕が進むため、ウィーンでは簡易乾燥装置を山元に据え付けて対応していることを紹介している。東京曲木工場の成績が良くないのは、ブナ材の供給方法に問題があり、曲木工場は山元かその付近に設置しなければならないと指摘する。すなわち、沓澤熊之助がブナ材の特質に着目し、ブナ材の供給地に近い湯沢に工場を設立したことは、東京曲木工場の生産性より優位性を持つとしている。

③の塗装については漆塗装を事例として挙げ、従来行われているニスによる塗装は、日光等によって変色することから、漆による春慶風の塗りを試みたというのである。この塗装技術は、技師の佐藤徳次郎が考案したと記している。

④の製品の価格に関しては、曲木椅子を事例としている。国内外の市場競争に対応するため、敢えて廉価に価格を設定したのであろうが、製品の主体を椅子に設定している。

⑤の二つの記述は、秋田曲木製作所が開設された1910（明治43）年11月から3カ月を経た1911（明治44）年2月に新聞紙上に掲載されたものである。特に問題となるのは、後者で示している株式会社組織への移行を、町の有力者が検討しているという点である。椅子の生産を開始したばかりで製品のラインナップも整っていない時期に、株式会社に改めることは、企業の進展としては極めて性急である。

秋田曲木製作所は沓澤熊之助の資本によって設立されたものである。設立は1910（明治43）年11月であるが、営業を開始したのは1911（明治44）年1月あたりらしい[注67]。つまり、営業を開始した時期の記事が「日本一の工場」であり、その中に株式会社への改組が検討されていると記しているのである。こうした記事の背景には、飯島直助と沓澤熊之助に投資家を募る目的があったと推察される。さらに遡れば、秋田曲木製作所の設立は、本格的な曲木家具製造企業設立のための布石として、当初より位置づけていたと考えられる。投資家を募る目的があったからこそ、あえて「日本一の工場」という宣伝文句を使ってアピールしたのではなかろうか。

(c) 秋田曲木製作所の製品

現存する資料では、図3-12[注68]の曲木椅子しか確認することができない。図3-12の椅子は、トーネットのNo.14タイプを基本にしている。右の椅子の座面は、籐張りか合板を使用している。左の椅子はクッション材を加えて布張りしたものであろう。

秋田曲木製作所の製品は、車輪、器具、船具も含まれている。しかしながら、「日本一の工場」で示している製品は、その設備に着手しているというだけで、実際に製作しているとは限らない。複雑な曲木用の治具を、短期間に多品目に対して備えることは極めて難しいことから、実質的にはトーネット社のコピータイプの曲木椅子を中心に、少しの品種を製品化したと推察される。

(4) 秋田木工株式会社の設立と生産システム

(a) 秋田木工株式会社の設立

1911（明治44）年9月12日に秋田木工株式会社が設立される。しかしながら、1911（明治44）年2

図3-12　秋田曲木製作所工場と製品『秋田縣山林會報第五號』

月の新聞記事以降の動向については、知る手がかりが見当たらない。株式組織への移行に関しては、飯島直助が中心的な役割を果たした可能性が高い。その背景には、木材工業の発達を目指す秋田県当局の援護があったことは、刊行物に明確な記載があることから疑う余地はない。つまり、民間企業の設立に対して、県当局が当初から関与しており、秋田木工株式会社の設立が官民一体で成されたことを裏付ける論拠になる。

　1911年9月12日に、24名の株主によって役員選挙が成され、次のような役員が選出された[注69]。
- 取締役社長　　　柴田養助
- 専務取締役　　　飯島直助
- 取締役　　　　　藤木勇太郎、奥山六右衛門、山脇久明、沓澤熊之助
- 監査役　　　　　柴田貞蔵、山内三郎兵衛、高橋徳太郎

　特筆されるのは、秋田県林務技師であった飯島直助が職を辞し、専務取締役になったこと、秋田曲木製作所を設立した沓澤熊之助が社長に選出されなかったことが挙げられる。秋田曲木製作所の設立を支援し、山林局とのパイプ役を果たしてきた飯島直助は、ついに民間企業の役員という道を選択したのである。飯島はその後1922（大正11）年まで秋田木工株式会社の役員を務めている[注70]。

　沓澤熊之助は、1912（明治45）年5月の第1回定時株主総会には名前が見えるが、1914（大正3）年正月の『秋田魁新報』の広告には、役員として名を連ねていない[注71]。おそらく、第1回定時株主総会後から1913（大正2）年までの間に、何らかの理由で身を引いたのであろう。

　取締役社長の柴田養助を筆頭に、株主は湯沢町の名士で占められた。突出した資本家がいないため、町の有力者による共同経営といった雰囲気で経営が進められていく。こうした経

営基盤も秋田木工株式会社の特徴である。

(b) 秋田木工株式会社の生産システム

　秋田木工株式会社は、秋田曲木製作所を母体としていることから、工場および設備は秋田曲木製作所のものをそっくり継承することになる。

　工場は曲木技師の佐藤徳次郎を中心に進められていくが、佐藤徳次郎は秋田曲木製作所が設立された後、東京曲木工場時代の同僚を少なくとも4名呼び寄せている[注72]。この時期は、先にも述べたように、東京曲木工場が営業不振で閉鎖されていたため、職を失った曲木家具職人を呼び寄せることができたのであろう。秋田木工株式会社は職工60名、曲木椅子の生産が1日平均50脚で出発する。この職工60名の中で、約1割が東京曲木工場の出身者であった。ところが、秋田木工株式会社の開業式が行われた1911（明治44）年10月17日には、工場から出席した職工名簿に佐藤徳次郎と、もう一人東京曲木工場出身者の名前が見当たらない[注73]。佐藤徳次郎の名前は、その後の秋田木工株式会社の記録には一切認められない。

　秋田曲木製作所の生産目標は、椅子、卓子、帽子傘立、化粧台、洋服掛、車輪、器具、船具、運道具等であった。こうした製品の家具類を除いたラインナップは、淀橋曲木工場と強い共通性を感じさせる。確かに、トーネット社も車輪や船具を製作したことは事実であるが、秋田曲木製作所のような小規模の工場で曲木製品の多品種化を目指したことも一つの特徴といえよう。大正初期に製作したとされている秋田木工株式会社のカタログでは、営業品目を次のように記載している[注74]。

　　営業種目　製材及其製板品販賣
　　各種曲木椅子／卓子其他西洋家具／建築用曲ヶ材／車輪／馬車及荷車／農具／船具／運道具／額縁／鞍骨／ステッキ／洋傘柄／轆轤細工／壓搾彫刻應用品／經木

　圧搾彫刻応用品とあるのは、農商務省から貸与された圧搾彫刻機械を使用したものである。1912（大正元）年に、農商務省の木工機械貸与の制度を知って請願した結果、1913（大正2）年6月に貸与された[注75]。したがって、カタログの制作は早くとも1913（大正2）年6月以降ということになろう。このカタログの内容については第4章で詳しく紹介する。

(c) 秋田木工株式会社に対する農商務省の関与

　圧搾彫刻機械の貸与そのものは、国の制度を活用したものであるが、そうした制度が存在することを知り得たのは、秋田木工株式会社が農商務省と強いパイプを持っていたからである。

　宮城県の官営鍛冶谷沢製材所は、1910（明治43）年6月1日に宮城大林区署から分離されて山林局の直轄となる。その時の所長が、ヨーロッパに留学した佐藤鉸五郎であった。1911（明治44）年4月1日には林業試験場の支場となったが、佐藤鉸五郎は引き続いて支場長として勤務する。秋田曲木製作所、秋田木工株式会社の設立時に、ヨーロッパの曲木業の技術調査を行った佐藤鉸五郎は、秋田県に近い宮城県で勤務しており、東北各地で広葉樹活用の講演会を催していた。1915（大正4）年に鍛冶谷沢木工所は廃止されるに至るが、その際、木工機械類の多くは民業奨励のために貸与された[注76]。鍛冶谷沢製材所には、曲木用機械が7台設置されていたことから、秋田木工株式会社に一部貸与した可能性が極めて高い。大正中期より秋田木工株式会社に勤務し、後に社長、会長を歴任した長崎源之助も、鍛冶谷沢製材所に備え付けてあった曲木用機械を2台貸与されたと伝えていることから[注77]、農商務省山林局との関わりがいかに強かったかが理解できる。

佐藤鋠五郎は『明治林業逸史』の中で、曲木工芸に関する部分を執筆する。秋田木工株式会社の解説で、飯島直助の功績について詳細に記述し、その功績を称え写真も掲載している[注78]。佐藤と飯島の親密さを示す好例である。

6　我が国における広葉樹の利用と曲木産業に関する編年

本章で考察した内容を基礎として、明治後期の我が国における輸出を対象とした広葉樹の活用と、蒸し曲げ法による曲木産業の編年化を試みると、表3-3のようにまとめられる。

木材の利用に関する基礎的な学問研究自体は、確かに農商務省が先行するが、広葉樹材の輸出、曲木家具の製作という具体的な広葉樹材の経済的利用という点では、必ずしも農商務省が民間より先行していないことが読みとれる。また、広葉樹材の利用促進が曲木産業の発達を促したのは事実である。しかし、広葉樹材の輸出と曲木産業の発達を同じカテゴリーとして捉えることはできない面もある。三井物産のような大資本が直接経営する砂川の製材所と、小資本の曲木家具工場とは、規模だけでなく、生産技術の質が異なる。この質を限りなく向上させることができたのは、オーストリアで曲木家具製作技術を習得した佐藤徳次郎が関与したからであって、技術者の力なくして質は向上しない。

ヨーロッパの蒸し曲げ技術が明確に伝えられたのは、佐藤徳次郎が泉家具製作所に勤務する1907（明治40）年あたりとすべきであろう。民間企業の曲木研究は、政府よりやや早く展開したが、ヨーロッパの曲木技術をダイレクトに導入した時期は、山林局の林業試験場とほぼ同時期ということになる。ただし、林業試験場は機械をドイツから購入しただけで、家具の加工技術をダイレクトに導入したわけではない。

秋田木工株式会社に関する編年は表3-4に示した。とにかく飯島直助と佐藤鋠五郎が民間企業設立に尽力している。山林局としては、曲木家具業のモデル事業にしたかったと筆者は考えている。秋田県湯沢町にオーストリアから発達した曲木家具業が誕生したことは、その後地方社会に続々と曲木家具業が興る魁となり、地域の資産家による株式会社での経営も大きな影響を与えた。

7　小結

我が国にオーストリアで発達した蒸し曲げ法という曲木技術が導入され、曲木椅子が製作されるに至ったという経緯については、次のようにまとめられる。

広葉樹利用促進の目的は、明治政府の外貨獲得政策の一環であり、その具現化のために民間企業を育成することにあった。雑木という呼称が示すように、利用価値が低いとされていた広葉樹に対して、経済価値を見いだした農商務省の視点は、ヨーロッパ文化との接点を持つことによって生じたものであるが、ドイツを規範とした長い基礎研究を通して政策を打ち出している。

林業試験所では曲木家具の研究に着手し、特に椅子に研究の的を絞る。その目的は、トー

表3-3 我が国における広葉樹の利用と曲木産業に関する編年

	農商務省に関する事項	民間の曲木椅子産業に関する事項	民間の広葉樹材の輸出に関する事項
1902(明治35)年	1894(明治27)年　農商務省山林局技師である望月常は、ガイエルの原著を翻訳し、『木材工藝的性質論』を刊行する。	1897(明治30)年　淀橋曲木工場が吉田順治によって設立され、各種曲木製品を製作する。	
	農商務省内で木材資源の有効活用について研究が進む。	ビヤホールを中心に曲木椅子の需要が増大する。	1903(明治36)年　三井物産(株)が北海道の砂川に製材工場を建設し、広葉樹を輸出する。
	1906(明治39)年　農商務省は広葉樹の活用方法を視察するために山林局技師の佐藤鋠五郎をヨーロッパに留学させる。	1905(明治38)年　東京曲木工場が伊藤力之助によって開業され、曲木椅子の試作を開始する。	1904(明治37)年　小樽の渡邊彦太郎商店がナラ材を大量にオランダへ輸出する。
	1906(明治39)年　農商務省は広葉樹利用のためにドイツへ機械を注文する。		1906(明治39)年　北海道からナラのストリプス(樽材)が初めてイギリスに輸出された。
1907(明治40)年	1907(明治40)年　農商務省山林局林業試験場で曲木椅子の実験が開始される。	1907(明治40)年　泉藤三郎によって泉家具製作所が大阪府下で開業され、曲木椅子の試作が開始される。佐藤徳次郎が技師として働く。	
	1908(明治41)年　佐藤鋠五郎がヨーロッパの留学を終えて帰国する。	1907(明治40)年　淀橋曲木工場が日暮里に移転する。	
	1909(明治42)年　農商務省山林局は、宮城県鍛冶谷澤に官営の製材所を建設し、広葉樹の研究を開始する。	1908(明治42)年　オーストリアで曲木の技術を習得した佐藤徳次郎が東京曲木工場で働く。	
	1909(明治42)年　農商務省山林局林業試験場で実施していた曲木椅子に関する実験結果が発表される。		
	1909(明治42)年　国策で曲木椅子の輸入が禁止される。	1910(明治43)年　秋田県湯沢市に秋田曲木製作所が開設される。	
1912(明治45)年	1912(明治45)年　農商務省山林局技師である望月常を中心に『木材ノ工芸的利用』が編纂される。	1911(明治44)年　秋田曲木製作所が秋田木工(株)となり、曲木椅子の生産が開始される。	

表3-4　秋田木工株式会社の設立過程に関する編年

	農商務省に関する事項	民間の曲木椅子産業に関する事項	秋田木工株式会社に関する事項
1907（明治40）年	・1907（明治40）年　農商務省山林局林業試験場で曲木椅子の実験が開始される。 ・1907（明治40）年6月　農商務省の嘱託員としてオーストリア・ハンガリーの曲木家具製造業を調査していた平尾博洋が帰国する。	・1907（明治40）年　泉家具製作所が大阪府楠根村稲田で開業する。佐藤徳次郎が技師として働く。 ・1907（明治40）年　淀橋曲木工場が日暮里に移転する。	
1908（明治41）年	・1908（明治41）年8月　佐藤鋹五郎がドイツ、オーストリアの留学を終えて帰国する。		
1909（明治42）年	・1909（明治42）年3月　農商務省山林局は、宮城県鍛冶谷沢に官営の製材所を建設し、広葉樹の研究を開始する。 ・1909（明治42）年5月　農商務省山林局林業試験場で実施していた曲木椅子に関する実験結果が発表される。	・1909（明治42）年　オーストリアで曲木の技術を習得した佐藤徳次郎が、東京曲木工場で働く。	・1909（明治42）年3月　秋田県林務技師の飯島直助は、『秋田魁新報』に「ぶな、其他雑木の工藝的利用に就て」を執筆する。
1910（明治43）年	・1910（明治43）年6月　鍛冶谷沢製材所が宮城大林林区から分離され、山林局の直轄となる。佐藤鋹五郎が初代の所長に任命される。佐藤鋹五郎は広葉樹活用促進のため、東北各地で講演を行う。	・1910（明治43）年6月　匿名組合で東京曲木工場が再開されるが、まもなく失敗した。	・1910（明治43）年盛夏　東京曲木工場技師であった佐藤徳次郎が飯島直助を頼って秋田に来る。飯島は沓澤熊之助に佐藤を紹介する。 ・1910（明治43）年11月　秋田県湯沢町に秋田曲木製作所が開設される。
1911（明治44）年	・1911（明治44）年4月　鍛冶谷沢製材所が林業試験場の支場となり、鍛冶谷澤木工所と改められる。	・1911（明治44）年2月　合資会社東京曲木工場が設立されるが、伊藤力之助が死亡したため解散する。	・1911（明治44）年1月　秋田曲木製作所で生産が開始される。 1911（明治44）年9月　秋田曲木製作所が秋田木工株式会社となる。飯島直助は秋田県林務技師を辞し、秋田木工株式会社の専務取締役に就任する。 ・1911（明治44）年10月　秋田木工株式会社が開業し、曲木家具が製造される。開業式の名簿に技師の佐藤徳次郎の名前は記載されていない。
1912（明治45）年	・1912（明治45）年3月　農商務省山林局技師である望月常を中心に『木材ノ工芸的利用』が編纂され、刊行された。	・1912（明治45）年3月　渋谷幸道は東京曲木工場を再開する。	・1912（明治45）年5月　秋田木工株式会社の第1回定時株主総会が開催される。

ネット社およびそのコピー会社の輸出実績を、農商務省が高く評価していたからである。また、国内曲木産業の育成についても、当初より椅子を中心に行う方針を持っていた。

広葉樹の輸出は三井物産によって明治30年代に成されるが、曲木家具も東京曲木工場の製品が1912(明治45)年に三井物産が関与して輸出されている。民間企業においては、農商務省の取り組みより早く曲木製作が開始されている。ただし、明治30年代までは、曲木工場で生産される主たる製品は椅子類ではなかった。本格的に曲木椅子が生産されるようになったのは1907(明治40)年を過ぎてからで、曲木椅子の需要が増したことに起因する。東京と大阪でほぼ同時期に開始されるが、いずれの工場も小規模であった。特筆されるのは、佐藤徳次郎というオーストリアで技術を習得した技師が大阪、東京、秋田の曲木工場に勤務しており、民間の曲木家具業設立に深く関与したことである。

民間の曲木家具業は、農商務省山林局が設立に関与している場合と、民間企業の力を主体に設立されたものに分類することもできる。本章で追究した東京曲木工場、秋田木工株式会社は前者に位置づけられ、大阪の泉家具製作所は後者に位置づけられる。

また民間の曲木家具業は、東京曲木工場や泉家具製作所のように、個人の資本で起業する場合と、秋田木工株式会社のように地元の有力者が投資し、株式会社として最初から起業する場合がある。後者の方式は、大正時代以降も地方の曲木家具業に受け継がれていく。

注

1 ── 『大日本山林會報』は、1882(明治15)年から継続して刊行され、最も総合的な木材研究誌である。『林業試験報告』は、1904(明治37)年から継続して刊行された農商務省山林局林業試験場の研究収録である。下記の諸本は林業の通史と木材工芸に関する代表的な刊行物である。
　・農商務省山林局:木材ノ工藝的利用、大日本山林會、1912年
　・松波秀實:明治林業史要、明治林業史要發兌元、1919年
　・寺尾辰之助:明治林業逸史、大日本山林會、597-605頁、1931年
2 ── 明治政府における木材および木材加工品の輸出による外貨獲得政策は、明治後期の歴代農商務省大臣の訓辞に度々認められ、輸入の制限と輸出産業の育成を強調している。(松波秀實:明治林業史要後輯、大日本山林會、16-17頁、1924年)
3 ── 諸戸北郎:木材ノ性質、大日本山林會、1頁、1909年
4 ── 農商務省山林局:山林局報 第二號、pp.1-7、1900年
5 ── 農林省林野庁図書館に保管される報告、復命書類から主たるものを選んだ。
6 ── 鹽澤健:世界各國に於ける森林及び木材貿易の概況、大日本山林會 第268號、18-28頁、1905年
7 ── 前掲6):25頁
8 ── 前掲6):21-28頁
9 ── 前掲6):23頁
10 ── 前掲6):25頁
11 ── 「曲木家具ノ原料ハ主トシテ山毛欅ヲ使用セリ然レトモ間々黒檀其他ノ貴重樹種ヲ以テ製作シタルモノナキニシモアラス雖モ」と記述していることから、コクタンの使用が少量あったということになる。
12 ── 日本の公的な視察、留学制度は1年間を基本としている。また、1年間以上に及ぶ場合は、更新手続きをとっている。このことから、渡航期間を差し引いても、半年程度は目的とする地域に留まることになる。
13 ── 平尾博洋:曲木家具製造事業ニ關スル調査報告書、山林公報 第四號、7-16頁、1908年
14 ── 村松敏監修・田島奈都子編集:農商務省商工彙報 第6巻、ゆまに書房、262-263頁、2003年
15 ── 佐藤鋠五郎:獨墺兩國森林工藝研究復命書、農商務省山林局、1908年
16 ── 前掲15):6頁
17 ── 前掲15):4-6頁
18 ── 前掲15):119-120頁

19 ── 前掲15)：120頁
20 ── 佐藤鋠五郎：闊葉樹の利用に就いて、大日本山林會報 第347號、大日本山林會、116-131頁、1911年。この論説には、文中に「……本日は此等に關していちいち申述べる時間がありませぬから……」という記述があることから、講演の原稿をまとめたものと判断した。
21 ── 1910(明治43)年に創立された秋田曲木製作所が、1911(明治44)年に秋田木工株式会社になったことから、佐藤鋠五郎は秋田曲木製作所時代という認識で記述したと考えられる。
22 ── 日本林業技術協会編：林業先人伝、日本林業技術協会、466頁、1962年
23 ── 宮原省久：木材工業史話、林材新聞社出版局、208頁、1950年
24 ── 前掲1)、木材ノ工藝的利用、341-344頁
25 ── 農商務省山林局：農商務省山林局林業試験場要覧、図版、1912年
26 ── 鳴子町史編纂委員会：鳴子町史 上巻、宮城県玉造郡鳴子町役場、390-391頁、1974年
27 ── 農林省林業試験場：林業試験場六十年のあゆみ、農林省林業試験場、4頁、1965年
28 ── 筆者撮影、2002年
29 ── 農商務省山林局：曲木家具製造業の有望、大日本山林會報275號、大日本山林會、25-26頁、1905年
30 ── 寺崎渡・高橋久治：曲木椅子製作ニ關スル實驗、林業試験報告 第六號、1909年
31 ── 前掲30)：図第十版
32 ── 前掲30)：図第九版
33 ── 前掲1)：木材ノ工藝的利用、1007頁
34 ── 前掲1)：明治林業史要、160頁。ここに挙げられた7企業について、地域の商工会議所、家具組合、教育委員会を中心に調べた結果、現在まで存続している曲木企業は秋田木工株式会社だけであった。
35 ── 前掲1)：明治林業史要、161頁
36 ── 前掲1)：木材ノ工藝的利用、1007頁
37 ── 前掲1)：明治林業逸史、597-605頁
38 ── 秋田木工株式会社編：八十年史、秋田木工株式会社、5-15頁、1990年
39 ── 日南生：曲木業、大日本山林會報 第318號、31頁、1909年
40 ── 飯島直助：ぶな、其他雜木の工藝的利用に就て(三)、秋田魁新報 3月29日号、1909年
41 ── 森林総合研究所よりご教示をいただく。
42 ── 九州大学名誉教授堺正紘氏よりご教示をいただく。
43 ── 豊口克平：トーネットの曲木家具 その創造的技術開発と造型の歴史、デザイン9、DESIGN No.88、43頁、1966年
44 ── 前掲1)：明治林業逸史、600頁
45 ── 牧野喜久男編：一億人の昭和史 14 昭和の原点 明治下、毎日新聞社、121頁、1977年
46 ── 水師営での乃木とステッセルの会見場、樺太のルイコウフの教会で小泉とリヤプノフが会見した際も同類の曲木椅子を使用しており、日本の陸海軍の備品とは考えにくい。
47 ── 前掲1)：明治林業逸史、600-601頁
48 ── 前掲1)：木材ノ工藝的利用、1010頁
49 ── 泉和喜子氏所蔵
50 ── 泉和喜子氏所蔵
51 ── 芝彌一編纂：大阪人士商工名鑑、大阪人士商工名鑑發行所、587-588頁、1902年
52 ── 泉和喜子氏よりご教示をいただく。
53 ── 泉和喜子氏所蔵
54 ── アサヒビール株式会社社史資料室編：Asahi100、アサヒビール株式会社、140-142頁、1990年
55 ── キリンビール編：ビールと日本人、三省堂、111-115頁、1984年
56 ── 奥村芳太郎編：なにわ今昔、毎日新聞社、148頁、1983年
57 ── 大阪市役所商工課編纂：大阪市商工名鑑、工業之日本社、506頁、1922年
58 ── 秋田木工株式会社総務部編：八十年史、秋田木工株式会社、5-42頁、1990年
59 ── 前掲58)：8頁
60 ── 前掲15)：65頁
61 ── 佐藤鋠五郎：歐洲ニ於ケル木工ニ就テ、山林公報 第四十七號、540-573頁、1908年
62 ── 前掲30)：267-270頁
63 ── 寺崎渡・高橋久治：曲木椅子製作ニ關スル實驗、山林公報 第十二號、262-271頁、1909年
64 ── 文中の「昨年の春」は「一昨年の春」の間違いである。
65 ── 石村眞一・田村良一・本明子：我が国における曲木椅子製作技術の導入、デザイン学研究138、14頁、2000年
66 ── 秋田縣山林會：秋田縣山林會報 第五號、47頁、1911年

67 ── 秋田魁新報1910(明治43)年12月27日、28日の記事に新年から営業を開始するという内容の記述が認められる。
68 ── 前掲66):口絵
69 ── 前掲38):19-20頁
70 ── 前掲38):604頁
71 ── 前掲38):23-33頁
72 ── 前掲38):15頁
73 ── 前掲38):25頁
74 ── 前掲38):図版
75 ── 前掲38):38-39頁
76 ── 前掲1):明治林業逸史、595頁
77 ── 前掲38):40頁
78 ── 前掲1):明治林業逸史、603-605頁　ここでは飯島張邦と名前が記載されている。

第4章

大正期における曲木家具

1 はじめに

　明治期から大正期に時代が移ると、曲木家具業の数が増し、生産量も多くなる。国内の需要が増したことは、ビアホールやカフェのような飲食業だけでなく、都市部を中心とした新たな市民層も加えて、椅子坐の生活が普及したことも影響している。また、第一次大戦を契機に、曲木椅子の輸出が増加し、社会が好況を保持できたことも、曲木家具業が各地で創業された要因となる。ドイツ、オーストリアが戦争で曲木家具の輸出ができなくなったことから、その商業圏の一部に日本の曲木家具業が割り込んだ。少し極端な表現かもしれないが、日本の曲木家具業は、第一次大戦という戦時下のさなかに、輸出の道を拓いていったということになる。

　貿易は曲木家具業の力だけでは成立しない。三井物産に代表される商社が関与しないと中小企業の曲木家具業が海外で販売することは難しい。曲木家具業は、貿易へ対応するために日本の主要貿易港に近い場所に出張所を設け、海外販売用のパンフレット等を制作する。こうした販売方法は、鉄道の駅に近い場所に工場を建設するとともに、すぐに全国各地へ拡散し、曲木家具業は似たような経営方法を展開する。

　本章では、秋田木工株式会社の輸出政策を事例に挙げながら、大正期に日本各地で誕生する曲木家具業の動向について考察する。また、日本的な曲木製品の萌芽と展開についても触れる。

2 家具研究の進展

　明治40年代初頭には、林業試験場において曲木家具研究が試験的な方法で成されたこともあった。ただし、継続的なものではなく、曲木椅子の素材、加工方法を具体的に検証するだけで、新たな家具研究に取り組むという目的があったわけではなさそうだ。

　1913(大正2)年に小泉吉兵衛が『和様家具製作法及圖案』[注1]を刊行する。これが洋家具製作法を体系的に示した嚆矢である。曲木家具製作法に関しては、第八章第一二節に解説があるだけで、内容も概論として簡単に示しているにすぎない。単に林業試験場の試験結果を示すなど、独自性のないものである。特筆されるのは、『和様家具製作法及圖案』自序の最後に「終りに臨みて一言す。本書の編纂に當りては東京高等工業學校助教授木檜恕一君の助力になる所多し茲に記して同君に謝す」という謝辞である。このことから、木檜恕一が刊行に深く関与していることが窺われる。

　1914(大正3)年に木檜恕一(1881-1943)が『雑木利用 最新家具製作法 上巻』[注2]、1916(大正5)年に『雑木利用 最新家具製作法 下巻』[注3]を刊行する。カラーの図版を含む上下巻を併せると800頁を超える大著を、30代半ばの若い研究者が執筆したことに驚かされる。木檜の家具製作法は、海外の先行する『Wood working』『Modern cabinet making』等の書物[注4]を参考にしていることは事実だが、むしろ意欲的にそうした研究を消化し、日本の伝統的な文化、製作法も取り込んで体系化していることに特徴がある。また木檜の家具製作法研究には農商務省山林局も支援しており、望月常や佐藤鋠五郎と交流している[注5]。

木檜は、東京高等工業学校附属教員養成所建築科を卒業した後、母校にて研究活動を続ける。当然研究の対象は本来建築であったはずである。ところが、校長の手島精一より、雑木（広葉樹）の家具製作法の研究を条件にされる。勧められるというより、命じられたという方が正しいかもしれない[注6]。『雑木利用 最新家具製作法 上巻』の序文は、手島精一と建築学科長の志賀重列、教授の河津七郎がしたためている。志賀は建築科の前身が木工科であるから、木工術の再構築がなされたことを賞賛し、河津はブナを事例に挙げ、木工芸界全体の要望に応える良書と称えている。一見すると、東京高等工業学校建築科の授業に不可欠な内容に受け取れるが、手島には別なねらいがあった。

　1921（大正10）年、東京高等工藝学校が設立される。その際、木檜は木材工芸科の助教授として赴任する。手島が木檜に家具製作法の研究を勧めたのは、実は将来高等工芸学校が設置されることを承知していて、そこに木檜を送り込むという構想が当初からあったと筆者は捉えている。志賀や河津が褒めるように、木檜の研究成果が東京高等工業学校建築科で必要であれば、木檜を転出させる必然性がない。

　木檜は『雑木利用 最新家具製作法 下巻』の中で、曲木製作法について次のような構成で解説している。

第一章　木材彎曲法
　第一節　曲木法の発達
　第二節　曲木法の原理
　第三節　曲木準備法
　　第一　　用材の撰擇及乾燥法
　　第二　　用材の粗削及蒸煮法
　第四節　曲木法
　　第一　　彎曲法
　　第二　　曲木用機械及工具
　第五節　適材及用途
　　第一　　曲木用適材
　　第二　　曲木材の用途

　上記の内容は8〜29頁に記載され、いくつかの海外で使用される機械、林業試験所において使用した型、『木材ノ工藝的利用』に掲載されている図をコピーしたような曲木家具が11例見られる。総論としては特に問題点があるわけでもない。しかし、何か実践から得た、具体的な製作法のポイントのようなものが見えてこない。早い話が木檜はおそらく曲木加工の実践経験がない。東京高等工芸学校でも曲木家具を指導したという話は聞かない。

　木檜は、東京の芝家具組合で家具に関するアドバイスをしており、頗る評判がよい。確かに、家具全体の製作法をよく理解し、国内外の話題を提供するという点では、優れた実績を残した。手島精一が亡くなった1918（大正7）年以降においては、木檜は木製家具製作法の研究だけでなく、インテリアから住宅改善まで幅広い活動を行う。木檜にとっての家具製作法研究は、独立した家具研究ではなく、建築研究と一体化したものだったといえよう。

　木檜が大正前期に『雑木利用 最新家具製作法 上・下巻』で曲木加工を取り込んだことは、家具研究としては大きな意義がある。しかし、そのことによって曲木家具業が発達したという

わけではない。新たな研究成果が含まれていないのだから致し方ない。

3 明治期に創業した曲木家具企業の動向

3.1 東京曲木工場

『明治林業逸史』によれば[注7]、伊藤力之助が1906(明治39)年、谷中に東京曲木工場の看板を掲げる。1907(明治40)年、伊藤力之助と渋谷幸道によって事業を始めたが失敗する。1910(明治43)年には、渋谷嘉助、伊藤力之助、渋谷幸道が匿名組合を組織して合資会社東京曲木工場を立ち上げたが、伊藤力之助が死んだこともあって失敗する。1912(明治45)年に、渋谷幸道は東京曲木工場を再興する。1915(大正4)年には、藤倉電線会社と提携して東京曲木株式会社を設立したが、1918(大正7)年に倒産する。ここで東京曲木工場の関連する企業は終わったかと思われるが、東京曲木製作所に一部受け継がれたという指摘もある[注8]。渋谷幸道は1918(大正7)年に東京木工製作所を設立する。この企業は昭和になっても稼働している。東京曲木工場は倒産しても、その製作技術は第二次大戦まで引き継がれた。

3.2 泉家具製作所

1911(明治44)年発行の大阪商業会議所の名簿では、泉家具製作所として登録されていない。その後も大阪市内の販売店(西区京町堀通)は、泉藤三郎という個人名で掲載されている。取引は内地全国だけで、海外への輸出はなされていない。

1922(大正11)年の『大阪市商工名鑑』には、取引先は内地、朝鮮、臺灣、支那、マニラ、新嘉坡、印度と拡大している[注9]。それほど大きな話題にはなっていないが、泉家具製作所の販売実績は着実に伸びているように感じる。

3.3 秋田木工株式会社

(1)曲木家具の海外輸出

秋田木工株式会社は、社史に大正期の動向が詳しく掲載されている。好況期と不況期があり、極めて複雑な経営事情を抱えていたことが理解できる。1916(大正5)年、東京の銀座に販売店を設ける。1914(大正3)年に第一次大戦が勃発し、日本の景気が上昇した結果、曲木椅子の需要が急増する。その具体的対応が銀座の販売店設置である。銀座の販売店は、国内だけでなく、海外への販売にも対応していく。海外販売は、ドイツが戦争でアジア圏へ曲木椅子の輸出が困難となったため、その隙にドイツの商業圏に割り込むことがねらいであった。

後年社長に就任する長崎源之助が遺した資料には、輸出について下記のような内容が記述されている[注10]。

- 1916(大正5)年　　19,440脚
- 1917(大正6)年　　30,240脚
- 1918(大正7)年　　23,160脚
- 輸出先は、シンガポール(12,000脚)、ホンコン(9,600脚)、ボンベイ(6,000脚)、ケイプタウン(2,400脚)、南米その他(240脚)

上記の海外輸出は、三井物産、江副商事を通じて行われたと伝えられているが、三井物産の果たした役割は想像以上に大きい。この生産量増大を支えるため、400人の従業員が昼夜兼行で働いたとされている。こうした活況を呈した曲木家具業の噂は、瞬く間に全国へ伝わり、新たな曲木家具業設立につながった。そして、地方の曲木家具業においては、東京や大阪といった大都市に販売店を持つことが定番となった。つまり秋田木工株式会社は、地域の有力者による共同経営という会社設立の方法だけでなく、マネジメントも全国に大きな影響を与えたのである。

(2) 曲木家具のラインナップ

第3章に示したように、秋田木工株式会社の前身である秋田曲木製作所の生産目標は、椅子、卓子、帽子傘立、化粧台、洋服掛、車輪、器具、船具、運道具等であった。こうした製品の家具を除くラインナップは、淀橋曲木工場と強い連動性を感じさせる。確かに、トーネット社も車輪や船具を製作したことは事実であるが、秋田曲木製作所のような小規模の工場が、曲木製品の多品種化を目指した。大正初期に制作したとされている秋田木工株式会社のカタログでは、営業品目を次のように記載している[注11]。

営業種目　製材及其製板品販賣

各種曲木椅子／卓子其他西洋家具／建築用曲ヶ材／車輪／馬車及荷車／農具／船具／運道具／額縁／鞍骨／ステッキ／洋傘柄／轆轤細工／壓搾彫刻應用品／經木

圧搾彫刻応用品とあるのは、農商務省から貸与された圧搾彫刻機械を使用したものであることは間違いない。したがって、カタログの制作は早くとも1913(大正2)年の秋以降ということになろう。

経木を商品として取り扱っているが、曲木家具とは全く関係ない。桶・樽業で使用する正直（ジョインター）と同様の道具または機械で、マツ類のような針葉樹の軟質材を加工したのだろうか。どうも経木は、他の製品とは異なるジャンルのように思えてならない。

営業種目には経木も含め、曲木家具以外の木工製品もカタログに記載されている。しかし、カタログの写真は家具類だけである。このあたりも理解し難い。注文生産もしているという程度で、馬車や荷車を常時生産していたとは思えない。カタログの写真で紹介している製品でも、常備しているとは限らないというのが実態と推定する。すなわち、カタログの中でも、主力商品だけを常備しているだけで、他は製作用の型があるという程度と考えるべきである。

秋田木工株式会社の現存する第二次大戦以前の製品カタログは、大正初期、大正末期から昭和初期、1933(昭和8)年、1938(昭和13)年に製作された4種類である。

本章では、大正初期および大正末期から昭和初期に制作されたとするカタログを通して、曲木家具製品について検討を行う。大正初期のカタログに記載されている製品は、**図4-1**に示した。

現存する家具のカタログで最も古いのは、1912(大正元)年に制作された東京芝の杉田商店のものである[注12]。この中に曲木椅子が一つ掲載されているが、この製品は当然国産品で、秋田木工株式会社で製作された可能性がある。秋田木工株式会社のカタログ表紙は、アール・ヌーボー調のイラストと文字が使用されており、おそらく東京でデザインされたと推察される。製品を番号順に並べると次のようになる。

- 第1號　運動椅子(一人用)
- 第2號　運動椅子(二人用)
- 第3號　ハアート型椅子(肘掛付)
- 第4號　ハアート形肘掛椅子(テレンプ薄張)
- 第5號　ハアート形肘掛椅子(テレンプ緞子類薄張)
- 第6號　ハアート形肘掛椅子(小形テレンプ緞子類薄張)
- 第7號　角曲椅子(籐張)
- 第8號　角曲椅子(テレンプ薄張)
- 第9號　角曲椅子(紋テレンプ布團張)
- 第10號　椅子
- 第11號　頰被形椅子(背張附籐張)
- 第12號　頰被形椅子(テレンプ布團張)
- 第13號　椅子
- 第14號　普通大形椅子(布團張)
- 第15號　椅子(腰留付)
- 第16號　椅子
- 第17號　普通小形椅子(籐張)
- 第18號　普通小形椅子(薄張)
- 第19號　普通小形椅子(テレンプ張)
- 第20號　小形椅子(腰留付)
- 第21號　椅子(背板及腰掛座壓搾彫刻)
- 第22號　椅子(背板及腰掛座壓搾彫刻腰留附)
- 第23號　椅子(背板壓搾彫刻腰留附布團張)
- 第24號　廻轉式事務椅子(テレンプ布團張)
- 第25號　廻轉式事務椅子(テレンプ布團張)
- 第26號　廻轉式事務椅子(テレンプ布團張)
- 第27號　廻轉式事務椅子(テレンプ布團張)
- 第28號　女夫椅子(二人掛用籐張)
- 第29號　理髮椅子(廻轉式籐張)
- 第30號　廻轉式椅子(籐張)
- 第31號　廻轉式椅子(籐背張背凭附)
- 第32號　腰掛(籐張)
- 第33號　腰掛(薄張)
- 第34號　腰掛(布團張)
- 第35號　腰掛(背板付)
- 第36號　腰掛(革張背板付)
- 第37號　銀行事務椅子(高脚薄張)
- 第38號　長腰掛(籐張)
- 第39號　應接室備用楕圓形卓子(臺盤春慶塗脚及盤緣黑塗本仕上)

- 第40號　円形卓子
- 第41號A　小卓子
- 第41號B　小卓子
- 第42號　円形卓子
- 第43號　化粧台(洗面器附属品一式)
- 第44號　外套帽子掛及傘立
- 第45號　帽子掛及劍立
- 第46號　帽子掛及劍立
- 第47號　書架(庖厨架)
- 第48號　寝臺
- 第49號　ステッキ及傘立
- 第50號　洋服掛
- 第51號　洋服掛
- 第55號　火鉢煙草盆臺
- 第56號　円形卓子
- 第57號　楕圓形卓子
- 第58號　円形卓子
- 第59號　事務椅子(テレンプ布團張)
- 第60號　運動椅子(一人用)
- 第61號　児童用机兼用椅子(二人用)
- 第62號　児童用机兼椅子(一人用)
- 第63號　花鉢臺
- 第64號　長椅子
- 第65號　花盛臺
- 第66號　山形椅子
- 第67號　事務椅子(肘掛付)
- 第68號　長椅子(三人用)
- 第69號　長椅子(五人用)
- 第70號　廻轉式事務椅子
- 第71號　廻轉式事務椅子
- 第72號　廻轉式事務椅子
- 第73號　廻轉式椅子
- 第74號　椅子(背張付)
- 第75號　事務椅子
- 第76號　事務椅子(背板壓搾彫刻)
- 第77號　食卓(中形)
- 第78號　食卓(小形)
- 第79號　食卓(大形)
- 第80號　火鉢臺と胴丸火鉢及火留

- 第81號　火鉢煙草盆臺
- 第82號　盆栽臺
- 第83號　洗面臺
- 第84號　帽子掛及傘立
- 第85號　外套帽子掛
- 第86號　帽子掛
- 第88號　角曲椅子
- 第89號　事務椅子(マニラドンス布團張)
- 第90號　腰掛(背板腰留付)
- 第91號　椅子(背張付)
- 第92號　椅子(肘掛付)
- 第93號　椅子
- 第94號　椅子
- 第95號　肘掛付椅子
- 第96號　長椅子
- 第97號　寝椅子
- 第98號　楽譜入
- 第99號　運動椅子(一人用)
- 第100號　廻轉椅子

　上記の番号では、52～54、87が欠落している。その理由については判断しかねるが、このカタログの前に、やや品目が少ないカタログが存在したことに起因する可能性がある。その論拠として、カタログのグループ化を挙げることができる。すなわち、第1號、第2號、第60號、第99號の運動椅子(ロッキングチェア)は同一ページに掲載されていることから、第60號と第99號は後で追加されたと読み取れるのである。第60號と第99號は第1號、第2號に比較して構造が簡素化されており、やや安価なタイプに設定したと思われる。

　秋田木工株式会社のカタログに掲載されている製品は、概ねトーネット社の製品をコピーしたものである。例えば、第1號は、トーネット社が1911年から1915年にかけて制作したカタログのNo.7001、第2號はNo.12500、第60號は少し変形しているが基本の形態はNo.12591、第99號はNo.7008を参考にしている。しかしながら、第7～9號、第88號に見られる極端な角曲椅子は、トーネットのカタログには類例が認められない。特に第88號はアドルフ・ロースが1898年にデザインしたJ&J・コーン社(以下、コーン社)の製品と類似していることから、コーン社のカタログも一部参考にしていた可能性がある。

　こうしたヨーロッパのコピー製品とは別に、第55、81のような火鉢の台を洋風に工夫しているものもあり、当初から日本の生活に密着したタイプの製品も生産していた。

　100種類に近い製品を掲載したカタログは、大正初期に制作されたと考えられている。秋田木工株式会社では、農商務省から1913(大正2)年6月5日に圧型付機械1台を貸与することが決定している。また、カタログの第21～23號には圧搾彫刻が施されていることから、早くとも1913(大正3)年の秋あたりに制作されたということになる。

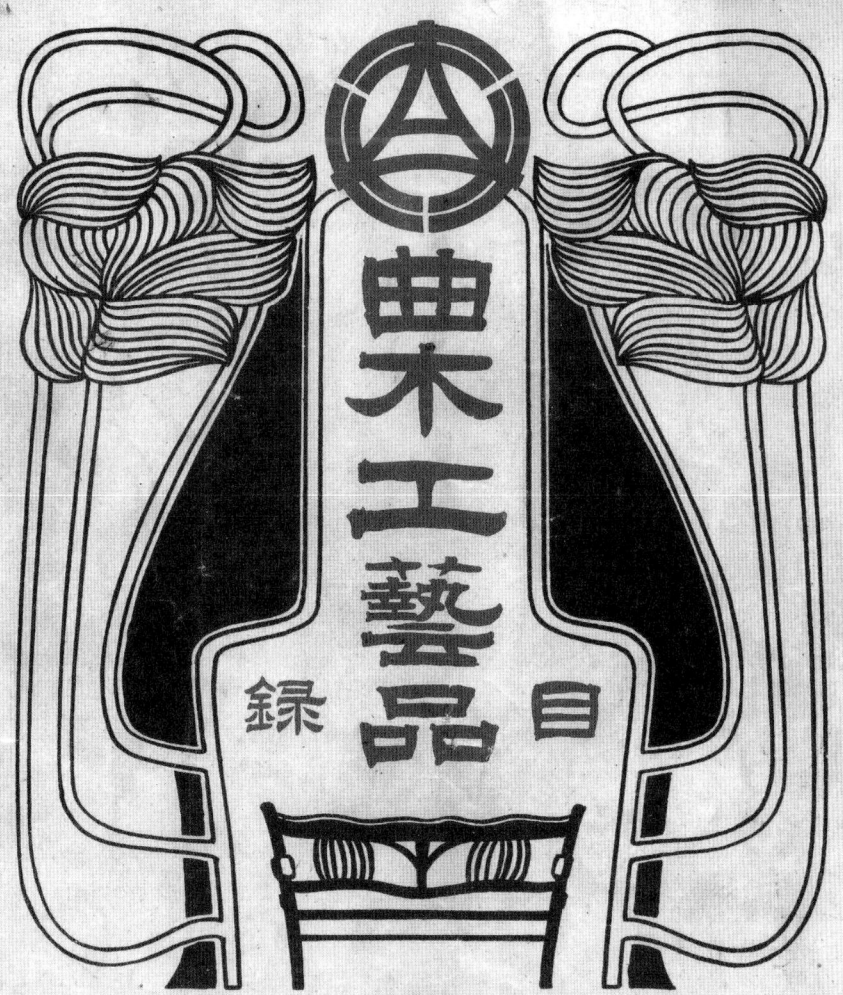

図4-1① 秋田木工株式会社カタログ

第一號　運動椅子（二人用）

第二號　運動椅子（一人用）

No. 2
Rocking armchair.

No. 1
Rocking armchair.

第六〇號　運動椅子
（總高三尺座高一尺四寸）

第九九號　運動椅子

No. 99
Rocking armchair.

No. 60
Rocking armchair.

………(1)………

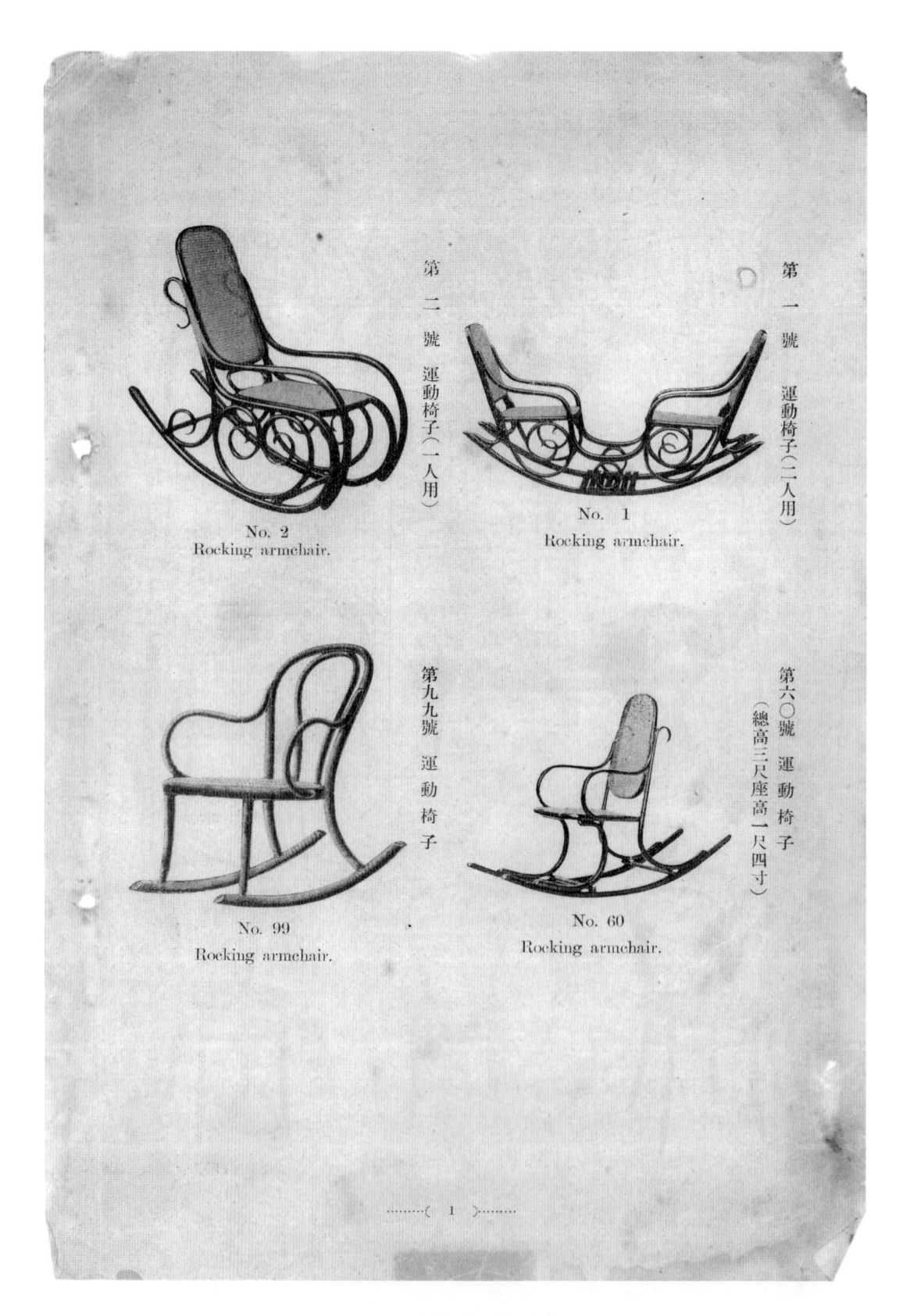

図4-1②　秋田木工株式会社カタログ

第4章　大正期における曲木家具　117

第九四號　椅子
No. 94 Chair.

第九六號　長椅子
No. 96 Setlees.

第九五號　肱掛付椅子
No. 95 Armchair.

第九七號　寢椅子
No. 97 Bentwood Longe.

第九八號　樂譜入
No. 98 Book or Music rack.

第一五號　椅子（腰留付）
No. 15 Chair.

第九一號　椅子（背張付）
No. 91 Chair.

第一三號　椅子
No. 13 Chair.

………(2)………

図4-1③　秋田木工株式会社カタログ

第九二號 椅子（肱掛付）
No. 92 Armchair.

第三號 ハアート形椅子（肱掛付）
No. 3 Armchair.

第六七號 事務椅子
No. 67 Armchair.

第六號 ハアート形肱掛椅子（小形テレンプドンス類薄張）

第四號 ハアート形椅子（肱掛付テレンプ薄張）

第五號 ハアート形肱掛椅子（テレンプドンス類薄張）

No. 5 Chair.   *No. 4 Chair.*   *No. 6 Chair.*

第十六號 椅子
No. 16 Chair.

第七四號 椅子
No. 74 Chair.

第九三號 椅子
No. 93 Chair.

(3)

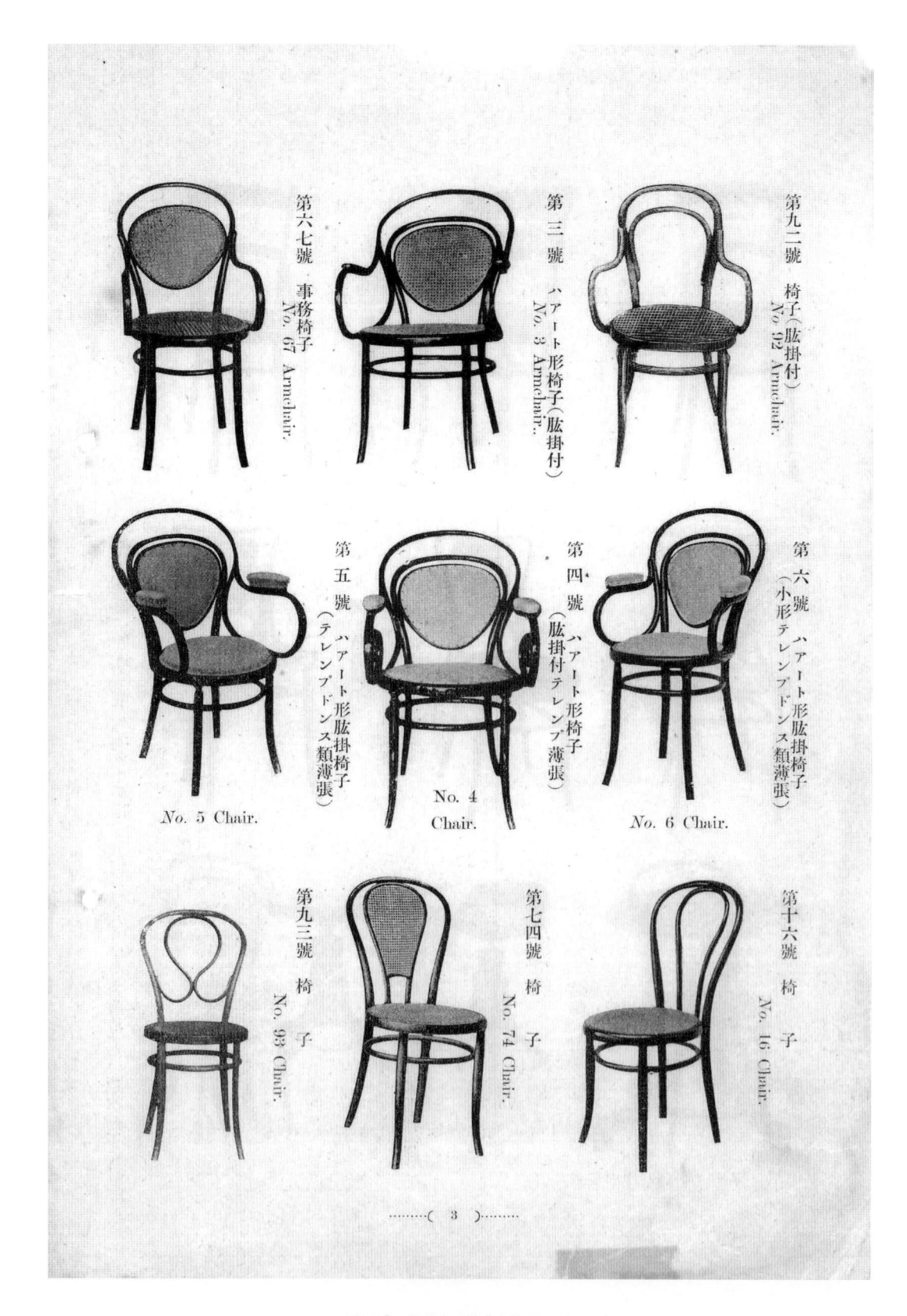

図4-1④　秋田木工株式会社カタログ

第4章 大正期における曲木家具

第二一號 椅 子
（背板及腰掛座壓搾彫刻）
No. 21 Chair.

第二三號 椅 子
（背板壓搾彫刻腰留附布團張）
No. 23 Chair.

第二二號 椅 子
（背板及腰掛座壓搾彫刻腰留附）
No. 22 Chair.

第七號 角曲椅子（藤張）
No. 7 Chair.

第九號 角曲椅子
（紋テレンプ布團張）
No. 9 Chair.

第八號 角曲椅子（テレンプ薄張）
No. 8 Chair.

No. 73 Revolving stools.

第七三號 廻轉式椅子

No. 31 Revolving stools.

第三一號 廻轉式椅子（藤張背凭附）

No. 30 Revolving stools.

第三〇號 廻轉式椅子（藤張）

第八八號 角曲椅子
No.88 Chair.

………(4)………

図4-1⑤　秋田木工株式会社カタログ

第一七號 普通小形椅子（藤張）No. 17 Chair.

第一八號 普通小形椅子（薄張）No. 18 Chair.

第二〇號 小形椅子（腰留付）No. 20 Chair.

第一一號 頬被形椅子（背張附藤張）No. 11 Chair.

第一二號 頬被形椅子（テレンプ布團張）No. 12 Chair.

第一〇號 頬被形椅子（藤張）No. 10 Chair.

第一九號 普通小形椅子（テレンプ布團張）No. 19 Chair.

第一四號 普通大形椅子（布團張）No. 14 Chair.

第八九號 事務椅子（マニラドンス布團張）No. 89 Chair.

No. 19 Chair.

………(5)………

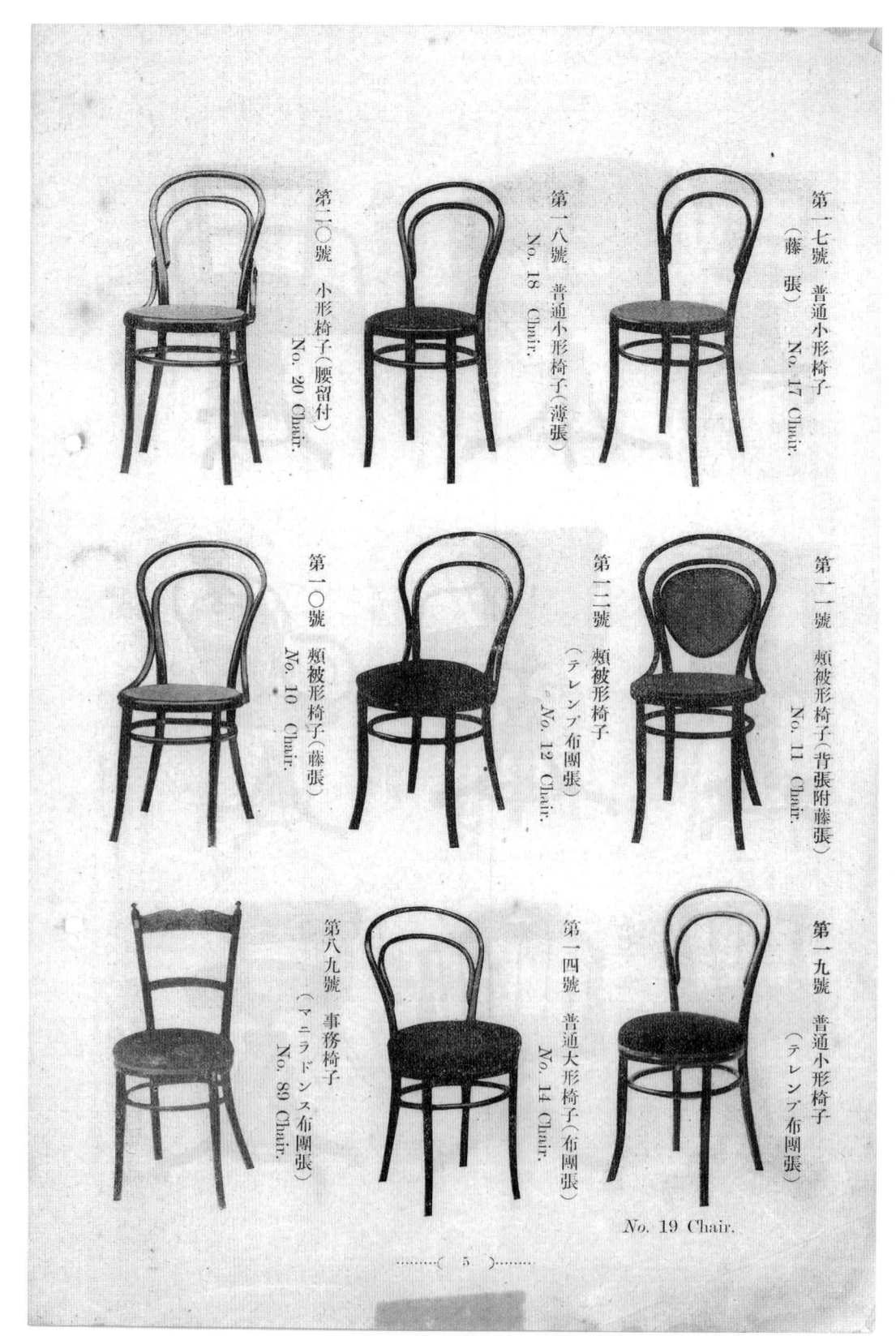

図4-1⑥　秋田木工株式会社カタログ

第4章　大正期における曲木家具

第二六號　廻轉式事務椅子（テレンプ布圑張）
No. 26 Revolving armchair.

第二四號　廻轉式事務椅子（テレンプ布圑張）
No. 24 Revolving armchair.

第百號　廻轉椅子
Revolving Chair

第二九號　理髮椅子（廻轉式藤張）
No. 29 Barbers Revolving armchair

第二五號　廻轉式事務椅子（テレンプ布圑張）
No. 25 Revolving armchair.

第七〇號　廻轉式事務椅子
Revolving chair.

第二七號　廻轉式事務椅子（テレンプ布圑張）
No. 27 Revolving Chair

第七一號　廻轉式事務椅子
No. 71 Revolving armchair.

第七二號　廻轉式事務椅子
No. 72 Revolving chair.

(6)

図4-1⑦　秋田木工株式会社カタログ

第三五號 腰掛（背板付）

第三六號 腰掛（革張背板附）

第九〇號 腰掛（背板腰留付）

No. 35 Chair with back.

No. 36 Stool with back.

No. 90 Chair.

第三七號 銀行事務椅子（高脚薄張）

No. 37 Chair.

第二八號 女夫椅子（二人掛用藤張）

No. 28 Chairs (Dos-a-dos)

第三三號 腰掛（薄張）

第三四號 腰掛（布團張）

第三二號 （藤張）

No. 33 Chair.

No. 34 Chair.

No. 32 Chair.

……（ 7 ）……

図4-1⑧　秋田木工株式会社カタログ

第4章 大正期における曲木家具

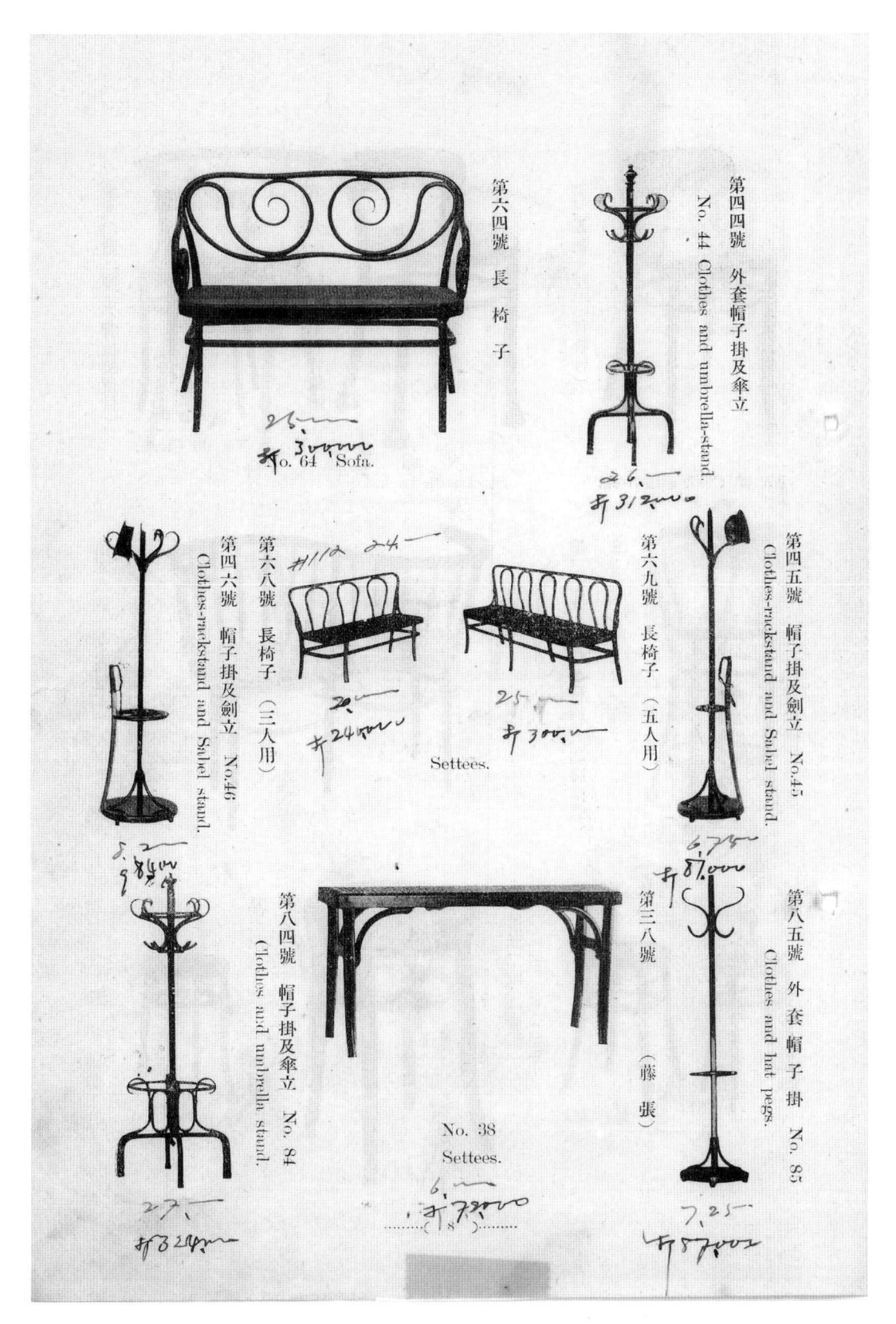

図4-1⑨　秋田木工株式会社カタログ

第六六號 山形小椅子
No. 66 Chairs.

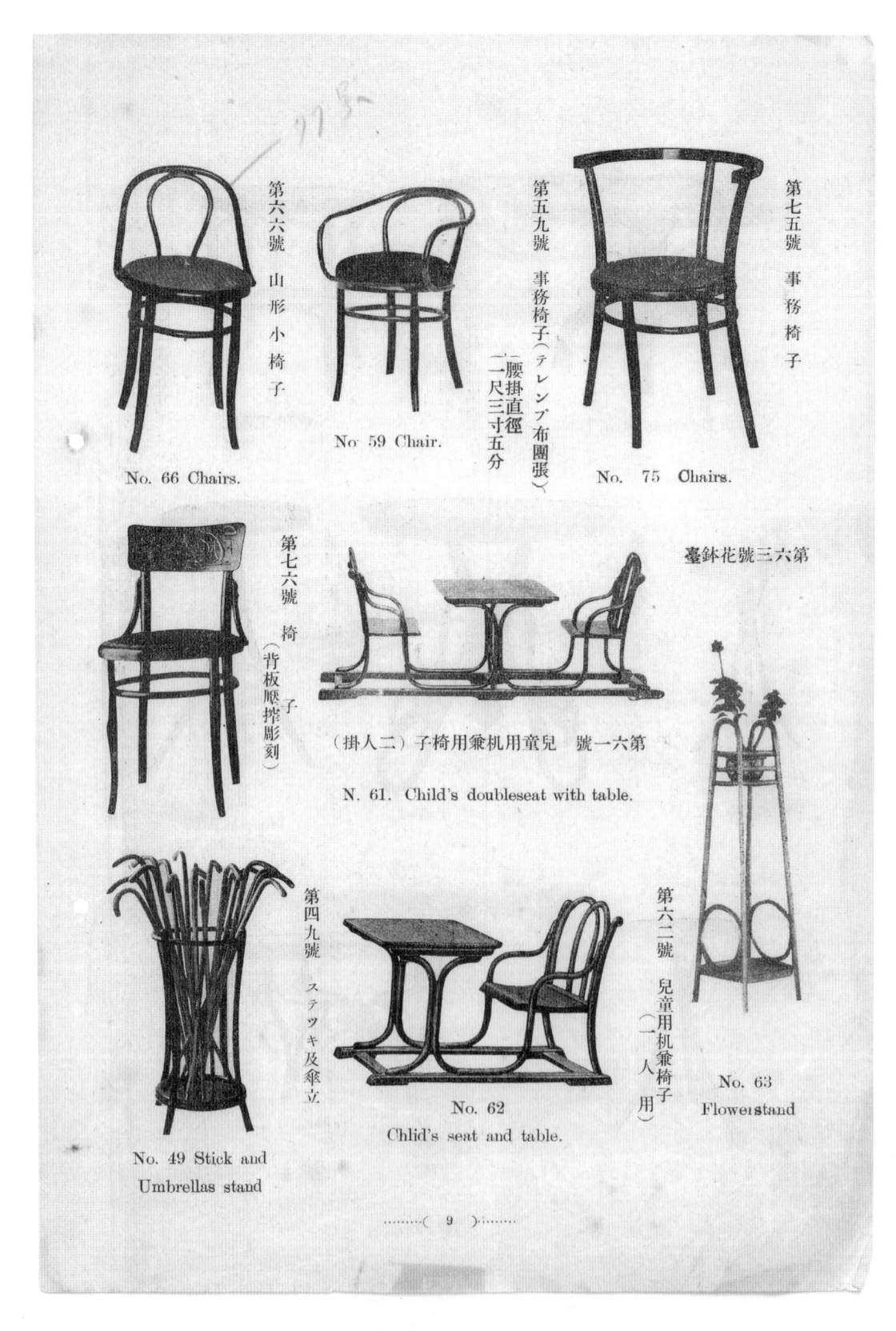

第五九號 事務椅子（テレンプ布圏張）腰掛直徑二尺三寸五分
No. 59 Chair.

第七五號 事務椅子
No. 75 Chairs.

第七六號 椅子（背板腰掛彫刻）

第六一號 兒童用机兼用椅子（二人掛）
N. 61. Child's doubleseat with table.

第六三號 花鉢臺

第四九號 ステッキ及傘立
No. 49 Stick and Umbrellas stand

第六二號 兒童用机兼椅子（一人用）
No. 62 Chlid's seat and table.

No. 63 Flowerstand

図4-1⑩　秋田木工株式会社カタログ

第五八號　圓形卓子（直径二尺五寸）

第三九號　應接室備用楕圓形卓子（臺盤春慶塗脚及盤縁黒塗本仕上）

No. 39 Drawing-room Table.　　No. 58 Table.

第四一號A　小卓子　No. 41 A Table.

第四〇號　圓形卓子

第四一號　小卓子

No. 40 Table.　　No. 41 Table.

第四一號B　小卓子　No. 41 B Table.

第五十七號　楕圓形卓子（直径四尺三寸縦径二尺八寸）

No. 57 Table.

………（ 10 ）………

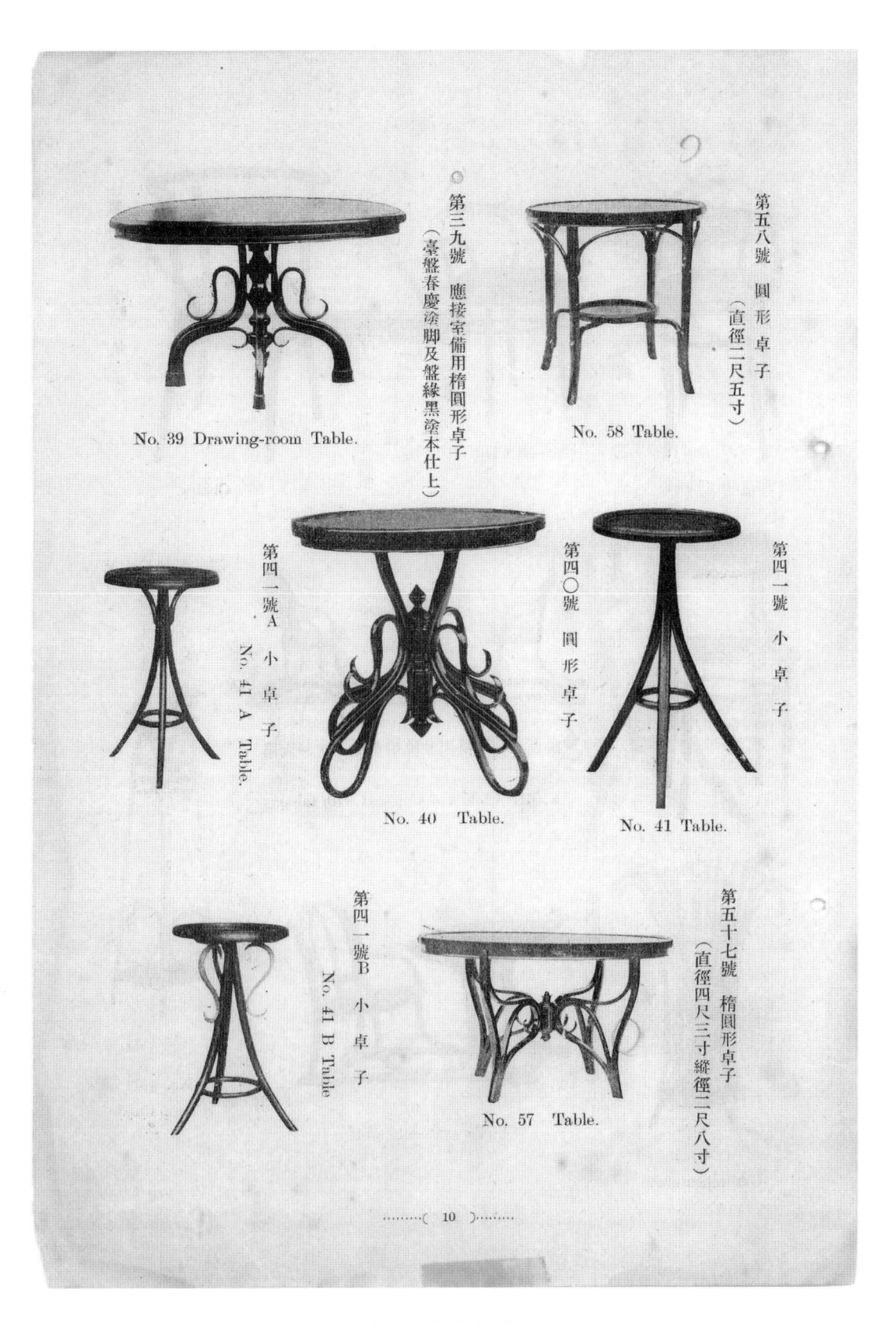

図4-1⑪　秋田木工株式会社カタログ

No. 56　Table.
第五六號　圓形卓子（直徑二尺五寸）

No. 86　Hat pegs.
第八六號　帽子掛

No. 42　Table.
第四二號　圓形卓子

No. 65　Flower table with plate
第六五號　花盛臺

No. 43　Washstands.
第四三號　化粧臺（洗面器附属品一式）

No. 51　Clothes-rack.
第五一號　洋服掛

No. 50　Clothes-rack.
第五〇號　洋服掛

………(11)………

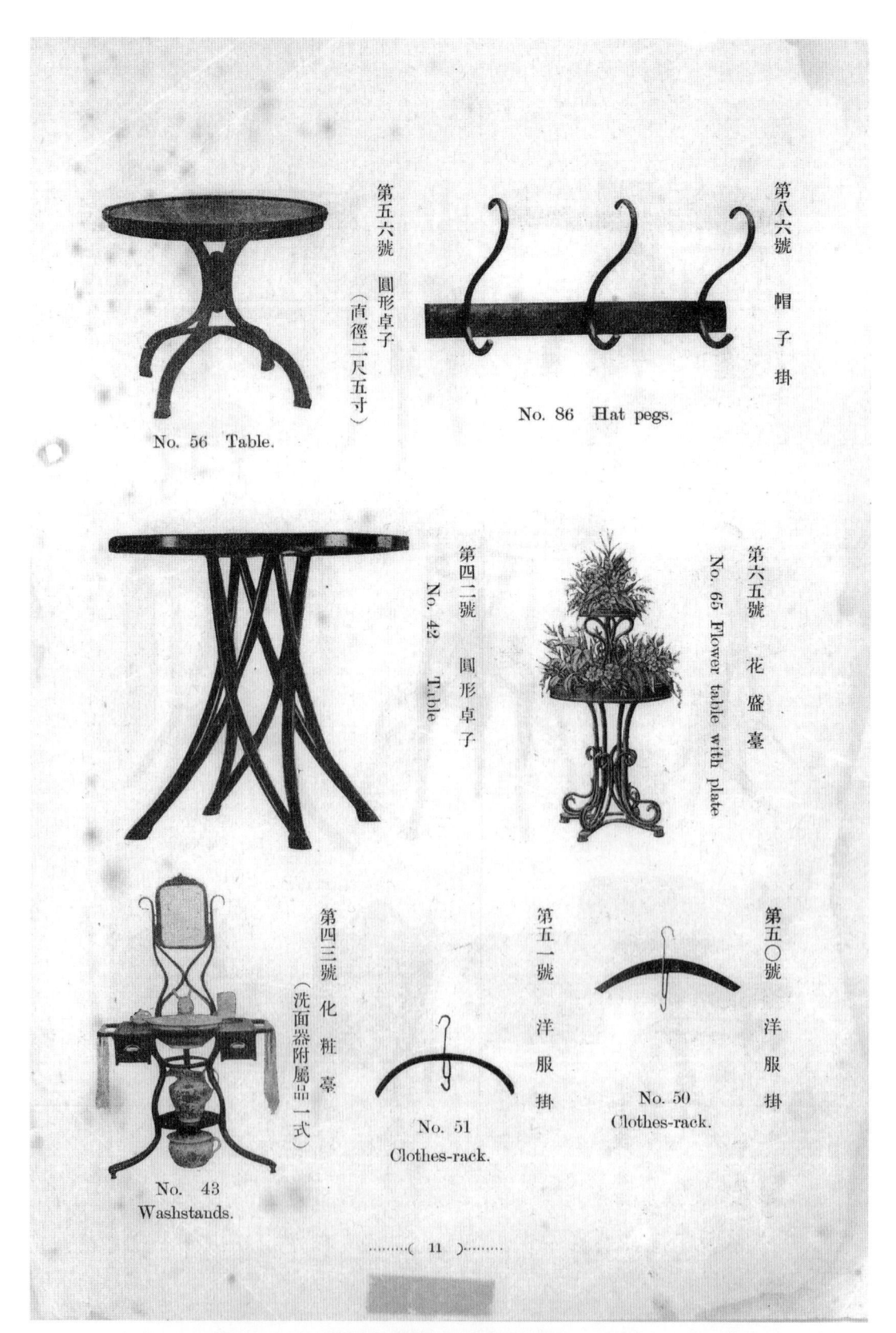

図4-1⑫　秋田木工株式会社カタログ

第4章　大正期における曲木家具　　127

第四七號　書架（庖厨架）
No.47 Etageres.

第五五號（火鉢煙草盆）臺
No. 55

第八二號　盆栽臺（置物臺）No. 82

第八〇號　胴丸火鉢及火留　火鉢臺ト No. 80

第八一號　火鉢及煙草盆臺 No. 81

第八三號　洗面臺 No. 83

第七七號　食卓（大形）No. 77
第七九號　食卓（小形）No. 79
第七八號　食卓（中形）No. 78

第四八號　寝臺
No. 48 Bed stends.

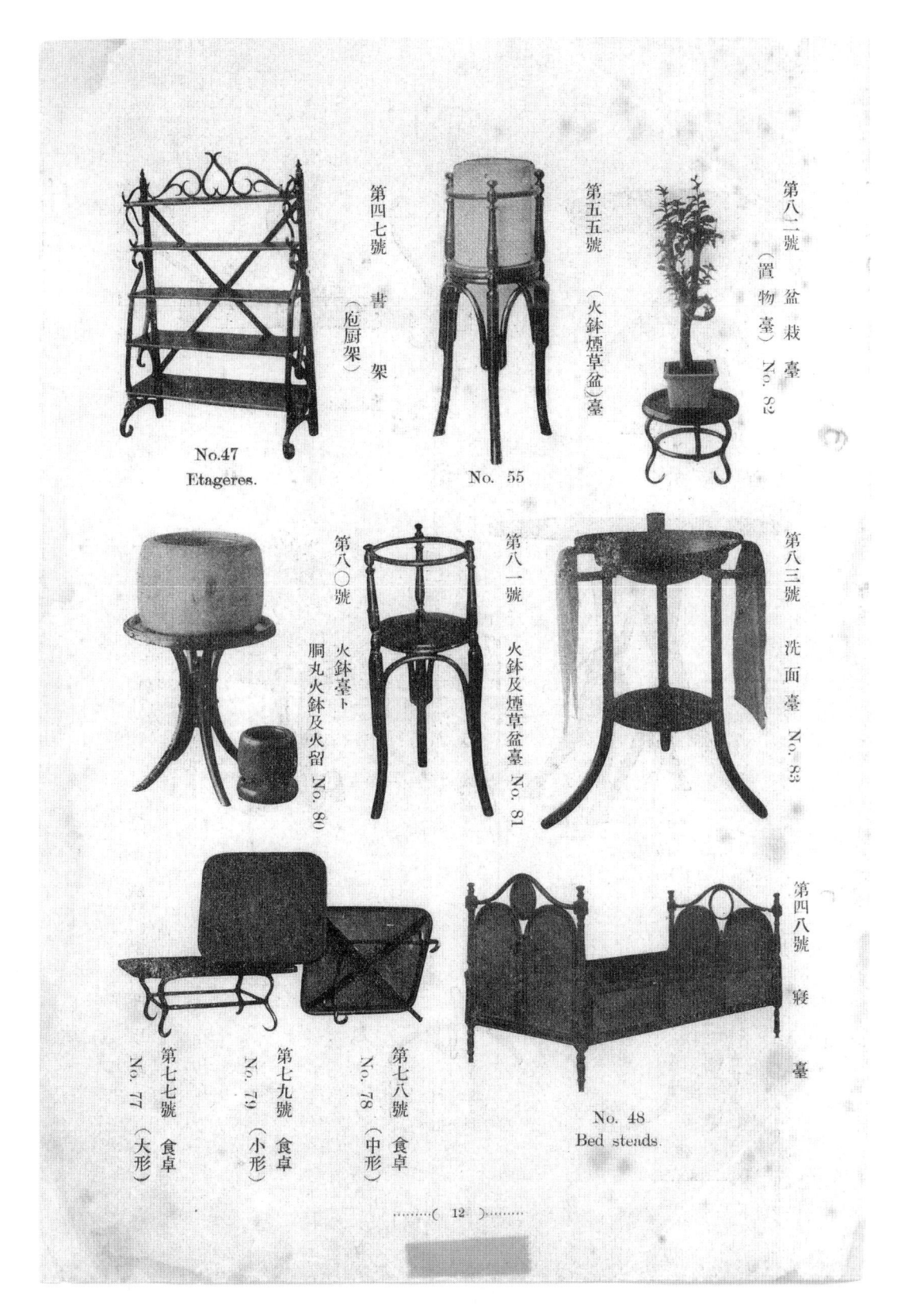

図4-1⑬　秋田木工株式会社カタログ

營業種目

製材及其製板品販賣
各種曲木椅子●卓子其他西洋家具●建築用曲ケ材●車輪●馬車及荷車
●農具●船具●運動具●額縁●鞍骨●ステッキ●洋傘柄●轆轤細工
●壓搾彫刻應用品●經木

曲木椅子及家具類の特色

構造は堅牢にして體裁優美且つ取扱至極輕便なり

價格は低廉にして耐久力は在來繊木製の數倍なり

組織は簡單にして組立組外は素人にても容易なり

運搬は便利にして遠隔の地へ輸送最も好都合なり

技術は精巧にして製作親切に信用を博しつゝあり

図4-1⑭　秋田木工株式会社カタログ

製作品運搬の便利

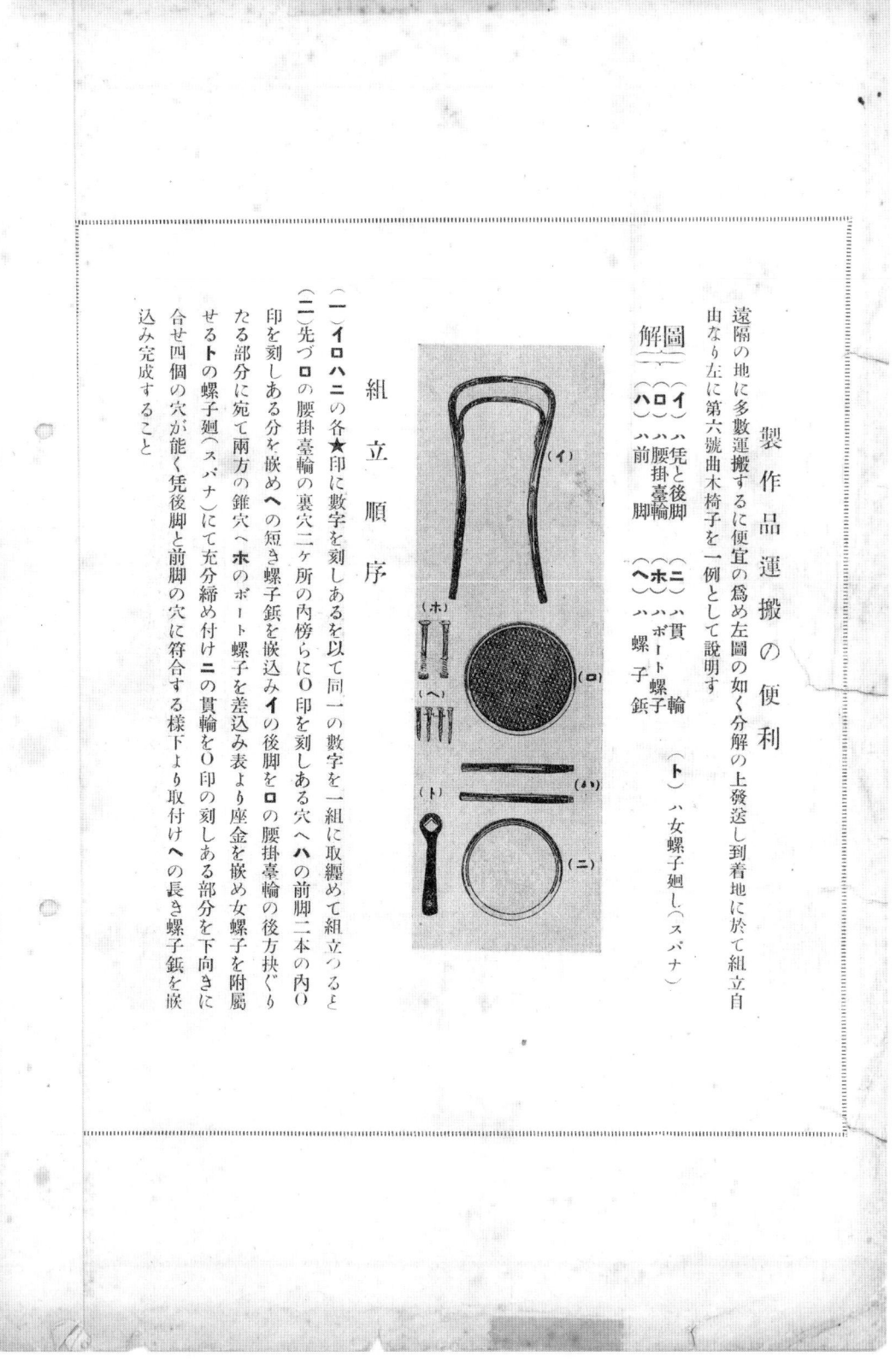

遠隔の地に多数運搬するに便宜の爲め左圖の如く分解の上發送し到着地に於て組立自由なり左に第六號曲木椅子を一例として説明す

解圖
（イ）ハ凭と後脚
（ロ）ハ腰掛臺輪
（ハ）ハ前脚
（ニ）ハ貫輪
（ホ）ハボート螺子
（ヘ）ハ螺子鋲
（ト）ハ女螺子廻し（スパナ）

組立順序

（一）イロハニの各★印に数字を刻しあるを以て同一の数字に取纏めて組立つること

（二）先づロの腰掛臺輪の裏穴二ヶ所の内傍らにO印を刻しある穴へハの前脚二本の内O印を刻しある分を嵌めへの短き螺子鋲を嵌込みイの後脚をロの腰掛臺輪の後方挟ぐりたる部分に宛て両方の錐穴へホのボート螺子を差込み表より座金を嵌め女螺子を附属せるトの螺子廻（スパナ）にて充分締め付けニの貫輪をO印の刻しある部分を下向きに合せ四個の穴が能く凭後脚と前脚の穴に符合する様下より取付けへの長き螺子鋲を嵌め込み完成すること

図4-1⑮　秋田木工株式会社カタログ

形態の工夫とともに、座面の素材についても数多くのバリエーションが認められ、次のように分類される。
① 籐張
② 革張
③ 布張（布團張、テレンプ張、テレンプ薄張、テレンプ布團張、テレンプ緞子類薄張、紋テレンプ布團張、マニラドンス布團張）

　革張は1例しかなく、ほとんどは籐張か布張である。籐張は女性の内職であったらしく、そうした仕事は第二次大戦後まで継承されている。布張に関しては種類が多いものの、そのほとんどがテレンプを主体に展開している。テレンプという布地は、我が国で開発されたもので、椅子張り地としては最高級品に属するものである。テレンプは、おそらく東京芝の洋家具メーカーあたりから情報を得て使用するようになったと考えられる。秋田木工株式会社は、1914（大正3）に東京芝の杉田商店の杉田幸五郎が会社顧問となっていることから[注13]、テレンプ等の布張りに関する技術と材料の調達は、杉田商店が関与している可能性が高い。すなわち、座面等の布張りに関する技術は、曲木家具の製造技術とは別なルートで秋田県湯沢町に伝来したと見るべきであろう。

　大正初期に制作されたカタログは、当時のトーネット社、コーン社が展開していた多品種化路線を追従していたと推察する。設立して数年で、百種に近い製品を製作するための治具類を製作するには、大変な労力を必要としたことは言うまでもない。

　カタログの最後には組立順序を掲載している。この方法はトーネット社のカタログにも見られることから、海外のカタログを収集して参考にしていたことは明らかである。

　多品種化による複雑な生産体制の内省もあってか、**図4-2**に示した大正末から昭和初期に制作されたカタログでは、製品の種類が極端に少なくなっている。番号と製品の種類は次のようなものである（大正初期のカタログにない新しい製品は＊印）。

- No.2　　運動椅子
- No.15　　椅子
- No.16B　椅子（腰留付）＊
- No.20　　椅子
- No.35　　椅子
- No.49B　傘立＊
- No.59　　椅子
- No.64　　長椅子
- No.67　　椅子
- No.71　　回転椅子
- No.88　　角曲椅子
- No.91B　椅子＊
- No.108　椅子＊
- No.110　円形卓子大＊
- A號　　椅子＊
- D號　　椅子＊
- No.13　　運動椅子
- No.16　　椅子
- No.17　　椅子
- No.32　　椅子
- No.44　　外套帽子掛及傘立
- No.58　　円形卓子
- No.60　　運動椅子
- No.66　　椅子
- No.68　　長椅子
- No.75　　椅子
- No.90　　椅子
- No.92　　椅子
- No.109　円形卓子小
- No.113　座卓＊
- CC號　椅子＊
- DD號　椅子＊

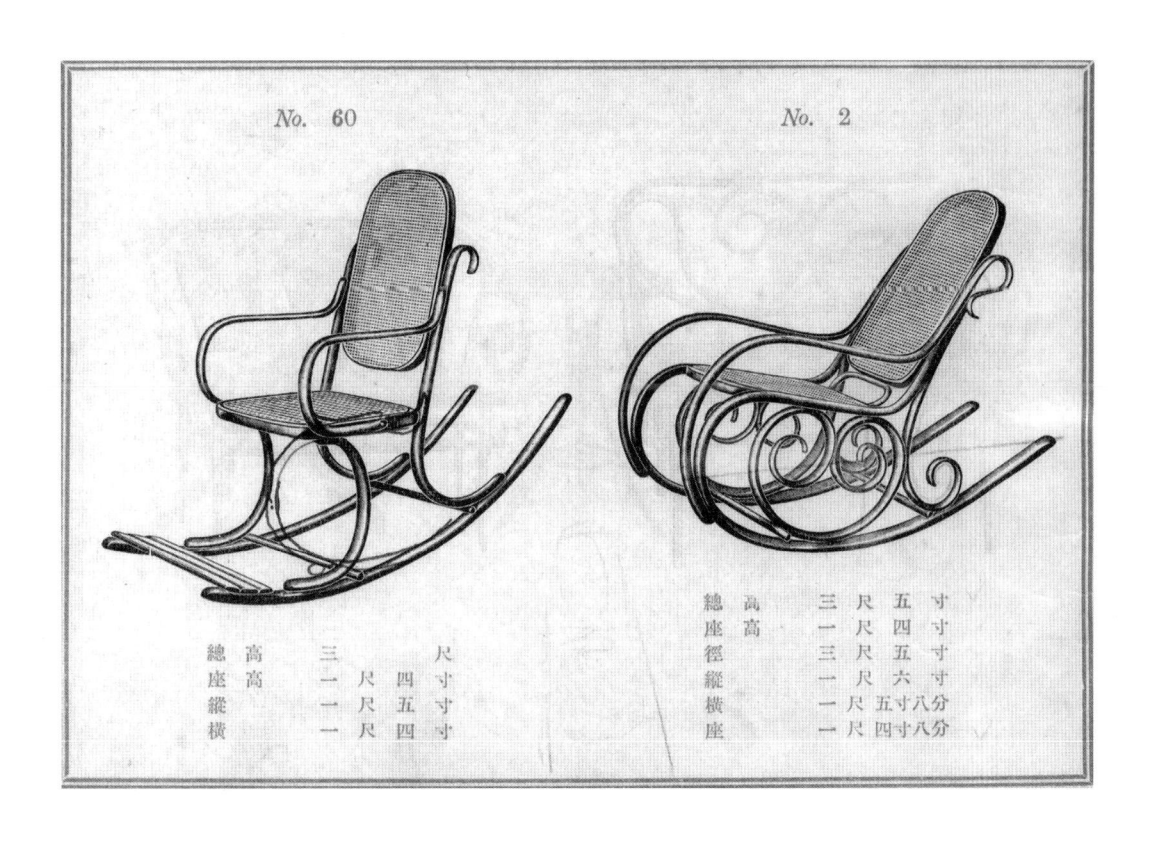

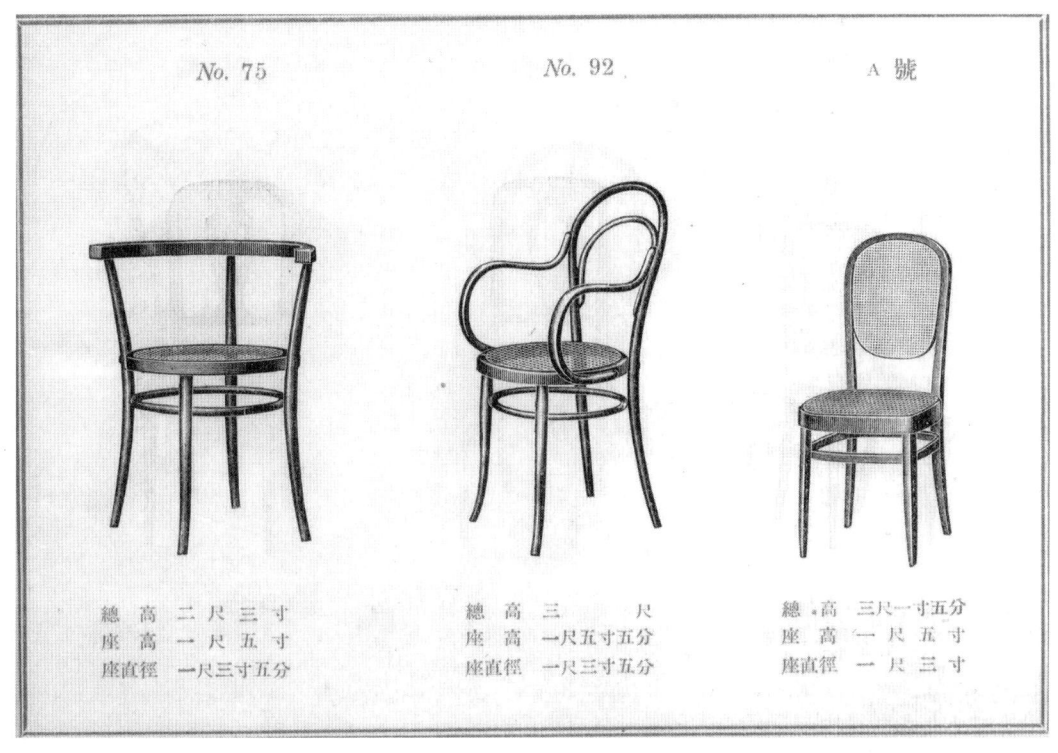

図4-2① 秋田木工株式会社カタログ

No. 66

總　高　二尺五寸
座　高　一尺五寸五分
座直徑　一尺二寸五分

No. 59

總　高　二尺六寸
座　高　一尺五寸五分
座直徑　一尺三寸五分

No. 67

總　高　三　　　尺
座　高　一尺五寸
座直徑　一尺三寸五分

No. 64

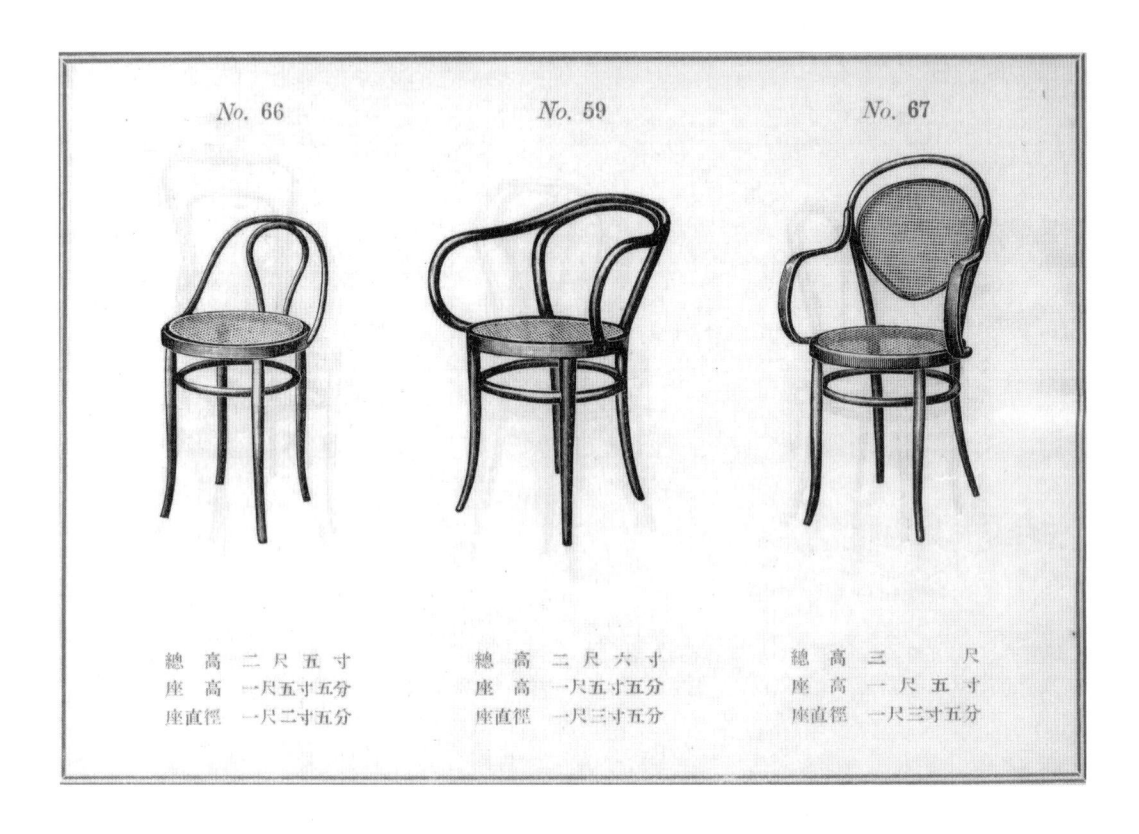

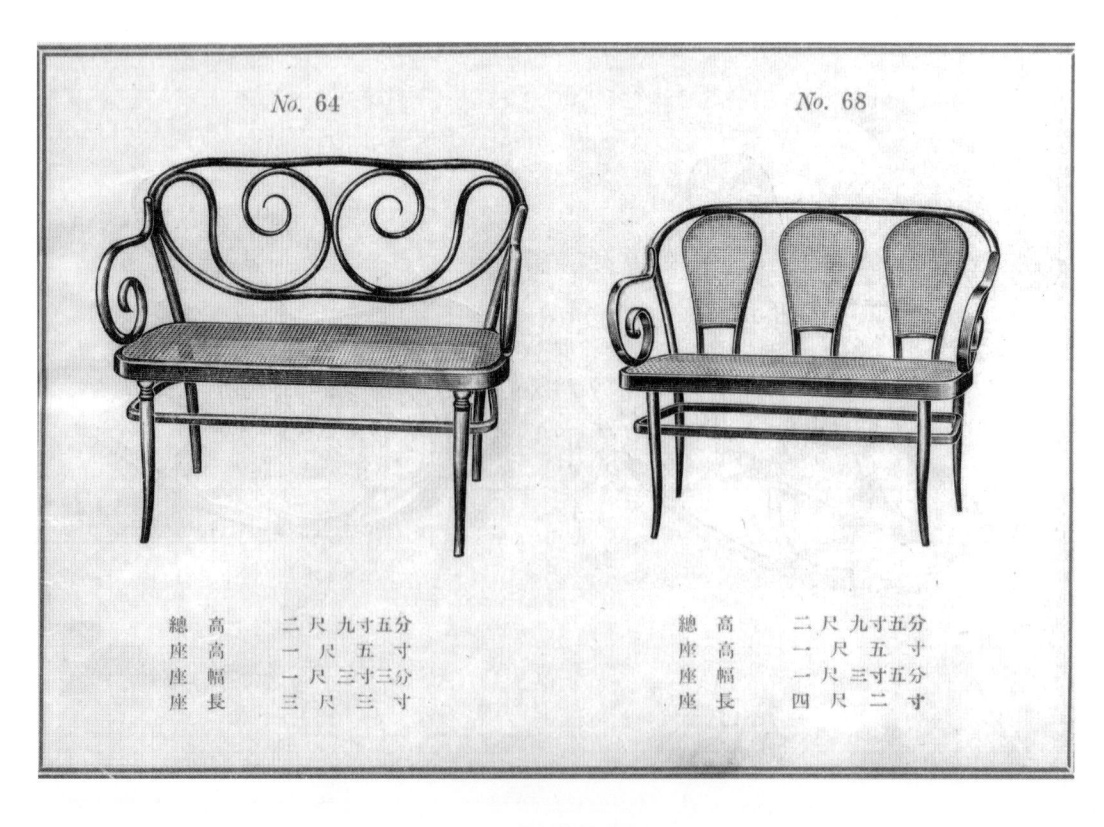

總　高　　二尺九寸五分
座　高　　一尺五寸
座　幅　　一尺三寸三分
座　長　　三尺三寸

No. 68

總　高　　二尺九寸五分
座　高　　一尺五寸
座　幅　　一尺三寸五分
座　長　　四尺二寸

図4-2②　秋田木工株式会社カタログ

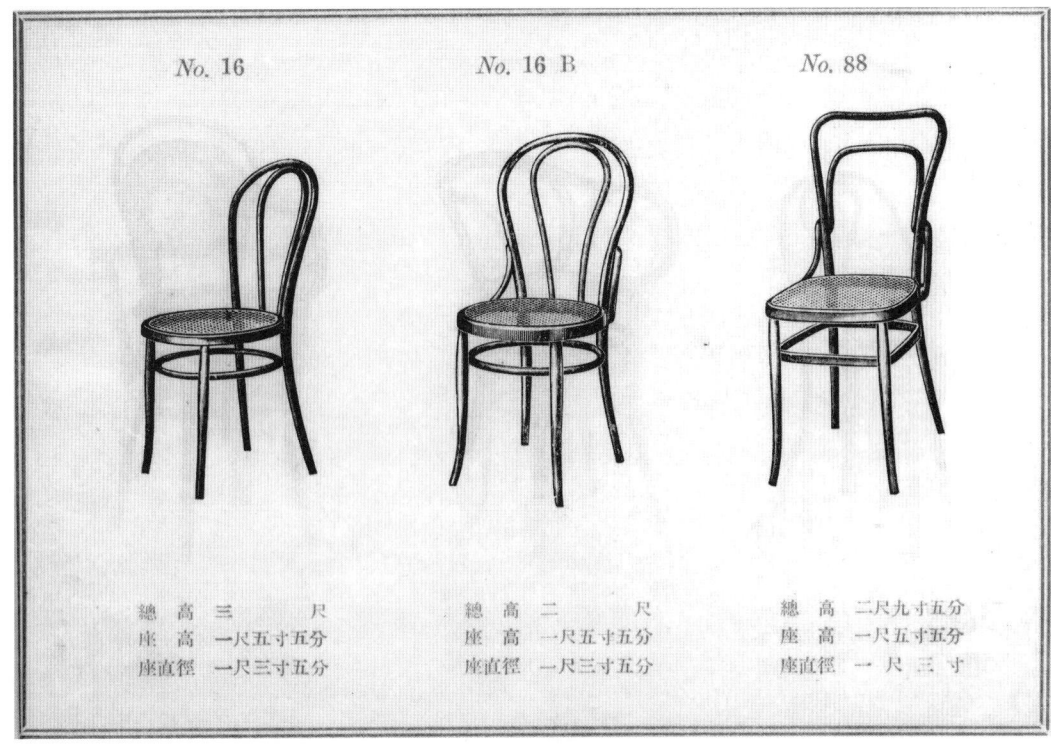

No. 110	No. 109	No. 58
總高 二尺五寸 直徑 二尺五寸	總高 二尺三寸五分 直徑 ｛大形 一尺六寸 　　小形 一尺三寸五分	總高 二尺四寸 直徑 二尺五寸

No. 16	No. 16 B	No. 88
總高 三尺 座高 一尺五寸五分 座直徑 一尺三寸五分	總高 二尺 座高 一尺五寸五分 座直徑 一尺三寸五分	總高 二尺九寸五分 座高 一尺五寸五分 座直徑 一尺三寸

図4-2③　秋田木工株式会社カタログ

| | No. 91 B | 大形 No. 13
小形 No. 17 | 大形 No. 15
小形 No. 20 |

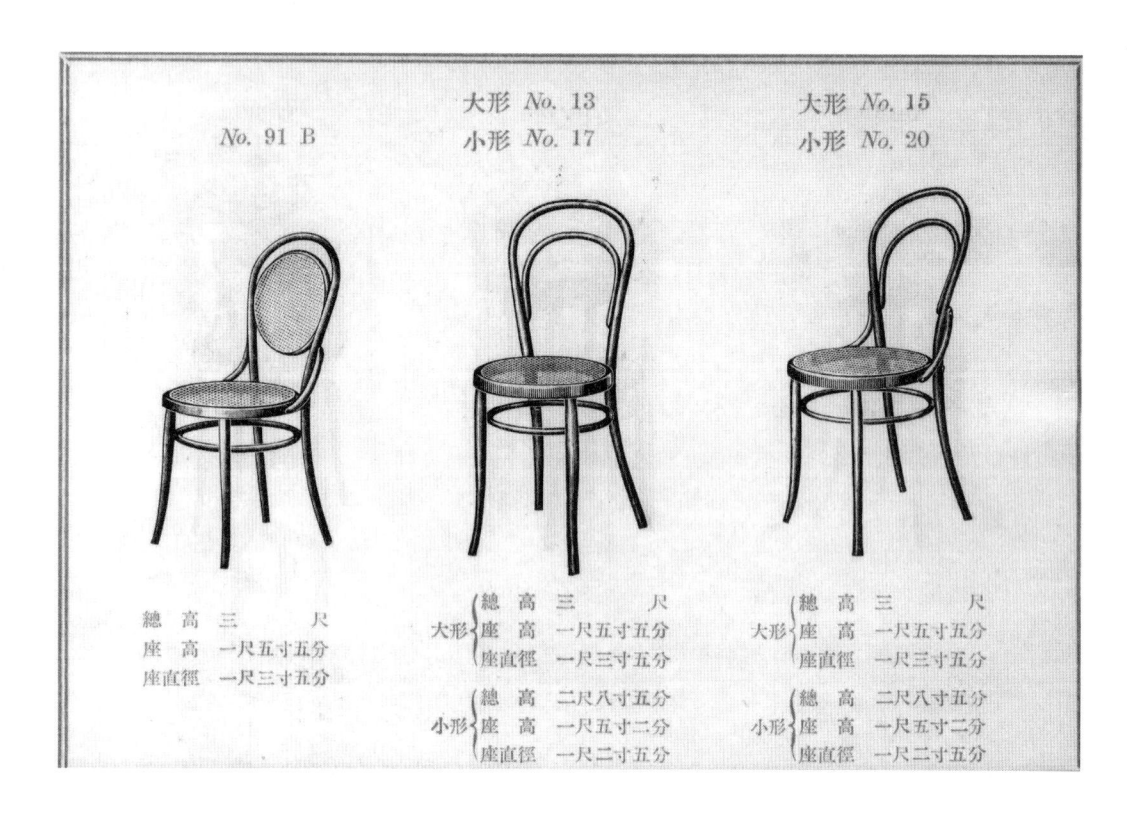

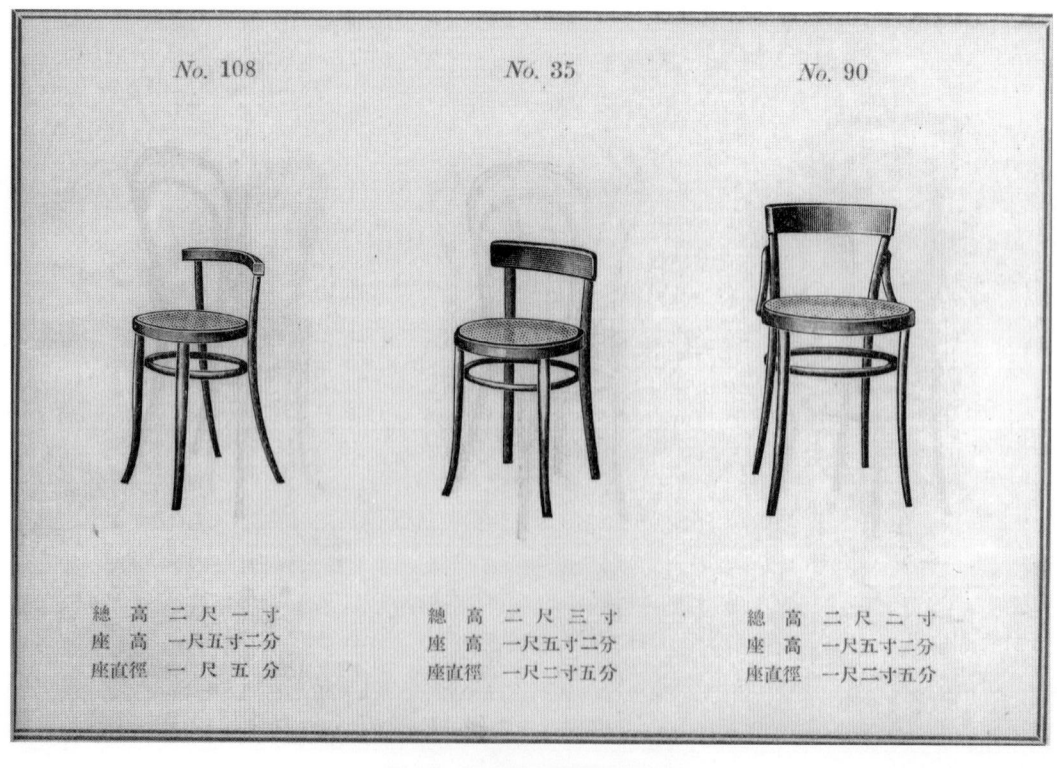

總高　三　　　尺
座高　一尺五寸五分
座直徑　一尺三寸五分

大形 ｛ 總　高　　三　　　尺
　　　 座　高　一尺五寸五分
　　　 座直徑　一尺三寸五分

小形 ｛ 總　高　二尺八寸五分
　　　 座　高　一尺五寸二分
　　　 座直徑　一尺二寸五分

大形 ｛ 總　高　　三　　　尺
　　　 座　高　一尺五寸五分
　　　 座直徑　一尺三寸五分

小形 ｛ 總　高　二尺八寸五分
　　　 座　高　一尺五寸二分
　　　 座直徑　一尺二寸五分

No. 108　　　No. 35　　　No. 90

總　高　二尺一寸
座　高　一尺五寸二分
座直徑　一尺五分

總　高　二尺三寸
座　高　一尺五寸二分
座直徑　一尺二寸五分

總　高　二尺二寸
座　高　一尺五寸二分
座直徑　一尺二寸五分

図4-2④　秋田木工株式会社カタログ

| No. 44 | No. 49 B | No. 32 |

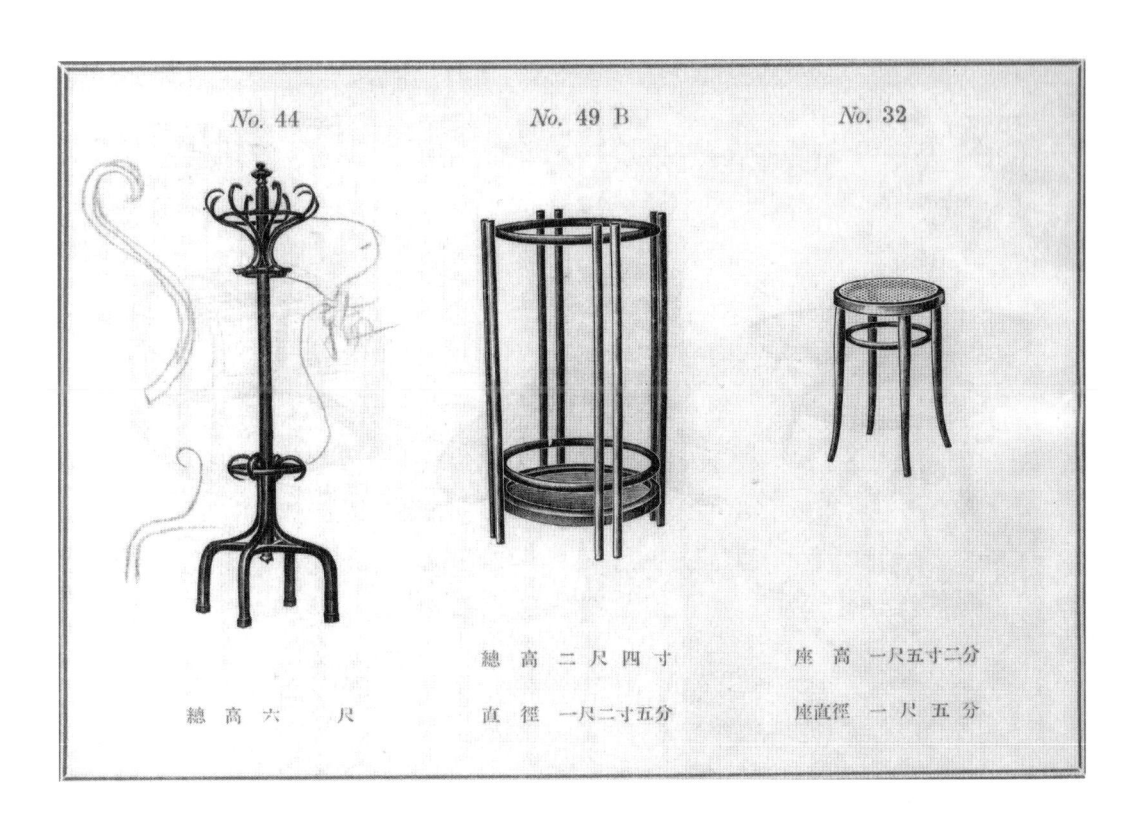

總高二尺四寸　　座高　一尺五寸二分

總高六　尺　　直徑　一尺二寸五分　　座直徑　一尺五分

| No. 71 | G 號 | F 號 |

座高　一尺五寸ヨリ
　　　一尺八寸ニ至ル
幅　　一尺六寸
長　　一尺八寸

總高　三　尺
座高　一尺五寸
座幅　一尺三寸

總高　二尺四寸
座高　一尺三寸五分
座幅　一尺六寸

図4-2⑤　秋田木工株式会社カタログ

CC 號　　　　　D 號　　　　　DD 號

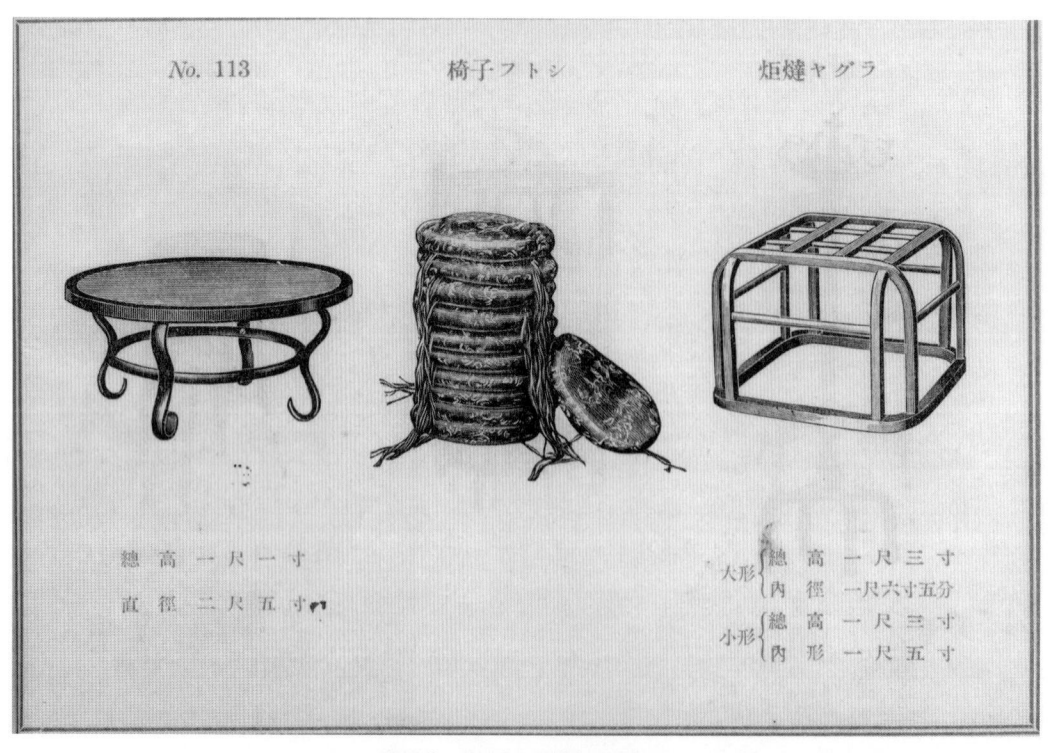

總高 三尺五寸　　總高 三尺　　　總高 三尺
座高 一尺五寸五分　座高 一尺五寸　　座高 一尺五寸
座直徑 一尺三寸　　座幅 一尺三寸　　座幅 一尺三寸

No. 113　　　椅子フトン　　　炬燵ヤグラ

總高 一尺一寸　　　　　　　大形 ┤總高 一尺三寸
直徑 二尺五寸　　　　　　　　　└內徑 一尺六寸五分
　　　　　　　　　　　　　小形 ┤總高 一尺三寸
　　　　　　　　　　　　　　　└內形 一尺五寸

図4-2⑥　秋田木工株式会社カタログ

第4章 大正期における曲木家具

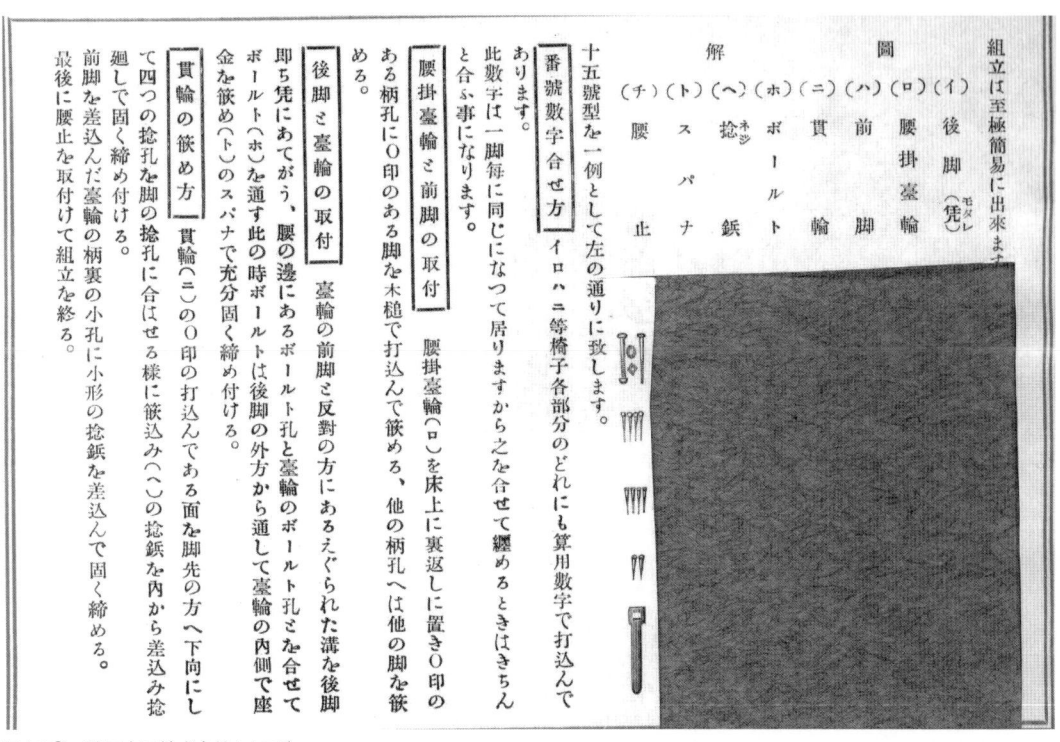

組立は至極簡易に出来ます。

図　　解
(イ) 後脚（モタレ）
(ロ) 腰掛臺輪
(ハ) 前脚
(ニ) 貫輪
(ホ) ボールト
(ヘ) 捻鋲
(ト) スパナ
(チ) 腰止

番號数字合せ方　イロハニ等椅子各部分のどれにも算用数字で打込んで十五號型を一例として左の通りに致します。

此数字は一脚毎に同じになつて居りますから之を合せて締めるときはきちんと合ふ事になります。

腰掛臺輪と前脚の取付　腰掛臺輪(ロ)を床上に裏返しに置きO印のある柄孔にO印のある脚を木槌で打込んで篏め、他の柄孔へは他の脚を篏める。

後脚と臺輪の取付　臺輪の前脚と反対の方にあるえぐられた溝を後脚即ち凭にあてがひ、腰の邊にあるボールト孔と臺輪のボールト孔さを合せてボールト(ホ)を通す此の時ボールトは後脚の外方から通して臺輪の内側で座金を篏め(ト)のスパナで充分固く締め付ける。

貫輪の篏め方　貫輪(ニ)のO印の打込んである面を脚先の方へ下向にして四つの捻孔を脚の捻孔に合はせる様に篏込み(ヘ)の捻鋲を内から差込み捻廻しで固く締め付ける。

最後に腰止を取付けて組立を終る。

前脚を差込んだ臺輪の柄裏の小孔に小形の捻鋲を差込んで固く締める。

図4-2⑦　秋田木工株式会社カタログ

- G號　椅子*
- F號　椅子*
- 椅子フトン*
- コタツヤグラ（特大、大形、中形、小形）*

　大正末から昭和初期のカタログに記載されている製品数は、大正初期に比較して大きく減少している。その理由については、利益率との関連が深いと推定される。トーネット社のように数万人の従業員を有する企業とは異なり、数百名程度の従業員で運営される企業では、多品種化はそもそも無理だったのである。単にトーネット社の追従という姿勢から、生産を通した一つの反省を踏まえ、製品の種類を限定したのである。

　新製品の開発は博覧会への出品と一部関連している。G號、F號の椅子は、ともに1924（大正13）年に開催された京都博覧会に出品されたものである。博覧会への出品、そして実用新案登録と曲木家具研究は進展していく。

　製品の種類とともに、座面の素材も大きな変化を示す。大正初期のカタログに見られた布張りはほとんど見られなくなり、DD號にのみ使用されるだけとなった。その他の椅子類はすべて籐張りを基調としている。こうした変化の具体的な理由については不明であるが、1920（大正9）年に起こった火災で、本社工場が全焼したことも深く関わっていると考えられる。それまでの型を失い、新たに型を作るため、製品の種類を減らしたと推測される。さらに1923（大正12）年に起こった関東大震災により、テレンプ等の布地を入手することが難しくなったことも考慮しなければならない。秋田木工株式会社の顧問であった杉田幸五郎も震災のため、杉田屋を閉じることになった。高価な布張りから、比較的廉価な籐張りに主力商品を転換することによって、不況の時代を乗り越えていこうとしたのであろう。

図4-2には、ヤグラ炬燵、椅子フトン、No.113のローテーブルのように和風の製品も含まれている。その数は少ないが、すべてトーネット社の製品を規範にすることが、業界の生き残る道とは考えていないように感じる。図4-2⑦は、組立図の部分を一部切り取っている。おそらく他のカタログ制作に転載したのであろう。換言すれば、この時代のカタログには、組立図を付けることが必須条件となっていた。

4 新たに創業した曲木家具企業

筆者による文献史料調査とフィールド調査によれば、大正期に創業した曲木家具企業は下記に示した17社である。文献史料に記載されている企業だけで、これだけの数になる。明確な創業時期がわからない企業も多く、フィールド調査や地域の商工名鑑等を利用しながら、大正期に創業したことを確認した。

① 協立物産木工株式会社、大正初期、鳥取市
② 東京曲木製作所、1917(大正6)年、東京府北豊島郡日暮里町
③ 日本曲木株式会社、1917(大正6)年、静岡市
④ 北海道曲木工芸株式会社、1917(大正6)年、北海道旭川区
⑤ 清水曲木製作所、1917(大正6)年、静岡県阿部郡清水町
⑥ 信濃興業株式会社、1918(大正7)年、長野県安曇野郡大町
⑦ 東京木工製作所、1918(大正7)年、東京府北豊島郡日暮里町
⑧ 日本曲木工業合資会社、1919(大正8)年以前、大阪市
⑨ 中央木工株式会社、1920(大正9)年、岐阜県大野郡高山町
⑩ 東洋木工株式会社、1920(大正9)年、静岡県浜松市
⑪ 鳥取木工株式会社、1921(大正10)年、鳥取市
⑫ 沼田木工所、1921(大正10)年、広島市
⑬ 富士木工株式会社、1923(大正12)年、静岡市
⑭ 東京曲木家具工場、1924(大正13)年以前、東京市巣鴨町
⑮ 奈良曲木製作所、1925(大正14)年以前、奈良県生駒郡伏見町
⑯ 合資会社山本曲木製作所、1925(大正14)年以前、兵庫県姫路市
⑰ 神戸曲椅子製作所、1925(大正14)年以前、兵庫県神戸市

4.1 協立物産木工株式会社

この企業が鳥取市西町で創業され、ブナ材を使用して椅子を作ったことは『鳥取商工会議所100年誌』に具体的な記載がある[注14]。この内容は、1926(大正15)年に因伯事報という新聞社が取り組んだ、工場巡りという企画の紹介を転載している。筆者の聞き取り調査では、協立物産木工株式会社は、製材所としての機能も持っていたようで、家具の専門業ではなかったようだ。また創業者は須崎幾造であり、当初から株式会社で運営している。

1929(昭和4)年に東京営林局が刊行した『闊葉樹材利用調査書』には、協立物産木工株式会社を曲木家具業として紹介しているので[注15]、ブナ材の椅子が曲木椅子であることは間違い

図4-3　日本曲木株式会社の所在地

ない。『闊葉樹材利用調査書』は、1929年に刊行されていることから、1921（大正10）年に創業した鳥取木工株式会社も紹介されるべきなのに、一切記述はない。東京営林局の編集であるから、東京の事情には詳しく、地方の状況には疎いのだろうか。どうもこうした調査書の内容はフィールド調査が足りない。

4.2 東京曲木製作所

東京曲木製作所は1917（大正6）年2月に創業し、社長の山田誠一郎は、東京曲木工場を一部継承する。ということは、渋谷幸道とは別な生き方をしたことになる。おそらく、渋谷幸道が藤倉電線と提携したことに反対であったのだろう。関東大震災により工場を縮小して、本所押上町に移転して山田誠一郎の個人事業となった。東京曲木工場は倒産したが、いくつかの企業に分散しながら、大正期もその製作技術は継承された[注16]。

4.3 日本曲木株式会社

『明治林業史要』によれば、日本曲木株式会社は、静岡市東町66に工場があり、1916（大正5）年10月に水野度量衡器合資會社にて創始した後、継承したとされる[注17]。フィールド調査を実施したが、工場の痕跡を見いだすことはできなかった。図4-3に大正後期の静岡市の地図を示した。おそらく●印あたりに工場があったのだろう。

1916（大正6）年『静岡市統計書』[注18]によると、所在地は東町、営業目的は椅子製造、創立は1917（大正6）年5月、資本金は3万円となっている。水野度量衡器合資會社についても記されており、所在地は東町、営業目的は度量衡器製造、創立は1915（大正4）年、資本金は3万円である。所在地と資本金が同じというのは単なる偶然なのであろうか。

1916（大正4）年の『静岡市統計書』[注19]を見ると、水野度量衡器製作所は、所在地が上横田町、営業目的は度量衡器の製造、創立は1900（明治33）年12月となっている。だとすると、水野度量衡器製作所は、1915（大正4）年以降、水野度量衡器合資會社となり、1916（大正5）年10月に曲木家具業を静岡市東町で開始する。『静岡市史・近代』[注20]では、工場名称：日本曲木K.K.工場、製造品種：曲木椅子、所在地：東町、持主：石垣栄作、創業月日：1917（大正6）年12月としている。日本曲木株式会社に関しては、『静岡市統計書』と『静岡市史・近代』では創業が異なる。一次資料の『静岡市統計書』を重視して、1917（大正6）年5月とすべきである。

水野度量衡器合資會社は、曲木家具製造業との接点がどこにあったのかが判然としない。創業から7カ月で経営から撤退したとされているが、完全な撤退であったかについては疑問も残る。史料から見る限り、工場はそのまま稼働しており、水野度量衡器合資會社の工場に隣接していたように感じる。

日本曲木株式会社は、1920（大正9）年の『静岡市統計書』[注21]、1921（大正10）年の『静岡市統計書』[注22]にも記載されているので、3年程度は曲木家具を生産していたことになる。『静岡市史・近代』では、1922（大正11）年に商業活動を行っていない。1920（大正9）年には会社は解散したと考えられる。

4.4 北海道曲木工芸株式会社

『旭川木材産業工芸発達史』[注23]によれば、北海道曲木工芸株式会社は1917（大正6）年に創業

図4-4 神崎四郎と曲木椅子『旭川木材産業工芸発達史』

し、2年間で閉鎖されたと記している。神崎四郎、箭川諒一を発起人として、秋本一也を社長に戴き、酒井治三郎、田中喜代松、別府賢吉、城政吉、中谷國太郎という旭川の名士が参加する。この株式会社による運営は、秋田木工株式会社の経営方式を採用したものと思われる。少し気になるのは、野幌に設置された北海道林業試験場が、この曲木家具業にどの程度関与しているかである。曲木家具にひび割れが生じたことが廃業の原因になったとされているが、技術指導に北海道林業試験場が関わっていたならば、何らかの対応をしたはずである。おそらく、北海道曲木工芸株式会社が集めた技術者で解決しようとしたが、対応できなかったと推察する。

図4-4に、発起人の一人である神崎四郎と曲木椅子を示した。神崎は札幌出身の人物で、旭川ではアイヌ細工販売を営んでいる。確かに有能な経営者ではあったが、曲木家具製造業に必要な技術を少し甘く考えていたように感じる。秋田木工株式会社と異なるのは、必要な製作技術に対する準備期間、国や県のサポート体制が不足していた点である。

『旭川木材産業工芸発達史』の著者である木村光夫が指摘している北海道林業試験場が、1908（明治41）年に創立されたときより、曲木椅子の製作実験に取りかかっているという記述は、特に根拠史料が明示されているわけではない。北海道林業試験場は、林業試験場の支場として設立されたものである。しかし、明治末期の研究報告等は、林野庁、森林総合研究所にも見当たらない。先行する林業試験場の試験結果との差異が、どの程度あったのかは史料より判断できないので、今後の課題としたい。

4.5 清水曲木製作所

『明治林業史要』には、静岡県安部郡清水町清水受新田に清水曲木製作所が1917（大正6）年10月に創業されたと明記されているので[注24]、フィールド調査で確認に出かけた。結果としては、清水曲木製作所の痕跡は一切認められなかった。

静岡市、清水町（現在は静岡市に合併）という極めて近い場所に、曲木家具製造業が同じような

時期に創業されたのは意外であった。1920（大正9）年に浜松市に創業された東洋木工株式会社が、第二次大戦後まで継承されたのと比較すると、清水曲木製作所は極めて短期間しか稼働していなかったと推察する。『静岡年鑑』『新報年鑑』の1929（昭和4）年版の会社一覧、『新興都市清水市の産業』1930（昭和5）年・1932（昭和7）年版の会社・工場総覧にも記載がないことから[注25]、おそらく創立して数年で会社を閉じた可能性が極めて高い。

4.6　信濃興業株式会社

　信濃工業株式会社は、閉鎖登記簿が長野地方法務局大町支局に保管されていることがフィールド調査で確認できた。設立は1918（大正7）年4月3日である。資本金15万円ということから、小さな工場ではない。取締役は折井政之丞（長野縣松本市白坂）、福島廣吉（長野縣北安曇郡大町）、平林秀吾（長野縣北安曇郡大町）、飯田慶司（長野縣南安曇郡高家村）、内山昇（長野縣北安曇郡會染村）の諸氏である。

図4-5　信濃興業株式会社で製作された椅子

1922（大正11）年6月に信濃工業株式会社は株主総会の議決により解散している。このことから、稼働した時期は4年余という短期間であった。この企業も最初から株式会社で出発している。折井政之丞は信濃鉄道と関係の深い人物、平林秀吾は当時の大町町長である。

　信濃興業株式会社の工場は、JR大町駅のすぐ近くにあったようで、曲木家具業の定番通りに起業されている。当時は信濃鉄道株式会社による運営で、1915（大正4）年7月に北松本と大町の間が開通する。おそらく、この鉄道の開通を契機として、曲木家具製造業の設立計画が検討されたと推定する。

　平林秀吾の子孫宅には、図4-5[注26]に示した椅子が大切に保存されている。90年以上前に製造された椅子が、籐張りも壊れずに存在していることに感動する。

4.7　東京木工製作所

　東京曲木工場の創業者の一人である渋谷幸道は、1915（大正4）年2月に藤倉電線と提携し、東京曲木株式会社を創業する。しかし、経営難に陥り、1918（大正7）年4月に解散する。その後1918（大正7）年10月に東京木工製作所を設立する[注27]。とにかく渋谷幸道は、何度も曲木家具業を創業しては倒産を繰り返す。しかし、諦めず常に新たな企業を興し、曲木家具生産に取り組む。

4.8 日本曲木工業合資会社

1925（大正14）年10月に発行された『帝國銀行会社要録』[注28]に、日本曲木工業合資会社の目的が洋家具製造販売、設立が1919（大正8）年4月、資本金26,000円、古川福太郎が経営していると記されている。住所は西淀川区鷺洲町となっている。

1936（昭和11）年12月に発行された『大阪市商工名鑑』[注29]では、営業品目が曲木洋家具、一般洋家具、家具、装飾、設計と記されており、住所表記は西淀川區大仁本町三丁目に変わっているが、場所は同じだと考えて間違いない。戦前の地図を手掛かりとしてフィールド調査を二度実施したが、工場があった痕跡を見出すことはできなかった。JR大阪駅に近く、元々引き込み線が多い工場地帯に位置していたことは、他の曲木家具業と共通している。

4.9 中央木工株式会社

現在の飛騨産業株式会社の前身が中央木工株式会社である。『飛騨産業株式会社七十年史』によれば、1920（大正9）年3月、大野屋味噌店の主人武田萬蔵に森前房二は「私は5年前に弟と2人で関西に出かけ、縁を求めてブナの木を蒸して曲げ、椅子やテーブルを作るある工場で働き、その製作技術を身につけて帰ってきた」と話したというのである[注30]。武田は高山町の有力者であったことから、その話を知人に知らせ、武田も含め12名の賛同者を得た。早速中央木工株式会社として1920（大正9）年7月14日に創業を開始する。即座の決断と資本金を集める早さには驚かされる。中央木工株式会社は、地域の名士が資本家となり、共同で運営しているが、この方式は秋田木工株式会社の影響を受けていると考えて間違いない。

森前房二が関西で勤めた会社は、大阪の泉家具製作所であると筆者は考えている。大正初期に関西で曲木家具業を営んでいるのは、泉家具製作所しか見当たらない。結果として、大阪の曲木家具製作法が飛騨地方に定着したということになる。創業当時の高山町には鉄道は通じていない。JR岐阜駅まで製品を馬車で運搬するという劣悪な条件を克服し、販路を拡大していった営業担当者の努力には頭が下がる。

4.10 東洋木工株式会社

1954（昭和29）年12月に発行された『濱松商工名鑑』[注31]に、東洋木工株式会社の創業が1920（大正9）年と記載されている。フィールド調査に出かけたが、1981（昭和56）年あたりに会社を閉じており、創業時の細かな内容については確認できなかった。現状で確認ができたことは、犬塚伊三郎が創業者であったという内容だけである。豊口克平は、東洋木工株式会社も佐藤徳次郎が関与した企業ではないかと記している[注32]。おそらく、こうした噂は、秋田木工の社長を長く務めた長崎源之助からの聞き取りから得たものであろう。大正期の実態を把握していた人物が記した史料は見当たらない。

4.11 鳥取木工株式会社

鳥取市での聞き取り調査によると[注33]、高取要蔵が中心となって鳥取木工株式会社を創業している。高取要蔵は兵庫県美方郡浜坂町の出身で、鳥取市西町で工場を経営していたが、先の協立物産木工株式会社も鳥取市西町に工場があるので、何らかの関連性があったのかもしれない。

4.12　沼田木工所

　マルニ木工株式会社『創業50年史』[注34]によれば、沼田木工所は、1921（大正10）年に沼田栄三郎が創業し、広島市の山陽本線横川駅前広場近くに工場を構えていた。沼田栄三郎は広島県宮島町で物産店を営んでいたが、曲木椅子に興味を持つようになり、ブナが豊富な島根県鹿足郡六日市町の山中で、1年間曲木椅子の製作に没頭したという。この話だけだと海外の技術との接点がないので、日本の曲木家具業と何らかの接点はあったと推察する。沼田木工所は、おそらくボイラーを使用しないで、ブナを煮て使用している。この方法でもブナは曲がるので、日本伝来の轆轤加工とを組み合わせ、ヨーロッパの曲木加工技術に近づけて曲木椅子を生産したのであろう。

4.13　富士木工株式会社

　1929（昭和4）年に刊行された東京営林局の『闊葉樹材利用調査書』によれば、「富士木工株式會社（現在に於ては建具類を主とし曲木は従たるものゝ如し）」とあり[注35]、富士木工株式会社は少量ではあるが曲木家具生産を行っている。

　1966（昭和42）年に刊行された『静岡県会社要覧』によれば、1898（明治31）年3月個人商店として家具の製造開始、1923（大正12）年10月に富士木工株式会社を設立したと明記されている[注36]。1927（昭和2）年に刊行された『静岡県工場要覧』には静岡市神明町で建具・家具製造業として記載されている[注37]。明確な検証があるわけではないが、曲木家具を製造する際、機械類を購入する必要があったので、1923（大正12）年10月に富士木工株式会社という会社組織にしたと考えられる。

　1927（昭和2）年に刊行された『日本一の静岡縣』では、次のような曲木業に関する記述がある[注38]。

　「曲木と言ふは材料の木を丸くなり角なり適当な大きさと形に切りそれを蒸熱と型に依つて種々なる加工を施して作り上げた物である主に西洋家具に應用される技巧であつて代表的になつてゐる製品即ち曲木細工は例の椅子類である、この曲木技術は現在の日本に僅に秋田、長野に各一ヵ所大阪に日本曲木會社をはじめ一ヵ所ある位で極めて数の少いものであるこの内に在つて吾が静岡市の曲木工業の以上な発達を為し、ただに数が多い計りでなく國内に於ては先鞭をつけてゐるものであるとの名誉を獲得して會社組織になつてゐるもの、富士木工を優とし其他個人經營のものもなかなか澤山ある、さうして今日でこそ餘り言ふ程のことはないが大戦當時には旺んに海外に輸出をなし世界木工界に雄飛したほどの得意時代もあったほどだ、製品を見れば何ことはない折れ易い木を巧みに圓めなぐらを打たせたといふのみで何の變哲もないやうだが、それでゐて物に依つては日本おろか世界中かけづり廻つても静岡で加へるほどの技巧を行ひ得ないのである、この點はたしかに日本一ならず世界一だと稱しても過言ではなからうと信ずる」

　こうした誇張を伴う表現は、物事の成り立ちと伝播を無視している。例えば、静岡県の曲木家具業誕生に関する全国的な位置づけには触れていないし、他県の企業規模との比較も成されていない。また、『日本一の静岡縣』と言いながら、曲木工業に関しては「静岡県」ではなく、「静岡市」に限定しており、富士木工株式会社をその代表にしている。なぜか浜松市の東洋木工株式会社は完全に無視されている。それでも、静岡市内には、個人経営の曲木家具業が多少

は存在していたのであろう。個人経営にまで曲木家具業を拡大して捉えようとした見方は大切であるが、とにかく定量的なデータが足りない。

静岡市、清水町、浜松市には、大正期に創業した曲木家具業が比較的多かったことは事実である。しかしながら、浜松市の東洋木工株式会社以外は、稼働時期が短いためか、曲木家具に関する具体的な史料が遺されていない。

4.14 東京曲木家具工場

1924（大正13）年6月に発行された『新東京商業便覧』には、西巣鴨宮中に東京曲木家具工場があると記載されている[注39]。日暮里に近い場所だけに、東京曲木工場の関係者が解散後に独立した企業と考えられる。

4.15 奈良曲木製作所

詳しい文献史料は認められない。島崎信が奈良曲木製作所のカタログを1925年頃と解説しているので[注40]、大正時代に創業した企業に加えた。奈良曲木製作所は、泉家具製作所の技術者が独立したか、誘われて創業に参画したと筆者は考えている。

4.16 合資会社山本曲木製作所

1925（大正14）年4月3日発行の『姫路商工案内』[注41]に、曲木椅子、洋家具、自動車用曲木を取り扱う山本清吉の記載がある。このことから、1925（大正14）年以前に山本曲木製作所が稼働していたことは事実である。住所が姫路市久保町と記載されているため、早速フィールド調査に出かけた。聞き取り調査により[注42]、山本清吉は1893（明治26）年生まれ、1952（昭和27）年に亡くなっていることが確認できた。工場はJR姫路駅よりほど近い場所にあったようで、定番の引き込み線を利用している。1945（昭和20）年7月3日、4日の空襲で工場は全焼し、その後復興されなかった。図4-6に示した広告は『姫路商工案内』に掲載されているもので、年間30,000脚の椅子を製造する能力があると記している。すなわち、1日100脚近くの椅子を生産することが可能であった。このとき社長の山本清吉は32歳と極めて若い。おそらく、山本清吉は、曲木家具製作技術を持つ人物で、技術面の基礎がしっかりとした企業運営を行っている。その実態

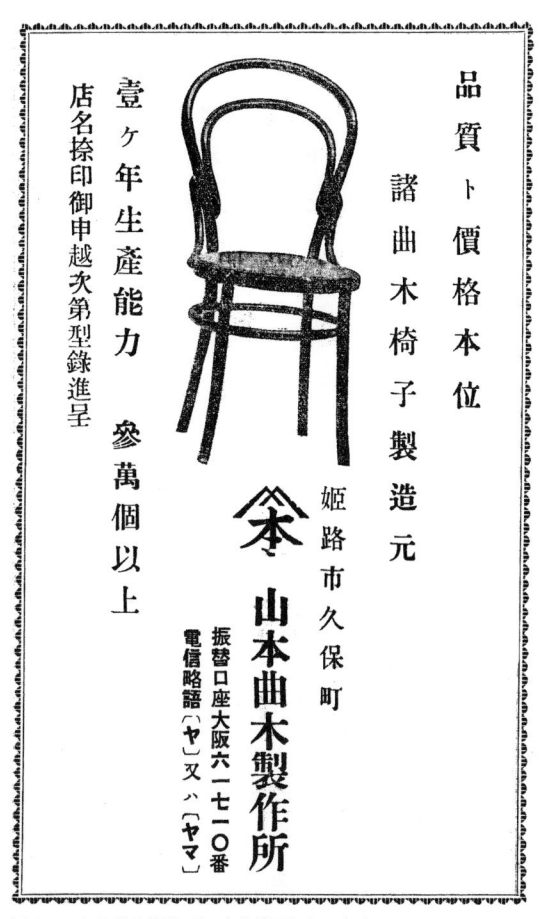

図4-6 山本曲木製作所の広告『姫路商工案内』

については第5章で触れる。

4.17　神戸曲椅子製作所

　1925（大正14）年3月20日発行の『神戸市商工名鑑』[注43]に神戸曲椅子製作所 米田源吉という記載があり、取扱品が曲木椅子と練炭、販売圏が神戸となっているから、企業自体は小規模である。神戸市吾妻通3丁目という住所を手掛かりにフィールド調査を実施したが、具体的な成果を得ることはできなかった。小規模ではあっても、1925（大正14）年以前に、曲木椅子を製造していた企業が神戸市にあったことは間違いない。

5　小結

　明治後期から始まる山林局の雑木利用政策は、大正期に入っても継承される。この継承には理論的な裏付けが必要になる。木檜恕一が1914（大正3）年に刊行した『雑木利用 最新家具製作法 上巻』、1916（大正5）年に刊行した『雑木利用 最新家具製作法 下巻』は、まさにこの裏付けを示す研究成果である。この成果は、木檜の所属する東京高等工業学校と山林局との共同作業の結実という見方もできる。1912（明治45）年に山林局が刊行した『木材ノ藝的利用』という全国的な木材利用調査には、広葉樹の利用も含まれており、編集者の望月常は、木檜恕一の研究を支援している。つまり、山林局の調査研究は木檜の研究に反映されているのである。

　明治末期に比較して、大正期には数多くの曲木家具製造業が設立される。北海道から広島県まで広域に展開することも、この時代の特徴である。地域の伝承を否定するつもりはないが、偶発的に起業した曲木家具製造業は存在しないと筆者は考えている。地域の名士が集まって、曲木家具製造業を最初から株式会社で創業するという方式は、秋田木工株式会社を参考にしていると推察する。

　秋田木工株式会社が、1916（大正5）年から1918（大正7）年にかけて曲木家具の輸出で活況を呈したという話は、地方都市には瞬時に伝わり、製作技術を習熟する準備も十分しないで曲木家具製造業を興すというケースが相次ぐ。こうした時代の風潮を背景に急いで創業した企業は短命に終わることが多い。曲木家具製造業が増加すると、製品の質、値段に競争の原理が働くことから、劣勢に立たされた企業が生き延びるには、何らかの戦略を用意する必要があった。例えば大都市に販売所を設置するとか、新たな商圏を開拓するとかしなければ、持続的な企業運営は難しい。

　秋田木工株式会社のカタログを見る限り、大正初期に比較すると大正後期のラインナップはかなり減少している。そして、和様折衷の日本文化に対応する新たな意匠を持つ家具が多少増加している。塗装を漆にすることも一つの具体的方策で、日本の伝統的家具文化との接合と読み取れる。大正後期より、日本の曲木家具業も少しずつ成熟期に入っていく。

　日本各地は第二次大戦の空襲で、商工名鑑に代表される企業に関する情報の多くが焼失した。限られた資料からの検討であったので、一部の曲木家具業は創業年代を確定するに至らなかった。また、大正期のカタログはほとんど残っていないので、各企業における製品の意匠面に関する変化を抽出することができなかった。

それでも曲木家具の製作法、曲木家具業の足跡は少しずつ明らかになってきた。ただし、材料であるブナの資源と、その更新に関する研究が並行して進んでいるとは思えない。明治後期の雑木利用政策は、豊かな資源を有効活用する、すなわちミズナラは原木または製材して輸出する、ブナは曲木家具に代表されるように、製品に加工して輸出するといった、現状の資源を外貨獲得に置き換えることに山林局の思惑があった。ではミズナラやブナの群生林が、伐採後に元の森林にどの程度の時間で戻るのか、それとも植林をしなければ元に戻らないのかという、雑木林再生計画を、基礎研究を通して構築していたのであろうか。筆者の知る限り、そうした計画は、国有林、民有林を問わず大正期には一切認められない。

　北海道のミズナラでさえ、大正後期には、既に一部の地域で資源の枯渇化が進んだ。浦河町での調査では、ビール樽製造に使用していた地元で産するミズナラの入手が困難となっている。ブナの資源も徐々に少なくなっていく。それでも深刻な状況ではなかった。しかし、曲木家具業が発達して消費量が増すこの時期に、植林が定着しなかったことが、今日のブナ枯渇化を招く直接の要因となったのである。そのことを山林局でさえ全く把握していなかった。

注
1───小泉吉兵衛:和様家具製作法及圖案、須原屋書店、1913年
2───木檜恕一:雑木利用 最新家具製作法上巻、博文館、1914年
3───木檜恕一:雑木利用 最新家具製作法下巻、博文館、1916年
4───木檜恕一:私の工芸生活抄誌、木檜先生還暦祝賀實行會、14頁、1942年
5───前掲4):16頁
6───前掲4):2頁
7───寺尾辰之助編輯:明治林業逸史、大日本山林會、600-601頁、1931年
8───東京營林局編:闊葉樹利用調査書 第一輯 ぶな篇、東京營林局、76頁、1930年
9───大阪市役所商工課編纂:大阪市商工名鑑、工業之日本社、506頁、1922年
10───秋田木工株式会社編:八十年史、秋田木工株式会社、49-50頁、1990年
11───前掲10):図版
12───国立国会図書館が所蔵している。
13───前掲10):35-36頁
14───100年史編纂委員会:鳥取商工会議所100年史、179頁、1986年
15───東京營林局編:闊葉樹利用調査書 第一輯 ぶな篇、東京營林局、76頁、1929年
16───前掲8):76頁
17───松波秀實:明治林業史要、明治林業史要發兌元、160頁、1919年
18───静岡市役所編纂:第19回 静岡市統計書、静岡市役所、160-161頁、1919年
19───静岡市役所編纂:第17回 静岡市統計書、静岡市役所、134頁、1916年
20───静岡市編集:静岡市史・近代、静岡市、557頁、1969年
21───静岡市役所編纂:第20回 静岡市統計書、静岡市役所、123頁、1920年
22───静岡市役所編纂:第21回 静岡市統計書、静岡市役所、126頁、1921年
23───木村光夫:旭川木材産業工芸発達史、旭川家具工業協同組合、118-119頁、1999年
24───前掲17):160頁
25───静岡県立図書館調査課よりご指導をいただく。
26───平林秀一氏所蔵
27───前掲7):601-602頁
28───帝國興信所編輯:帝國銀行会社要録、帝國興信所、大阪府 會社(に)28頁、1925年
29───武田鼎一編輯:大阪市商工名鑑、大阪商工會議所、322頁、1936年
30───加藤眞美編:飛驒産業株式会社七十年史、飛驒産業株式会社、7頁、1991年
31───濱松市商工会議所編:濱松商工名鑑、濱松市商工会議所、207頁、1954年
32───豊口克平:トーネット──その創造的技術開発と造型の歴史、デザイン9 No88、43頁、1966年

33 ── 元鳥取家具工業専務松浦寛氏よりご教示をいただく。
34 ── 創業50年史編纂委員会:創業50年史―洋家具と歩んだ半世紀、マルニ木工株式会社、1982年
35 ── 前掲8):76頁
36 ── 静岡経済研究所編:静岡県会社要覧、静岡経済研究所、85頁、1966年
37 ── 静岡県知事官房統計課編:静岡県工場要覧、静岡県知事官房統計課、1927年
38 ── 大森忠吉編輯:日本一の静岡縣、痩蛙社、256-257頁、1927年
39 ── 須川三郎編纂:新東京商業便覧、新東京社、232頁、1924年
40 ── 島崎信:特集＝永遠のモダン:トーネット―曲木椅子の歩み 現代に通じる総合性〈技術、フォルム、企業ポリシー〉SD8305、55頁、1982年
41 ── 姫路商業會議所編:姫路商工案内、姫路商業會議所、48頁、1925年
42 ── 山本光恵氏よりご教示をいただく。また姫路市の郷土史研究家である河野孝幸氏より資料を提供していただく。
43 ── 神戸市役所商工課編:神戸市商工名鑑、神戸市役所商工課、236頁、1925年

第5章

昭和初期における曲木家具

1 はじめに

　昭和元年から日中戦争が開始される1937（昭和12）年までの間は、曲木家具の需要も増し、完全な成熟期に入る。蒸し曲げによるトーネット法の製作技術、意匠の完成した時期ということになる。すなわち、和洋折衷の製品、新たなモダンデザインと従来のクラシックな製品が入り交じって、日本の曲木家具文化を形成する。

　昭和に入っても、新たに曲木家具業を創業する事例もあり、国内での普及と海外への輸出をめぐって、各企業とも熾烈な争いを繰り広げる。その具体的な事例に実用新案の取得があり、とりわけ折り畳み椅子における各社の取り組みは鎬を削っている。

　地方の曲木家具業も、大都市に販売店を設け、場合によってはその販売所が輸出の拠点ともなっている。こうしたマネジメントは、多少企業間に個性を生み出し、各社ともパンフレットで自社製品の独自性を強調する。

　本章では故小島斑司所蔵の昭和初期のカタログを中心に[注1]、曲木家具製造業の実態と意匠を捉える。とりわけ、昭和初期における景気の変動とラインナップ、海外で流行する新たな意匠の取り込み方法には注意を払う。また、都市部を中心とした生活に普及する曲木家具の実態についても紹介していく。

2　曲木家具製作法における基礎研究の進展

　序章にも示したように、曲木家具製造法に関する研究が進展し、海外の研究を紹介したり、海外で得た情報を検証している。大正時代にはなかった研究方法である。しかし、いずれも製作法に関するもので、意匠についてはヨーロッパのような研究成果を見出すことができない。このあたりが、日本の曲木家具研究の実態であり、問題点でもある。

① 泉岩太:曲木に就て、林學會雜誌 第十三巻第二號、林學會、58-63頁、1931年

　アメリカのミシガン州グランドラピッド市の曲木製造工場を視察し、そこで得た資料を基礎に試験した結果を論じている。アメリカでの椅子材には、ブナ、トネリコ、カバ、クルミが用いられ、マホガニーも少量使用されるとしている。試験はナラ材を用い、蒸気圧、蒸煮時間と曲げ加工の結果を定量的にまとめている。

② 渡邊治人訳:曲木工に就て、林學會雜誌 第十四巻第三號、林學會、60-70頁、1932年

　原著はA.Prodehl: Zur Holzbiegetechnik.V.D.I、Nr.39、1931、海外における最新の曲木加工の訳で、曲木工程を理論的に分析し、ブナを使用した機械加工の適正条件を導き出そうとする試みである。内容は完全な工学であり、蒸し曲げ法としては極めて完成度の高い研究といえる。図5-1はその図の一つで、二次元での曲木工程の模式図を示している。こうした研究が日本でどの程度活かされたか判断し難い。日本の職人は海外の技術者と同等の扱いをされておらず、そのことが曲木研究の進展を妨げている。

　上記①、②の研究は、曲げ加工技術について論じたもので、木材加工学に立脚している。確かに、科学的な進展を我々に示しているが、曲木製品の造形との接点は皆無である。特に三次

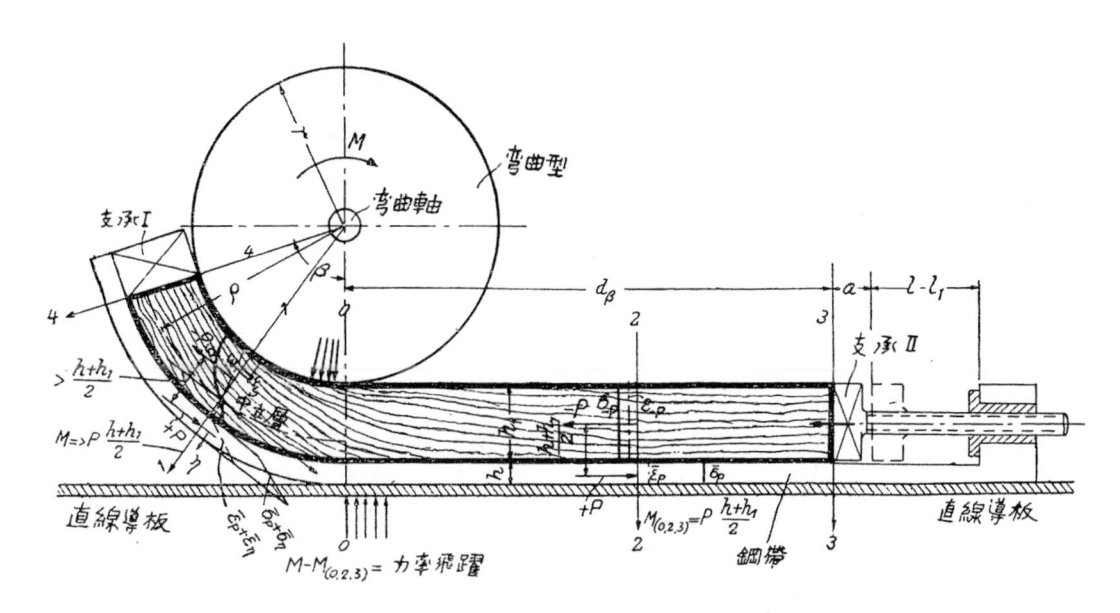

b, h, l＝彎曲前の鋼帶の幅、厚、長。b_1, h_1, l_1＝彎曲前の木材の幅、厚、長。$\overline{\sigma}=\overline{a}/\overline{\varepsilon}$＝鋼帶の直應力。$\varepsilon$＝鋼帶の伸張量（又は短縮量）。$\sigma=f(\varepsilon)$＝木材の直應力。$\varepsilon$＝木材の伸張量（又は短縮量）。$\rho$＝彎曲木材の中立層の半徑。$\beta$＝彎曲部の彎曲角。$r$＝彎曲型の半徑。

図5-1　曲木工程の模式図

元の曲げ加工に関する試みは一切ない。トーネット社では、加工法の実験と意匠に関する取り組みが同時展開していた。すなわち、意匠と工学が融合した取り組みを、企業内で行っていたのである。

日本では戦前期まで、曲木家具に民間のデザイナーは筆者の知る限り一切関与していない。1935（昭和10）年以降、工藝指導所では曲木家具の研究をしていたことから、プロトタイプの製作を秋田木工株式会社等に依頼していた。工藝指導所に曲木加工施設が設置されていなかったのである。

3　明治・大正期に創業した曲木家具企業の動向

明治に創業した曲木家具業は下記の2社になったが昭和前期も稼働している。

3.1　合資会社泉家具製作所

1936年6月に発行された『大阪家具指物同業組合員名録』[注2]には、中河内郡楠根町稲田1403 曲木洋家具製造卸 合資會社泉家具製作所と記載されている。合資会社として紹介された最初の例と考えられる。これまでの文献では、大阪市内の販売所が泉藤三郎として記載されているだけであった。『大阪家具指物同業組合員名録』の広告に図5-2がある。特に目立つのは折り畳み椅子である。当時の主力商品の一つに折り畳み椅子が加えられたとも読み取れる。また、広告の中に、出張所大阪市北區相生町とある。だとすれば、京町堀の店との関係はどのように

図5-2　合資会社 泉家具製作所の広告

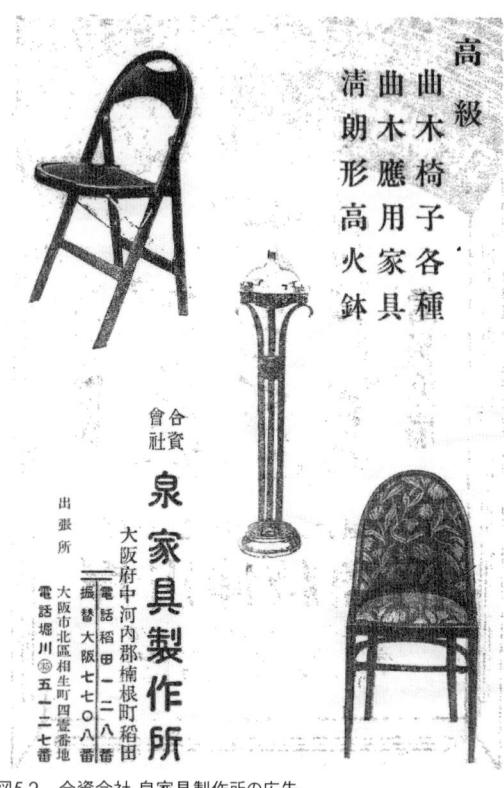

なったのだろうか。

　図5-3注3)は、**図5-2**の広告に見られる折り畳み椅子と同型の椅子である。座面下と後ろ脚に貫が入っていると、完全な平面に折り畳めない可能性がある。当時は曲木家具製造業全体で、実用新案も含め、独自の構造を持つ折り畳み椅子の開発を競って行っていた。

　図5-4注4)は、昭和初期の泉家具製作所の片町支店である。文字が正確に判読できないが、看板には泉洋家具店と記していたのかもしれない。当時の市街地における販売店の実態を示す貴重な資料である。店内には組み立てられたトーネットのNo.18タイプの椅子が多数置かれている。重要なのは、店の外に置いてある椅子のパーツで、先にオーストリアのトーネットウィーン社の物流デモンストレーションを紹介したが、そうした方法が日本の曲木家具業でも行われ

図5-3　泉家具製作所製造の折り畳み椅子

図5-4　昭和初期の泉家具製作所片町支店

ていたのである。
　カタログには数多くの製品が紹介されている例が多い。ところが、販売所でのラインナップは意外に少ない。他の曲木家具業でも似たような傾向があったのだろう。
　片町支店は、泉家具製作所のある学園都市線の徳庵駅近くから、10km程度しか離れていない。支店のつくられた目的はよく理解できないが、西区のような家具問屋街とは異なった新たな地域で、曲木家具販売を始めるという新規開拓の狙いがあったと推察される。
　曲木家具の中でも、No.18に代表されるようなロングセラー商品は、**図5-4**を見る限り着実に普及している。高級な製品の使用頻度は少なかったようである。**図5-5**[注5]の帽子・コート掛兼ステッキ立は、**図5-6**[注6]のトーネット社のNo.10401に似たタイプで、現在も使用されている。

図5-5　泉家具製作所で作られた帽子・コート掛兼ステッキ立

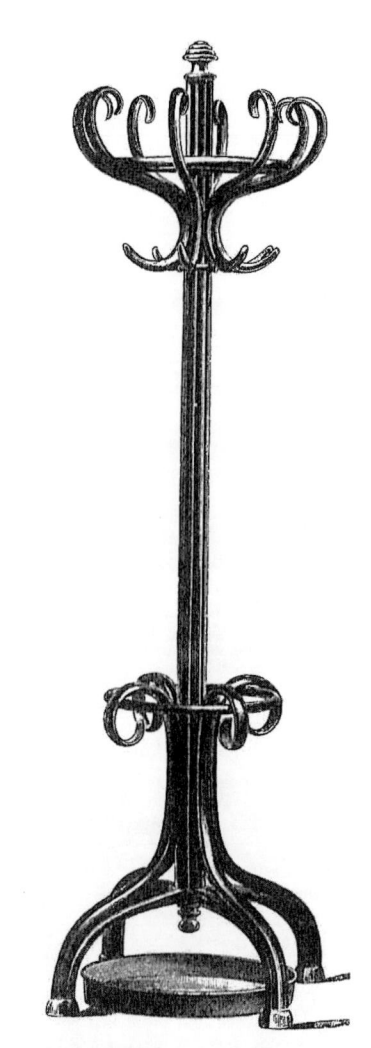

図5-6　トーネット社No.10401

図5-7　泉家具製作所で作られたロッキングチェア①

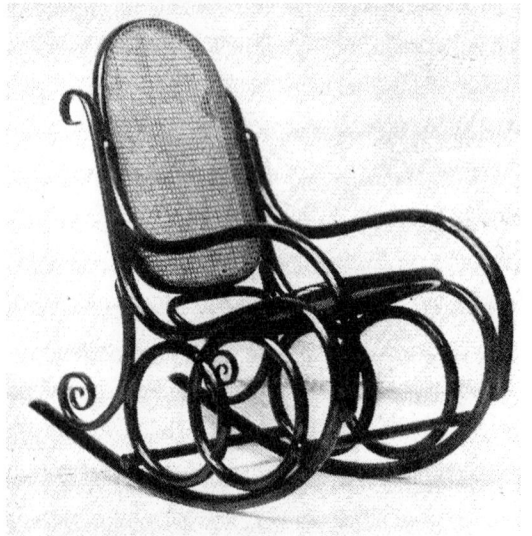

図5-8　泉家具製作所で作られたロッキングチェア②

第5章　昭和初期における曲木家具　　155

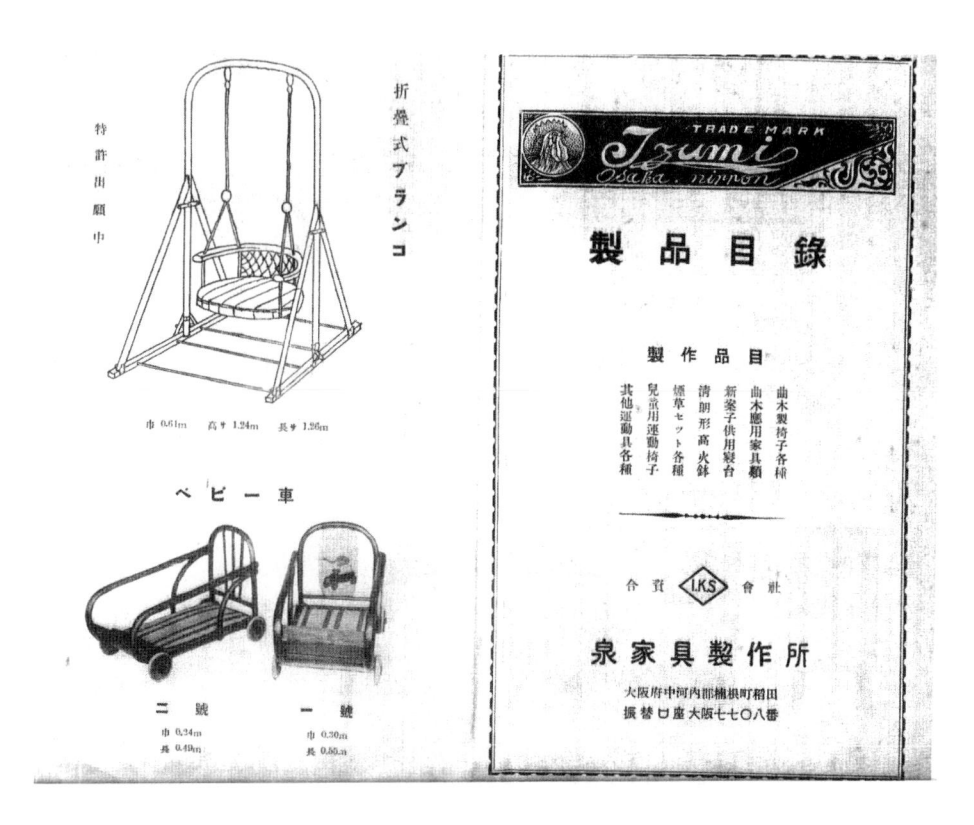

図5-9①　泉家具製作所カタログ

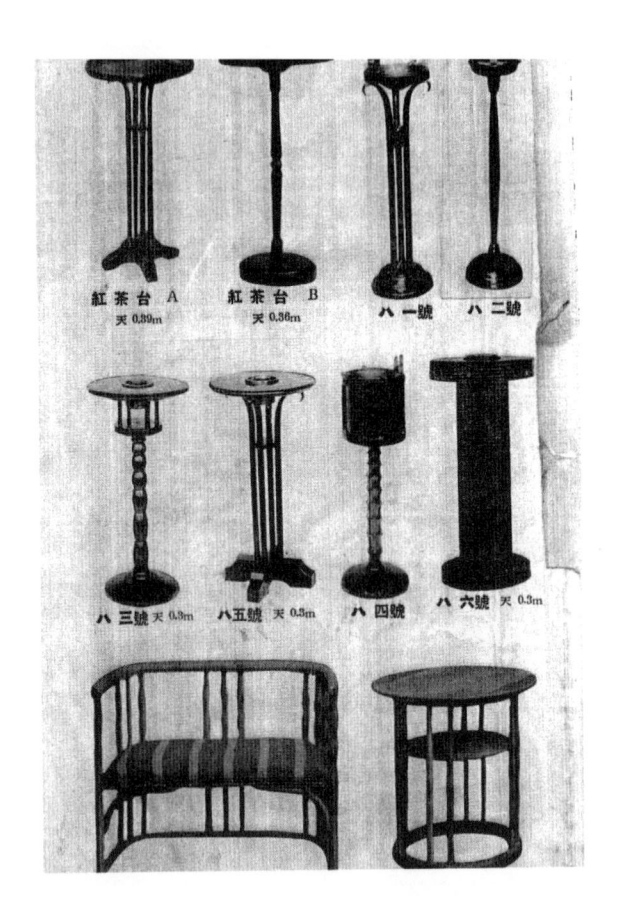

図5-9② 泉家具製作所カタログ

第5章　昭和初期における曲木家具　　157

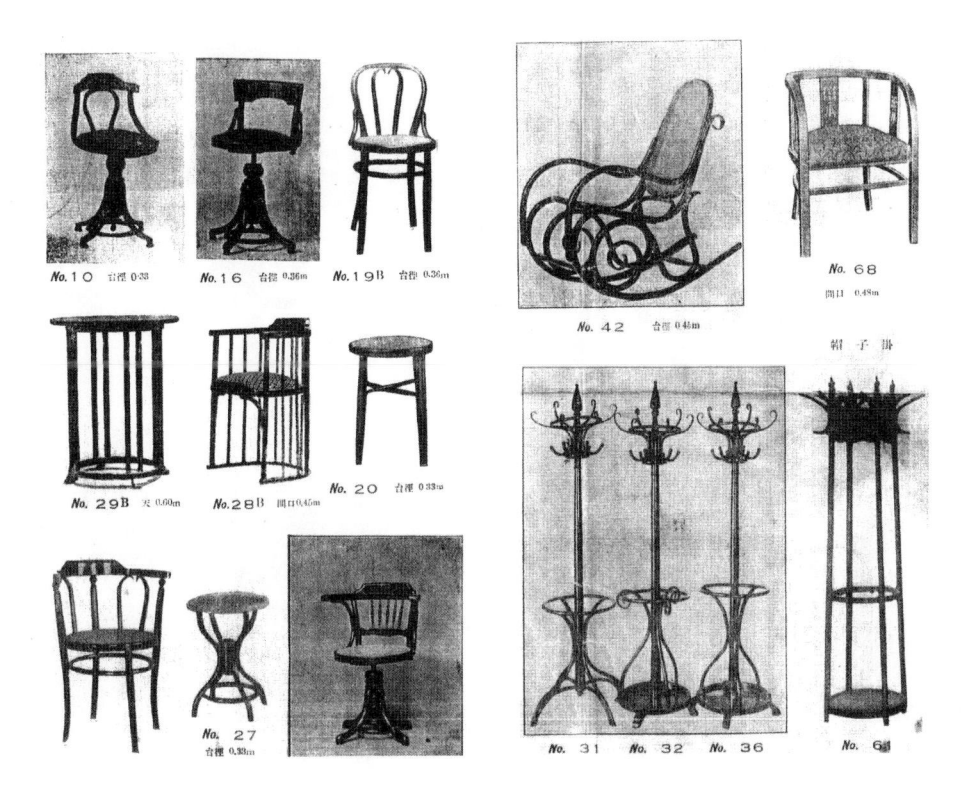

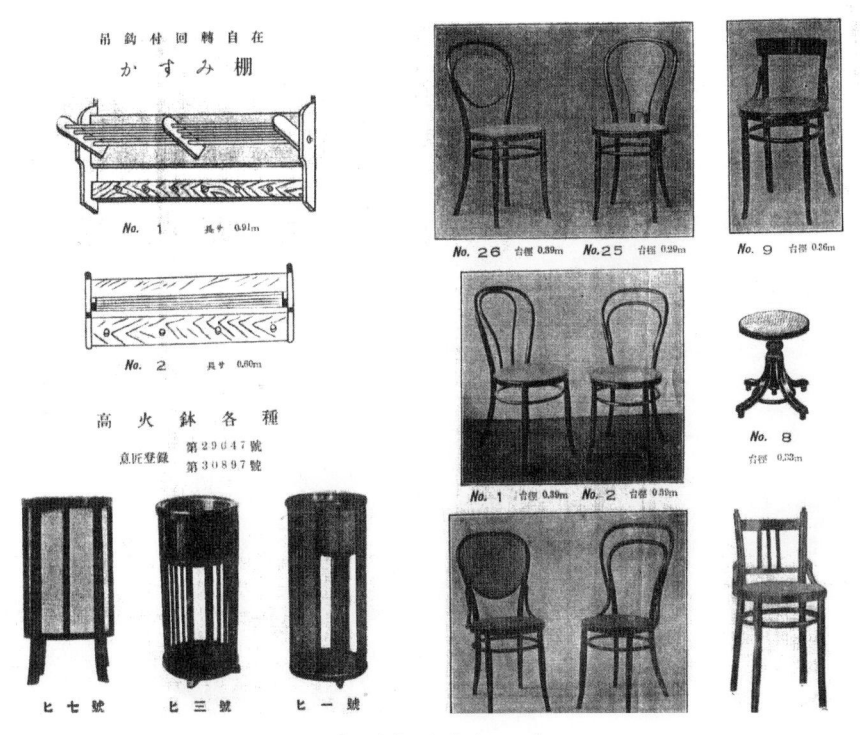

図5-9③　泉家具製作所カタログ

図5-10　泉家具製作所で作られた高火鉢

図5-11　泉家具製作所で使用された木工旋盤

トーネット社の製品に似てはいるが、そっくりコピーしているというわけでもない。図5-7[注7]のロッキングチェアは、トーネット社のNo.7029に似た形態になっている。また、トーネット社No.7004に類似した図5-8[注8]も製作されていた。こうした古典的な曲木家具類は、手入れをして丁寧に扱えば、100年程度は使用できる。いずれの家具も泉家具製作所の関係者が所蔵しているもので、自社の製品に対する強い愛着心が感じられる。

泉家具製作所のカタログは、図5-9[注9]に示した。このカタログの作成年代は不明である。製品に高火鉢、紅茶台といった戦後にあまり使用しない類があるので、第二次大戦前のものと推定した。

先に示した図5-5(No.32)、図5-7(No.42)が含まれている。こうした製品がどの程度の期間製作されたかについては検証する術がない。型さえあれば、数十年はラインナップに加えられていたとすべきであろう。

カタログに見られる中で最も特徴的なのは、図5-9①に見られるような子供用の椅子、ブランコ、ベビー車が掲載されていることである。トーネット社も子供用家具を多数製作しているので、何らかの影響があったのかもしれない。

また、高火鉢のような和風の家具が増加していることも見逃せない。図5-10[注10]は、泉家具製作所で製作された高火鉢の類で、反り脚の形状に強い和風を示している。

泉家具製作所は、旋盤加工を施した製品も多い。図5-11[注11]のような写真が遺されていることから、精度の高い旋盤を使用した可能性が高い。泉家具製作所は、明治期の創業時よりコルニッシュ型のボイラーを用いるなど、積極的に近代的な設備を導入して洋家具生産に取り組んできたといえよう。

3.2　秋田木工株式会社

1933(昭和8)年のカタログを図5-12[注12]に示した。製品は32種類に減少している。第4章で解説した大正末期から昭和初期に制作されたカタログが34種類であるから、さらにラインナップが減少したしたことになる。

No.12の折り畳み椅子は、前方の脚に貫がないため、平面状に折り畳むことができる。この時期は日本各地の曲木家具業で折り畳み椅子がつくられている。そのルーツはヨーロッパにあり、日本独自の創作物ではない。

布張りの椅子は3種類だけになり、他はすべて籐張りである。この時期は南方から籐を輸入するのに不自由はしなかった。高価な布地は製品の価格を上げることにつながると捉えたのであろう。

No.55の卓子に見られる意匠は当時の流行であったらしく、他社の製品にも見られる。1933(昭和8)年のカタログに見られる製品は、No.52、53のような高級品を除けば、総じて地味な印象を受ける。

図5-13[注13] 1938(昭和13)年のカタログでは、工藝指導所が開発した曲木家具を大量にアピールするようになる。工藝指導所は、曲木家具の試作を概ね秋田木工株式会社に依頼しており、当初から秋田木工株式会社での製品化を目的として、曲木家具の開発を目指した可能性もある。とにかく、東北の仙台市に工藝指導所が開設されたことは、秋田木工株式会社にとって意匠面の重要性を認識させられる大きな契機となった。1938(昭和13)年のカタログに掲載され

た製品は、次のようなものである(工藝指導所型の製品は＊印)。

- No.1　椅子(籐張)
- No.4　椅子(籐張)
- No.6　折畳式椅子(レザー張、実用新案申請中)
- No.8　椅子(籐張)
- No.10　椅子(別珍張)
- No.15　椅子(籐張)
- No.20　椅子(籐張)
- No.25　椅子(籐張)
- No.34　分解式幼児用寝台
- No.38　椅子(籐張)
- No.40　椅子(籐張)
- No.41　子供椅子(背籐張座レザー張)
- No.42　椅子(レザー張)
- No.45　帽子掛兼傘立
- No.47　傘立
- No.57　椅子(別珍張)
- No.62　運動椅子(籐張)
- No.65　子供用運動椅子(籐又は布製)
- No.70　回転椅子(背籐張座レザー張)
- No.73　回転椅子(レザー張)
- No.81　椅子(布張)＊
- No.83　椅子(籐又は布張)
- No.85　重ね型椅子(籐張)＊
- No.87　椅子(布張)＊
- No.102　円形卓子＊
- No.104　組立式本棚＊
- No.150　椅子(レザー又は布張)
- No.170　椅子(背籐張座レザー張)
- No.200　椅子(布張)
- コタツヤグラ
- No.2　椅子(籐張)
- No.5　椅子(籐張)
- No.9　椅子(籐張)
- No.12　折畳式椅子(実用新案)
- No.16　椅子(籐張)
- No.21　椅子(ベニヤ板張)
- No.29　台付火鉢
- No.37　椅子(籐張)
- No.39　椅子(籐張)
- No.44　帽子掛兼傘立
- No.46　傘立
- No.48　傘立
- No.60　運動椅子(籐張)
- No.80　椅子(布張)＊
- No.82　椅子(籐張)＊
- No.84　折畳式椅子(レザー張)＊
- No.86　重ね型椅子(籐張)＊
- No.101　円形卓子
- No.103　重ね型角形卓子＊
- No.109　円形卓子
- No.160　椅子(籐張)
- No.190　椅子(布張)
- No.201　椅子(布張)
- 猫足コタツヤグラ

　大正末期から昭和初期のカタログに示された商品の種類を減らし、廉価な商品を主体とした販売方法から、また多品種化と高級嗜好も加えた経営戦略に転換している。ヨーロッパの新しい家具デザインに触発されたことも手伝って、近代家具デザインを多く取り入れる傾向が見られる。

　上記の製品の中で、工藝指導所型とする椅子が合計11例認められる。No.84の椅子は『工藝ニュース』1937(昭和12)年10月号、No.85およびNo.86の椅子は1937(昭和12)年12月号に掲載されていることから、仙台市の工藝指導所で1935(昭和10)年から1937(昭和12)年あたりに開発されたものを、秋田木工株式会社で製品化したのであろう。

第5章　昭和初期における曲木家具　　161

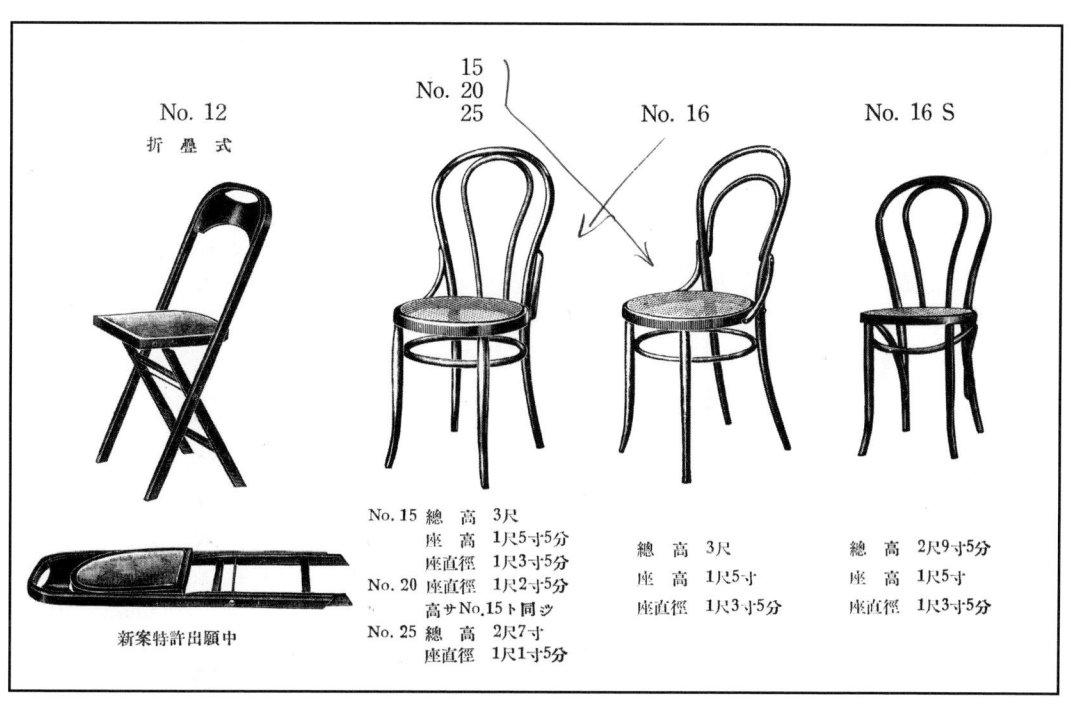

型録

曲木椅子、卓子
曲木コタツヤグラ
スキー
製造販賣

秋田木工株式會社
秋田縣雄勝郡湯澤町
電話六六番　電信略號アモ
振替仙臺九五一番

東京出張所
東京市京橋區櫻橋南側
電話京橋七〇七六番
振替東京五三五七五番

S.8

No. 12
折疊式

No. 15
No. 20
No. 25

No. 16

No. 16 S

No. 15　總　高　3尺
　　　　座　高　1尺5寸5分
　　　　座直徑　1尺3寸5分
No. 20　座直徑　1尺2寸5分
　　　　高サNo.15ト同ジ
No. 25　總　高　2尺7寸
　　　　座直徑　1尺1寸5分

總　高　3尺
座　高　1尺5寸
座直徑　1尺3寸5分

總　高　2尺9寸5分
座　高　1尺5寸
座直徑　1尺3寸5分

新案特許出願中

図5-12①　秋田木工株式会社カタログ

| No. 55 椅子 | No. 55 卓子 | No. 110 |

總　高　2尺7寸
座　高　1尺4寸
座　大　1尺5寸×1尺6寸

卓　子
徑　2尺
高　2尺1寸

總　高　2尺5寸
直　徑　2尺5寸

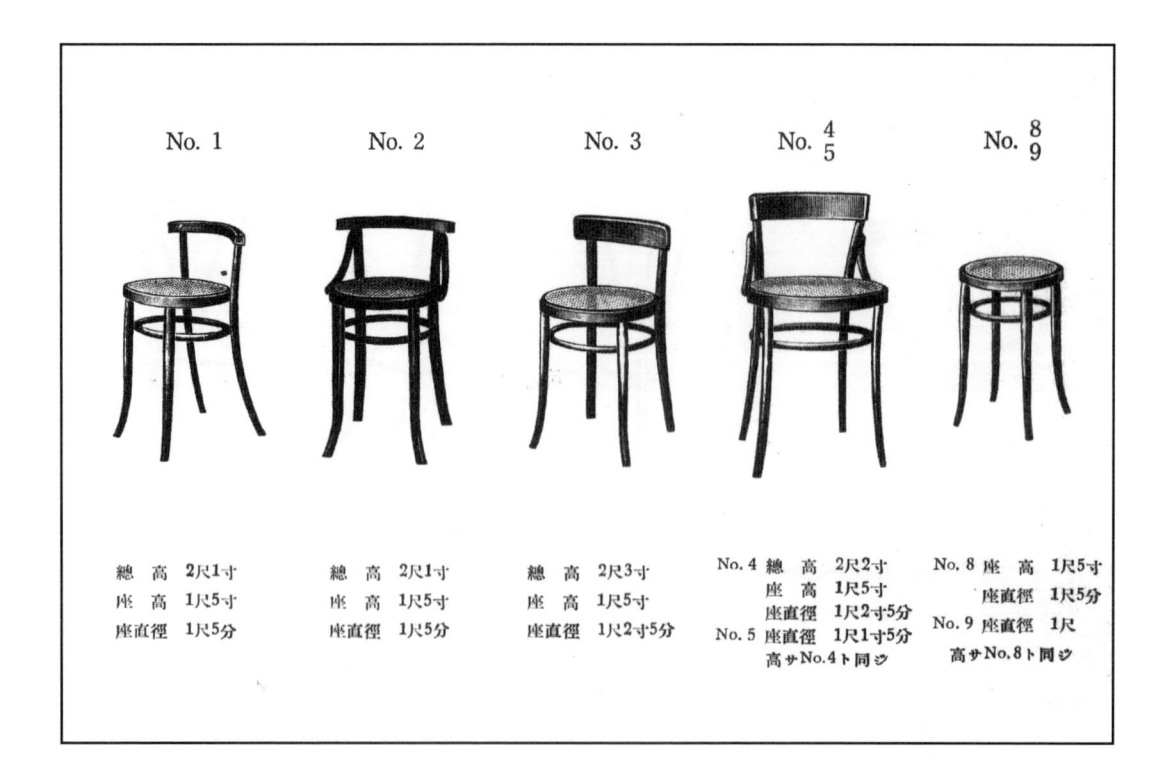

| No. 1 | No. 2 | No. 3 | No. 4/5 | No. 8/9 |

總　高　2尺1寸
座　高　1尺5寸
座直徑　1尺5分

總　高　2尺1寸
座　高　1尺5寸
座直徑　1尺5分

總　高　2尺3寸
座　高　1尺5寸
座直徑　1尺2寸5分

No.4　總　高　2尺2寸
　　　座　高　1尺5寸
　　　座直徑　1尺2寸5分
No.5　座直徑　1尺1寸5分
　　　高サNo.4ト同ジ

No.8　座　高　1尺5寸
　　　座直徑　1尺5分
No.9　座直徑　1尺
　　　高サNo.8ト同ジ

図5-12②　秋田木工株式会社カタログ

No. 51

總高　3尺
座高　1尺5寸
座大　1尺4寸×1尺4寸

No. 65

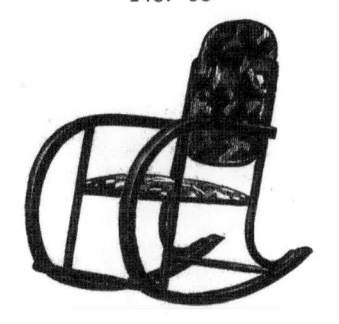

總高　1尺8寸
座高　9寸
座大　1尺×1尺

No. 71

座高　1尺4寸ヨリ
　　　1尺6寸ニ至ル
幅　　1尺6寸
長　　1尺8寸

No. 47

總高　2尺1寸5分
直徑　1尺1寸5分

No. 48

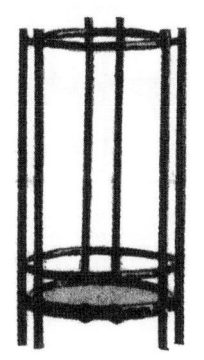

總高　2尺2寸
直徑　1尺1寸5分

No. 49

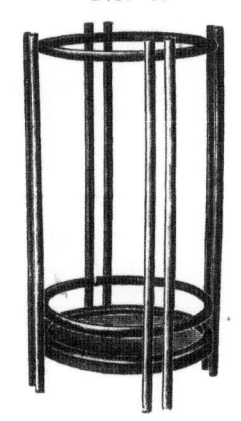

總高　2尺2寸
直徑　1尺2寸5分

No. 160

總高　2尺8寸5分
座高　1尺5寸
座直徑1尺2寸×1尺2寸5分

No. 170

總高　2尺7寸5分
座高　1尺5寸
座大　1尺4寸×1尺3寸5分

No. 190

總高　2尺8寸5分
座高　1尺2寸
座大　1尺8寸5分×1尺6寸

図5-12③　秋田木工株式会社カタログ

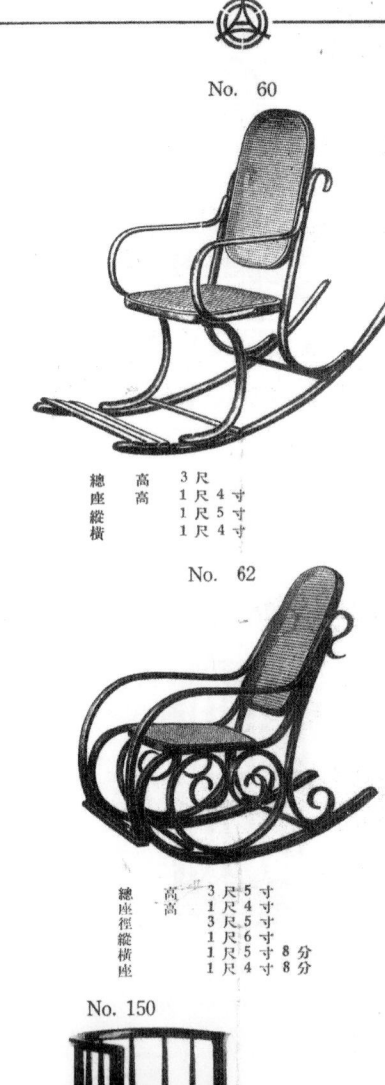

No. 38
總　高　2尺4寸
座　高　1尺4寸5分
座　大　1尺2寸×1尺2寸5分

No. 40
總　高　2尺9寸
座　高　1尺5寸
座大1尺3寸×1尺3寸5分

No. 50
總　高　2尺5寸5分
座　高　1尺5寸5分
座直徑　1尺1寸

No. 60
總　高　3尺
座　高　1尺4寸
縱橫　1尺4寸

No. 44
總　高　6尺5寸
臺直徑　1尺8寸

No. 52
總　高　2尺8寸5分
座　高　1尺4寸5分
座　大　1尺4寸×1尺4寸

No. 53
總　高　2尺8寸5分
座　高　1尺3寸5分
座　大　1尺4寸×1尺5寸

No. 62
總　高　3尺5寸
座　高　1尺4寸5分
徑縱橫　1尺6寸
座　1尺5寸8分
　　　1尺4寸8分

コタツヤグラ
特　大 { 總高 1尺3寸　内徑 2尺 }
大　形 { 總高 1尺3寸　内徑 1尺8寸 }
中　形 { 總高 1尺3寸　内徑 1尺5寸 }
小　形 { 總高 1尺3寸　内徑 1尺3寸 }

No. 109
總　高　2尺3寸5分
直　徑　大形1尺6寸　小形1尺3寸5分

No. 150
總　高　2尺2寸
座　高　1尺3寸5分
座直徑　1尺6寸

図5-12④　秋田木工株式会社カタログ

型 錄

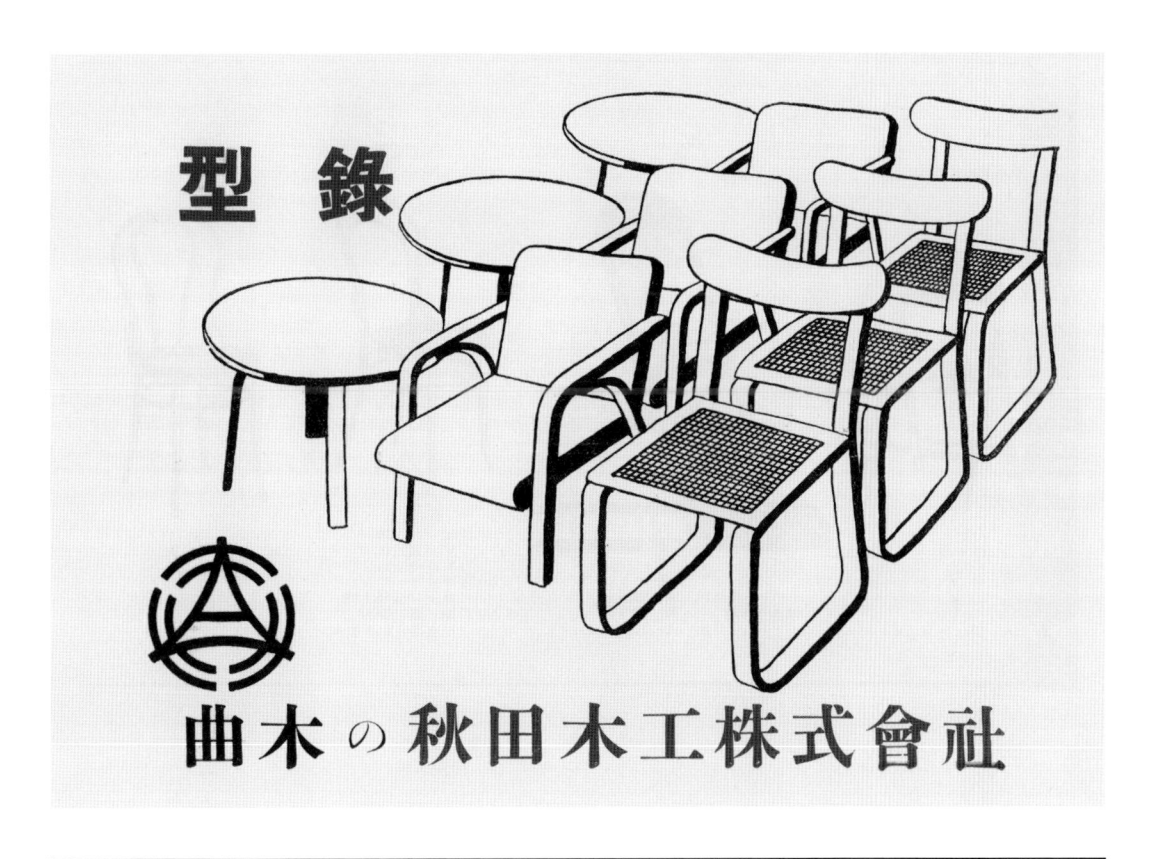

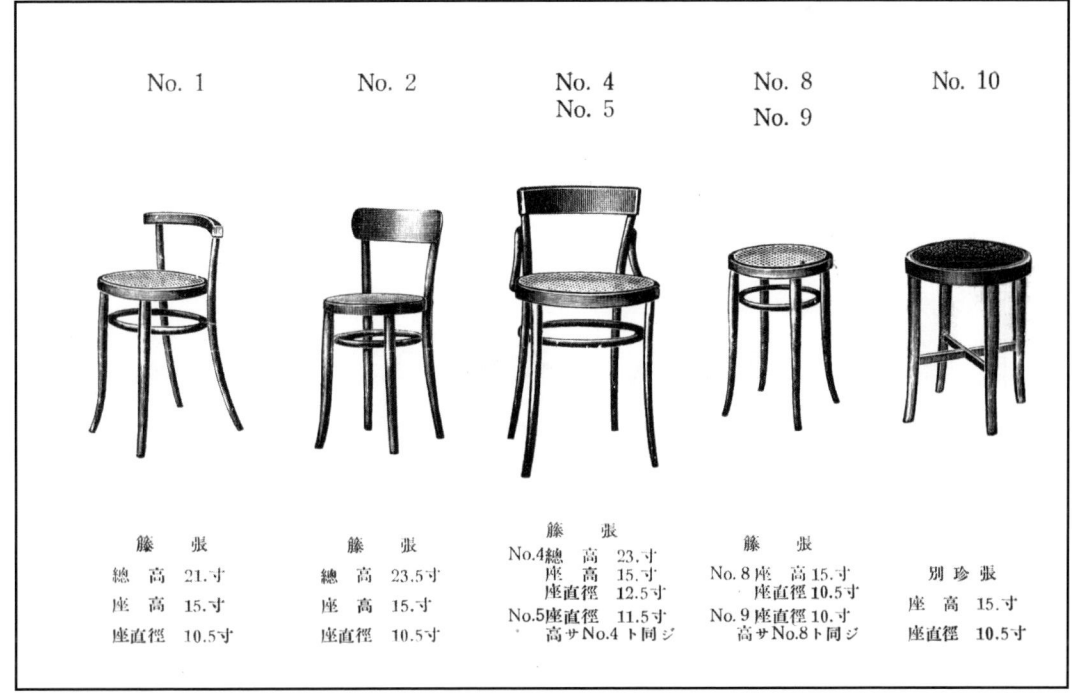

曲木の秋田木工株式會社

No. 1	No. 2	No. 4 No. 5	No. 8 No. 9	No. 10
籐　張 總　高　21.寸 座　高　15.寸 座直徑　10.5寸	籐　張 總　高　23.5寸 座　高　15.寸 座直徑　10.5寸	籐　張 No.4總　高　23.寸 　　座　高　15.寸 　　座直徑　12.5寸 No.5座直徑　11.5寸 　高サNo.4ト同ジ	籐　張 No.8座　高　15.寸 　　座直徑　10.5寸 No.9座直徑　10.寸 　高サNo.8ト同ジ	別珍張 座　高　15.寸 座直徑　10.5寸

図5-13①　秋田木工株式会社カタログ

No. 6	No. 12	No. 15	No. 16
實用新案出願中	實用新案折疊式	No. 20	
		No. 25	

レザー張
總高 26.寸
座高 15.寸
座大 12.寸×11.5寸

レザー張
開キタル時
總高 28.5寸
座高 14.5寸
座大 12.寸×12.寸

藤張
No.15 總高 30.寸
　　　座高 15.寸
　　　座直徑 13.5寸
No.20 座直徑 12.5寸
　　　高サ No.15ト同ジ
No.25 總高 27.寸
　　　座直徑 11.5寸

藤張
總高 30.寸
座高 15.寸
座直徑 13.5寸

No. 29　臺付火鉢
コタツヤグラ
猫足コタツヤグラ

總高 22.寸
直徑 11.5寸
銅オトシ付

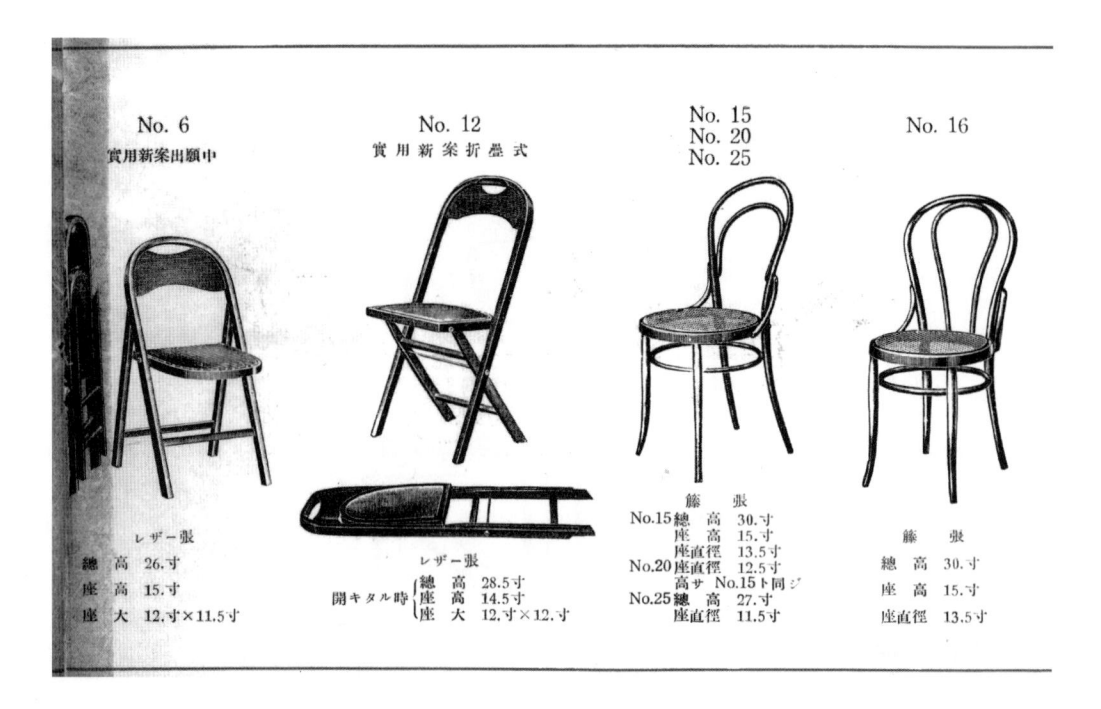

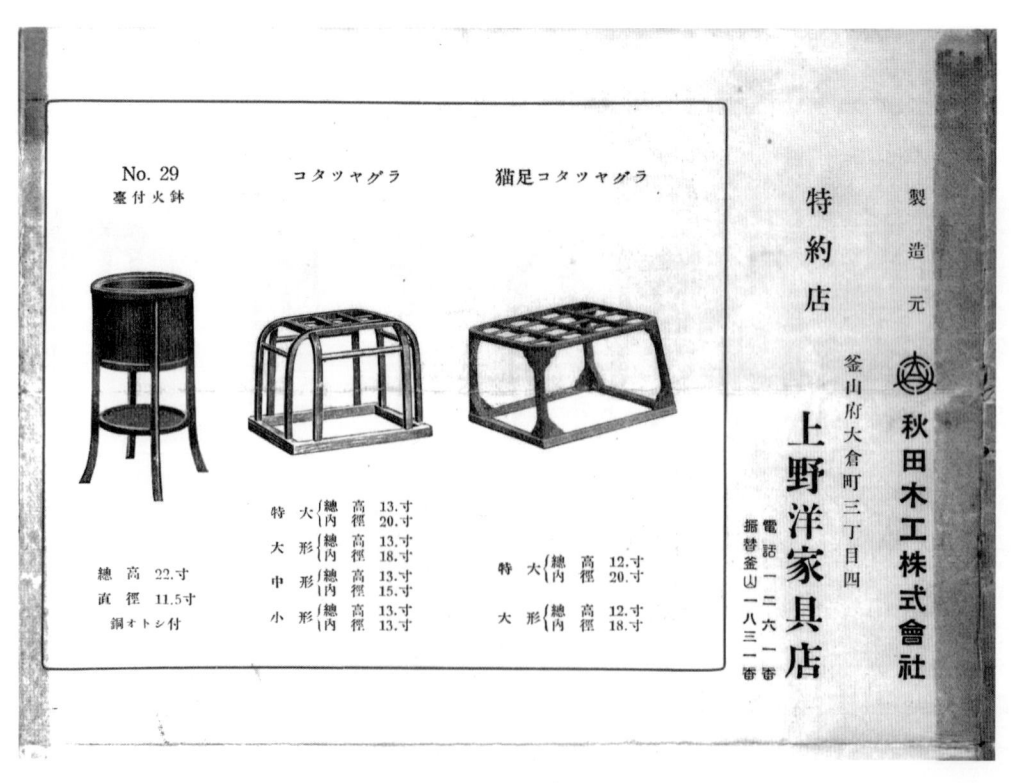

特大形　總高 13.寸　内徑 20.寸
大形　總高 13.寸　内徑 18.寸
中形　總高 13.寸　内徑 15.寸
小形　總高 13.寸　内徑 13.寸

特大形　總高 12.寸　内徑 20.寸
大形　總高 12.寸　内徑 18.寸

製造元　秋田木工株式會社

特約店　釜山府大倉町三丁目四　上野洋家具店
電話 一二六一番
振替釜山 一八三一番

図5-13②　秋田木工株式会社カタログ

No. 42	No. 57	No. 150	No. 160	No. 170
レザー張	別珍張	レザー又ハ布張	藤張	背藤張座レザー張
總高 27.5寸	總高 25.5寸	總高 22.寸	總高 28.5寸	總高 27.5寸
座高 14.5寸	座高 14.5寸	座高 13.5寸	座高 15.寸	座高 15.寸
座大 14.寸×13.5寸	座大 11.寸×10.5寸	座大 16.寸	座大 12.寸×12.5寸	座大 14.寸×13.5寸

帽子掛兼傘立

No. 44	No. 45	No. 46	No. 47	No. 48
總高 65.寸	總高 65.寸	總高 21.寸	總高 21.5寸	總高 22.寸
臺直徑 16.5寸	臺直徑 16.5寸	直徑 11.5寸	直徑 11.5寸	直徑 11.5寸

図5-13③ 秋田木工株式会社カタログ

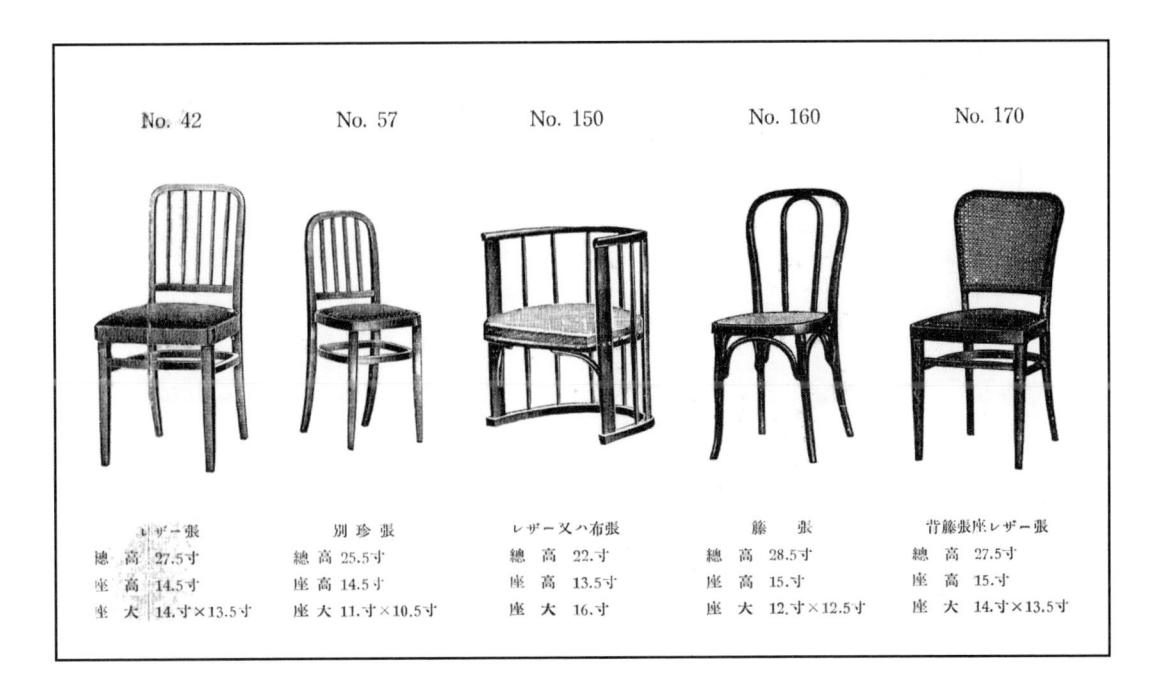

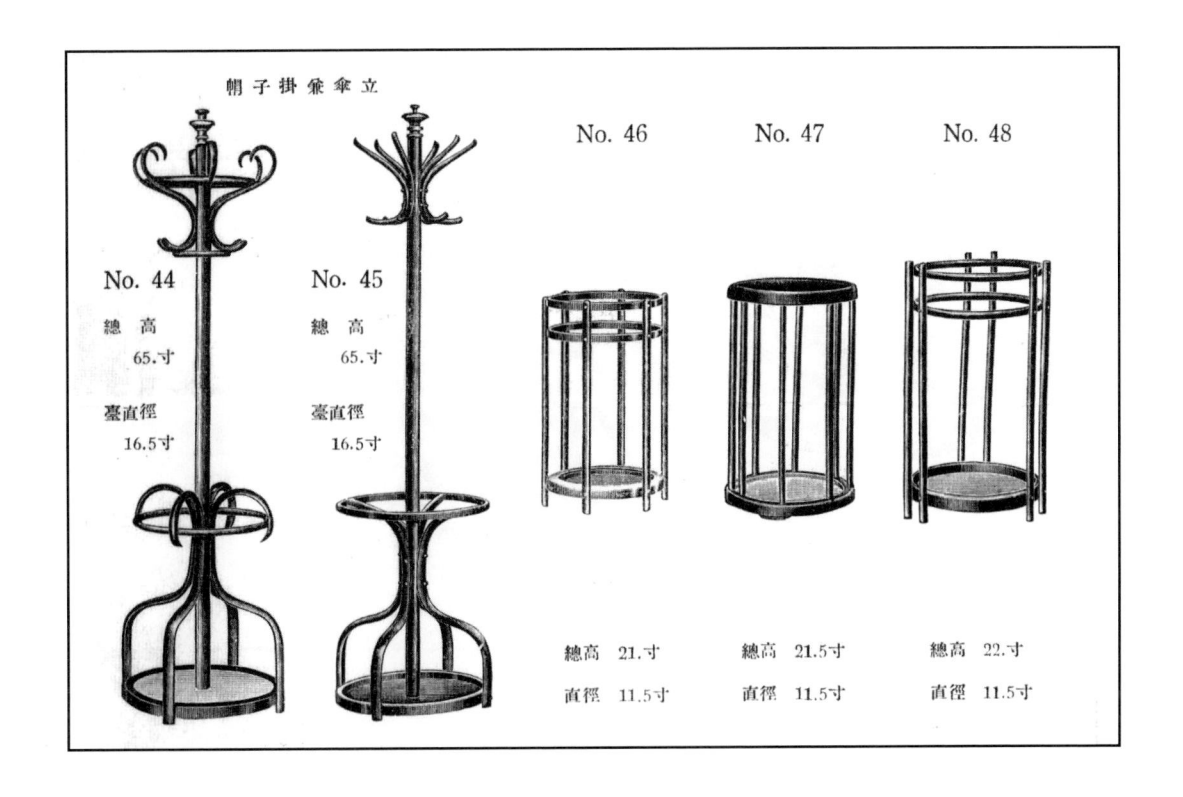

No. 34
分解式幼児用寝臺

分解シタ所

總高 28.寸
幅 21.寸
長 35.寸
座高 7.5寸

No. 21

ベニヤ板張
總高 30.寸
座徑 13.5寸
座高 15.寸
座ベニヤ又ハ藤張

No. 37
No. 38

籐張
No.37 總高 23.寸
座高 15.寸
座徑 11.寸
No.38 總高 24.寸
座高 14.5寸
座大 12.寸×12.5寸

No. 65
小兒用

籐又ハ布張
總高 18.寸
座高 9.寸
座大 10.寸×10.寸

No. 101

總高 21.寸
直徑 大形20.寸
小形16.寸

No. 60

籐張
總高 30.寸
座高 14.寸
座大 14.8寸×15.5寸

No. 62

籐張
總高 35.寸
座高 14.寸
座大 14.8寸×15.5寸

No. 190

布張
總高 16.寸
座高 10.寸
座巾 26.寸

図5-13④ 秋田木工株式会社カタログ

―― 高級曲木家具 ――

No. 39
籐張
總高　27.寸
座高　14.寸
座大　13.2寸×13.寸

No. 40
籐張
大型　總高　29.寸
　　　座高　15.寸
　　　座大　13.寸×13.5寸
中型　總高　28.寸
　　　座高　14.5寸
　　　座大　12.寸×12.5寸

No. 41
子供椅子
背籐張座レザー張
總高　27.寸
座高　17.寸
座大　10.5寸×11.寸

No. 70
背籐張座レザー張
高サ　25.寸
座高　13.5寸ヨリ
　　　16.寸ニ至ル
幅　　14.5寸
長　　15.寸

No. 73
レザー張
總高　26.寸
座高　15.寸
座大　16.寸×15

No. 109
總高　23.5寸
直徑　大形16.寸
　　　小形13.5寸

工藝指導所型 No. 102
甲板樺斑目合板
直徑　20.寸
總高　19.寸

工藝指導所型 No. 103
角板　23.6寸×21.寸
甲板高サ　19.寸
總高　20.2寸

工藝指導所型 No. 103
重ネタ所

No. 200
布張
總高　26.5寸
座高　10.寸
座巾　16.5寸

No. 201
特製肱掛
布張
總高　24.寸
座大　15.5寸×2.5寸
座高　13.寸

工藝指導所型 No. 87

図5-13⑤　秋田木工株式会社カタログ

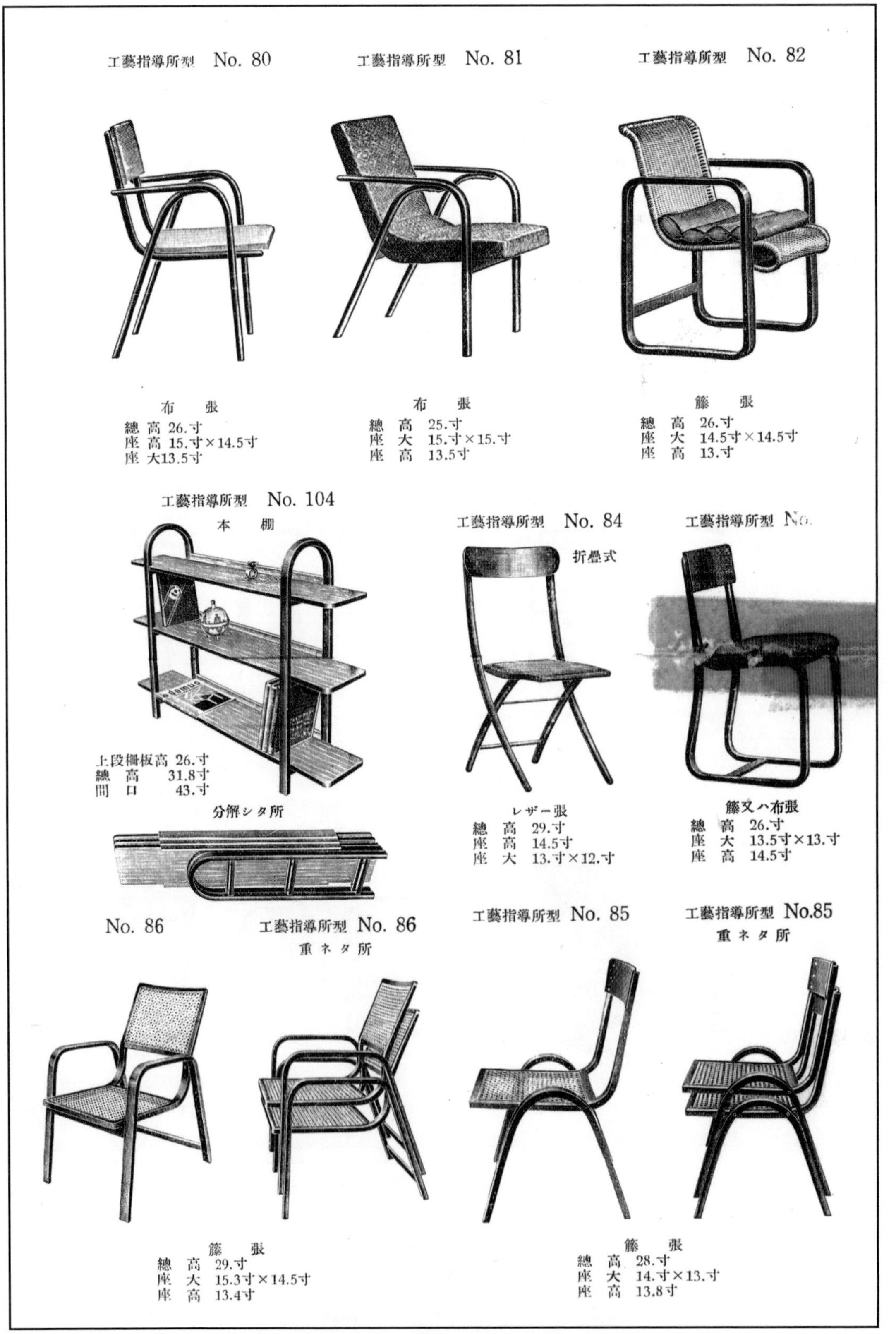

工藝指導所型 No. 80　　　　工藝指導所型 No. 81　　　　工藝指導所型 No. 82

布　張
總　高　26.寸
座　大　15.寸×14.5寸
座　大　13.5寸

布　張
總　高　25.寸
座　大　15.寸×15.寸
座　高　13.5寸

籐　張
總　高　26.寸
座　大　14.5寸×14.5寸
座　高　13.寸

工藝指導所型 No. 104
本　棚

上段棚板高　26.寸
總　高　31.8寸
間　口　43.寸

分解シタ所

工藝指導所型 No. 84
折疊式

レザー張
總　高　29.寸
座　高　14.5寸
座　大　13.寸×12.寸

工藝指導所型 No.

籐又ハ布張
總　高　26.寸
座　大　13.5寸×13.寸
座　高　14.5寸

No. 86　　　工藝指導所型 No. 86
　　　　　　重ネタ所

工藝指導所型 No. 85　　工藝指導所型 No. 85
　　　　　　　　　　　　重ネタ所

籐　張
總　高　29.寸
座　大　15.3寸×14.5寸
座　高　13.4寸

籐　張
總　高　28.寸
座　大　14.寸×13.寸
座　高　13.8寸

図5-13⑥　秋田木工株式会社カタログ

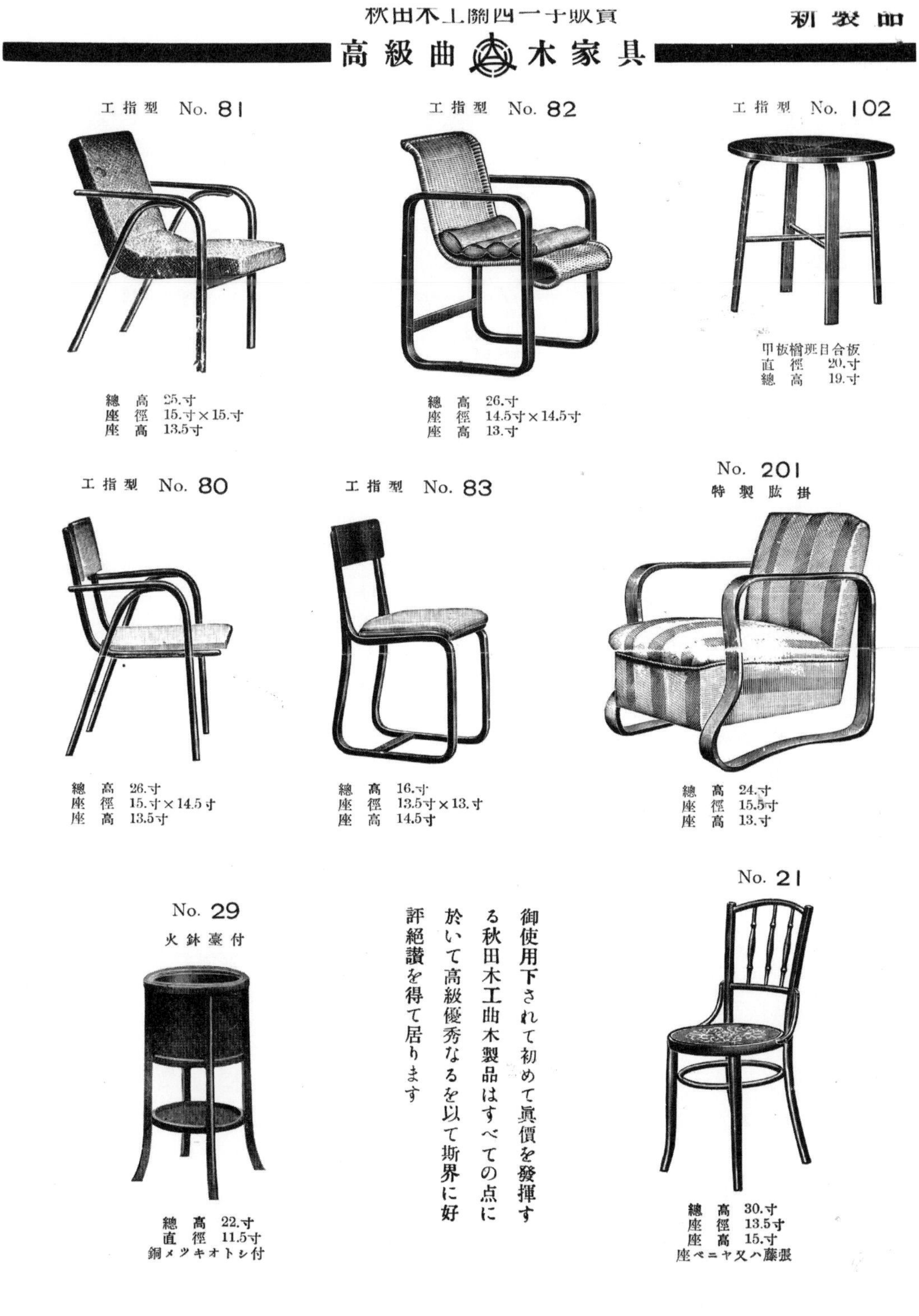

第5章　昭和初期における曲木家具

買收十一四工關木工田秋　　　　　　　新製品

高級曲木家具

工指型 No. 81
總　高　25.寸
座　徑　15.寸×15.寸
座　高　13.5寸

工指型 No. 82
總　高　26.寸
座　徑　14.5寸×14.5寸
座　高　13.寸

工指型 No. 102
甲板檜斑目合板
直　徑　20.寸
總　高　19.寸

工指型 No. 80
總　高　26.寸
座　徑　15.寸×14.5寸
座　高　13.5寸

工指型 No. 83
總　高　16.寸
座　徑　13.5寸×13.寸
座　高　14.5寸

No. 201
特製肱掛
總　高　24.寸
座　徑　15.5寸
座　高　13.寸

No. 29
火鉢裏付
總　高　22.寸
直　徑　11.5寸
銅メツキオトシ付

御使用下されて初めて眞價を發揮する秋田木工曲木製品はすべての点に於いて高級優秀なるを以て斯界に好評絶讚を得て居ります

No. 21
總　高　30.寸
座　徑　13.5寸
座　高　15.寸
座ベニヤ又ハ藤張

図5-13⑦　秋田木工株式会社カタログ

工藝指導所型の椅子類とともに、No.6、No.12のような折り畳み式の椅子も販売されている。二つの折り畳み椅子はいずれも実用新案を出願しており、パンフレットが制作された1938(昭和13)年以前から開発を行っていたことが窺われる。

　座面の材質についても、大正末から昭和初期に制作されたパンフレットとはかなり異なり、布張りやレザー張りの椅子も多少増えている。日中戦争が始まった直後は物資の統制も少なく、比較的高級な家具も販売できたのであろう。このパンフレットが制作されたのは、1938(昭和13) 年の比較的早い時期と推察される。この後すぐに物資の統制がなされ、我が国の家具業界は苦難の時代に突入していくことになる。

　カタログの製品を通して、当時のヨーロッパを中心とするモダニズムとの関わりを考えてみたい。工藝指導所は、1932(昭和7) 年から本格的に稼働するが、剣持勇、豊口克平に代表される多くの所員は、東京高等工藝学校の出身であった。つまり、東京高等工藝学校で木材工芸の基礎を学び、工藝指導所で実践を行うといった一つのコースのようなものが出来上がっていた。そうした学閥に似た集団形成は、欧米で進行するモダニズムを共有することが可能である。

　工藝指導所の機関誌である『工藝ニュース』は、海外の建築や工芸の雑誌に見られる記事を転載していることが多い。No.21の特製肱掛椅子は、明らかにアルバー・アールトのパイミオチェアを参考にしている。参考というより真似ているといった方が的確である。No.82の工藝指導所型も、アールトの影響を座面から背もたれにかけて受けている。No.84の工藝指導所型折り畳み椅子は、トーネット社のNo.14012と同じ構造である。

　工藝指導所型No.85、No.86、No.103に見られるスタッキング機能も、当時欧米で盛んに製品化がなされているので、やはり海外の雑誌を参考にしたのであろう。真似ることをすべて否定しているのではないが、日本の公設研究機関が知的財産権に対して、あまりにも無防備であることに危惧の念を抱くのは筆者だけではあるまい。

　秋田木工株式会社の折り畳み椅子No.6、No.12は、東京曲木家具工場を経営していた山田誠一郎が考案したものであり[注14]、実用新案出願中と記載されている。予想外な人脈があることに驚かされる。

　秋田木工株式会社1938(昭和13)年のカタログでは、最後に新製品と称して、美術高級堆朱(桐箱入)が紹介されている。曲木製品でもなく、家具でもない。他社の製品という可能性もあるが、実はこうした製品の開発、支援が工藝指導所の仕事の一つである。小規模企業の海外輸出支援のための工芸指導が、設置された際の主たる使命であった。曲木家具業は曲木家具で勝負をすべきで、それを支援するのが工藝指導所の役割である。

3.3　東京曲木製作所

　1929(昭和4) 年4月の東京曲木製作所のカタログを図5-14[注15] に示した。東京曲木製作所の沿革、規模、栄誉が下記のように記されている。

・東京曲木製作所の沿革

一、大正六年二月資本金五拾萬圓也ノ株式會社ヲ創立シ日暮里町谷中本東京曲木製作所ノ事業ヲ繼承ス

二、大正八年五月日暮里町金杉一四〇番地ニ建坪六八〇曲木椅子日産五〇〇脚ノ工場ヲ新設

東京曲木製作所ノ沿革 一、大正六年二月資本金五拾萬圓也ノ株式會社ヲ創立シ日暮里町谷中本東京曲木製作所ノ事業ヲ繼承ス 二、大正八年五月日暮里金杉一四〇番地ニ建坪六八〇曲木椅子日產五〇〇脚ノ工場ヲ新設シテ移轉シ專ラ輸出品ノ製造ニ從事ス 三、大正十二年九月關東大震火災ニヨリ工場ヲ縮少ヲ除儀ナクセラレ組織ヲ更メテ山田誠一郎個人ノ營業トナス 四、大正十三年一月工場ヲ本所區押上町ニ移轉シ商號ヲ東京曲木製作所ト改ム

東京曲木製作所ノ規模 一、敷地 三二〇坪 二、建物 三〇〇坪 三、一日ノ製產椅子 三五〇脚 四、從業員 七五人

東京曲木製作所ノ榮譽 大正七年以來當所ハ其優秀ナル技術ヲ以テ陸海軍用飛行船、繫留氣球、自由氣球、落下傘等ノ航空機ニ使用スル曲木製品ノ製作ニ從事ス

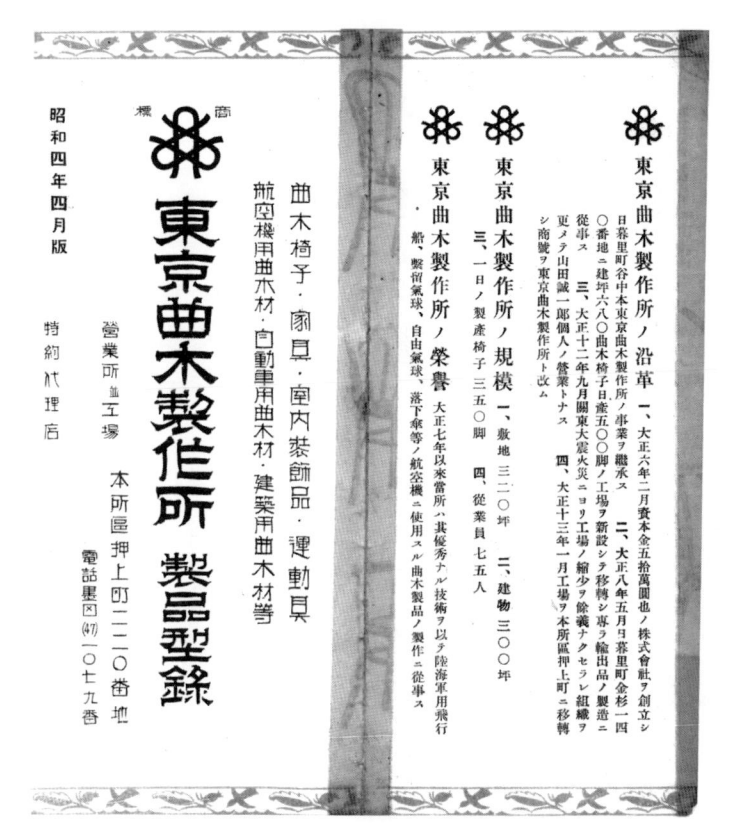

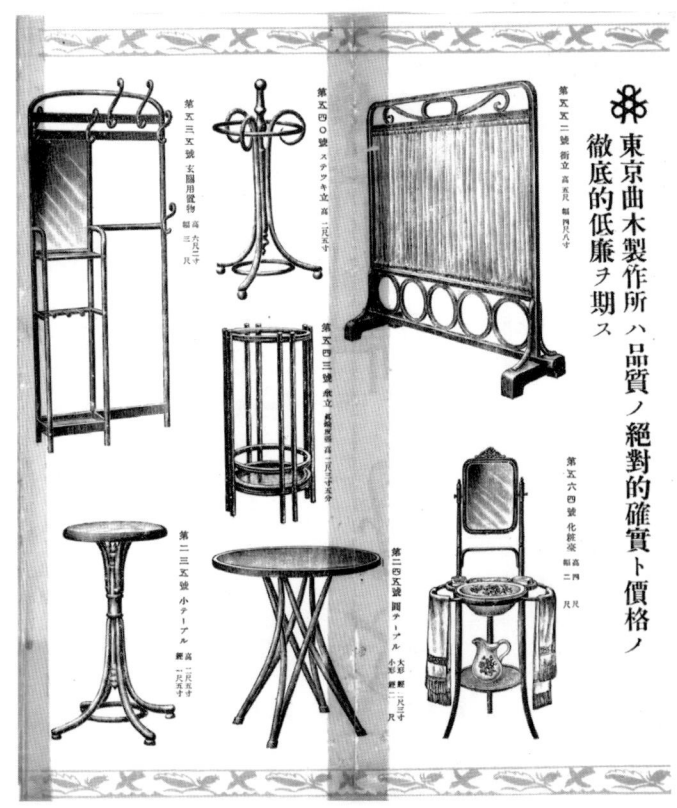

商標
東京曲木製作所 製品型錄

昭和四年四月版

曲木椅子・家具・室內裝飾品・運動具
航空機用曲木材・自動車用曲木材・建築用曲木材等

營業所兼工場 本所區押上町二二〇番地
電話墨田(47)一〇七九番

特約代理店

東京曲木製作所ハ品質ノ絕對的確實ト價格ノ徹底的低廉ヲ期ス

第五五二號 衝立 高 丸尺 幅四尺八寸
第五四〇號 ステツキ立 高 二尺五寸
第五三六號 玄關用懸物 高 六尺三寸 幅 三尺
第五六四號 化粧臺 高 四尺 幅 二尺
第五四三號 傘立 短脚傘立 高 二尺五寸五分
第二三五號 圓テーブル 大形 脚 二尺五寸 小形 脚 二尺
第二三五號 小テーブル 脚 一尺五寸 高 一尺五寸

図5-14①　東京曲木製作所カタログ

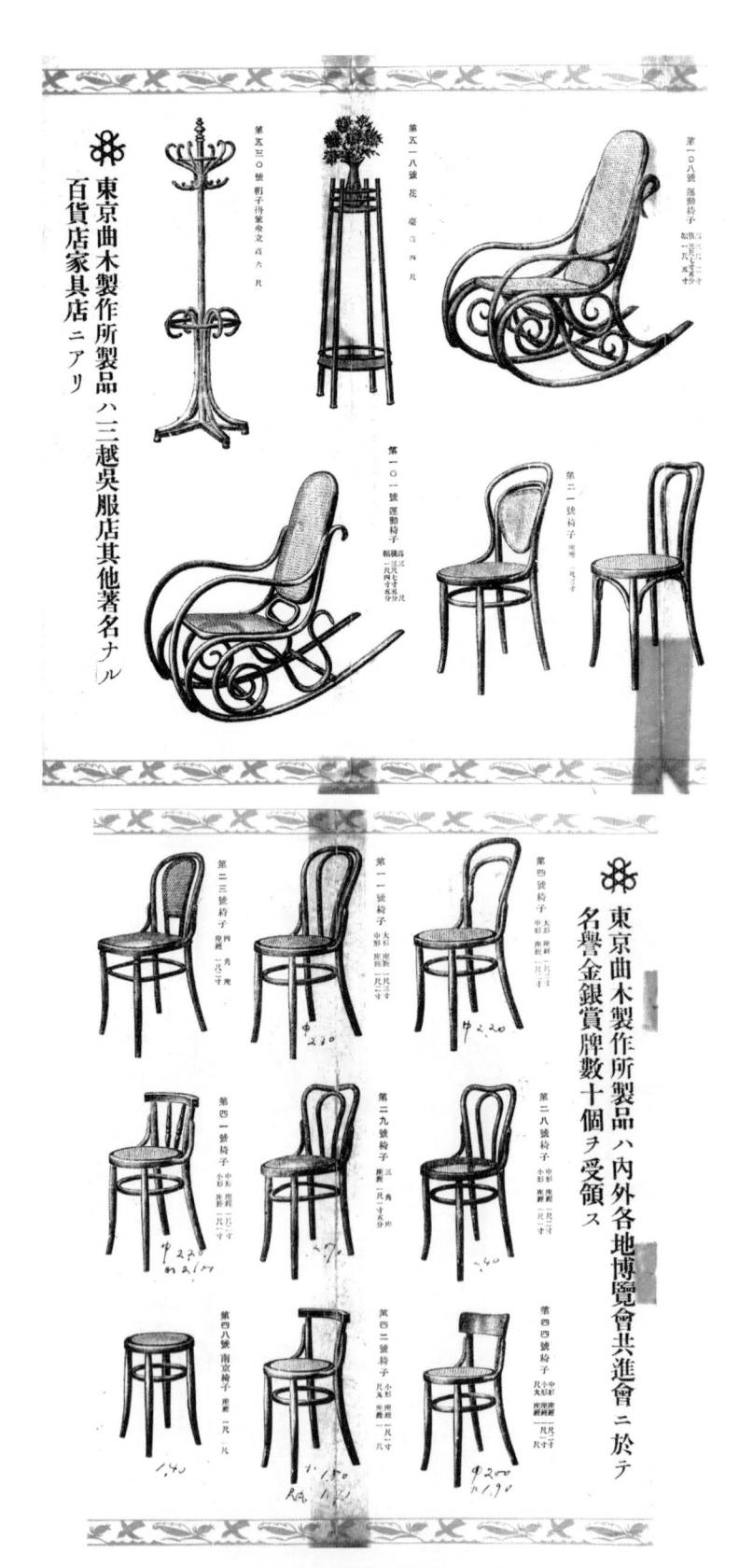

図5-14② 東京曲木製作所カタログ

して移轉シ專ラ輸出品ノ製造ニ從事ス
三、大正十二年九月關東大震火災ニヨリ工場ノ縮小ヲ餘儀ナクセラレ組織ヲ更メテ山田誠一郎個人ノ營業トナス
四、大正十三年一月工場ヲ本所區押上町ニ移轉シ商號ヲ東京曲木製作所ト改ム
・東京曲木製作所の規模
一、敷地三二〇坪
二、建物三〇〇坪
三、一日ノ生産椅子三五〇脚
四、從業員七五人
・東京曲木製作所の榮譽

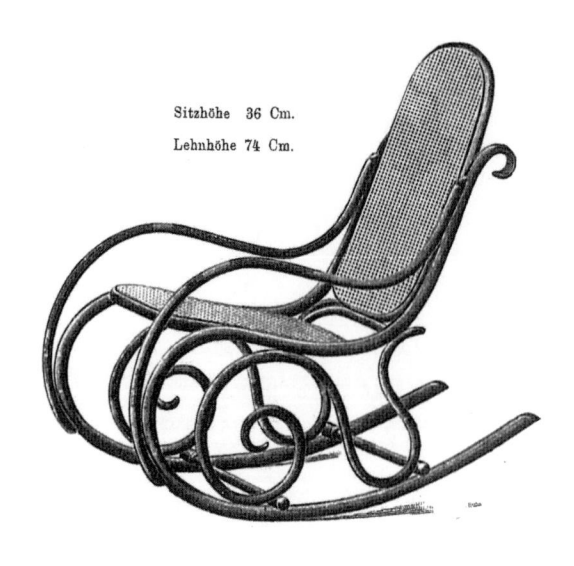

図5-15 トーネット社No.7028

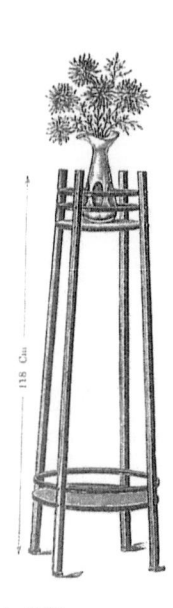

図5-16 トーネット社No.9531

図5-17 トーネット社テーブルNo.14

図5-18 コーン社No.976

大正七年以來當所ハ其優秀ナル技術ヲ以テ陸軍用飛行船、繋留氣球、自由氣球、落下傘等ノ航空機ニ使用スル曲木製品ノ製作ニ從事ス

　上記の1917（大正6）年2月の資本金50万円は、間違いないのだろうか。秋田木工株式会社でさえ、最も生産高が多かった1917（大正6）年における資本金が15万円である[注16]。仮に秋田木工株式会社を凌ぐ大工場であったならば、もっと社会的にクローズアップされてもよいはずである。

　東京曲木製作所は、1931（昭和6）年に大きな労働争議を抱えることになる[注17]。当時の資本金は5万円、従業員は32名とされている。営業不振のため、職工を解雇したことから、労働争議に発展したというのである。図5-14のカタログ制作から、わずか1年10カ月後の出来事である。社長の山田誠一郎は、秋田木工株式会社が製造する折り畳み椅子を考案した優秀な設計者であった。東京では人件費が高く、曲木家具業を営むのは難しい時代になったのであろうか。

　図5-14を通して見る限り、東京曲木製作所の製品は籐張りの椅子が主体で、種類は多くない。ロッキングチェアは、図5-15に示したトーネット社No.7028のコピーが1脚（第一〇一號）[注18]、もう1脚（第一〇八號）はトーネット社、コーン社のカタログには掲載されていない。だからといって、簡単にオリジナルと規定することはできない。トーネット社No.7028は類似モデルが他に二つあり、大きさが多少異なるだけで、No.7028は大きく、価格も上であるため、便宜上そのコピーとしただけである。日本の曲木家具メーカーはこのロッキングチェアをコピーしていることが多い。

　花台（第五一八號）は、図5-16のトーネット社No.9531[注19]の完全なコピーである。上に置いている花瓶と花もそっくり真似ている。小型の丸テーブル（第二四五號）も、図5-17[注20]のトーネット社Spieltische.No.14をコピーしている。ところが、化粧台（第五六四號）は、図5-18[注21]のコーン社No.976をコピーしている。

　こうしたコピーの実態を通して、日本の曲木家具業はトーネット社のカタログだけを見てコピー製品を製作しているわけではないことが理解できる。

　東京曲木製作所は、社長の山田誠一郎が考案した折り畳み椅子を他社が生産しているのに、自社では1929（昭和4）年4月になっても製造販売をなぜか行っていない。

3.4　東京木工製作所

　1935（昭和10）年あたりのカタログを図5-19[注22]に示した。東京木工製作所の住所は「東京市荒川區日暮里四丁目」となっている。しかし、1918（大正7）年に創業した場所と同じとは限らない。カタログに掲載されている製品は26種で、特に高級品は扱っていない。

　渋谷式新製高級折畳椅子という解説があり、実用新案を取得している。この椅子の後方の脚は金属製のようだ。とにかく戦前期は多くの曲木家具業で、この折り畳み椅子を積極的に開発している。

　No.1のロッキングチェアは、トーネット社のNo.7028またはコーン社のNo.830をコピーしたものだが、No.108はトーネット社にもコーン社にもオリジナルが見当たらない。先の東京曲木製作所の第一〇八號と同じなので、海外の異なるメーカーのカタログを参考にしたように感じる。

　製品の種類としては、応接用の椅子（A、B、C、D、E型）、机（No.1、No.2、No.3型）類がやや多い。東京

第5章　昭和初期における曲木家具　　177

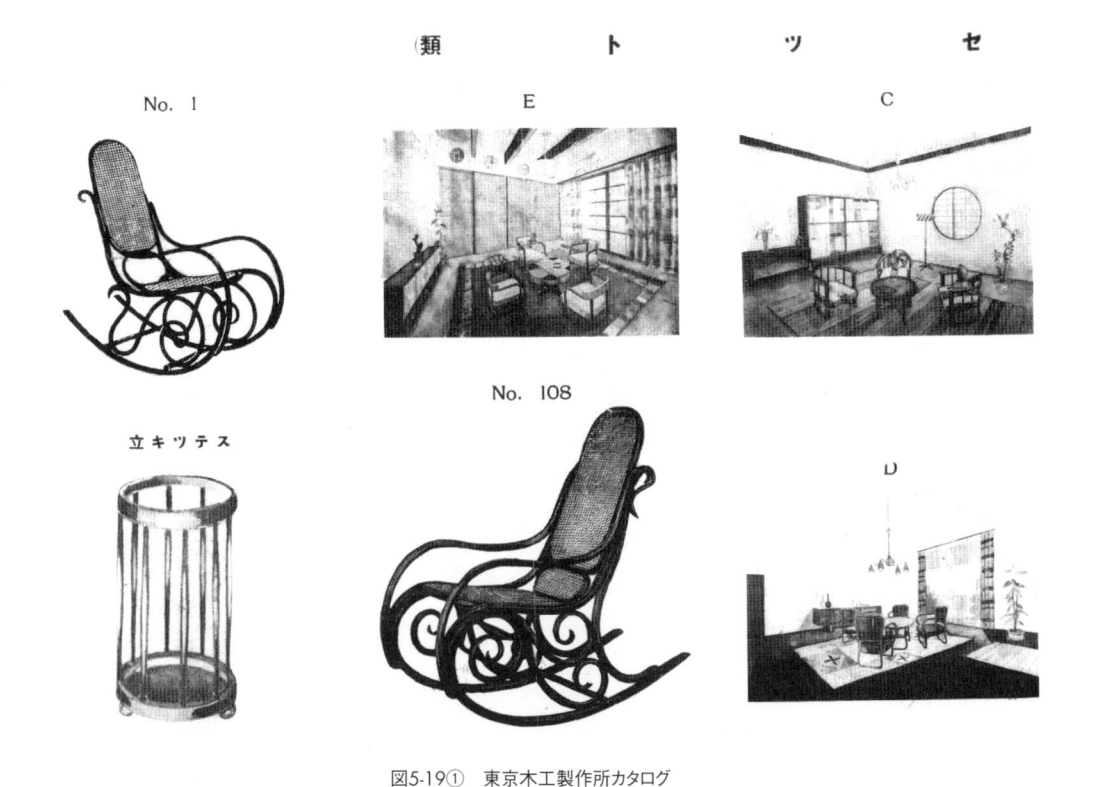

新　製　曲　木

A

B

新案特許第壹七七七貳壹號

澁谷式新製高級折疊椅子

此の折疊椅子は特種の曲木製折疊椅子ですから耐久力に富む事。重量の輕い事。容積を取らず運搬に極便なる事等の點は在來の製品とは比較になりません又要部の金具は開閉の容易と使用上の安全且つ堅牢を旨として製作致しました。此の折疊椅子は外觀優美にして一般家庭用。店頭用としては素より劇場。公會堂其他多人數御集りの場所の補助椅子として理想的の新製品であります。

優良國産品

曲木椅子類各種

創業明治三十八年
曲木椅子元祖

東京製作所
澁谷幸道

東京市荒川區
日暮里町八丁目二十九番地
電話下谷(83)
四五八一・四五四九
振替東京五二二八五番

No. 1

ステッキ立

セッツト類

C

E

No. 108

D

図5-19①　東京木工製作所カタログ

| No. 9 | E 型 | | C 型 | | A 型 |

| No. 225 | 児童用運動娯楽椅子 | No. 3 | No. 1 | B 型 |

子供運動椅子

| | | | D 型 | No. 2 |

| No. 61 | No. 50 | No. 170 | No. 280 | No. 110 |

| No. 24 | No. 300 | No. 39 | No. 510 / No. 500 | No. 190 |

図5-19②　東京木工製作所カタログ

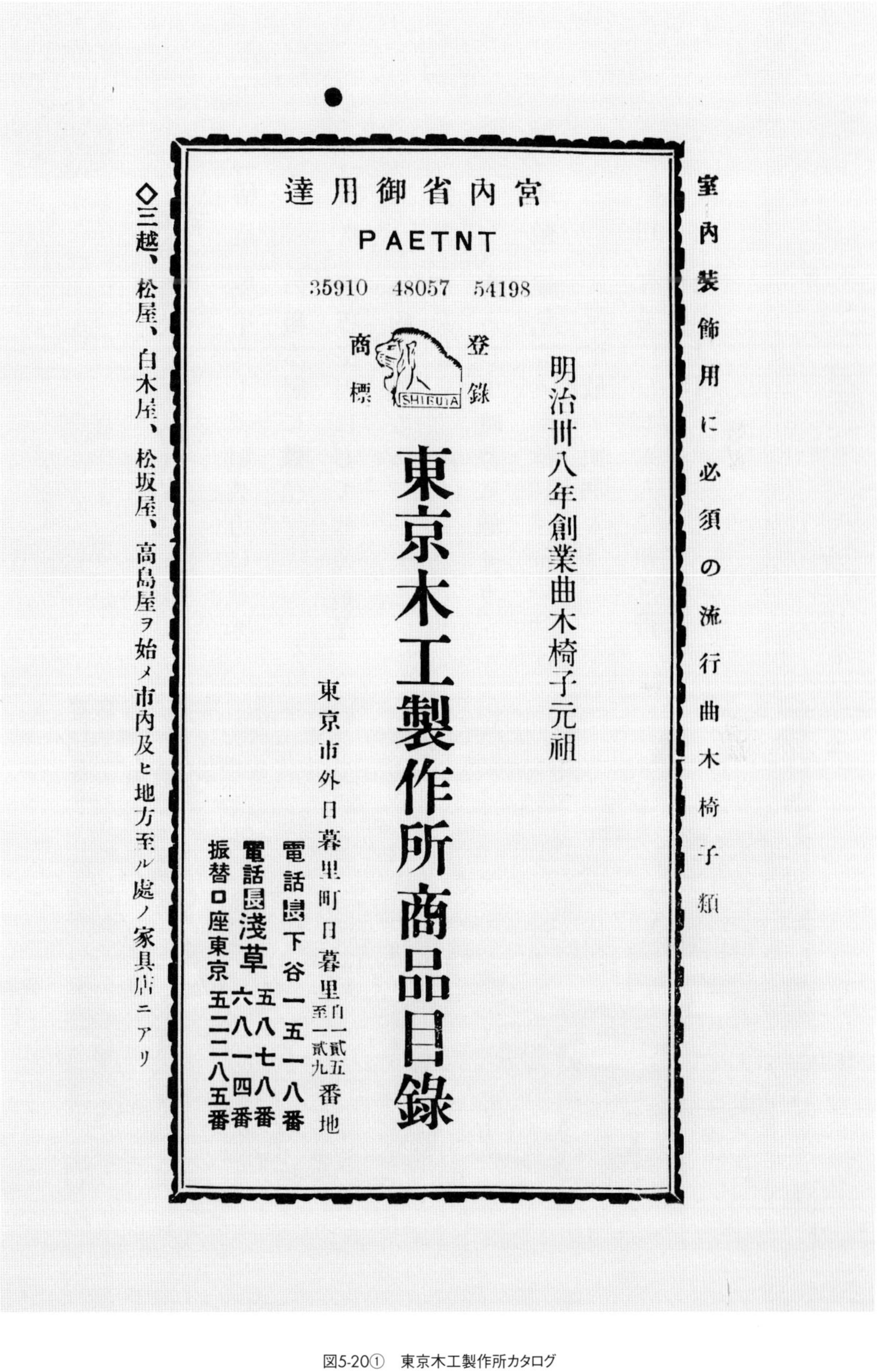

宮内省御用達

PAETNT

35910　48057　54198

商標登録 SHIBUTA

明治卅八年創業曲木椅子元祖

室内装飾用に必須の流行曲木椅子類

◇三越、松屋、白木屋、松坂屋、高島屋ヲ始メ市内及ヒ地方至ル處ノ家具店ニアリ

東京木工製作所商品目録

東京市外日暮里町日暮里至一貳九番地白一貳五番地

電話園下谷一五一八番
電話園淺草六八七八番
振替口座東京五二一四番
　　　　　　　二八五番

図5-20①　東京木工製作所カタログ

澁谷式 曲木椅子の特色

一 構造　堅牢にして耐久力は在來の組木製に數倍す
一 價格　精巧堅固にして普通椅子の約半額なり。
一 体裁　怪如何傷付けるも結上の事
　　　　飾として時勢に適せり。
一 運搬　輕量なるが故に遠隔の地に運送最も便利なり。
一 組立　容易にして素人に組立得られます。

図5-20②　東京木工製作所カタログ

於各博覽會共進會ニ受領シセ賞牌ノ一部

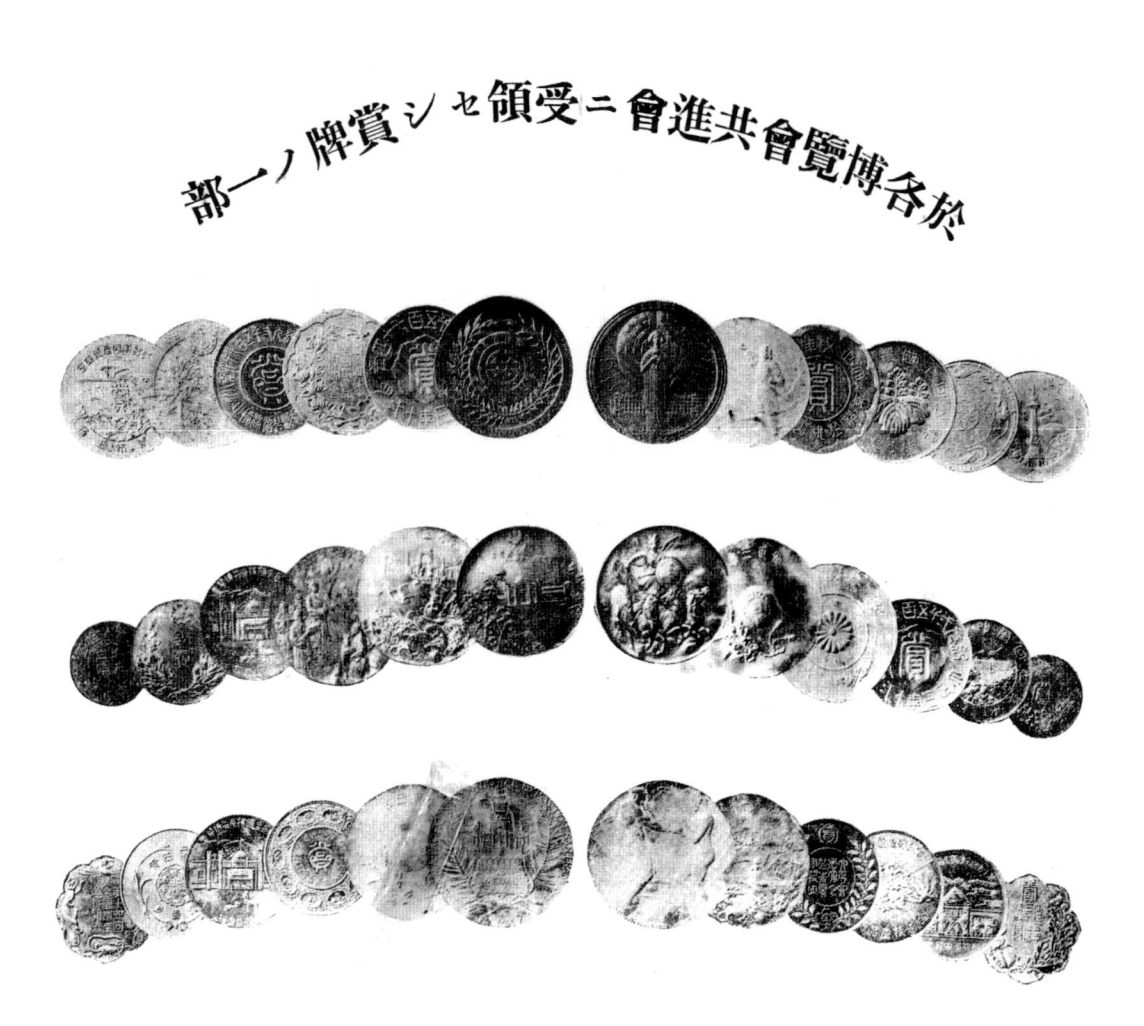

図5-20③　東京木工製作所カタログ

動椅子

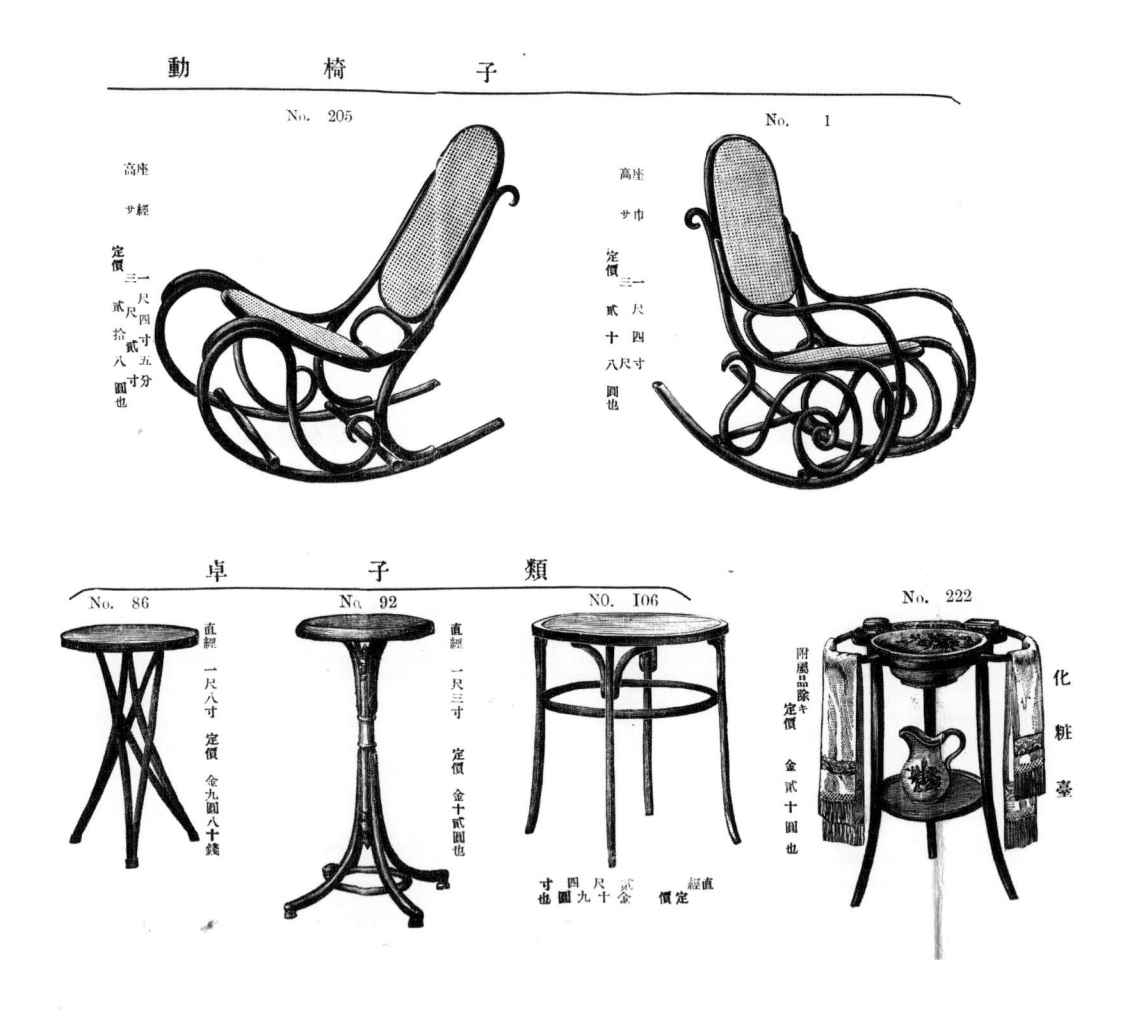

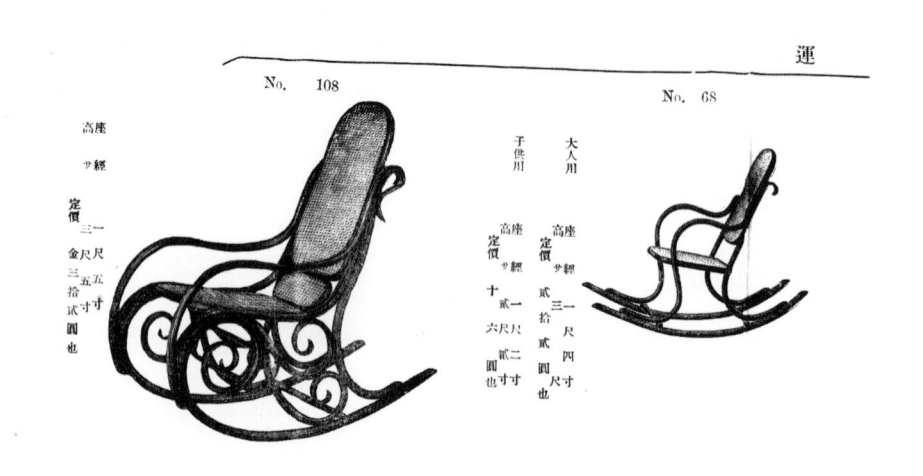

No. 205
高座 ザ經
定價
一尺四寸五分
二尺
三尺貳拾八圓也

No. 1
高座 ザ巾
定價
一尺四寸
二尺
三十八圓也

卓子類

No. 86
直徑 一尺八寸 定價 金九圓八十錢

No. 92
直徑 一尺三寸 定價 金十貳圓也

No. 106
直徑 二尺四寸 定價 金九十圓也

No. 222 化粧臺
附屬品除キ 定價 金貳十圓也

運〔椅子〕

No. 108
高座 ザ經
定價
一尺五寸
三尺
金三拾貳圓也

No. 68
大人用
高座 ザ經
定價
一尺四寸
二尺二寸
貳拾貳圓也

子供用
高座 ザ經
定價
一尺六寸
十二圓也

図5-20④　東京木工製作所カタログ

第5章　昭和初期における曲木家具　　183

No. 53　高サ　貳尺五寸　巾　一尺貳寸　定價　金五圓五十錢

No. 82　高サ　貳尺五寸　定價　金六圓貳十五錢　一尺二寸巾

No. 92　高サ　貳尺貳寸　巾　一尺貳寸　定價　金九圓八十錢

食卓類
直徑　貳尺五寸
No. 130　定價　金十貳圓也
No. 131　定價　金十六圓也
No. 132　定價　金十四圓也

帽子掛兼ステツキ立

No. 58　長サ　貳尺　定價　金三圓八十錢也

衝立 (No. 126)　高巾サ　四尺四寸　五尺寸　定價　金四拾三圓四十錢也

(No. 141)　高サ　五尺八寸　巾　一尺五寸　定價　金一拾五圓也

No. 28　高サ　六尺五寸　巾　貳尺五寸　定價　金四拾五圓也

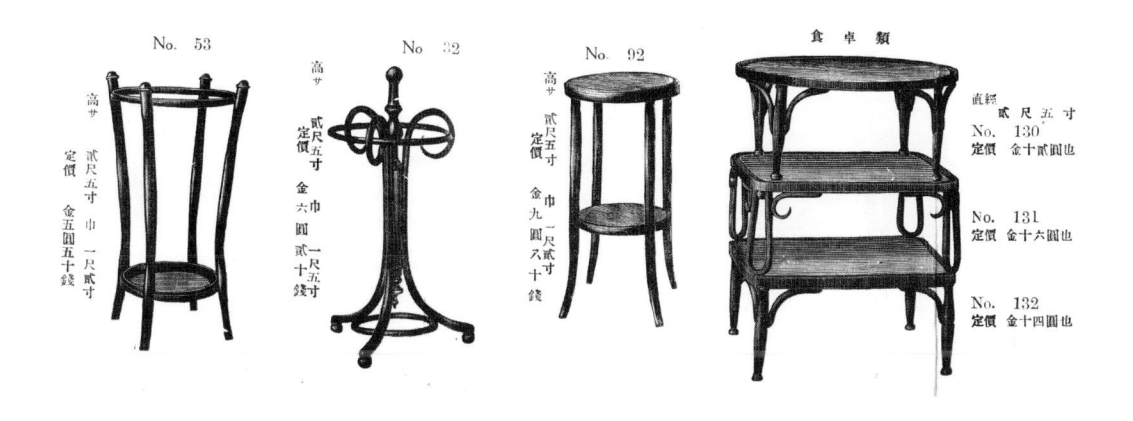

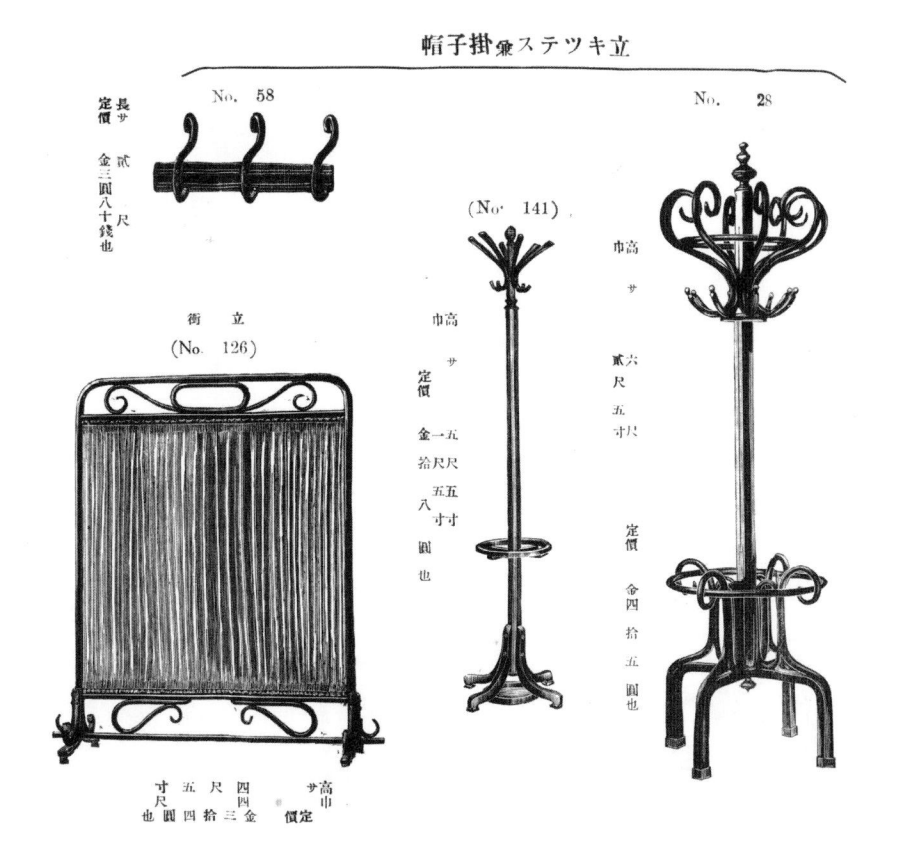

図5-20⑤　東京木工製作所カタログ

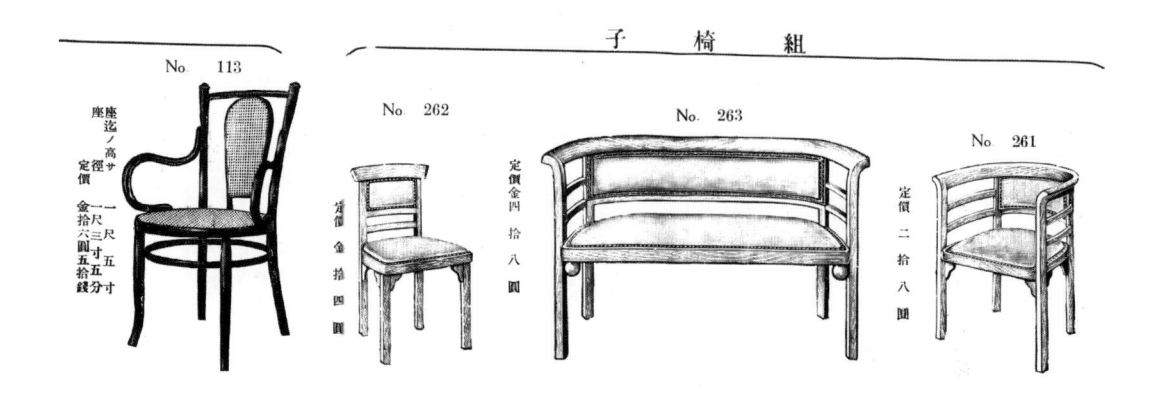

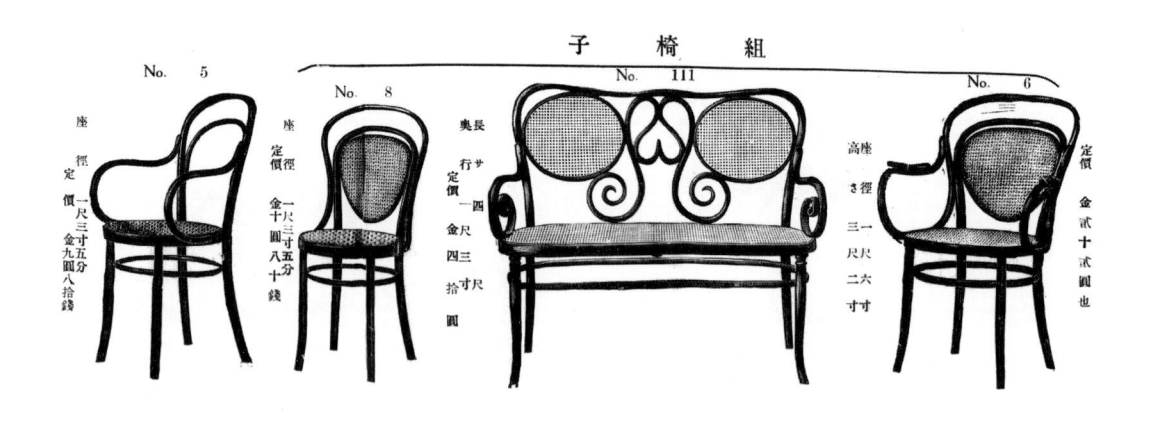

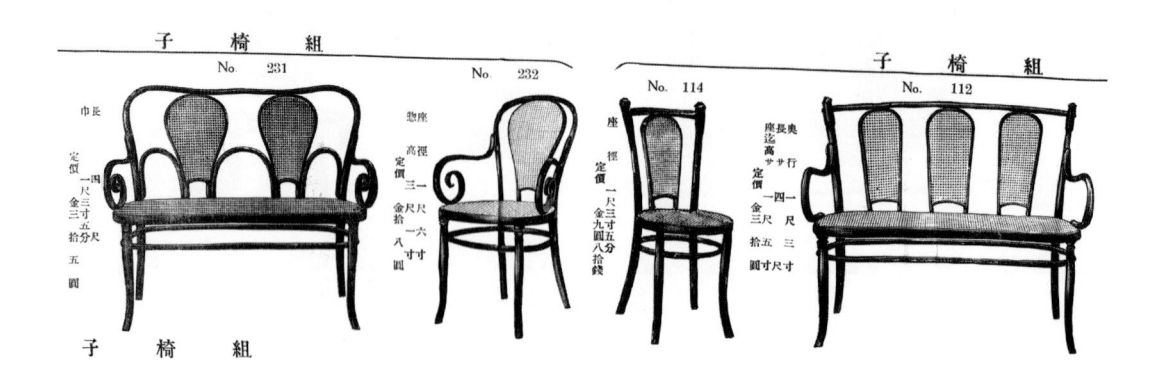

図5-20⑥　東京木工製作所カタログ

第5章　昭和初期における曲木家具　　185

子椅組
No. 235
長四尺八寸　巾一尺三寸
定價　金三拾八圓

No. 234
座徑　一尺五寸
定價　金十五圓

No. 115
座徑　一尺五寸
定價　金十八圓也

No. 39
座徑　一尺三寸五分
定價　金九圓八拾錢

No. 7
座徑　一尺三寸五分
定價　金拾五圓

No. 37
座徑　一尺二寸
定價　金九圓八拾錢
テレプン張

No. 36
座徑　一尺二寸
定價　金拾五圓
テレプン張

No. 84
座徑　一尺三寸五分
定價　金九圓八十錢

No. 210
ベニヤシート
座徑　一尺三寸五分
定價　金五圓八拾錢

No. 233
座徑　一尺三寸五分
定價　金七圓五十錢

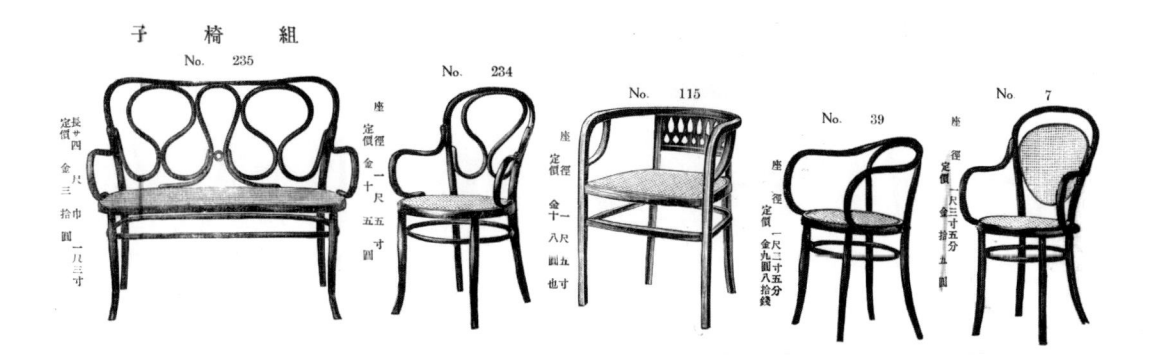

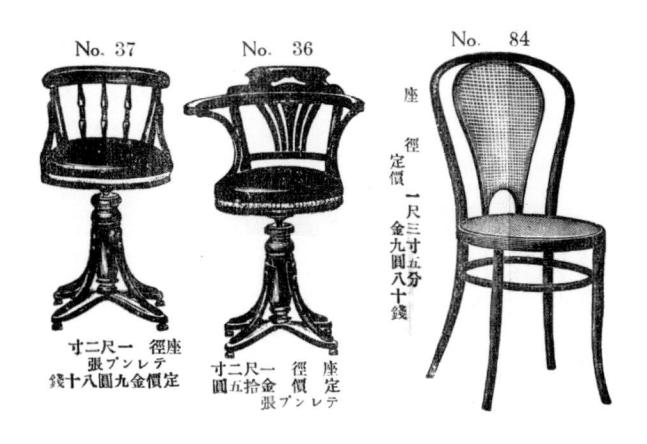

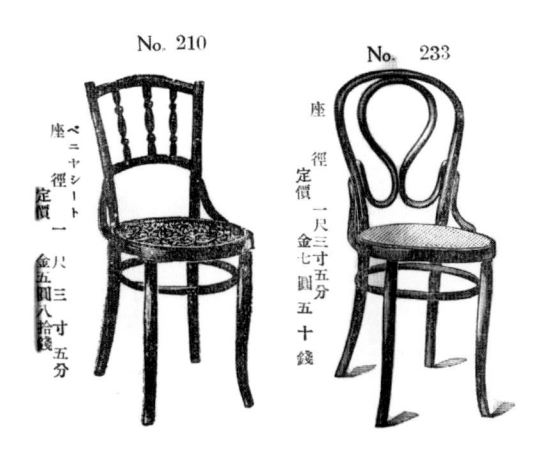

図5-20⑦　東京木工製作所カタログ

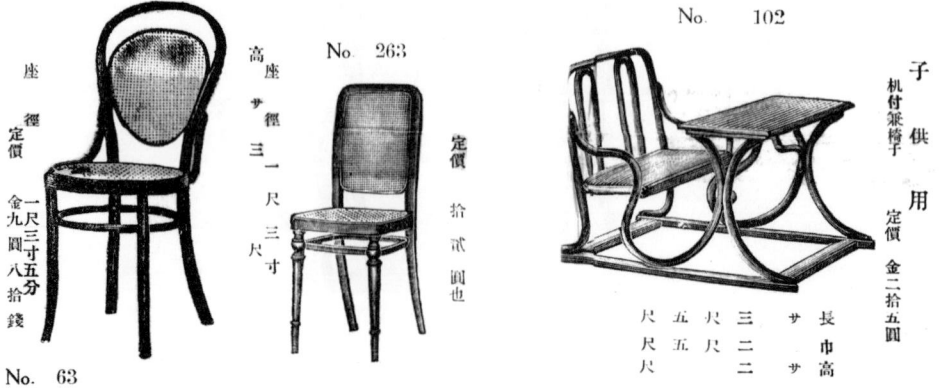

図5-20⑧　東京木工製作所カタログ

第5章　昭和初期における曲木家具　　187

No. 80
小形　座迄高サ　一尺二寸　金四圓五拾錢
　　　座　徑　一尺五寸　金四圓二拾錢

No. 190
大形　定價　金五圓七拾錢
中形　定價　金五圓三拾錢

No. 50
中形　座迄高サ　一尺二寸　金五圓拾錢
小形　座　徑　一尺五寸　金三圓八拾錢
　　　定　價　

No. 246
座　徑　一尺三寸五分
定　價　金六圓五十錢

No. 4
大形　座迄高サ　一尺二寸　金五圓五拾錢
中形　座　徑　一尺五寸　金五圓三拾錢
　　　定　價

食堂用及事務用椅子ノ類

No. 180
大形　座迄高サ　一尺二寸　金五圓八拾錢
　　　座　徑　一尺三寸五分
　　　定　價

No. 263
座迄高サ　一尺二寸
座　徑　一尺五寸
定　價　金六圓

No. 300
中形　座迄高サ　一尺二寸
小形　座　徑　一尺五寸
　　　定　價　金四圓三拾錢

No. 40
座　徑　一尺三寸五分
定　價　金六圓八拾錢

No. 170
座　徑　一尺三寸五分
定　價　金七圓

No. 128
中形　座迄高サ　一尺二寸
小形　座　徑　一尺五寸
　　　定　價　金四圓八拾錢　金四圓五拾錢

No. 3
中形　座迄高サ　一尺二寸
大形　座　徑　一尺五寸
小形　定　價　金四圓九拾錢　金五圓二拾錢　金四圓三拾錢

No. 2
座　徑　一尺三寸五分
定　價　金七圓

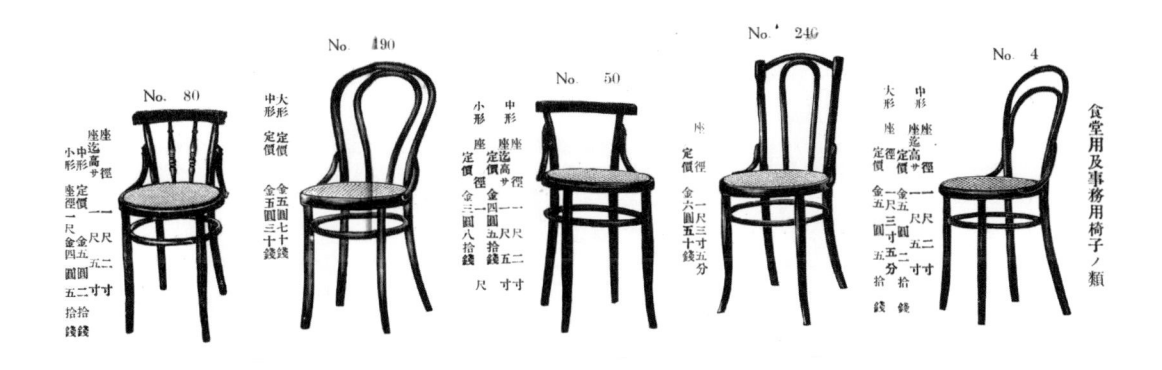

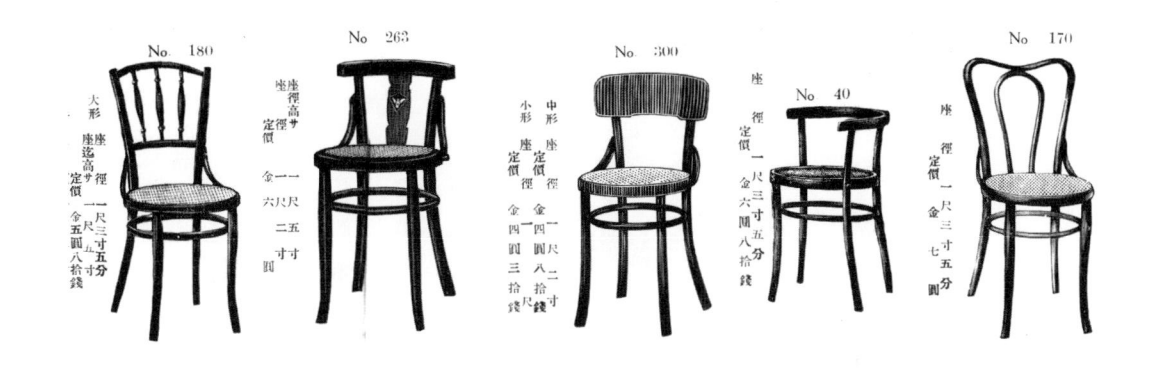

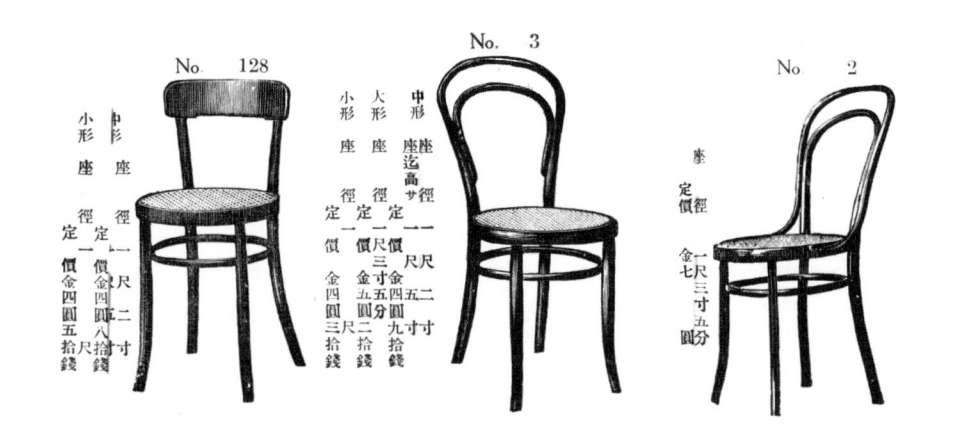

図5-20⑨　東京木工製作所カタログ

188

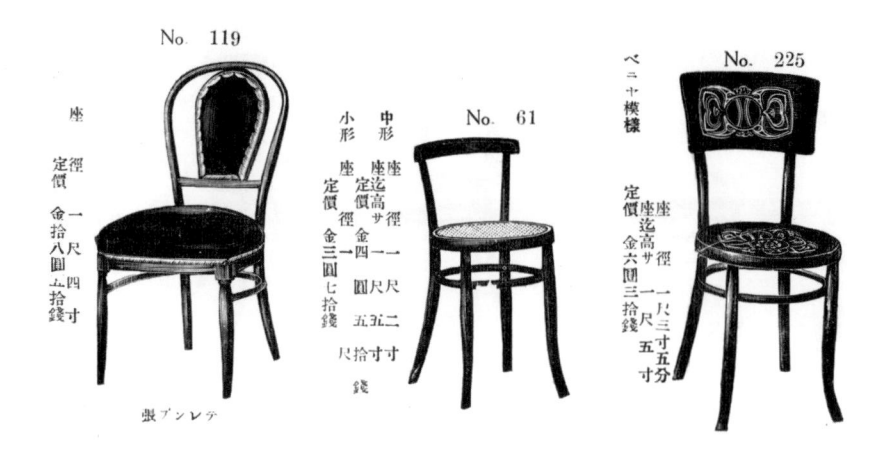

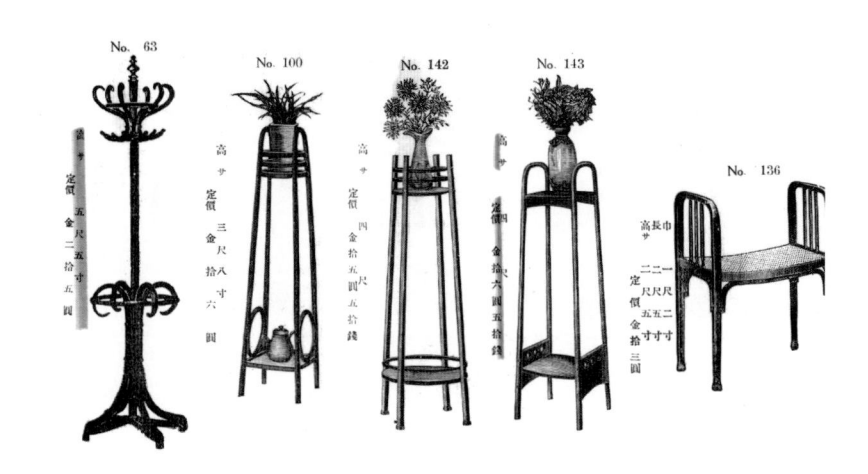

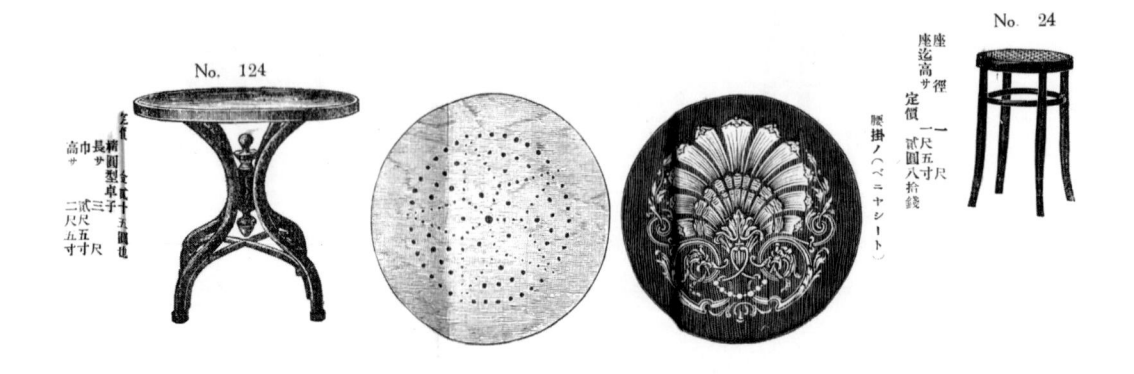

図5-20⑩　東京木工製作所カタログ

第三號 曲木椅子の分解圖

◇ 組立順序

イロハニには各符合數字の刻みあるを以て同一の數字を一組に取纏むべし先づ（ロ）の腰掛臺輪の裏穴二ヶ所の內、一方の傍らに〇印の刻みある穴へ（ハ）の前足二本の內〇印の刻みある分を嵌め（同時に無印は無印の穴に）然る後（ヘ）の短き鋲鋲を捻込み（イ）のモタレを（ロ）の腰掛臺輪の抉りたる部分に當て兩方の穴へ（ホ）のボート鋲を差込み裏より座金を嵌め女鋲を附屬なる（ト）の女捻廻しにて充分締め付け（ニ）の貫輪の〇印ある部分を下向きになし前足の〇印ある所に合せ（ヘ）の長き鋲鋲を捻込み完成す

図5-20⑪　東京木工製作所カタログ

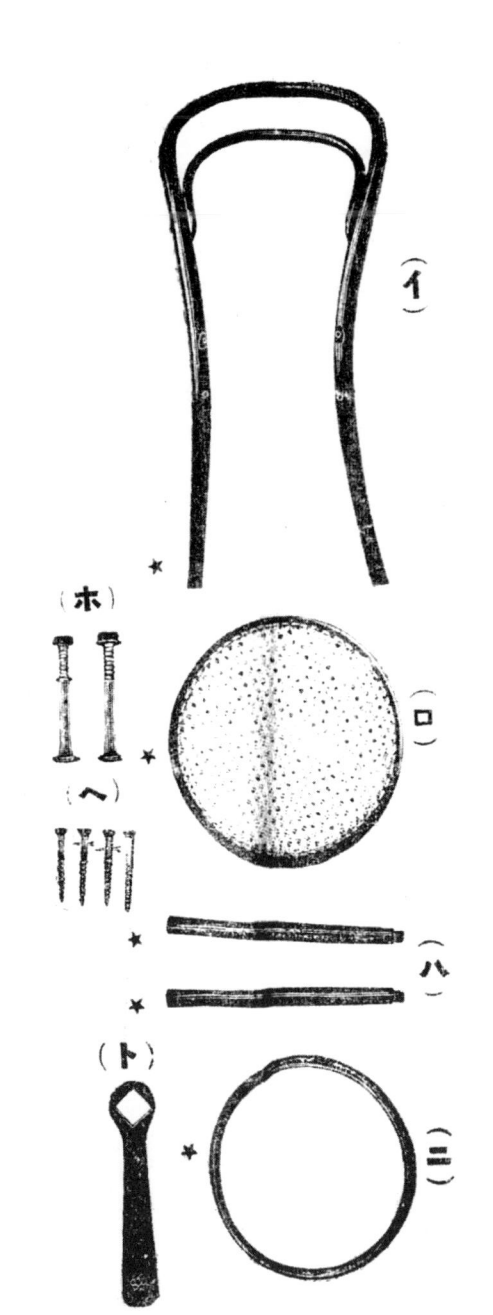

図5-21 トーネット社1873年のカタログ(部分)

の椅子坐による家庭生活では、応接セットの需要があり、その対応として開発された比較的廉価な製品と考えられる。

　カタログの表紙には「創業明治三十八年曲木椅子元祖」と記されている。東京曲木工場を継承している企業であることを、延々とアピールしているのである。

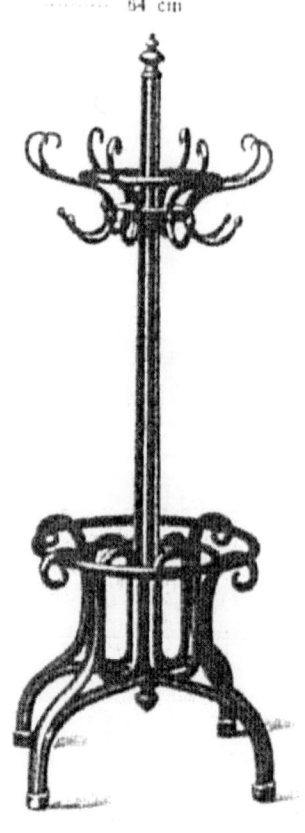

　制作年代は特定できないが、東京木工製作所には昭和初期と推定される別なカタログがあるので、図5-20 注23)に示した。表紙には、図5-19同様「創業明治三十八年曲木椅子元祖」と記され、さらに「宮内省御用達」が加えられている。住所表記は、東京市外日暮里町日暮里となっている。北豊島郡日暮里町が東京市に編入されるのは1932(昭和7)年であるから、このカタログは1932年以前に制作されたものであることは間違いない。では、どの程度時代を遡るかということになるが、カタログに特定の時代を示す明確な痕跡は見当たらない。旧小島班司コレクションは、昭和初期の曲木家具カタログを収集したとされるが、図5-20のカタログの中には座面をテレンプで張った椅子(No.36,37)も含まれており、関東大震災以前に制作された可能性も残している。

　図5-20③は、博覧会で評価された時に得たメダルを並べている。こうした表現は、図5-21に示したトーネット社が1873年に制作したカタログも含め、海外では広く普及していた。おそらく、海外のカタログを参考にしたのであろう。

　先の図5-19のカタログが26種類に対し、図5-20は74種類もある。おそらく、東京木工製作所は、図5-20のカタログ制作の後、会社の規模を縮小したのではないだろうか。

　図5-20における製品の意匠について検討する。ロッキングチェアは3種類(No.1、No.108、No.205)で、2種類(No.1、No.108)は図

図5-22 コーン社No.1092a

図5-23　コーン社No.675/1、675/1C、675/1F

5-19のカタログと同じである。だとすると、No.205は**図5-19**のカタログでは除外されたということになる。寸法と価格はNo.1（座巾1尺4寸、高さ3尺・定價貳拾八圓）、No.108（座巾1尺5寸、高さ3尺5寸・定價三拾貳圓）、No.205（座巾1尺4寸5分、高さ3尺貳寸・定價貳拾八圓）となっている。構造が比較的簡単で価格が安いタイプで寸法が中間ということから、一種のお徳用版としてNo.205は位置づけられていたと読み取れる。実はこのNo.205の歴史は古く、1873年に制作されたトーネット社のカタログにロッキングチェアNo.5として掲載されている。主たる製品は、ほとんどがコピー製品なのである。

　No.222の化粧台はコーン社のNo.974のコピーである。先の**図5-19**では、鏡のある化粧台もコーン社のコピーをしている。No.28の帽子掛兼ステッキ立は、**図5-22**[注24]に示したコーン社のNo.1092aをコピーしているが、帽子掛けの部分は部材が太い。

　椅子については、コピー製品と、一部リデザインを施したものが混在している。No.261、262、263の組椅子は、**図5-23**[注25]に示したコーン社のNo.675/1、675/1C、675/1Fをリデザインしている。コーン社の製品には、中国風の補強が座面下と脚の接点に接合されている。中国の椅子にはこの補強がよく見られ、ハンス・ウェグナー設計のチャイニーズチェアでも使っている。ところが、**図5-20**のNo.263には、**図5-24**[注26]に示したホフマンが設計したコーン社のNo.728/3Cに付けられている球状のパーツが付加されている。この意匠、構造の不整合に特段深い意味はないと思う。一種のリデザインと解すべきである。

　No.8、111、6の組椅子は、コーン社のカタログには見当たらない。No.8はトーネット社のNo.12によく似ているが、No.6はトーネット社No.15のアーム付きタイプ（No.1015）に強い類似性を感じる。しかし、**図5-20**のNo.6には、アーム部分に別な部材が付加されており、コーン社のNo.12/F、11/Fの意匠を取り込んでいることは間違いない。こうしたアーム部分に直線形状の別部材を付加する技法は、トーネット社の製品にも広く見られるので、コーン社のオリジナルではない。難しいのはNo.111の椅子に見られる意匠、構造の問題である。この長椅子はトーネット社

図5-24　ホフマン設計の長椅子

図5-25 トーネットNo.56シリーズ

やコーン社には類似製品が認められない。おそらく、リデザインという概念ではなく、いくつかの製品の意匠を折衷したと思われる。No.114、112、113の組椅子は、図5-25[注27]に示したトーネット社No.56シリーズを参考にしたのであろう。長椅子の背面に籐編みを用いた意匠は、第4章の秋田木工株式会社の大正初期に制作されたカタログにも認められる。いずれにしても、トーネット社製品を参考にしたと思われる。

No.233、235、234の組椅子も、トーネット社のNo.20シリーズを参考にしている。長椅子のNo.235の意匠は、東京木工製作所のオリジナルが少し加えられているように感じる。

回転椅子については、トーネット社のリデザインも多少見られる。No.38はトーネット社No.5501、No.200はトーネット社No.5503を参考にしている。回転椅子の半数程度は、トーネット社、コーン社にも類例はないようだ。不思議なのは、No.37、250が秋田木工株式会社の大正初期のカタログに見られるタイプと類似性がある。こうした類似性は単なる偶然ではないかもしれない。東京木工製作所が、東京曲木工場の製品を継承しているとするならば、佐藤徳次郎が技師をしていた時の型を使用した可能性がある。秋田木工株式会社の製品も佐藤徳次郎が型を製作しており、一部に類似性があったとしてもおかしくはない。

図5-20の製作年代については、先に大正期の可能性があると述べた。これはトーネットの1904年のカタログに掲載されているものをコピーしている、また秋田木工株式会社の大正初期のカタログと一部製品の意匠が似ていることから、関東大震災以前に製作された可能性が深くあると判断したことに起因する。一方、コーン社の製品をリデザインしたものも多く、ホフマンの意匠を取り込んだものもあり、大正後期から昭和初期に製作されたことを窺わせる。総じて東京曲木工場からの伝統が感じられ、ラインナップの多さとともに、意匠、技術に高度な内容が認められる。

3.5　日本曲木工業合資会社

旧小島班司コレクションには、1936（昭和11）年制作のカタログと、年代が定かでない輸出用カタログの2種類がある。まず最初に、図5-26に示した1936（昭和11）年のカタログについて検討する。番号順に並べ、トーネット社1904年①、1911～1915年②のカタログ、コーン社1916年のカタログと比較し、影響のある製品は企業名と製品番号を併記する。トーネット社、コーン

社共に類似する形態であれば、先行するトーネット社の製品番号を記す。また、日本の他社と共通の意匠を持つものはメーカー名と製品番号を記す。

- No.1（椅子）トーネット社① No.18
- No.1B（椅子）トーネット社① No.18 アメリカ輸出用の補強付き
- No.2B（椅子）トーネット社① No.14 アメリカ輸出用の補強付き
- No.2 新案（椅子）トーネット社① No.14 アメリカ輸出用の補強付き
- No.3（椅子）泉家具製作所No.53
- No.4（椅子）
- No.5（椅子）トーネット社① No.4614、4711
- No.7（椅子）トーネット社① No.4118Vのプロポーション（No.18のシリーズ）
- No.8（椅子）トーネット社① No.4501
- No.8 新案（椅子）トーネット社① No.4501
- No.9（椅子）
- No.10（椅子）
- No.11（椅子）トーネット社② No.12088
- No.11 皿付（椅子）トーネット社② No.12098
- No.12（火鉢台）
- No.13（台）
- No.14（台）
- No.15（帽子掛兼ステッキ置）
- No.16（台）
- No.17（台）
- No.18A（傘立）
- No.18B（傘立）
- No.19（椅子）
- No.20（椅子）
- No.22（椅子）
- No.23（椅子）
- No.24A（椅子）コーン社 No.729/2F
- No.25B（椅子）
- No.26（椅子）トーネット社② No.569
- No.27（椅子）泉家具製作所 No.10
- No.28（椅子）
- No.29（椅子）
- No.30（椅子）コーン社 No.669
- No.31A（椅子）コーン社 No.729/2C
- No.32A（椅子）
- No.33　8点1組（応接セット）
- No.34（台）トーネット社① No.8909
- No.35（テーブル）
- No.36（テーブル）
- No.37（テーブル）
- No.38A（テーブル）
- No.38B（テーブル）
- No.39（火鉢台）
- No.40（火鉢台）
- No.41（椅子）
- No.42（椅子）
- No.43（長椅子）
- No.43B（長椅子）
- No.44（長椅子）
- No.45（テーブル）
- No.46（椅子）
- No.47（椅子）
- No.48（テーブル）
- No.48（テーブル）
- No.49 輸入A（椅子）

- No.49B（椅子）
- No.50（椅子）トーネット社② No.661 アメリカ輸出用の補強付き
- No.51A（椅子）トーネット社② No.639
- No.51B（椅子）トーネット社② No.639
- No.52（椅子）
- No.53（テーブル）
- No.54（テーブル）
- No.55（椅子）
- No.56（椅子）泉家具製作所 No.3、秋田木工株式会社 1938年カタログNo.65
- No.57（椅子）
- No.58（椅子）
- No.59（テーブル）
- No.60A（火鉢台）
- No.60B（火鉢台）
- No.61A（椅子）トーネット社② No.568
- No.61B（椅子）
- No.62（椅子）
- No.63A（椅子）トーネット社① No.14 アメリカ輸出用の補強付き
- No.63B（椅子）
- No.64（帽子掛兼ステッキ置）
- No.65（応接三点セット）
- No.66（テーブル）
- No.67（テーブル）
- No.68（テーブル）
- No.69A（腰掛）
- No.69B（腰掛）
- No.70A（火鉢台）
- No.70B（火鉢台）
- No.71（傘立）
- No.72（椅子）
- No.73A（椅子）
- No.73B（椅子）
- No.74（椅子）
- No.75（椅子）
- No.76（椅子）
- No.77A（椅子）トーネット社② No.392
- No.77B（椅子）
- No.78（椅子）
- No.79（椅子）
- No.80（テーブル）泉家具製作所 No.66
- No.81（椅子）
- No.82（テーブル）
- No.83（椅子）
- No.84（テーブル）
- No.85（ウインザーチェア）
- No.86（ウインザーチェア）
- No.87（ウインザーチェア）

　上記の製品は100種類である。このカタログが作成された1936（昭和11）年は、戦前期の文化が最も成熟した時代である。翌年より日本は戦時下に入り、徐々に物資の統制が始まる。この時期には、例えば秋田木工株式会社においても、カタログを見る限り、製品数は意図的に減少させている。しかし、1936（昭和11）年という時期に、日本曲木工業合資会社のカタログは、なぜか新しい独逸型の家具を含め、ラインナップが極めて多い。こうした企業のポリシーは、非常

に挑戦的なものであることは間違いない。ただし、それだけ時代の流れに逆らうのだから、大きなリスクが伴うのは致し方ない。この問題を掘り下げるためにも、膨大な数を持つカタログの特徴を、多様な要素を通して考える必要がある。

図5-26に示した日本曲木工業合資会社のカタログを、下記のような八つの分類で検討する。

① 日本の意匠を一部用いた製品

No.18Aの傘立に見られる反り脚、No.60A、70Bの火鉢台に見られる反り脚は、いずれも唐櫃に代表される日本の平安期から伝統的に継承された脚の意匠を取り込んでいる。

反り脚だけが和風ではなく、角材を直線的な構成で組むことも日本独自の意匠である。No.60B、70Aの火鉢台、71の傘立は垂直線を強調しており、日本の建具の構成と共通性を感じさせる。

② 日本的に消化された意匠を持つ製品

同じ火鉢台でもNo.12、39、40は、挽物の脚を先のNo.18A、60A、70Bに見られる反り脚と共通のイメージで曲げている。こうした脚の形状自体は、トーネット社の初期椅子から認められるもので、ヨーロッパでは特に珍しくはない。しかし、No.12、39、40の火鉢台は、日本の伝統的な反り脚をヨーロッパの技法で展開している。

No.13、14、16、17、35、36、37、45、48、53、54、67、68の台およびテーブル、No.18Bの傘立は挽物加工をした部材を使用しても、イメージに和風が多少伝わってくる。日本的にリデザインしたか、当初から日本的なコンセプトで家具のデザインを行ったのだろう。

③ 曲木構造を持つヨーロッパの伝統的な椅子

No.85、86、87はウインザーチェアで、トーネット社が19世紀以降に創出した意匠ではない。ところが、1904年のカタログでは、図5-27[注28]に示したArm bowの付けられたウインザーチェア風の製品が3種類（No.6501C、6502、6512）見られる。この製品は明らかに過去のウインザーチェアを参考にしており、一つのラインナップとして取り込んでいる。ただし、No.6501Cに限っては、Arm bowという構造を持つが、ソリッドの座面に穴を開けて他の部材を接合しているわけではない。すなわち、ウインザーチェアを規定する条件を満たしていない。

トーネット社の曲木家具には、伝統的な意匠を取り込むといった精神が当初から存在した。籐編みの座面や背もたれもその一つの表現であり、椅子の一部分に取り込んでいる。しかし、No.6501C、6502、6512といった製品は、全体の造形にトーネット社特有の曲げ構造が見られない。つまりオリジナル性が極めて乏しい製品である。コーン社の1916年のカタログには、ウインザーチェアに類似する製品は記載されていない。図5-26のNo.85、86、87は、完全なウインザーチェアスタイルであることから、トーネット社、コーン社以外のカタログを参考にしたと思われる。

④ トーネット社のコピーまたはリデザイン製品

・1904年のカタログ－No.1、1B、2B、2新案、5、7、8、8新案、34、63A
・1911-1915年のカタログ－No.11、11皿付、50、51A、51B、61A（一部しか取り込んでいない）、77A

トーネットの伝統的なスタイルであるNo.3シリーズ、No.12シリーズのような、優雅な曲線を持つ椅子類はほとんど見当たらない。トーネット社の長椅子をコピーした製品は一例もない。こうしたトーネット社の製品の中で安価でポピュラーなタイプに限ってコピーするという傾向は、おそらくコーン社の製品の人気が高まったことと関連していると推察される。

図5-26① 日本曲木工業合資会社カタログ

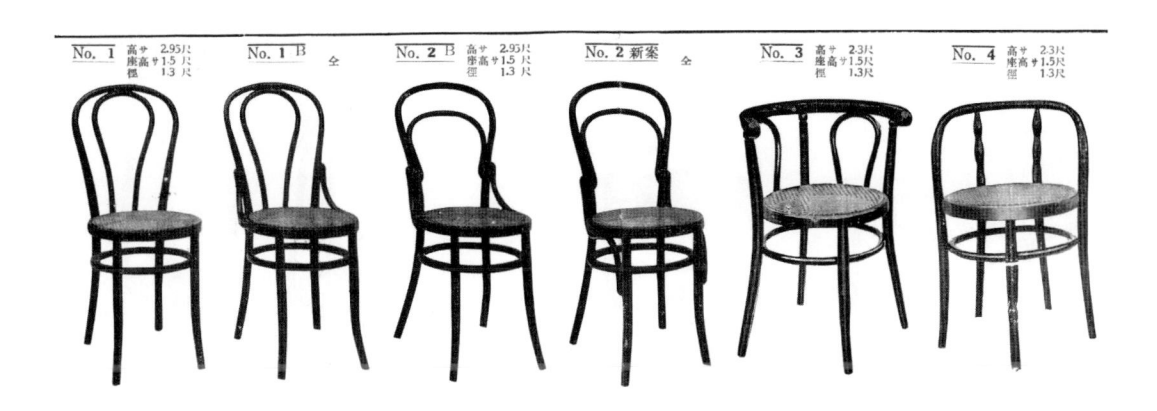

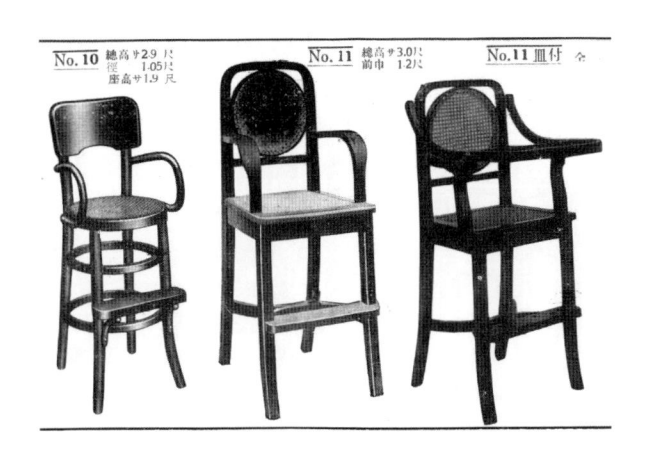

図5-26②　日本曲木工業合資会社カタログ

| No. 12 | 高サ 2.2尺 径 1.05尺 | No. 13 | 高サ 1.4尺 径 1.2尺 | No. 14 | 高サ 1.4尺 角 1.2尺 | No. 16 | 高サ 2.25尺 径 0.95尺 | No. 17 | 高サ 3.1尺 径 1.2尺 |

No. 15 　高サ 6.3尺　径 1.5尺

| No. 23 | 総高サ 2.5尺 座高サ 1.3尺 前巾 1.5尺 | No. 24 A | 総高サ 2.35尺 座高サ 1.3尺 前巾 1.5尺 | No. 25 B | 総高サ 2.35尺 座高サ 1.4尺 前巾 1.6尺 |

| No. 18 A | 高サ 2.3尺 径 1.1尺 | No. 18 B | 高サ 2.5尺 径 1.7尺 | No. 19 | 座高サ 1.4尺 前巾 1.2尺 | No. 20 | 座高サ 1.5尺 前巾 1.35尺 |

図5-26③　日本曲木工業合資会社カタログ

第5章　昭和初期における曲木家具　　199

図5-26④　日本曲木工業合資会社カタログ

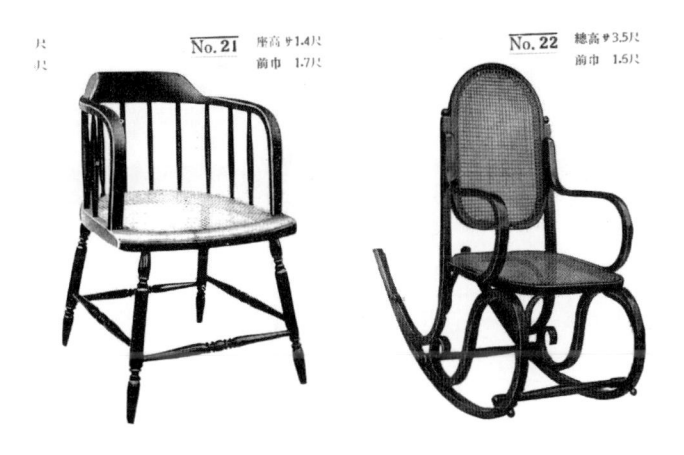

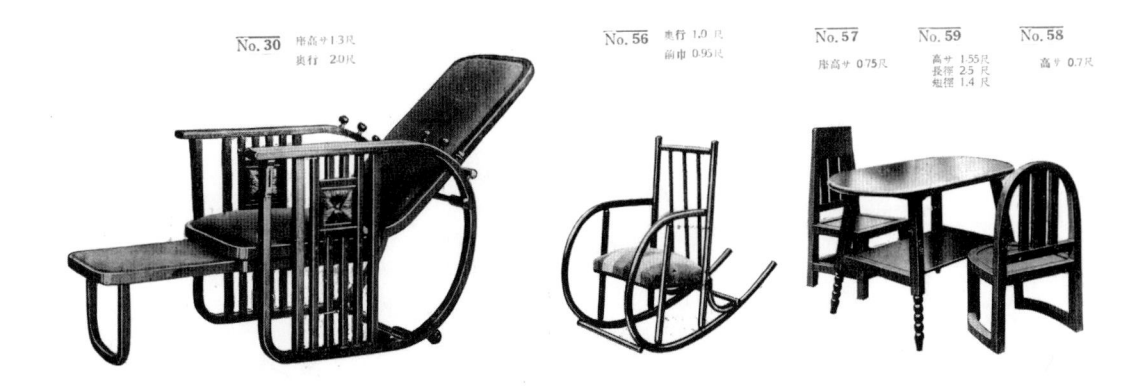

No. 31 A 座高サ 1.3尺 前巾 4.2尺

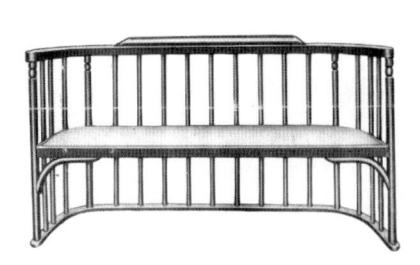

No. 66 高サ 2.5尺 長徑 5.0尺 短徑 2.4尺

No. 32 A 座高サ 1.4尺 前巾 4.2尺

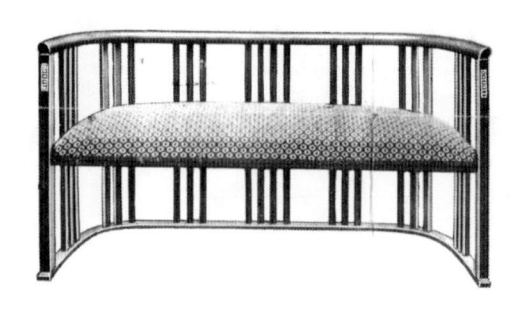

No. 67 高サ 2.25尺 徑 2.5尺

No. 68 高サ 2.3尺 長徑 1.8尺 短徑 1.4尺

No. 33 八点一組

図5-26⑤　日本曲木工業合資会社カタログ

第5章　昭和初期における曲木家具　　201

図5-26⑥　日本曲木工業合資会社カタログ

図5-26⑦　日本曲木工業合資会社カタログ

第5章　昭和初期における曲木家具　203

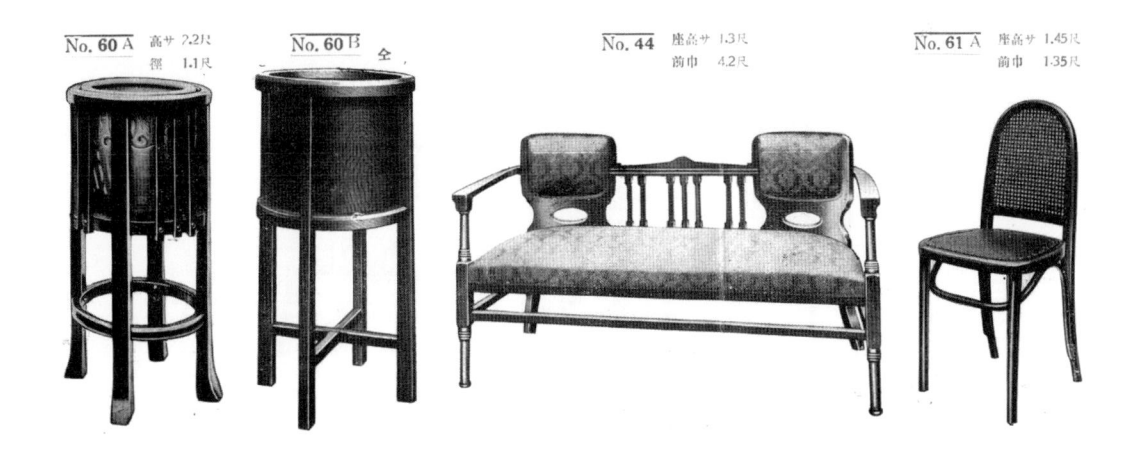

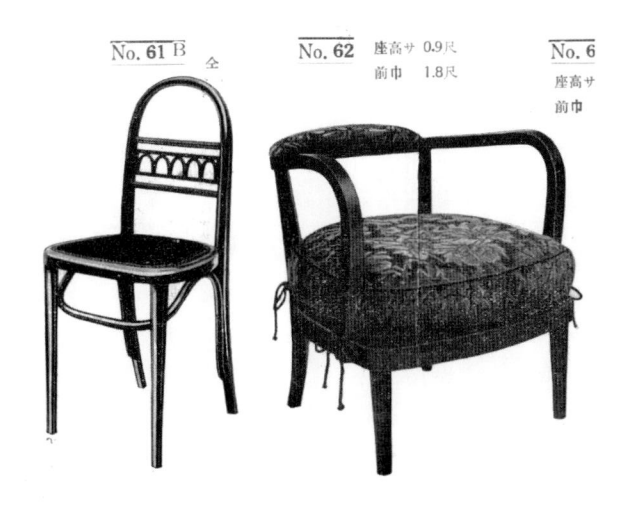

No. 55	座高サ 1.2尺		No. 53	高サ 2.3尺
	巾 1.9尺			巾 2.5尺

No. 60 A	高サ 2.2尺	No. 60 B 全	No. 44	座高サ 1.3尺	No. 61 A	座高サ 1.45尺
	揮 1.1尺			前巾 4.2尺		前巾 1.35尺

No. 61 B 全	No. 62	座高サ 0.9尺	No. 6	座高サ
		前巾 1.8尺		前巾

図5-26⑧　日本曲木工業合資会社カタログ

図5-26⑨　日本曲木工業合資会社カタログ

第5章　昭和初期における曲木家具　　205

No. 75　座高サ 1.4 尺　前巾 1.35尺
No. 76　座高サ 1.3 尺　前巾 1.5尺
No. 77 A　座高サ 1.4 尺　前巾 1.35尺

No. 77 B　総高サ 3.0 尺　前巾 1.2尺
No. 78　座高サ 1.05 尺　前巾 1.65尺
No. 80　高サ 2.1 尺　径 2.25尺
No. 79　座高サ 1.1 尺　前巾 1.6尺
No. 82　高サ 2.1 尺　径 2.1尺

図5-26⑩　日本曲木工業合資会社カタログ

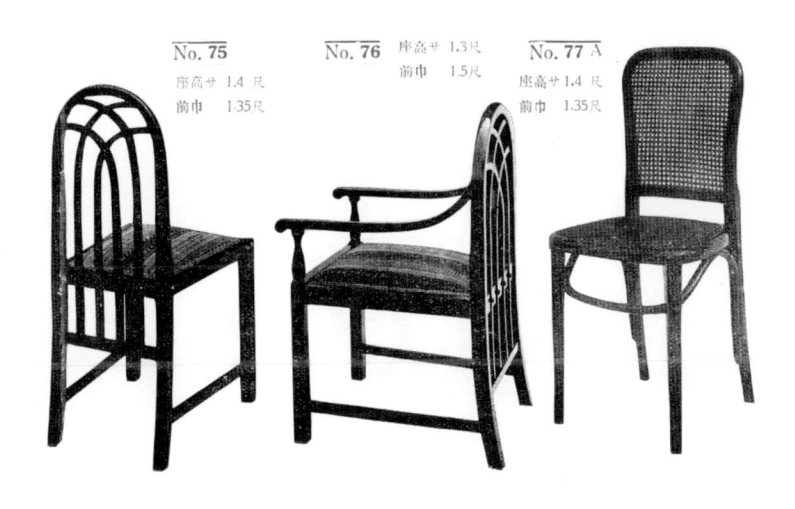

| No. 81 | 座高サ 1.1 尺 |
| | 前巾　 1.7尺 |

| No. 84 | 高サ 2.1尺 |
| | 径　 2.1尺 |

| No. 83 | 座高サ 1.2 尺 |
| | 前巾　 1.65尺 |

No. 85	
座高サ 1.4尺	
前巾　 1.8尺	

No. 86	
座高サ 1.4 尺	
前巾　 1.65尺	

No. 87	
座高サ 1.4尺	
前巾　 1.4尺	

図5-26⑪　日本曲木工業合資会社カタログ

図5-27　トーネット社No.6501C 6502 6512

No.66のテーブルについては、長くする機能を持つように感じるが、脚の移動が可能な構造とは捉えられないので、トーネット社の製品をコピーしたとは判断しなかった。

⑤ **コーン社のコピーまたはリデザイン製品**

　No.24A、30、31Aは、間違いなくコーン社のコピー製品である。No.24Aは、**図5-28**[注29] No.729/2F（No.729/Fではない）をコピーしているが、**図5-28**に見られる座面下の球状の接合物はない。ホフマンが設計したオリジナルに、多少手を加えたということになろう。本書では、No.24Aの椅子を半円筒型曲木椅子と規定する。このタイプの椅子は、ホフマンが設計したものがよく知られている。しかし、1900（明治33）年～1910（明治43）年あたりには多くのデザイナーが設計しており、ホフマン独自の形態と言い切ることは無理がある。

　オットマンの機能があるNo.30も、ホフマンが1905（明治38）年あたりに設計したもので、いくつかあるバージョンの一つである。ところがコーン社が1916（大正5）年に発行したカタログには、**図5-29**[注30] に示したように、No.30のバージョンは掲載されていない。だとすれば、No.30はコーン社のカタログを参考にしたのではなく、別な資料を通してリデザインを行ったことに

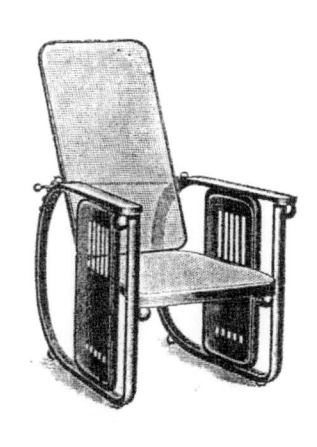

図5-28　コーン社No.729/2F　　　図5-29　コーン社No.669 670

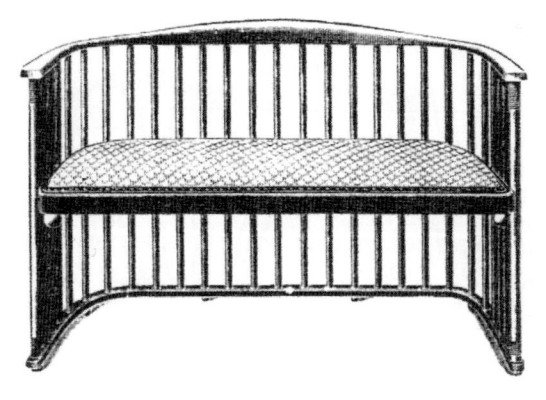

図5-30　コーン社No.792/2C

なる。

No.31Aは、先のNo.24Aと、もう一つのアームレスチェアを組み合わせたコーン社のコピーで、オリジナルのNo.792/2Cは、**図5-30**注31)に示したように、座面下の両端に球状の接合物がある。この意匠だけで、ホフマンの設計であることは一目瞭然である。ホフマン設計の椅子には球状の物体が必ずと言っていいほど付けられているが、意匠性が強く、その機能についてはよくわからない。

その他、No.23、25B、32A、49Bも、ホフマン設計の可能性はある。しかし、コーン社のカタログには掲載されていない。おそらく他のカタログも参考にしていたのであろう。とにかく、ホフマン設計のコピー製品、リデザインした製品がラインナップに多い。

⑥ **日本の他社の製品と類似した製品**

No.3の椅子は泉家具製作所No.53と同じである。脚を座面前方の中央に位置する椅子自体は、トーネット社のカタログにいくつか見られるが、この意匠はない。

No.27の回転椅子は、泉家具製作所No.10と同じ意匠である。やはり背もたれ部分にトーネットNo.18に類似する形状のパーツを使用している。

No.56の子供用ロッキングチェアは、泉家具製作所、秋田木工株式会社のカタログに掲載されている製品と共通性がある。

No.80のテーブルは、泉家具製作所No.66と共通性がある。しかし、この形式は広く流行していたようで、多数の曲木家具業で製作している。詳細については東洋木工株式会社の獨乙型家具の中で検討する。

⑦ **獨乙(独逸)型家具**

No.79、80、81、82、83、84に見られるような、幾何学的な形態の応接家具類を、ドイツ型家具と規定する。このタイプの家具は、トーネット社やコーン社のカタログには掲載されていない。家具史の中でも取り上げないことから、有名なデザイナーが関与したという可能性はないように感じる。1900(明治33)年〜1930(昭和5)年という時代に、類似する製品は鋼管家具にも認められることから、ドイツを中心に意匠そのものは広く普及していた。この直線的な意匠は、バウハウスの家具でも見られるが、一部曲げ加工を施しているところに特徴がある。ドイツ型家具は応接セットに特化している。ドイツ型家具に近代的な意匠観はあるが、曲木家具業が関与している。No.79等の応接家具類は、海外のカタログを参考にしたのであろう。

⑧ **輸入製品**

No.49Aの椅子には、輸入という表記がある。半円筒型の意匠は、ホフマンの設計を彷彿させるが、史料を通した論拠があるわけではない。なぜこのタイプの椅子だけ輸入したのかが判然としない。

①〜⑧に分類して、1936(昭和11)年制作のカタログに掲載された日本曲木工業合資会社の製品を概観した。特に目立ったのはコーン社のコピー製品で、ホフマンの設計した椅子類が散

見される。こうした20世紀に設計された製品と、19世紀中葉以降に設計された製品、それに日本的な意匠を取り込んだ製品が混在している。曲木家具というジャンルに用いられる曲面は、必ずしも曲げ加工ではない。反り脚がその好例である。

日本曲木工業合資会社には、**図5-31**[注32]に示した輸出用のカタログが遺されている。この中に掲載されているは、次のような製品である。

- No.1. Chair　Lacquered in Golden ock colour　Rattan seat（トーネットNo.18）
- No.1.P. Chair　Lacquered in walnut colour　Plywood seat（トーネットNo.18）
- No.2. Chair　Lacquered in Golden ock colour　Rattan seat（トーネットNo.14）
- No.2.P. Chair　Lacquered in walnut colour　Plywood seat（トーネットNo.14）
- No.S.1. Chair　Lacquered in walnut colour　Rattan seat（トーネットNo.18）
- No.S.1.P. Chair　Lacquered in walnut colour　Plywood seat（トーネットNo.18）
- No.S.2. Chair　Lacquered in walnut colour　Rattan seat（トーネットNo.14）
- No.S.2.P. Chair　Lacquered in walnut colour　Plywood seat（トーネットNo.14）
- No.100. Chair　Lacquered in mahogany colour　Rattan seat（トーネットNo.98）
- No.100.P. Chair　Lacquered in mahogany colour　Plywood seat（トーネットNo.98）
- No.51. Chair　Lacquered in walnut colour　Rattan seat（トーネットNo.639）
- No.51.L. Chair　Lacquered in walnut colour　Seat with leather-cloth（トーネットNo.639）
- No.500. Folding Chair　Lacquered in walnut colour　Seat with leather-cloth
- No.1000. Folding Chair　Lacquered in walnut colour　Seat with leather-cloth
- No.22. Rocking Chair　Lacquered in walnut colour
- No.15. Hat Hanger　Lacquered in walnut colour

上記の製品は、多くがトーネット社の量産化されたNo.14、18、98、639をコピーしたものである。このコピー製品は、座面と座面下にある構造の補強にバリエーションを持たせている。**図5-32**[注33]は、トーネット社の1911年および1915年に刊行されたカタログに掲載されている補強の種類で、図5-31に示した椅子は、No.1、No.22、No.27の3種類を使用している。丸い輪の補強は脚の4点で結合しているだけであり、補強効果は低い。No.22、No.27はその改良版で、No.22は12点で結合し、No.27は7点で結合している。No.22は確かに丈夫ではあろうが、形状が少しくどいので、どの椅子にも対応できるとは限らない。No.27は1本の丸棒を三次元に曲げていることから、結合点は決して多くない。しかし構造的には強い補強効果を示す。No.27の補強が現在も継承されているのは、補強効果とともに美的な形態を兼ね備えているからである。

図5-31のNo.1～No.15の製品は、木部の色、シートの材質もラインナップに関与している。ブナ材を使用しているのに、オーク、ウォルナット、マホガニーの色に似せるために着色を施している。現在はブナ材自体の色も人気がある。しかし、戦前期のブナは、過去にヨーロッパで流行した椅子材の代用という位置づけが根強くあった。

シートの材質は、籐編み、合板、leather-clothの3種類である。leather-clothは、革に似せた布ということだろうか。レザーだと、imitation leatherまたはleatheretteと表記されなければならない。

合板の座面には、型押しを伴う焼絵が施されている。型押しと焼絵は19世紀後半に開発されたもので、籐編みと比較すれば製作にかかる手間は大幅に軽減される。まさに工業デザイ

Trade **Mark.**

Nippon Mageki Kogyo Goshi-Kaisha.
Osaka Japan.

No. 1. Chair.

Chair　90 c/m high.

Seat　45 c/m high.

〃　39 c/m in diameter.

Lacquered in Golden ock colour.

Rattan seat.

How packed.

Contents,　2 doz.

Volume,　23 cub ft.

Net weight,　72 kg.

Gross weight　122 kg.

Trade **Mark.**

Nippon Mageki Kogyo Goshi-Kaisha.
Osaka Japan.

No. 1. P. Chair.

Chair　90 c/m high.

Seat　45 c/m high.

〃　39 c/m in diameter.

Lacquered in walnut colour.

Plywood seat.

A　　B　or

How packed.

Contents,　2 doz.

Volume,　23 cub. ft.

Net weight,　73 kg.

Gross weight.　123 kg.

図5-31① 日本曲木工業合資会社カタログ(輸出用)

Trade ⊕ Mark.

Nippon Mageki Kogyo Goshi-Kaisha.
Osaka Japan.

No. 2. Chair.

Chair   90 c/m high.

Seat   45 c/m high.

〃   39 c/m in diameter.

Lacquered in golden ock colour.

Rattan seat.

How packed.

Contents,   2 doz.

Volume,   23 cub. ft.

Net weight,   72 kg.

Gross weight, 122 kg.

④

Trade ⊕ Mark.

Nippon Mageki Kogyo Goshi-Kahisa.
Osaka Japan.

No. 2. P. Chair.

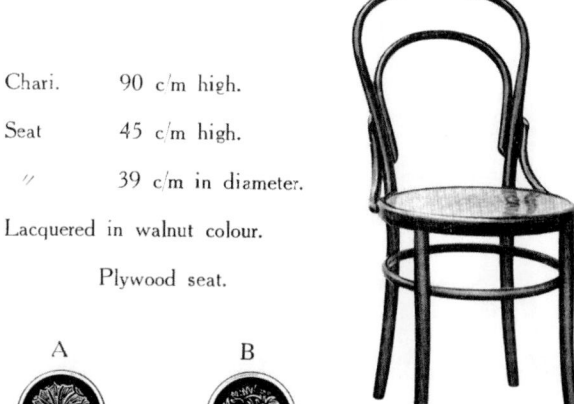

Chari.   90 c/m high.

Seat   45 c/m high.

〃   39 c/m in diameter.

Lacquered in walnut colour.

Plywood seat.

A   B or

How packed.

Contents,   2 doz.

Volume,   23 cub. ft.

Net weight,   73 kg.

Gross weight, 123 kg.

図5-31② 日本曲木工業合資会社カタログ(輸出用)

⑤

Trade ⊕ Mark.

Nippon Mageki Kogyo Goshi-Kaisha.
Osaka Japan.

No. S. 1. Chair.

Chair　　90　c/m high.

Seat　　 45　c/m high.

〃　　　41　c/m in diameter.

Lacquered in walnut colour

Rattan seat.

How packed.

Contents,　　2 doz.

Volume,　　21 cub.ft.

Net weight.　71 kg.

Gross weight, 122 kg.

⑥

Trade ⊕ Mark.

Nippon Mageki Kogyo Goshi-Kaisha.
Osaka Japan.

No. S. 1. P. Chair.

Chair　　90　c/m high.

Seat　　 45　c/m high.

〃　　　41　c/m in diameter.

Lacquered in walnut colour.

Plywood seat.

A　　or　　B

How packed.

Contents,　　2 doz.

Volume,　　21 cub. ft.

Net weight,　72 kg.

Gross weight, 123 kg.

図5-31③　日本曲木工業合資会社カタログ（輸出用）

⑦

Trade ⊕ Mark.

Nippon Mageki Kogyo Goshi-Kaisha.
Osaka Japan.

No. S. 2. Chair.

Chair　90　c/m high.

Seat　45　c/m high.

〃　41　c/m in diameter.

Lacquered in walnut colour.

Rattan seat

How packed.

Contents,　2 doz.

Volume,　25 cub. ft.

Net weight,　72 kg.

Gross weight, 122 kg,

Trade ⊕ Mark.

Nippon Mageki Kogyo Goshi-Kaisha.
Osaka Japan.

No. S. 2. P. Chair.

Chair　90　c/m high.

Seat　45　c/m high.

〃　41　c/m in diameter.

Lacquered in walnut colour.

Plywood seat.

A　　B　or

How packed.

Conttens,　2 doz.

Volume.　26 cub. ft.

Net weight,　73 kg.

Gross weight, 128 kg.

図5-31④　日本曲木工業合資会社カタログ(輸出用)

Trade Mark.

Nippon Mageki Kogyo Goshi-Kaisha.
Osaka Japan.

No. 100. Chair.

Chair 90 c/m high.

Seat 45 c/m high.

〃 41 c/m in diameter.

Lacquered in mahogany colour,

Rattan seat.

How packed.

Contents, 2 doz.

Volume, 24 cut. ft.

Net weight, 71 kg.

Gross weight. 125 kg.

Trade Mark.

Nippon Mageki Kogyo Goshi-Kaisha.
Osaka Japan.

No. 100. P. Chair.

Chair 90 c/m high.

Seat 45 c/m high.

〃 41 c/m in diameter

Lacquered in mahogany colour.

Plywood seat.

A or B

How packed.

Contents, 2 doz.

Volume, 24 cub. ft.

Net weight, 75 kg.

Gross weight, 135 kg.

図5-31⑤　日本曲木工業合資会社カタログ（輸出用）

Trade Mark.

Nippon Mageki Kogyo Goshi-Kaisha.
Osaka Japan.

No. 51. Chair.

Chair 97 c/m high.	How packed.
Seat 45 c/m high.	Contents, 2 doz.
〃 42 c/m wide.	Volume, 23 cub. ft.
〃 43 c/m long.	Net weight, 80 kg.
Lacquered in walnut colour.	Gross weight, 132 kg.
Rattan seat.	

Trade Mark.

Nippon Mageki Kogyo Goshi-Kaisha.
Osaka Japan.

No. 51. L. Chair.

Chair 97 c/m hgih.	How packed.
Seat 45 c/m high.	Contents, 2 doz,
〃 42 c/m wide.	Volume, 23 cub. ft.
〃 43 c/m long.	Net weight, 94 kg.
Lacquered in walnut colour.	Gross weight, 145 kg.
Seat with leathercloth.	

図5-31⑥　日本曲木工業合資会社カタログ(輸出用)

Trade Mark.

Nippon Mageki Kogyo Goshi-Kaisha.
Osaka Japan.

No. 500. Folding Chair.

Chair opened 91 c/m high.
Seat 46 c/m high.
 ″ 33 c/m wide.
 ″ 34 c/m long.
Back leg 11 m/m round steel bar galvanissed.

Lacquered in walnut colour.

Seat with wood or leathercloth.

How packed.

Contents, 2 doz.

Volume, 21 cub. ft.

Net weight, 81 kg.

Gross weight, 126 kg.

Trade Mark.

Nippon Mageki Kogyo Goshi-Kaisha.
Osaka Japan.

No. 1000. Folding Chair.

Chair opened 91 c/m high.
Seat 46 c/m high.
 ″ 33 c/m wide.
 ″ 34 c/m long.

Lacquered in walnut colour.

Seat with leather-cloth.

How Packed.

Contents, 2 doz.

Volume, 25 cub. ft.

Net weight 73 kg.

Gross weight 130 kg.

図5-31⑦　日本曲木工業合資会社カタログ（輸出用）

第5章　昭和初期における曲木家具　217

Trade Mark.

Nippon Mageki Kogyo Goshi-Kaisha.
Osaka Japan.

No. 22. Rocking Chair.

Chair   104 c/m high.

Seat   46 c/m wide.

〃   50 c/m long.

Lacquered in

walnut colour.

How packed.

Contents.   ½ doz.

Volume,   29 cub. ft.

Net weight,   52 kg.

Gross weight.   124 kg.

Trade Mark.

Nippon Mageki Kogyo Goshi-Kaisha.
Osaka Japan.

No. 15. Hat Hanger.

191 c/m high

45 c/m in diameter

at base.

Lacquered in

walnut colour

How Packed,

Contents,   ½ doz.

Volume, 10 cub. ft.

Net weight, 35 kg.

Gross weight 58 kg.

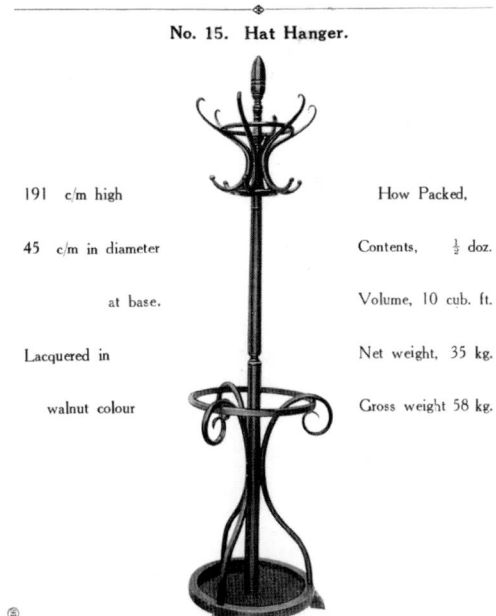

図5-31⑧　日本曲木工業合資会社カタログ（輸出用）

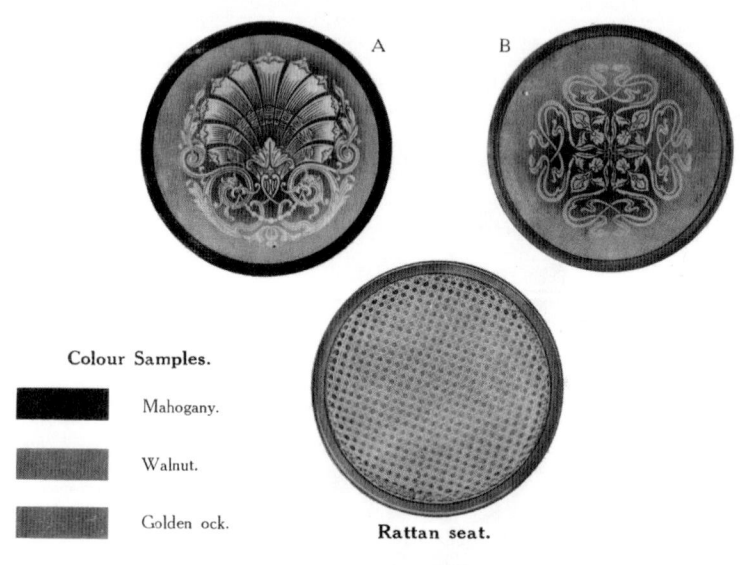

図5-31⑨　日本曲木工業合資会社カタログ（輸出用）

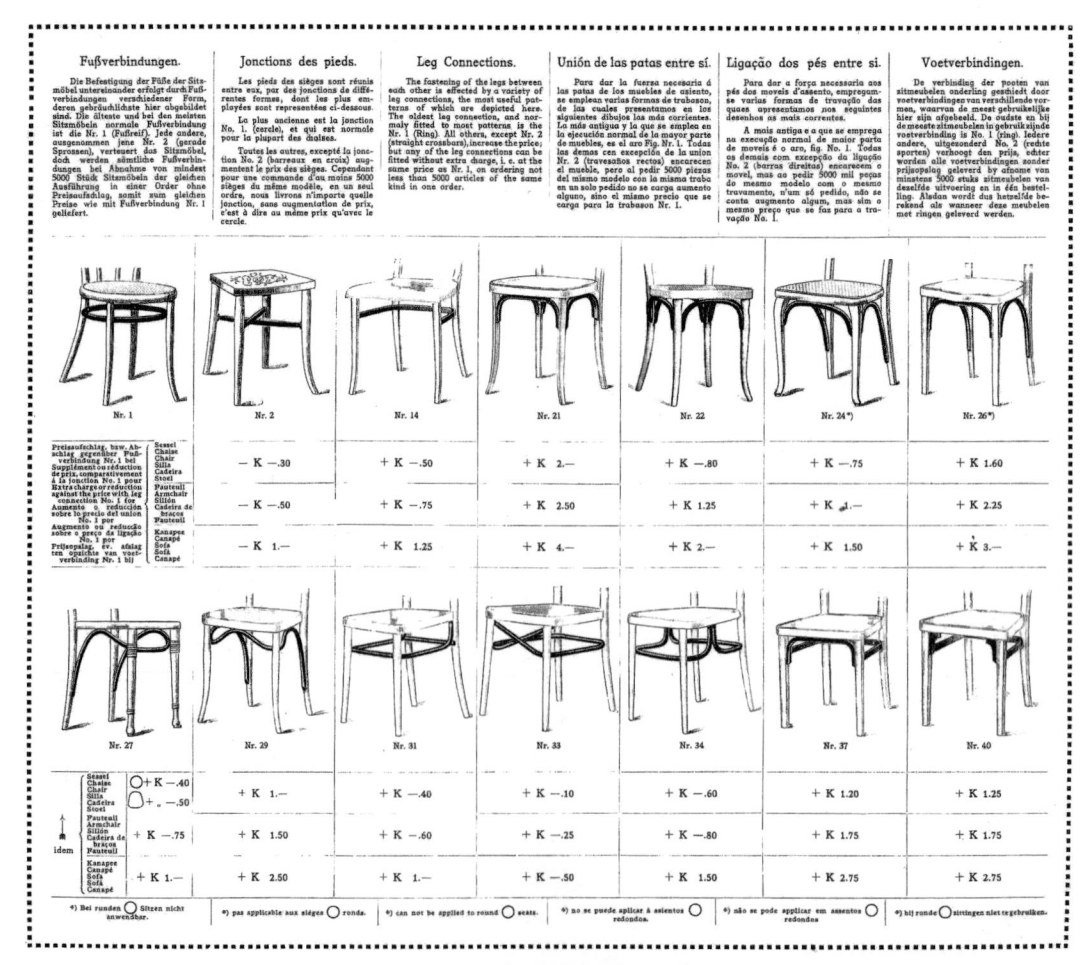

図5-32　トーネット社の椅子に施された補強

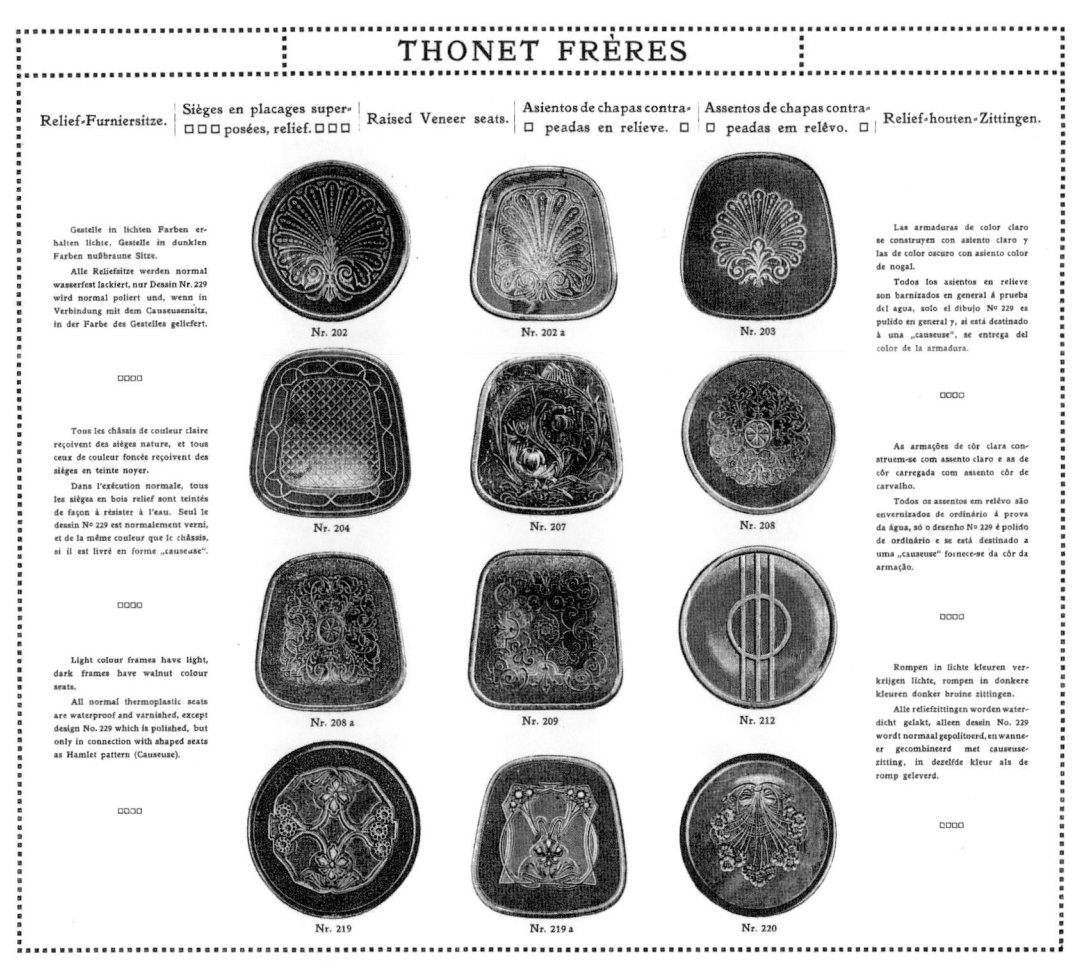

図5-33　トーネット社の椅子に施された焼絵

ンの技法である。**図5-33**[注34]は、トーネット社の1911年および1915年に刊行されたカタログに掲載されている焼絵である。トーネット社のコピー会社も、この焼絵をリデザインして盛んに使用している。

　図5-34[注35]はトーネットのコピー会社が製造した椅子で、型押しを行った部分の色が少し濃い。明らかに型に熱があるから、色がついたのである。ところが、**図5-33**のトーネット社のカタログは、色が逆で絵の部分が白く、他の部分の色が濃い。このことから、トーネット社のカタログに掲載された焼絵は、絵の型の部分に熱を当てていないことになる。型押しと焼絵の技法は、本来別々に発達したのかもしれない。**図5-35**[注36]もトーネット社のコピー会社が製造した椅子で、型押しを行った後、何らかの方法で立体感を際立たせている。おそらく、型押しや焼絵は、合板の表面に生じる魅力のないテクスチャーを払拭するために、新たな技法を開発したといえる。その技法の基盤には、プレス加工技術の普及があったことは言うまでもない。

　この型押し、焼絵に関しては、今日でも評価が分かれる。籐編みの座面が工芸的な要素が強いのに対し、型押しおよび焼絵は、工業的な要素が極めて強い。量産が進んだことは時代の要求であり、技術の革新的な進歩がなされて初めてその要求が実現可能となる。一見するとデ

図5-34① 型押しによる焼絵 　　　　　　図5-34② 型押しによる焼絵

図5-35① 型押しによる立体的な造形 　　図5-35② 型押しによる立体的な造形

ザインの進展に感じるが、デザインの質に関しては必ずしも褒められたものではない。合板が薄いため、座るとミシミシと音がし、座り心地がよくない。また見た目も安っぽい。籐編みに比較するとデザインに品格が欠けるのは確かである。しかし、この型押し、焼絵には、この技法独特のデザインも数多く見られ、アール・ヌーボーやアール・デコも一部共通点がある。近代デザイン史という視座では、20世紀初頭の造形精神を投影していると捉えることができる。

3.6　飛騨木工株式会社

　1920（大正9）年、岐阜県高山町に設立された中央木工株式会社は、増資を契機に1923（大正12）年10月に会社名を飛騨木工株式会社に改めた。

　『飛騨木工株式会社七十年史』によれば、1926（昭和元）年から1932（昭和7）年は社会全体が不況で、当然飛騨木工株式会社の売り上げも下降している[注37]。この不況が好転する契機になったのは、1932年の満州国建国宣言であった。飛騨木工株式会社も1933年には満州、朝鮮という海外への販売網を拡張する。また、1935（昭和10）年から1937年にかけては、アメリカへ折り畳み椅子を大量に輸出する。こうした海外輸出による好景気も1937年までで、中国での戦線が拡大する1938（昭和13）年以降は、軍需品生産の割合が増していく。

　飛騨木工株式会社に関する昭和初期のカタログはいくつか遺されている。**図5-36**[注38]はその一つで、1928（昭和3）年から1929年に制作されたと推察する。その根拠は、カタログの中に、

1928年に実用新案の出願がなされ、1929年に認可がおりた折り畳み椅子が含まれているという点にある。カタログでは「實用新案登録出願中」と表示しており、制作年代が概ね特定できる。

　飛驒木工株式会社は、折り畳み椅子の実用新案を、日本では比較的早く出願している。図5-36に示した折り畳み椅子の構造が、どの程度独自であるかについては、海外の先行する資料が見当たらない。しかしながら、1929（昭和4）年にはアメリカのHeiwood-Wakefield社で類似する木製椅子が売られていることから、アメリカでの開発は日本より少し早い時期から始まったということになる。飛驒木工株式会社は、海外の折り畳み椅子を他社に先行して入手し、新たな構造を付加して実用新案の出願をしたと推察する。

　カタログにおける製品の種類は11と極めて少なく、不況に際する対応と読み取れる。それでも、折り畳み椅子がスタッキングチェアになることをアピールする写真を加えるなど、ターゲットを絞り込んだ点は経営の工夫策として評価できる。また、No.10の椅子を南京椅子と表記していることに着目する必要がある。腰掛けを椅子と表記したり、明治期に外国を指す用語である「南京」を用いたりするのは、やや違和感がある。南京錠、南京袋という表現と同一の使用方法を、昭和期になって敢えて用いているのは、当時のナショナリズムを意識してのことか、大正期に普及した製品名であったために踏襲したかのいずれかであろう。それにしても、なぜNo.10だけ南京椅子という表記を付ける必然性があったのだろうか。

　図5-37[注39]は輸出用のカタログである。旧小島班司コレクションでは、カタログの制作年代を昭和初期と記している。No.66の椅子は、1933年に開発されたスタッキングチェアなので、カタログの制作年は1933年が上限であることは間違いない。下限に関しては、1936（昭和11）年に対米輸出用に開発されたスロットキン提案の折り畳み椅子[注40]が見当たらないことから、1935年あたりとすべきである。

　図5-37のカタログには、No.78、No.79に見られる折り畳みの椅子、テーブルが見られる。トーネット社が確立した合理的な物流機能を、巧みに応用して海外への輸出に活かしている。また、No.26、27、30、73の椅子、No.36、37、75のテーブルは、いわゆるドイツ型の家具であり、飛驒木工株式会社独自の意匠、構造というより、当時日本で流行していた木製家具の特徴と類似している。さらにNo.31、34は、図5-26の日本曲木工業合資会社のカタログでも紹介したように、ヨーロッパの半円筒形の椅子をコピーしている。このことから、飛驒木工株式会社の輸出製品は、当時ヨーロッパで流行していた製品を追従していたといえる。

　No.48の子供用の乗り物には、Design Registeredという表記があることから、意匠登録をしていた製品であろう。No.30の椅子にはPatentedという表記がある。ただし、この場合は特許ではなく、実用新案の英訳としなければならない。この意匠登録、実用新案は日本におけるものであって、輸出の相手国にて申請をしていたという確証はない。知的財産権は国別の申請なので、飛驒木工株式会社が海外で申請した可能性は極めて低い。

3.7　東洋木工株式会社

　2001年に浜松市で東洋木工株式会社に関する調査を行った。図5-38は、その際市内の家具店が所持していたもので、昭和初期のカタログと考えて間違いない。明確な制作年代を示す手掛かりはない。他のドイツ型家具が1935年あたりのカタログに見られることから、このカ

No.10.

南京椅子

特徴　疊込ノ簡易、取片付ノ輕便
眞ニ理想的デアリマス

總高　一尺五寸
座徑　一尺〇三分

總高　二尺一寸
座高　一尺四寸五分
座徑　一尺〇三分

No.12.
小型 { 總高　二尺一寸
　　　座高　一尺四寸五分
　　　座徑　一尺〇三分

No.4.
中型 { 總高　二尺二寸
　　　座高　一尺五寸
　　　座徑　一尺一寸五分

図5-36①　飛驒木工株式会社カタログ

No.14.

總高　三　　尺
座高　一尺五寸
座徑　一尺四寸

No.15.
子供椅子

總高　一尺二寸
座高　八　　寸
座徑　九寸五分
（座　板）

No.24.

總高　二尺一寸
座高　一尺四寸五分
座徑　一尺〇三分

No.30.
爽快堅牢　　展開椅子
實用新案登錄願中

總高　二尺七寸
座高　一尺五寸
座席　レザー張
◉組立送荷

図5-36②　飛驒木工株式会社カタログ

No.38.
大 卓 子

總高 二尺四寸
徑 二尺三寸
乃至 三 尺

No.45.
火 鉢 臺

總高 二尺三寸五分
徑 九 寸

No.48.
曲 木 木 馬
意匠登録26134號

總高 一尺六寸
總長 二尺三寸
巾 八 寸
座高 八寸五分

No.50.
小 卓 子

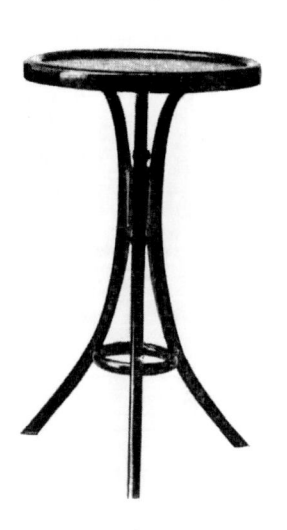

總高 二尺二寸
徑 一尺三寸

図5-36③　飛騨木工株式会社カタログ

曲木椅子組立方

弊社製曲木椅子の組立は實に簡單であります
下記の例を御覽下さい．
部分品の符號ご番號は下記位置にあります
凭れ後足ご前足には．足の底
（但し符號は一打宛同じ）
腰掛臺輪には　　後側になる裏
貫　輪　同　下裏
外に○印が下記位置にあります
前足には　左右何れかの一本の上部内側
臺輪には　前足の．はまる．穴のそば
貫輪の　○印は下裏ご前足取付のそばを示します
（組立の時は此○印三つを一方に集める事）

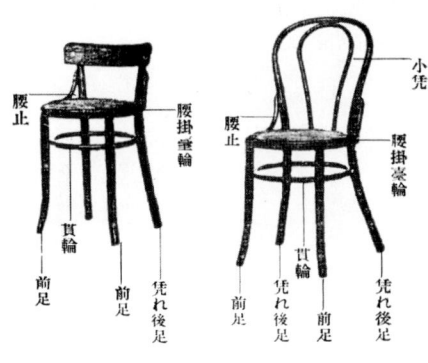

順　序

一、部分品符號合せ　荷解きの上は各一脚分毎に符號ご番號をマチマチにならぬ樣揃へて下さい。

二、前脚の取付　腰掛臺輪を床上に裏返しに置き「ホゾ」穴ご前足の内側にある．○印を合せて槌で打込み下さい尤も左右の一方無印であります。

三、凭れ（後脚）の取付　腰掛臺輪の取付部に凭れを當てがい「ボールト」を孔の外側より通して臺輪の内側に座金をはめ「スパナ」にて堅く締め付て下さい。

四、貫輪のはめ方　貫輪の○印を前脚内側の○印に能く突合せ鋲釘を内から堅く締め付て下さい、是で○三ツが近接するのです。

五、最後に腰止を取付て下さい又一號型及三號型は小凭を取付けて下さい、鋲釘は丸頭を使用願ひます。
ボールト及鋲釘は荷函に入れてあります。

図5-36④　飛驒木工株式会社カタログ

HIDA MOKKO'S
BENTWOOD
FURNITURE

昭和初期

HIDA MOKKO CO., LTD.
TAKAYAMA, GIFU-KEN, JAPAN

The Magnificient View of the Japan Alps from our office.

Our Lumber-mill.

図5-37①　飛騨木工株式会社カタログ（輸出用）

Trade　Mark

HIDA MOKKO
KABUSHIKIKAISHA
GIFUKEN　TAKAYAMA

Medals of Honour gained by us at several Exhibitions.
(Below)

Features:

Excellent Materials that come from
the Great Forest of the Japan Alps,
Traditional Craftsmanship of the Workers,
and Special Japanese Lacquer Finish known
as "Hida Shunkei-Nuri"

Chair No. 66
a Cloth Seat……that piles

Chair No. 71
with Cloth Seat

Chair No. 71
with Rattan Seat

Chair 94cm. high.
Seat 44cm. high.
33cm. wide, and
39cm. long.

Japanese Lacquered in
Mahogany Colour.

Chair 88cm. high.
Seat 44cm. high,　　　(Both the same)
and 38cm. in diameter.
Both Japanese Lacquered in Light Mahogany Colour.

図5-37② 　飛驒木工株式会社カタログ(輸出用)

Chair No 2

Chair No. 1

Chair No. 8

Chair 86cm. high.
Seat 46cm. high,
and 39cm. in diameter.

Chair 86cm. high.
Seat 46cm. high,
and 39cm. in diameter.

Chair 83cm. high.
Seat 44cm. high,
and 35cm. in diameter.

All 3 Japanese Lacquered in Light Mahogany Colour with Rattan Seat.

Armchair No. 74
with Cloth Seat

Folding Armchair No. 40

Chair 71cm. high.
Arm 61cm. high.
Seat 39cm. high.
49cm. wide, and
49cm. long.

Flat Fold of Chair
with Cloth Seat

Chair open
......with Rattan Seat
Chair 64cm. high.
Seat 36cm. high,
and 45cm. wide.

All 3 Japanese Lacquered in Mahogany Colour.

図5-37③　飛驒木工株式会社カタログ（輸出用）

New Folding Armchair Set No. 78
(Patented)

1 Set : 4 No. 78 Chairs & 1 No. 79 Table.

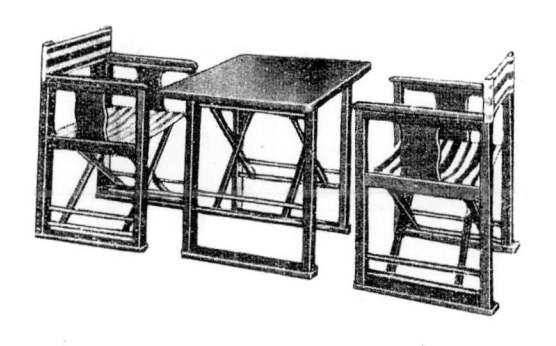

1 Set packed

Convenient and Smart.
Ideal for Homes. Also
for Steamships, Hotels, Clubs,
Halls, etc.

1 Set stores away in space
0.29 Cbm. (86 × 52 × 65cm.)
measurements.

New Folding Table No. 79
(Patented)

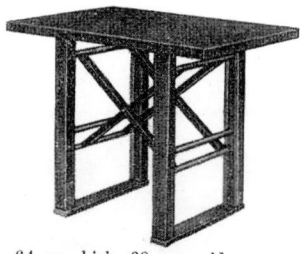

64 cm. high, 60 cm. wide,
and 79 cm. long when in use.

Table folded.

Chair folded.

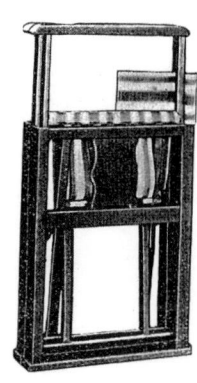

New Folding Armchair No. 78
(Patented)

Chair 75cm. high.
Seat 40cm. high,
and 50cm. wide
when in use.

Lacquered in Walnut Colour and Finely Upholstered.
Unrivalled Durability and Refined Workmanship.

図5-37④ 飛驒木工株式会社カタログ(輸出用)

Armchair No. 31
with Cloth Seat

Armchair No. 34
with Cloth Seat

Chair 64cm. high.
Seat 36cm. high, (Both the same)
and 47cm. wide.

Both Japanese Lacquered in Mahogany Colour.

Armchair No. 26

Sofa No. 27

Chair 74cm. high.
Arm 56cm. high.
Seat 36cm. high,
50cm. wide, and
48cm. long.

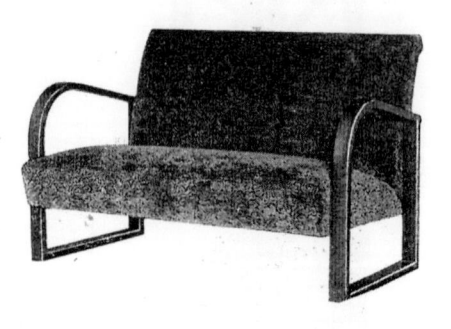

Chair 74cm. high.
Arm 56cm. high.
Seat 36cm. high,
107cm. wide, and
55cm. long.

Both Japanese Lacquered in Mahogany Colour and Finely Upholstered.

図5-37⑤　飛騨木工株式会社カタログ(輸出用)

第5章　昭和初期における曲木家具　　231

Armchair No. 72

Chair 73cm. high.
Arm 56cm. high.
Seat 36cm. high,
55cm. wide, and
52cm. long.

Sofa No. 73

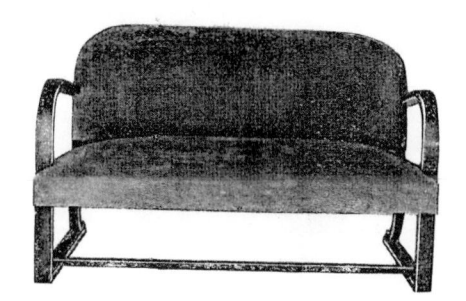

Sofa 73cm. high.
Arm 56cm. high.
Seat 36cm. high,
121cm. wide, and
55cm. long.

Both Japanese Lacquered in Mahogany Colour and Finely Upholstered.

Table No. 37

59cm. high, and
61cm. in diameter.

Table folded

Table No. 36

67cm. high, and
70cm. in diameter.

Fasten the legs with bolts
after opening them crosswise.
Easy to erect.

Both Japanese Lacquered in Mahogany Colour.

図5-37⑥　飛騨木工株式会社カタログ（輸出用）

| Table No. 75 | Little Table No. 50 | Nanking Chair No. 10 |

59cm. high, and
61cm. in diameter.
 Both Japanese Lacquered in
 Colour.

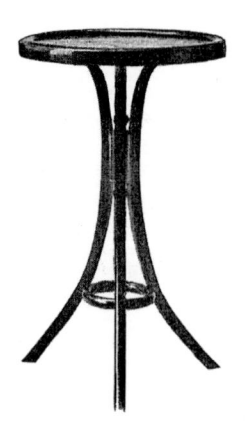

67cm. high, and
39cm. in diameter.
 Mahogany

Seat 44cm. high,
and 32cm. in diameter.
Japanese Lacquered in
Light Mahogany Colour.

| Bentwood Horse No. 48 with Wheels | Bentwood Rocking Horse No. 48 (Design Registered) | Little Chair No. 30 (Patented) |

Horse 52cm. high,
and 73cm. long.
Seat 27cm. high,
and 18cm. wide.
Lacquered in Decoration.

Horse 48cm. high,
and 70cm. long.
Seat 26cm. high,
and 24cm. wide.
Lacquered in Decoration.

Chair 64cm. high.
Seat 35cm. high,
and 26cm. wide.
Lacquered in Golden
Oak, and Upholstered
in Fine Leather.

図5-37⑦　飛騨木工株式会社カタログ(輸出用)

図5-37⑧　飛騨木工株式会社カタログ（輸出用）

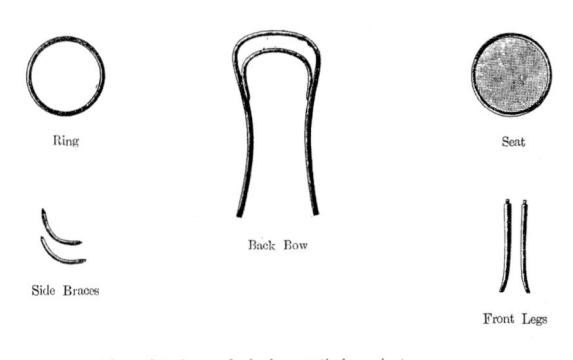

タログも同じような年代に制作された可能性が高い。

　カタログに掲載された家具はすべて獨乙型（ドイツ型）と表記されており、トーネット社が開発した曲木家具に類似する製品は記載されていない。東洋木工株式会社は、このドイツ型を創業当初から製造していたわけではない。『飛騨産業株式会社七十年史』には、東洋木工株式会社に関する次のような記述がある[注41]。

　「自信の持てる商品がやっと生産できるようになった翌12年（1923年）から本格的な販売開拓が始まった。まず岐阜をはじめ名古屋、豊橋、岡崎と東海地方を中心に白川専務自らセールスに乗り出した。しかし当時の家具店は、和家具を中心にタンスや長持ち、鏡台などを扱う箪笥（たんす）屋さんがほとんどで、なかには雑貨店家具を扱う店もあったほどで、洋家具を扱う店はごくわずかであった。ところが、名古屋から東は浜松の東洋木工という曲木家具メーカーがいち早く販売契約を結んで、新規業者が入り込む余地を与えず、こんどは販売面で家具業界の厳しさを痛感させられた」

　上記の内容から、少なくとも1923（大正12）年までは、東洋木工株式会社も通常の曲木家具製品を販売していたことが理解できる。しかし、この時期にドイツ型家具は製品化されていない。**図5-38**が東洋木工株式会社における製品の一部であるのか、または全製品であったのかが焦点となる。

　1951（昭和26）年7月に発行された『濱松商工名鑑』では、東洋木工株式会社の広告があり、次のように製品が紹介されている。

折畳椅子・曲木椅子・合板椅子・肱掛椅子
廻轉椅子・劇場椅子・子供椅子
其他（籐張り・レザー張り・布張り）
高級應接セット・簡易セット・其の他
事務用机・高級備品・室内装飾品
各種合板・木材製品
其の他木製品全般

美 と云ふ大きな包含の内に、**流行**と、**調和**と、**趣味**と
その外に利用とか、**經濟**と云ふものを、よく取り
入れ之を適當に撰擇して、**作り上げた**

『**最も新しい、最も良い、家具**』
　　　是非御愛用をお奬めいたします

獨乙型1號總張ソファアー

間口 4尺4寸
奥行 2尺3寸　　　製品仕立
肘高 2　尺　　ウオールナツトラツカー塗
座高 1尺2寸　　　艶消本磨仕上
總高 2尺4寸

図5-38①　東洋木工株式会社カタログ

獨乙型2號ソファー

間口　4尺4寸
奥行　2尺2寸　　製品仕立
肘高　2尺1寸　ウオールナツトラツカー塗
座高　1尺2寸　　艶清本磨仕上
總高　2尺4寸

獨乙型3號ソファー

間口　4尺4寸
奥行　2尺3寸　　製品仕立
肘高　2　尺　ウオールナツトラツカー塗
座高　1尺2寸　　艶清本磨仕上
總高　3　尺　　張リ（アオリ附）

図5-38②　東洋木工株式会社カタログ

獨乙型4號 ソファー

間口　4尺4寸　　　製品仕立
奥行　2尺3寸　ウオールナツトラツカー塗
肘高　2　尺　　艶消本磨仕上
座高　1尺2寸　張リ（アオリ附）
總高　2尺8寸

獨乙型5號 ソファー

間口　4尺4寸　　製品仕立
奥行　2尺2寸　ウオールナツトラツカー塗
肘高　2　尺　チーク寄木　艶消本磨仕上
座高　1尺2寸　張リ（アオリ附）

図5-38③　東洋木工株式会社カタログ

第5章　昭和初期における曲木家具　　237

獨乙型2號肘掛

間口　1尺9寸
奥行　2尺1寸5分
座高　1尺2寸
總高　2尺4寸

製品仕立
ウオールナツトラツカー塗
艶消本磨仕上

獨乙型2號丸卓子

甲板直徑　2　尺
高　　　　2　尺

製品仕立 { 櫻ウオールナツトラツカー塗
艶消本磨仕上

獨乙型1號總張肘掛

間口　2尺1寸
奥行　2尺2寸
肘高　2　尺
座高　1尺2寸
總高　2尺4寸

製品仕立
ウオールナツトラツカー塗
艶消本磨仕上

獨乙型1號丸卓子

甲板直徑　2　尺
高　サ　　2　尺

製品仕立 { 櫻ウオールナツトラツカー塗
艶消本磨仕上

図5-38④　東洋木工株式会社カタログ

獨乙型3號丸卓子

甲板直徑 2 尺 　製 品 仕 立
　　　　　　　　ウオールナツトラツカー塗
總　高 2 尺　　艶消本磨仕上

獨乙型3號肘掛

間口 2 尺
奥行 2尺3寸 　製 品 仕 立
肘高 2 尺　　ウオールナツトラツカー塗
座高 1尺2寸　艶消本磨仕上
總高 3 尺　　張リ（アオリ附）

獨乙型4號丸卓子

甲板直徑 2 尺 　製 品 仕 立
　　　　　　　　櫻ウオールナツトラツカー塗
總　高 2 尺　　艶消本磨仕上

獨乙型4號肘掛

間口 2尺1寸
奥行 2尺2寸 　製 品 仕 立
肘高 2 尺　　ウオールナツトラツカー塗
座高 1尺2寸　艶消本磨仕上
總高 2尺8寸　張リ（アオリ附）

図5-38⑤　東洋木工株式会社カタログ

第5章　昭和初期における曲木家具　　239

獨乙型5號卓子

　　甲板直徑　2尺角
　　高　サ　　2尺
　製品仕立 { 櫻ウオールナツトラツカー塗
　　　　　 { 艶消本磨仕上

獨乙型5號肘掛

　間　口　2　尺　　　製品仕立
　奥　行　2尺3寸　　ウオールナツトラツカー塗
　肘　高　2　尺　　　チーク寄木　艶消本磨仕上
　座　高　1尺2寸　　張リ（アオリ附）

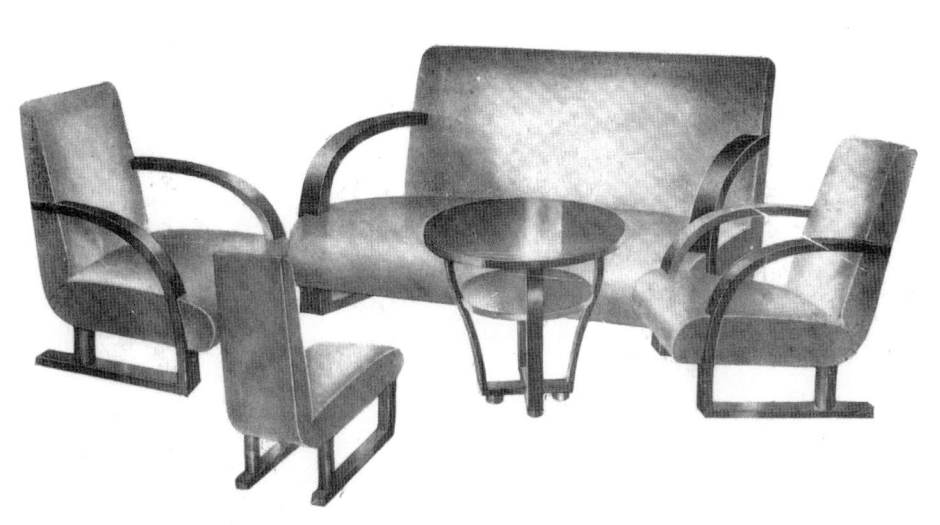

掛心地最モ良ク單純ナ線ノ表現ス主体トセル
獨乙型六號セット

ソファ { 間　口　4尺5寸
　　　 { 奥　行　2尺3寸
　　　 { 高　サ　2尺5寸

肘掛イス { 間　口　2尺1寸
　　　　 { 奥　行　2尺2寸
　　　　 { 高　サ　2尺5寸

小椅子 { 間　口　1尺4寸
　　　 { 奥　行　1尺6寸
　　　 { 高　サ　2尺5寸

丸卓子　徑　2尺

製品仕立 { 櫻製　ウオルナツトラツカー塗
　　　　 { 檜正　チーク色ラツカー塗
　　　　 { 艶消本磨仕上

図5-38⑥　東洋木工株式会社カタログ

日本趣味ヲ取入レタル
獨乙型七號セット

（製品寸法六號に同じ）　　製品仕立 { 欅製ウオールナツトラツカー塗
艶消本磨仕上ゲ
チーク又ハ桐柾寄木入

西洋間レノ室ニモ調和ヨキ
獨乙型八號セット

製品仕立 { 欅製　チーク總ネリ附ケ
肘及タ、ミズリ { 黒色ラツカー塗
艶消本磨仕上

図5-38⑦　東洋木工株式会社カタログ

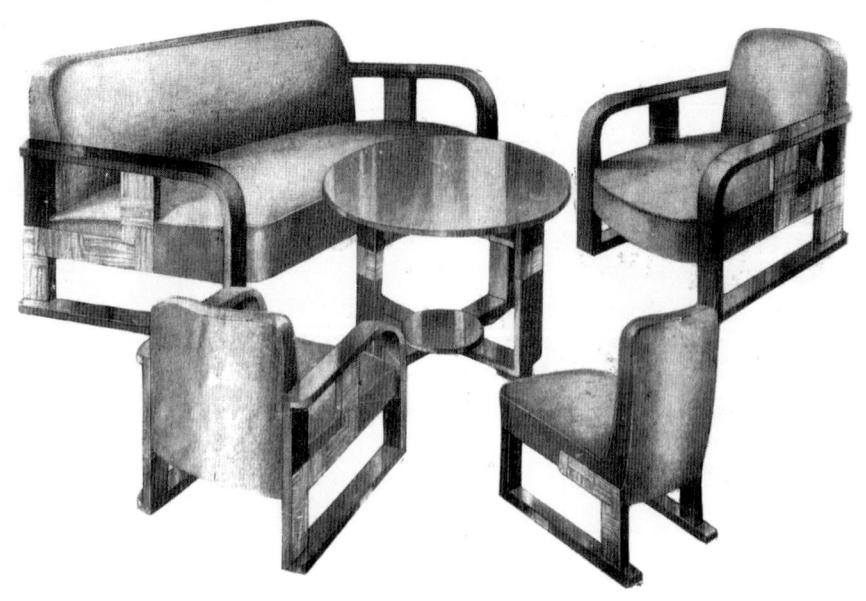

第5章 昭和初期における曲木家具

日本趣味ヲ取入レタル
獨乙型九號セット

肘及ビ脚部ハ黒ラッカー艶消本磨キ仕上ゲトシ
他ハチーク柾材ヲ使用　型ハ瀟洒ニ
　　　　　　　　　　　和室洋室何レニモ調和良シ

獨乙型茶テーブル、花台

巾　１尺　　巾　１尺
長　２尺　　總高サ２尺９寸
總高１尺９寸

製品仕立 ｛ 櫻ウォールナットラッカー塗
　　　　　　艶消本磨仕上

獨乙型角小椅子

間口 １尺４寸　　　製品仕立
奥行 １尺６寸　　櫻製ウォルナットラッカー塗
座高 １尺３寸５分　　艶消本磨仕上
總高 ２尺９寸

図5-38⑧　東洋木工株式会社カタログ

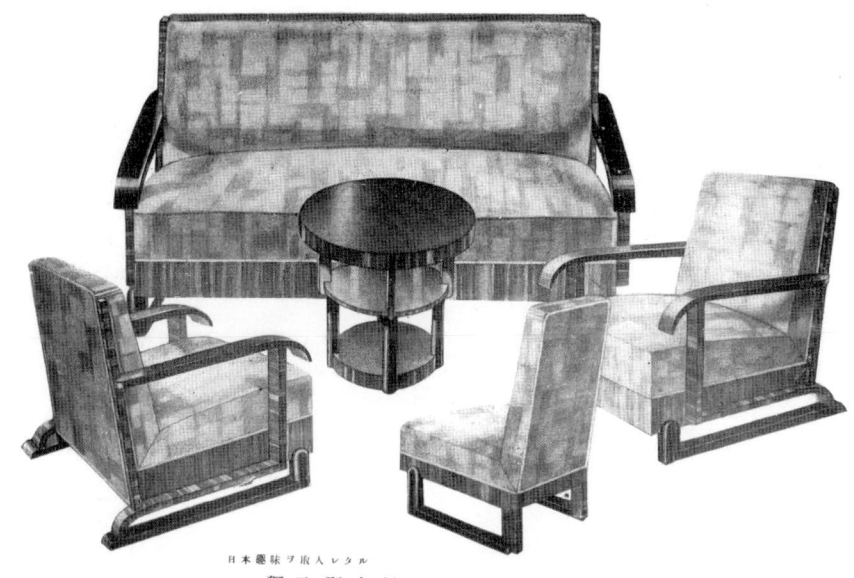

図5-39　東洋木工株式会社浜松販売部

上記の製品内容を見る限り、折畳椅子や曲木椅子が主力製品であり、曲木椅子はトーネットのNo.14、18といった定番の製品が主力であったと推察する。広告に曲木椅子と表記すれば、No.14、18を指すと家具業界では捉えるはずである。1951（昭和26）年の広告に曲木椅子が表記されているということは、金型類も戦前から使用しているものを継承したと考えて間違いない。仮に戦前に金型を金属供出で処分していたならば、物資の乏しい戦後間もない時期に新たに作ることは経営上極めて難しい。つまり、戦前期においても、**図5-38**の製品だけでなく、トーネット社のNo.14、18に類似する椅子も製作していたとすべきである。
　図5-39は、浜松市の家具販売業が所蔵する東洋木工株式会社浜松販売部の写真である。正月に撮影されたものであるが、戦前なのか戦後間もない時期なのかは明確に判別できない。若い男性の帽子の形状から察すると、戦前期のように感じる。洋家具を製造していた企業だけに、建物に西洋風な意匠が多数取り込まれている。東洋木工株式会社は1981（昭和56）年まで存在したようである[注42]。

3.8　鳥取木工株式会社

　図5-40に示したカタログは、旧小島班司コレクションに見られるもので、1933（昭和8）年に制作されたと推定されている。このカタログの特徴は下記のようにまとめられる。
① 洋家具だけでなく、和家具も製品としている。
② 東京、大阪に販売所を設けている。
③ スキー板を製品としている。
④ 折り畳み椅子を製品としている。
⑤ デッキチェアを製品としている。
⑥ 回転椅子を製品としている。
⑦ 半円筒形タイプのアームチェアを製品としている。
　①の和家具製作の実態は、第五十四號の洋服箪笥の意匠、構造に認められる。こうした洋服箪笥の形式は現在も認められ、和箪笥と共通する技術も多い。框組みを基盤にしながら、和洋折衷の技術を展開している。そもそも、洋服箪笥という概念自体が和家具から出現したと筆者は理解している。
　②は、鳥取市に本社がある企業が、東京都と大阪に販売所を持っていることに着目する。老舗で比較的規模の大きい秋田木工株式会社であっても、本社以外には東京しか販売所は持っていない。鳥取市の企業で、それほど規模が大きくないのであれば、大阪に営業所を持ち、関西に販売の活路を見出すだけで十分と思われるが、なぜか東京に進出している。この場合の営業所は必ずしも規模が大きいとは限らず、一種のステータス性を示す目的があったことも否めない。大型船で輸送する海外への輸出は別として、工場から800km以上離れた場所に椅子を鉄道で輸送することは、経営上ハンディがあったことは間違いない。それでも東京で商売することは大きな意味があったようで、経営者は全国区で商売をしているという意識を持っていたと推察される。
　③のスキー板を製品化しているところは、秋田木工株式会社のラインナップと類似性がある。
　④の折り畳み椅子は、1933年あたりになると多くの曲木家具業で定番になっていたよう

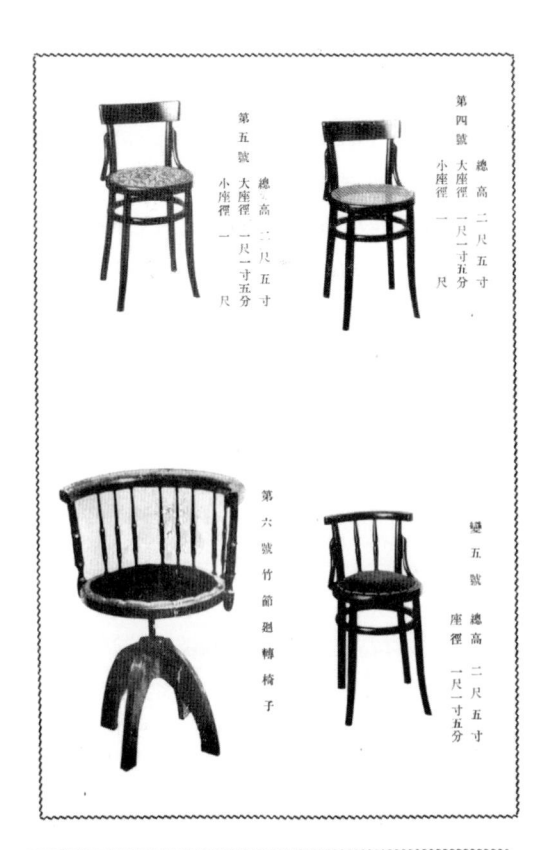

図5-40① 鳥取木工株式会社カタログ

第5章　昭和初期における曲木家具　　245

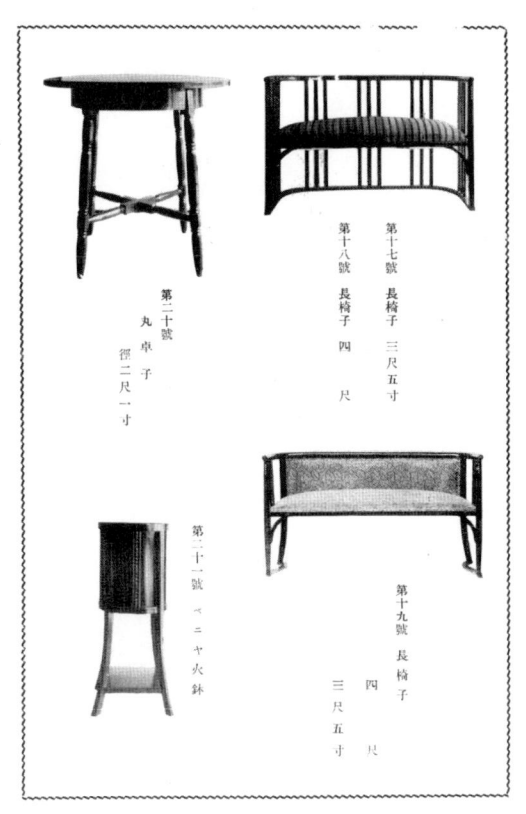

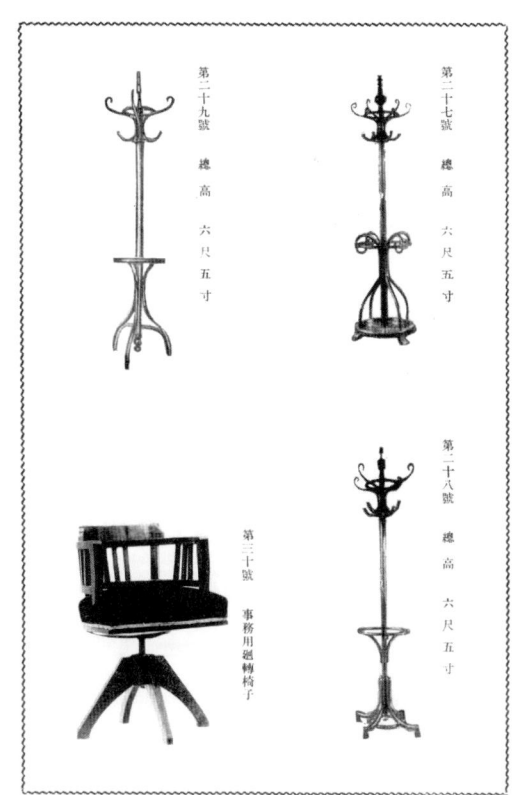

図5-40②　鳥取木工株式会社カタログ

型錄

鳥取木工株式會社
鳥取市西町二三六
電話二八二番・振替口座大阪六六五九七九番

東京販賣所 東京市芝區琴平町七
電話芝一五一五番

大阪販賣所 大阪市西區江戸堀下通一丁目
電話土佐堀三一八七番

第四十七號 食堂用椅子
第四十九號 折疊椅子
第四十八號 應接用丸卓子
第五十號 花台

第五十一號 折疊安樂椅子
第五十三號 スキー
第五十二號 折疊椅子
第五十四號 洋服箪笥

營業品目

高等曲木椅子
書棚卓子一般
和洋家具製作
室内裝飾設計
並ニ木工材料一式

本社製品特色

一、材料ノ原產地ナレバ品ツ低廉ナルコト

二、熟練ナル最工手使用シ加フルニ最新ノ機械ヲ應用シ設備完成セル事

三、製產力豐富ニシテ製品ノ均一ニセル事

四、體裁優美ニシテ在來品ニ比シ數倍ノ耐久力アルコト

五、各種共特製漆塗及ラック塗御希望ニヨリテハラッカー、エナメル塗モ施行致候

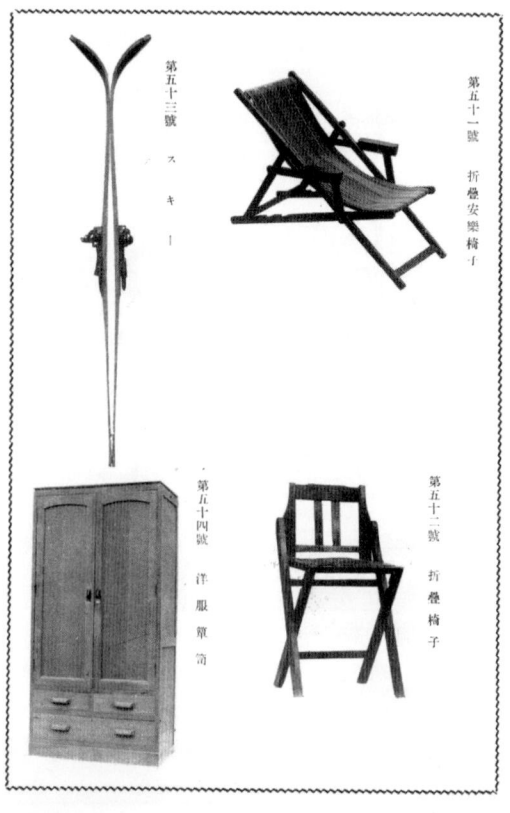

図5-40③　鳥取木工株式会社カタログ

第5章　昭和初期における曲木家具　　247

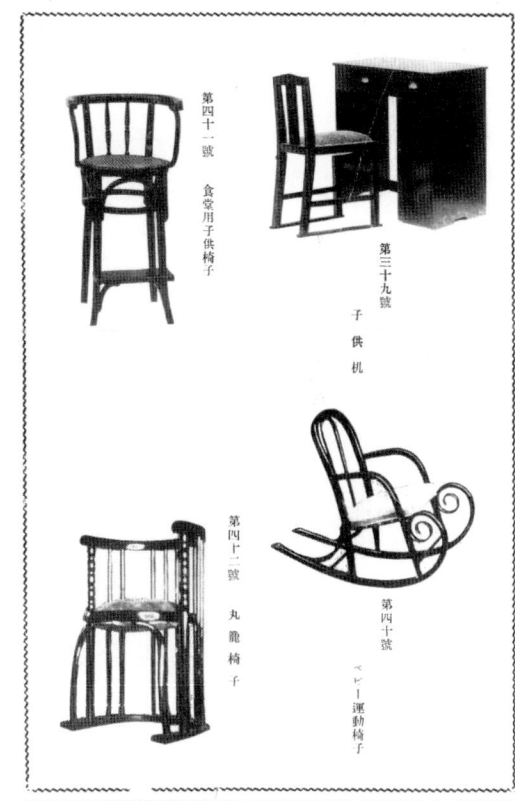

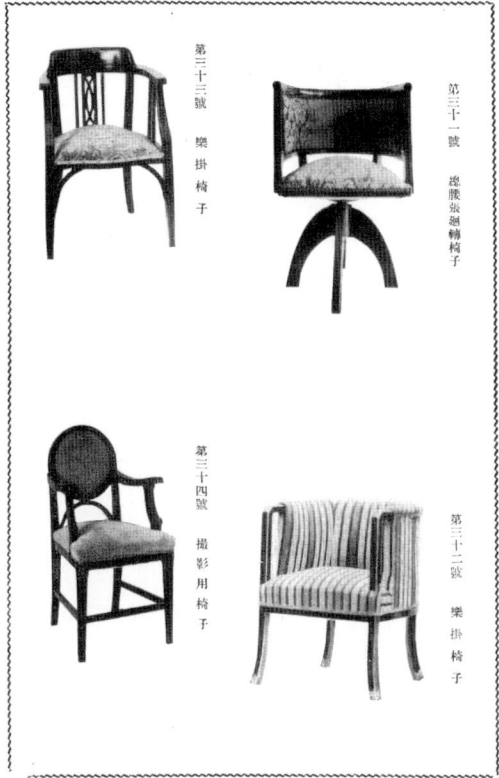

図5-40④　鳥取木工株式会社カタログ

で、鳥取木工株式会社でもラインナップに加えている。

⑤のデッキチェアもこの時期あたりから普及し始めたのであろうか。デッキチェアは屋外で使用されたとは限らず、屋内でも使用されている。小津安二郎が監督した1941(昭和16)年制作の『戸田家の兄妹』では、なぜか子供部屋に置かれている。

⑥の回転椅子は、第六號、第七號、第三十號、第三十一號、第四十六號が該当する。回転椅子が比較的多いカタログは、図4-1に示した大正初期の秋田木工株式会社のもので、鳥取木工株式会社のカタログと多少類似性がある。

⑦の半円筒形タイプのアームチェアは、第十一號、第十二號が該当する。第九號、第十號も共通した要素がある。また、第十七號、第十八號の長椅子は、日本曲木工業合資会社のカタログでも指摘したように、コーン社のカタログでは半円筒形タイプのアームチェアとアームレスチェアが長椅子とセットになっている。したがって、鳥取木工株式会社は、セット化をせずに長椅子をカタログに掲載したことになる。筆者は第十一號、第十二號を半円筒形タイプのアームチェアと規定しているが、アームに直線部分があるので、完全な半円筒型ではない。しかし、上下の形状が馬蹄形をしているわけではない。陸上競技のトラックのように、半円に直線を一部加えた形状というのが正確な表現かもしれない。本書では的確な用語が見つからないので、便宜上すべて半円筒形としておく。

カタログには火鉢台が4種類、帽子・コート掛け兼用ステッキ置きが3種類掲載されており、日本の曲木家具業界が培ってきた伝統的な製品と、新たな製品が網羅されている。カタログとしては、総じてまとまったラインナップということができる。

3.9　合資会社山本曲木製作所

図5-41に示したのが山本曲木製作所のカタログで、これも旧小島班司コレクションに収められている。小島はこの制作年代を1930(昭和5)年としている。

カタログには合資会社山本曲木東京卸部、場所は東京市芝區愛宕町貳丁目という記載がある。東京の芝は明治時代より洋家具業が集積している地域であるため、卸部を設置したのであろう。大阪にも卸部がある。建築用曲木材料、自動車用曲木材料も取り扱っている。カタログのラインナップは少ないが「業界の一驚異　優良品の製作品　比類なき廉價の提供　共鳴者の注文殺到」をキャッチコピーとしているように、廉価を売り物に商売をしていたことは事実である。すなわち、ラインナップが少ないのは、会社の規模に規定されるというよりは、一つの製品の単価を下げるための戦略であるように感じる。

掲載されている製品は、トーネット社(1904年のカタログ)のコピー製品が多いので下記にその関連性を示す。
- 一號　　樂掛運動椅子　トーネット社 No.7028, 7029
- 二號　　帽子掛　トーネット社 No.10401, 10301
- 五號　　籘事務所用兼食堂用　トーネット社 No.18
- 七號　　腰掛　トーネット社 No.4701
- 十三號　籘張回轉椅子　トーネット社 No.5503
- 十四號・十六號　籘事務所用兼食堂用　トーネット社 No.14
- 十五號　腰掛　トーネット社 No.4501

山本曲木製作工場

製作品型録

- 業界の一驚異
- 優良品の製作品
- 比類なき廉價の提供
- 共鳴者の注文殺到

營業科目

曲木應用椅子
建築用曲木材料
洋家具用曲木材料
自動車用曲木材料
諸建築工事、洋樂器、煙管物一式請負
案内製圖師一式

合資會社 山本曲木東京卸部
東京市芝區愛宕町貳丁目
電話 芝(48)壹五八四番
本店工場 姫路市久保町
大阪卸部 大阪市西區靫北通壹丁目

◆ 各種共在庫品豊富即時發送ヲ實行
◆ 型錄以外ノ製品數十種アリ御照會ヲ乞フ

十五號　腰掛　總高 二尺三寸　座裡

十六號　籐張事務用兼食堂用　總高 二尺五寸　座裡

十三號　籐張回轉椅子　總高 二尺三寸　直徑

十一號　小卓子　總高 二尺三寸　徑（ベニア板使用）

九號　花臺　總高 三尺六寸

十四號　籐張事務用兼食堂用　總高 二尺三寸　座裡

十二號　圓形卓子　總高 二尺四寸　徑 二尺五寸（ベニア板使用）

十號　衝立　總高 五尺　横 四尺五寸（薄絹張）

図5-41①　合資会社山本曲木製作所カタログ

一號 樂掛運動椅子
總高 三尺六寸
座縱 一尺五寸
座橫 一尺四寸

三號 腰掛
總高 二尺九寸
座高 一尺五寸
座徑 一尺二寸

五號 籐張事務用兼食堂用
總高 三尺三寸
座高 一尺五寸五分
座徑 一尺三寸

七號 腰掛
高 一尺五寸
徑 一尺

二號 帽子掛
高 六尺
徑 一尺三寸

四號 籐張樂掛應接間用
總高 二尺九寸
座高 一尺五寸
座徑 一尺三寸

六號 店舗用輕便椅子
總高 二尺九寸
座高 一尺五寸五分
座徑 一尺○寸五分

八號 火鉢臺
高サ 二尺四寸
徑 一尺

弊工場の主義と自信

新時代の現實、文化生活、生活改善等は優良品の廉價提供を要求します。弊工場は克く此點に留意して、世界の大勢に順應すべく、專心研究し、品質本位にして絶對に完全なる製品の廉價提供、親切なる取扱ひを主義として居ります。弊工場は其製品の何れを不問、絶對に品質本位で永久の使用に耐へ寸毫の變狂なきを誇りと自信として社會奉仕の目的に努力して居ります。今後も更に一層の工夫と研究を續けてよりよき製品を造ることに勉めませう。

よき品は必らずよく賣れると云ふ樣に幸に在來品より一步進境にある、弊工場の製作品と弊所の主義と自信を認めらるゝ需要家及販賣家各位の共鳴の下に月に日に注文殺到の有樣を弊所の共鳴の下に此優良品の宣傳に御後援と御評判を切望致してみません。何卒更に一層の御引立の下に此優良品の宣傳に御後援と御評判を切望致します。以上

工場主白

特長

本器ハ部分的ニ取外シ得ルヲ以テ荷造容易
同 素人ニテモ番號ヲ附シアルヲ以テ組立自由ナリ
同 體裁優美ニシテ在來品ニ比シ數倍ノ耐久力アリ
同 夏期籐張ノ儘使用シ冬期蒲團ヲ附ス ルモ宜シ別ニ蒲團張モアリ

組立順序

圖ニ示セル(イ)腰掛ケ臺輪ノ番號ヲ見テ、(ロ)前足ノ穴ニ差込ミ、(チ)木捻ヲ以テ裏面ヨリ捻込(ハ)凭レ兼後脚ノ(ニ)臺輪穴へ、(ホ)棒通捻ヲ最モ堅ク捻付ケ更ニ(ニ)ノ下輪ヲ(ト)下輪穴へ挿入レ(チ)木捻ヲ以テ捻込ム順序ナリ

図5-41② 合資会社山本曲木製作所カタログ

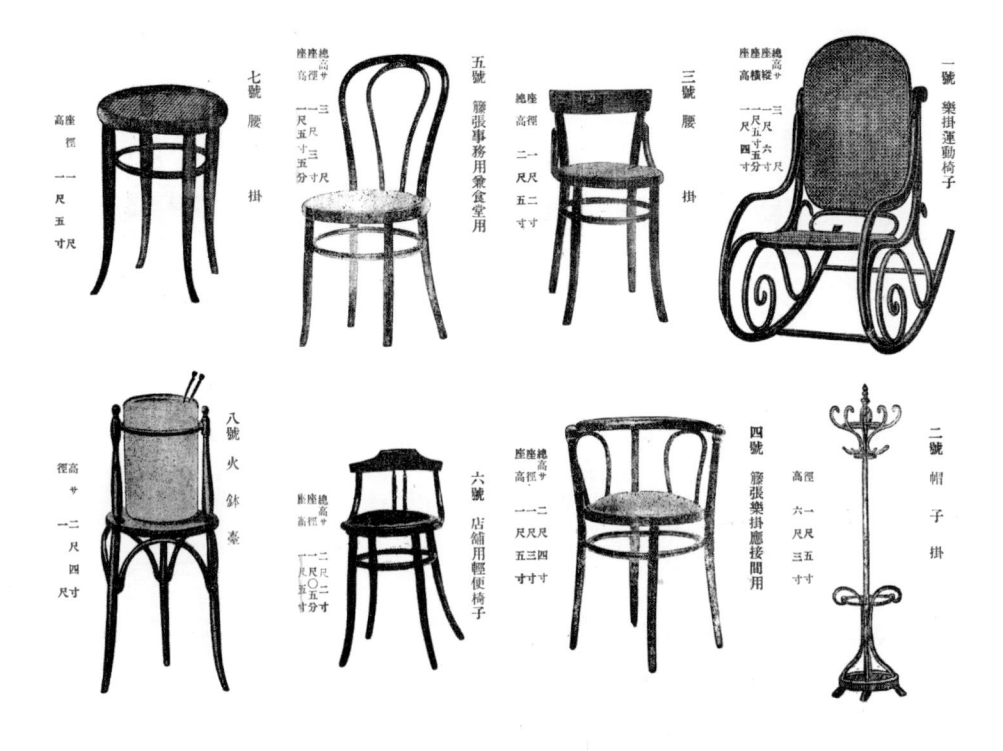

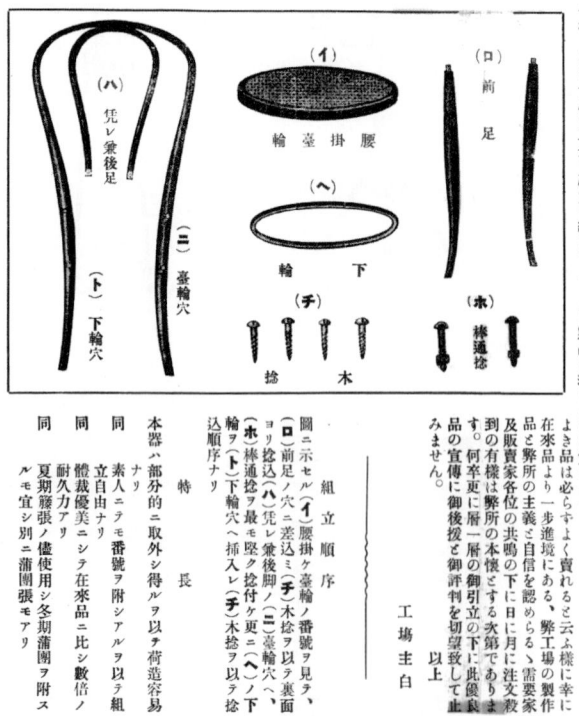

一號の樂掛運動椅子はトーネット社No.7028、7029と意匠は概ね等しい。しかし、トーネット社のものより少し大きく、完全なコピーとは言い難い。

二號の帽子掛下部に見られる雨水受けは、トーネット社のNo.10401、10301とは少し位置が異なる。

七號の腰掛は高さ一尺五寸(45.45cm)となっている。しかし、トーネット社はNo.4701に限らず、腰掛の高さは大抵47cmである。

トーネット社No.5503には、十三號の下部に見られるリングは使用されていない。座高は一尺三寸(39.39cm)となっているが、トーネット社のNo.5503は47cm(46-66)という表記があることから、可変タイプである。

十四號の14という数字は、トーネット社No.14に関連していることは言うまでもない。総高3尺(90.9cm)は、トーネット社No.14(90.0cm)に極めて近い。

十五號の腰掛は、総高が二尺三寸(69.69cm)である。トーネット社No.4501は70cmであるから、完全なコピー製品ということになる。

その他の製品にも一部トーネット社の意匠が取り入れられており、全体としてはトーネット社のロングセラー製品のコピーを中心にラインナップがなされている。そして八號の火鉢台に見られる、日本の曲木家具の定番になっている製品も取り込んでいる。半円筒形の椅子がラインナップにないのは、新しい意匠を性急に取り込む方針がないからで、技術力の問題ではない。

合資会社山本曲木製作所のカタログに見られる十二號圓形卓子は、秋田木工株式会社のカタログに掲載された図4-2③のNo.58とほとんど同じ意匠、構造である。また、三號および十五號の腰掛も、秋田木工株式会社のカタログNo.35、90、108と同じと考えられる。こうした製品の比較を通してみる限り、合資会社山本曲木製作所は、秋田木工株式会社の製品を参考にしていたことは明らかである。

4 新たに創業した曲木家具企業

筆者によるフィールド調査と文献史料調査によって、以下の企業が昭和初期(戦前期)に入って創業していることが明らかになった。

① 松本平三郎商店、1928(昭和3)年以前、兵庫県朝来郡生野町
② 昭和曲木工場、1928(昭和3)年、広島県佐伯郡廿日市町
③ 東曲木椅子製作所、1929(昭和4)年、奈良県奈良市
④ 鳥取家具工業株式会社、1931(昭和6)年、鳥取県鳥取市

4.1 松本平三郎商店

東京営林局が編集し、1930(昭和5)年に刊行した『闊葉樹利用調査書 第一輯 ぶな篇』[注43]には、兵庫県の曲木家具業に生野木材商店という記述がある。2002(平成14)年に兵庫県生野町(現在は朝来市生野町)でフィールド調査を行った。法務局には生野木材商店の登記簿は既になく、役場にもそのような名称の企業名を示す痕跡は見当たらない。郷土史家が収集していた資料

図5-42 『御大典紀念 生野營業地圖』

の中に、**図4-42**に示した『御大典紀念 生野営業地図』があり、松本平三郎商店が製材、製函、曲木椅子製造業として記載されている。当時の工場跡地付近で聞き取り調査を行った[注44]。

1935（昭和10）年あたりの工場は10名程度で作業を行っており、松本平三郎の子息である松本平太郎を中心に進められていた。『御大典紀念 生野営業地図』は1928（昭和3）年11月10日に発行されているので、松本平三郎商店が曲木家具製造を開始した時期は大正期の可能性もある。ではどこから曲木家具製造技術が伝えられたのだろうか。生野町から最も近い曲木家具製造業は、先に紹介した兵庫県姫路市の合資会社山本曲木製作所である。鉄道は姫路市を起点とする播但線の開業が早く、明治期に開通している。このことから、姫路市から技術が伝播したと考えるのが至当であろう。ただし、具体的な根拠があるわけではない。

図5-43　松本平三郎商店製作の椅子

松本平三郎商店のカタログは、生野町でも見つからない。しかし、戦前期に製造した椅子は地元に遺されているので、**図5-43**[注45]に示した。いわゆる半円筒型の椅子で、昭和初期に流行したものである。**図5-9②**の泉家具製作所、**図5-26③**の日本曲木工業合資会社の製品と類似性があり、ヨーロッパのコピー製品であることは間違いない。70年以上前に製作された椅子が、現在も大切に保管されている。和室で写真を撮影させていただいた。この椅子は脚の下にU字状の部材があるため、畳の上での使用も可能である。今後復活させたい椅子の一つである。

兵庫県生野町は鉱山で有名であるが、昭和初期に曲木家具が製造されていたことは、筆者の知る限りこれまで報告されたことはない。モダニズムは兵庫県の小さな町にも伝えられていたのである。

4.2　昭和曲木工場

昭和曲木工場は、山中武夫、山中忠によって1928（昭和3）年5月に創業され、12月になって工場は稼働する。初代社長の山中武夫は28歳と若く、これまでの経営者とは経歴が異なる。

山中武夫は広島県宮島町で生まれ、広島高等師範学校附属中学校から福岡県の明治専門学校（現在の九州工業大学）機械科へ進学する。山中の卒業論文は「木材強弱論」で、卒業制作は「曲木機械」であった[注46]。これまで紹介した曲木家具業で、社長自ら曲木に関連する研究をした人はいない。昭和曲木工場の製作技術は、社長が社員を教育するという極めて珍しい展開を示した。しかしながら、山中の学んだのは学校だけでなく、広島市の沼田木工所で曲木椅子製作方法も習得している。

昭和曲木工場の製作技術には不思議な部分が一つある。使用するブナ材を蒸煮しないで湯の中で煮ており、トーネット社の技術以前のウインザーチェアに用いられる古い方法で対応している。ボイラーと蒸煮釜は、明治末以来多くの曲木家具業が導入しているのに、山中はなぜか導入しなかったのである。どうもこの旧式の煮沸して木材を軟化させる方法は、山中が学んだ沼田木工所で行われた技法のようだ。

沼田木工所の創業者である沼田栄三郎は、大正中期に島根県鹿足郡六日市町（現在の吉賀町）の山中で、1年間職人を雇ってブナ材の曲木加工に取り組んでいる[注47]。沼田は海外または国内の曲木家具製作法を参考にしても、直接指導を受けていないのだから独学で研究を試みたのである。六日市町から半径5～10km圏内の山としては、平家岳(1,066m)、築山(1,007m)、鈴ノ大谷山(1,036m)がある。こうした山より少し遠いが、現在もブナの群生が見られるのは安蔵寺山(1,263m)である。また安蔵寺山の山麓には、木地師の集落がある。2011年夏に安蔵寺山とその周辺のフィールド調査を行った。その結果、沼田栄三郎はこの木地師に手伝ってもらい、安蔵寺山に産するブナで曲げ加工を試みたのではないかと感じた。木地師は轆轤の技術も持っており、福島県会津地方のようなブナ材の加工を行っていた可能性もある。沼田木工所を開業後も、沼田栄三郎は他社のようなボイラーによる蒸煮ではなく、鉄製の容器でブナを煮て軟化させたと推察される。この沼田木工所で山中武夫は修行をしたのだから、ブナを煮るという方法を踏襲したと読み取れる。明専で曲木機械の研究をした山中が、一貫して機械化を押し進めなかったのは意外である。

昭和曲木工場は、1932(昭和7)年1月1日に株式会社昭和曲木工場に改められた。そして、1933(昭和8)年6月には、沼田木工所と合併、マルニ木工株式会社となる。昭和曲木工場からマルニ木工株式会社への発展を、従業員数を通して見てみる[注48]。

1928(昭和3)年：従業員18名、1930(昭和5)年：63名、1931(昭和6)年：90名、1932(昭和7)年：90名、1933(昭和8)年：110名、1934(昭和9)年：190名、1935(昭和10)年：220名、1936(昭和11)年：270名、1937(昭和12)年：320名、1938(昭和13)年：380名、1939(昭和14)年：350名と推移し、昭和前期に急速な発展を遂げた。日本の曲木家具業としては西端に位置するマルニ木工株式会社だが、創建10年で日本を代表する企業となった。その全盛期の製品カタログが遺されているので、**図5-44**に示した[注49]。

図5-44は、110種類を超える多様なバリエーションを備えている。すべてを包括できるわけではないが、このラインナップは次のようなカテゴリーに大別される。
① ヨーロッパの曲木家具業で1910年以前から生産されているタイプ
No.1、No.3、No.4、No.5、No.7、No.11、No.30、No.31、No.39(特製)、
No.41、No.42、No.43、No.45、No.132
② ヨーロッパの曲木家具業で1910年以降に流行しているタイプ
No.33、No.60、No.61
③ ドイツ型
No.165(テーブル)、No.169、No.179、No.181(テーブル)

①はさらに細かく見ていくと、ヨーロッパのモデルを忠実に再現したタイプ、少しリデザインを施したものに分けることができる。前者の代表的なものは、No.30、No.31で、トーネット社のNo.18、No.14を正確にコピーしている。この二つの椅子は、既に世界で曲木椅子の定番と

図5-44① マルニ木工株式会社カタログ

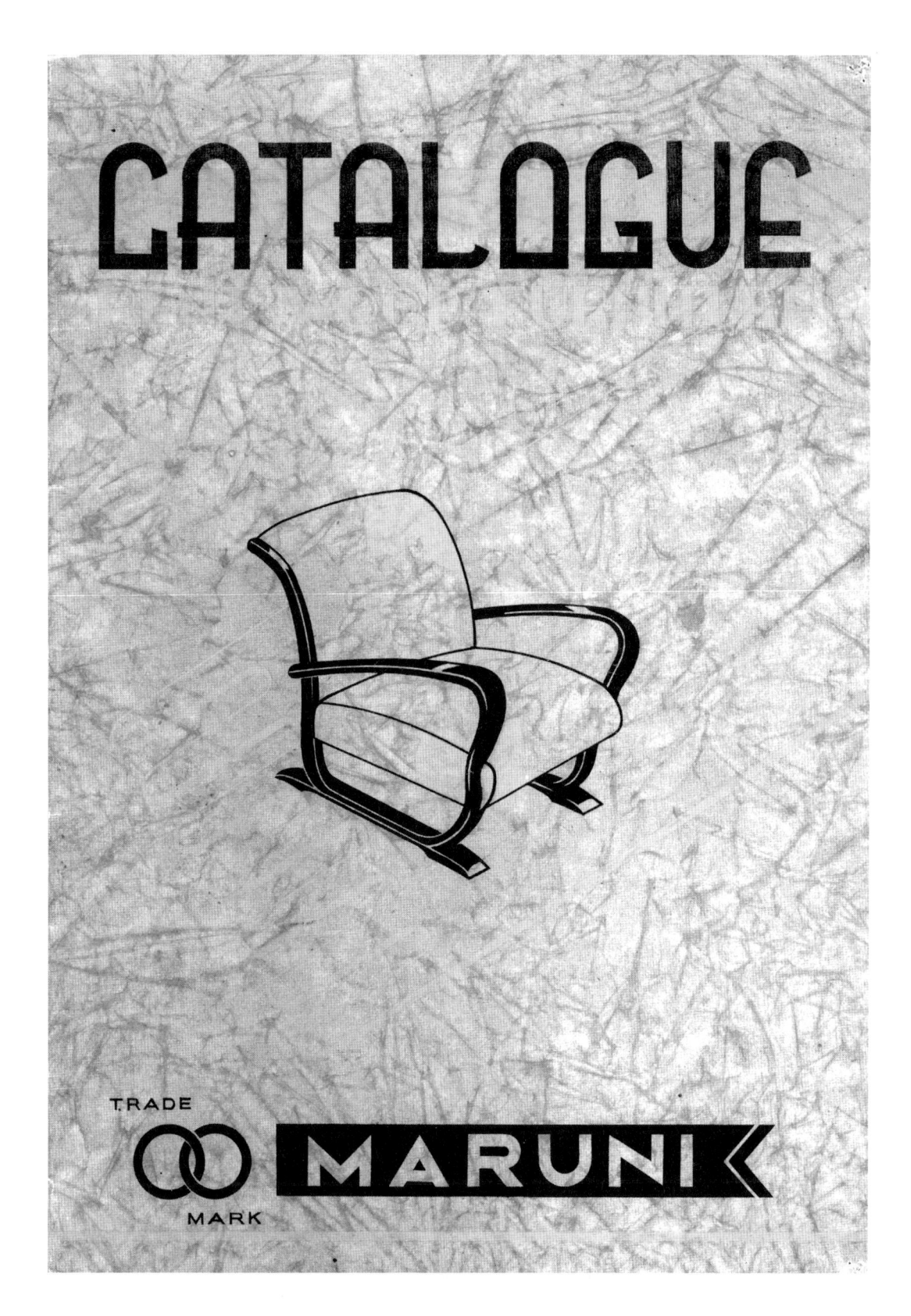

図5-44② マルニ木工株式会社カタログ

第5章　昭和初期における曲木家具

MARUNI

No. 1　　　　　　　　　　　　No. 3

No. 4　　　　　　　　　　　　No. 5

No.	凳　　高		坐　　高		坐　　徑	
1	2.30尺	70c.m.	1.50尺	46c.m.	1.15尺丸	dia 35c.m.
3	2.20 "	67c.m.	1.50 "	46 "	1.15 "	" 35 "
4	2.28 "	69 "	1.50 "	46 "	1.15 "	" 35 "
5	2.12 "	64 "	1.50 "	46 "	1.15 "	" 35 "

図5-44③　マルニ木工株式会社カタログ

No. 6　　　　　　　　　No. 7

No. 8 　　　　　　　　　No. 10

No.	凭　　　高	坐　　　高	坐　　　徑
6	凭　ナ　シ	1.50尺　46c.m.	1.15尺丸	dia 35c.m.
7	〃	1.50 ” 　46 ”	1.05尺丸	” 32 ”
8	2.65尺　80c.m.	1.50 ” 　46 ”	1.15×1.25尺 s.| 35×33c.m.
10	2.30 ” 　70 ”	1.45 ” 　44 ”	1.30×1.30 ”	39×39 ”

図5-44④　マルニ木工株式会社カタログ

第5章　昭和初期における曲木家具　259

MARUNI

No. 11　　　　　　　　　　No. 12

No. 30 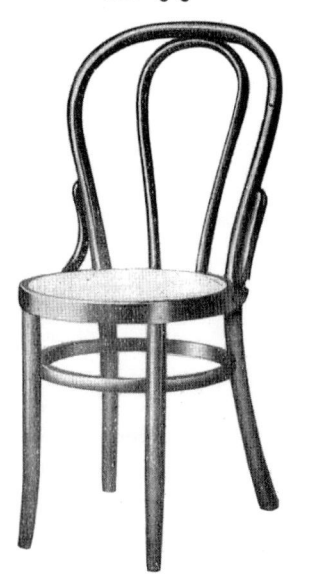　　　　　　　　　　No. 31

No.	凳　　高		坐　　高		坐　　径	
11	凳　ナシ		1.55尺	47c.m.	1.15 ＿．0尺	35×26½c.m.
12	2.25尺	68c.m.	1.50 ″	46 ″		″
30	2.90 ″	88 ″	1.50 ″	46 ″	1.30 丸	dia 39c.m.
31	2.90 ″	88 ″	1.50 ″	46 ″	1.30 丸	″ 39 ″

図5-44⑤　マルニ木工株式会社カタログ

MARUNI

No. 33

No. 35

No. 36

No. 38 (楢材)

No.	凭	高	坐	高	坐	徑
33	3.10尺	94 c.m.	1.50尺	46 c.m.	1.35×1.40尺	41×43 c.m.
35	2.85 ″	86½ ″	1.50 ″	46 ″	1.35×1.40 ″	41×43 ″
36	2.85 ″	86½ ″	1.50 ″	46 ″	1.35×1.40 ″	41×43 ″
38	3.00 ″	91 ″	1.40 ″	42½ ″	1.40×1.40 ″	42½×42½ ″

図5-44⑥　マルニ木工株式会社カタログ

MARUNI

No. 39　　　　　　　　　　　No. 39（特製）

No. 40　　　　　　　　　　　No. 41

No.	凳　高		坐　高		坐　徑	
39	3.10尺	94 c.m.	1.85尺	56 c.m.	1.10×1.13尺	33×34 c.m.
39特	3.10 〃	94 〃	1.85 〃	56 〃	1.10×1.13 〃	33×34 〃
40	2.80 〃	85 〃	1.45 〃	44 〃	1.25×1.25 〃	38×38 〃
41	2.80 〃	85 〃	1.45 〃	44 〃	1.35×1.40 〃	41×43 〃

図5-44⑦　マルニ木工株式会社カタログ

MARUNI

No. 42

No. 44

No. 43

No. 45

No.	凭　　高		坐　　高		坐　　　徑	
42	2.75尺	83½ c.m.	1.45尺	44 c.m.	1.35×1.40尺	41×42½ c.m.
44	3.00 "	91 　"	1.40 "	42½ "	1.40×1.40 "	42½×42½ "
43	2.90 "	88 　"	1.55 "	47 　"	1.35尺丸	dia 41 　"
45	2.70 "	82 　"	1.50 "	45 　"	1.30×1.40尺	39½×42½ "

図5-44⑧　マルニ木工株式会社カタログ

MARUNI

No. 46

No. 48

No. 49

No. 50

No.	凭　　高		坐　　高		坐　　徑	
46	3.00尺	91 c.m.	1.50尺	45 c.m	1.35 × 1.35尺	41 × 41 c.m.
48	3.30 ”	100 ’	1.45 ”	44 ’	1.30 × 1.35 ”	39½ × 41 ”
49	3.25 ’	98½ ’	1.50 ”	46 ’	1.40 × 1.40 ’	42½ × 42½ ”
50	2.70 ”	82 ”	1.50 ”	45½ ”	1.35 × 1.35 ”	41 × 41 ”

図5-44⑨　マルニ木工株式会社カタログ

MARUNI

No 60

No. 61

No. 62

No. 64

No.	凭	高	坐	高	坐	徑
60	2.25尺	68 c.m.	1.35尺	41 c.m.	1.50×1.60尺	46×49 c.m.
61	2.25 "	68 "	1.35 "	41 "	1.50×1.60 "	46×49 "
62	2.20 "	67 "	1.35 "	41 "	1.30丸	dia 39 "
64	2.25 "	68 "	1.35 "	41 "	1.50×1.60尺	46×49 "

図5-44⑩　マルニ木工株式会社カタログ

第5章　昭和初期における曲木家具　265

MARUNI

No. 65　　　　　　　　　　No.

No. 69 　　　　　　　　　　No. 70

No.	凭	高	坐	高	坐	徑
65	2.25尺	68c.m.	1.35尺	41c.m.	1.50×1.60尺	46×49c.m.
72	2.25 "	68 "	1.35 "	41 "	1.50×1.60 "	46×49 "
69	2.00 "	60½ "	1.19 "	33 "	1.70×1.85 "	51×56 "
70	2.50 "	76 "	1.25 "	38 "	1.70×1.70 "	51×51 "

図5-44⑪　マルニ木工株式会社カタログ

MARUNI

No. 100

No. 101

No. 102

No. 109 （結髪用）

No.	坐	徑
100	1.15尺丸	dia 35c.m.
101	1.15 ″丸	″ 35 ′
102	1.45×1.45尺	44×44 ″
109	1.45×1.45 ″	44×44 ″

図5-44⑫　マルニ木工株式会社カタログ

第5章　昭和初期における曲木家具　267

MARUNI

No. 103　　　　　　　　No. 104

No. 107 　　　　　　　　No. 108

No.	坐	徑
103	1.70×1.60尺	51×48c.m.
104	1.70×1.60 〃	51×48 〃
107	1.70×1.60 〃	51×48 〃
108	1.60×1.50 〃	48×46 〃

図5-44⑬　マルニ木工株式会社カタログ

No. 105

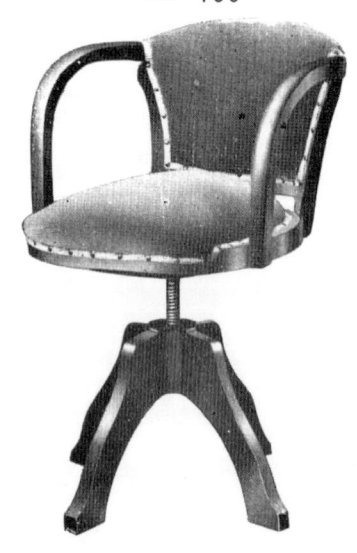

No. 110

No. 106

No. 111

No.	坐	徑
105	1.45×1.45尺	44×44c.m.
110	1.35×1.35 ″	41×41 ″
106	1.50×1.50 ″	46×46 ″
111	1.35×1.35 ″	41×41 ″

図5-44⑭　マルニ木工株式会社カタログ

第5章　昭和初期における曲木家具　　269

MARUNI

No. 112

No. 113

No. 114

No. 115

No.	坐	徑
112	1.15尺丸	dia 35c.m.
113	1.40×1.45尺	42½×44 〃
114	1.45×1.45 〃	44×44 〃
115	1.20尺丸	dia 36 〃

図5-44⑮　マルニ木工株式会社カタログ

MARUNI

No. 130

No. 131

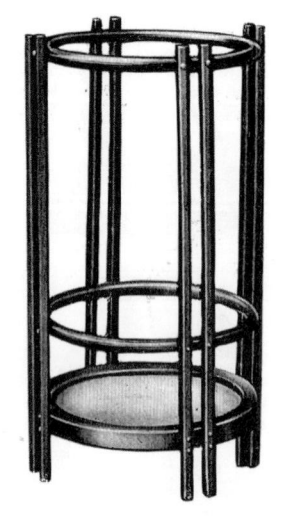

No. 132

No. 133

No.	高　　サ		徑	
130	1.95尺	59c.m.	1.00尺丸	dia 30c.m.
131	2.20 "	67 "	1.15 "	" 35 "
132	6.50 "	198 "	1.50 "	" 46 "
133	2.20 "	67 "	1.10×1.25尺	33×38 "

図5-44⑯　マルニ木工株式会社カタログ

MARUNI

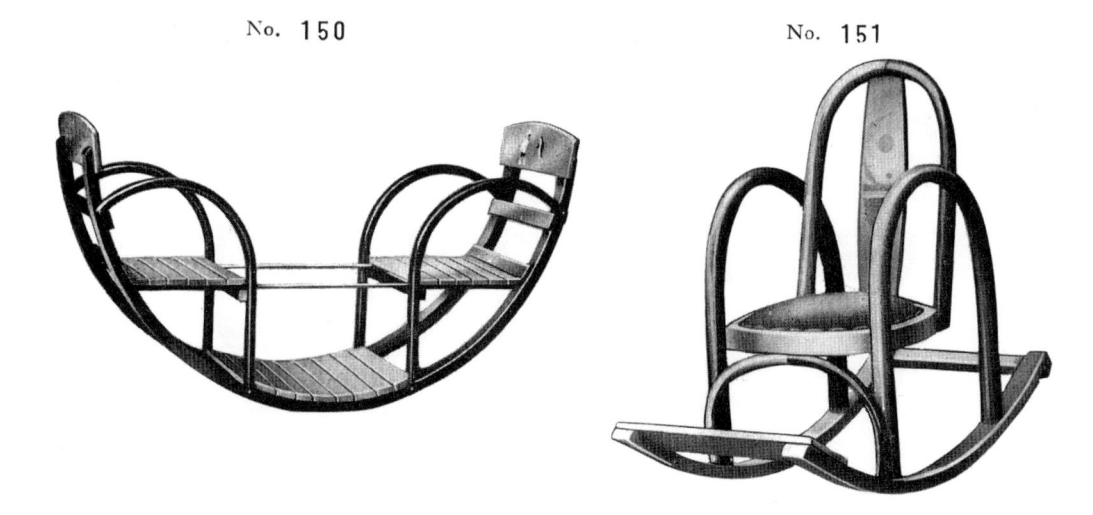

No. 144

No. 145

No. 150

No. 151

No.	凭	高		巾		坐	徑
144	2.80尺	85c.m.	1.15尺	35c.m	1.15×1.25尺	34½×37½c.m.
145	3.00 "	91 "	1.50 "	46 "	1.18×1.32 "	35½×40 "
150	全長3.70尺	112c.m.	1.50 "	46 "		
151	〃 2.80 "	85 "	1.20 "	36 "		

図5-44⑰　マルニ木工株式会社カタログ

No. 161 セット

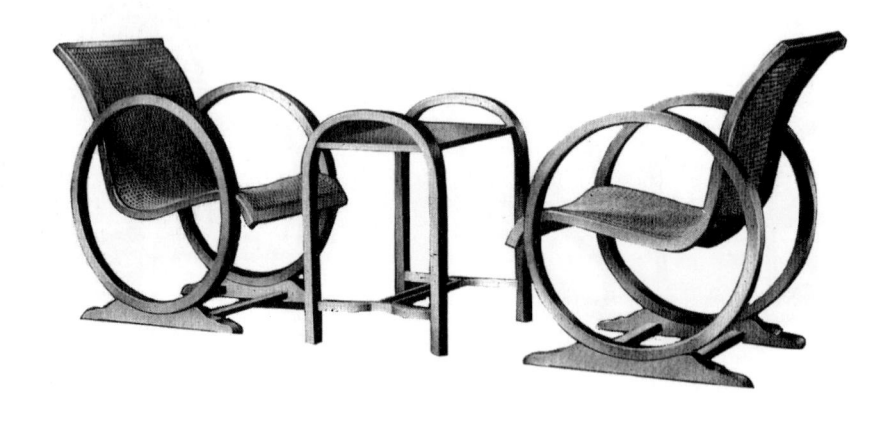

No, 164 セット

No.	凳	高	坐	高	坐	徑	
161 一人掛	2.80尺	85c.m.	1.20尺	36c.m.	2.25×2.20尺	68 ×67	c.m.
二人掛	2.80"	85 "	"	"	3.95×2.20"	120 ×67	"
丸卓子	高サ2.10"	64 "		天板	2.00尺丸	60½	"
164 椅子	2.75"	83 "	1.35尺	41c.m.	1.60×1.70尺	49 ×51	"
茶卓子	高サ1.85"	56 "		天板	1.40×2.00"	42½×60½	"

図5-44⑱　マルニ木工株式会社カタログ

MARUNI

No. 165 セット

No. 166 セット

No.		凳　　高		坐　　高		坐　　徑	
165	椅子	2.50尺	76c.m.	1.25尺	38c.m.	1.70×1.70尺	51½×51½c.m.
	丸卓子	高サ2.10″	64 ″	天板		2.20尺丸	67 ″
166	椅子	2.30″	70 ″	1.35尺	41c.m.	1.50×1.60尺	46×49 ″
	丸卓子	高サ2.20″	67 ″	天板		2尺丸	61 ″

図5-44⑲　マルニ木工株式会社カタログ

No. 167 セット

No. 168 セット

No.		凭　　高		坐　　高		坐　　徑	
167	椅　子	2.10尺	64 c.m.	1.35尺	41 c.m.	1.50×1.60尺	46×49 c.m.
	長椅子	2.10 〃	64 〃	1.35 〃	41 〃	3.40×1.70 〃	103×51 〃
	丸卓子	高サ2.10 〃	64 〃		天　板	2.20尺丸	67 〃
168	椅　子	2.25 〃	68 〃	1.35尺	41 c.m.	1.50×1.60尺	46×49 c.m.
	長椅子	2.25 〃	68 〃	1.35 〃	41 〃	3.40×1.70 〃	103×51 〃
	丸卓子	高サ2.10 〃	64 〃		天　板	2.10尺丸	64 〃

図5-44⑳　マルニ木工株式会社カタログ

第5章　昭和初期における曲木家具　　275

MARUNI

No. 169 セット

No. 170 セット

No.		凭　　高		坐　　高		坐　　徑	
166	椅子	2.00尺	60½c.m.	1.10尺	33c.m.	1.60×1.90尺	48×57½c.m.
	卓子	高サ1.85″	56　″	天板		1.80×2.40″	54½×72½″
170	椅子	2.50尺	76c.m.	1.25尺	38c.m.	1.70×1.70尺	51½×51½c.m.
	長椅子	2.50″	76　″	1.25″	38　″	3.40×1.70″	103×51½″
	丸卓子	高サ2.10″	64　″	天板		2.10尺丸	64　″

図5-44㉑　マルニ木工株式会社カタログ

No. 174 セット 籐

No. 174 セット 布

No.	凳　　高		坐　　高		坐　　徑	
174 椅子	2.80尺	85½c.m.	1.00尺	30½c.m.	1.75×1.80尺	53½×54½c.m
丸卓子	高サ1.75尺	53 "	天	板	2.00尺丸	dia 60½ "
外ニ同型長椅子付キ四品セットアリ						
174 長椅子	2.80尺	54½c.m.	1.00尺	30½c.m.	3.80×1.80尺	115×54½c.m.

図5-44㉒　マルニ木工株式会社カタログ

No. 171 セツト

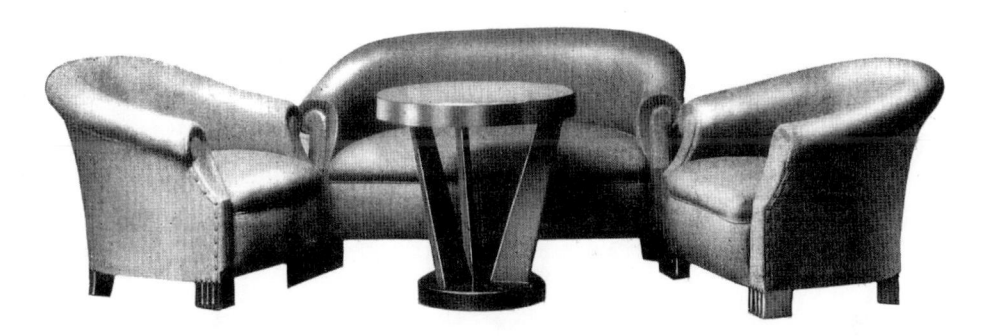

No. 175 セツト

No.		凭　　高		坐　　高		坐　　　徑	
171	椅　子	2.05尺	62 c.m.	1.10尺	34 c.m.	内 1.60×1.90尺	48½×58 c.m.
	長椅子	2.05 "	62 "	1.10 "	34 "	内 3.20×1.90 "	97×58 "
	丸卓子	高サ 2.10 "	64 "	天板		2.10尺丸	dia 46 "
175	椅　子	2.60 "	79 "	1.10尺	33 c.m.	1.55×1.70尺	47×51½ "
	長椅子	2.60 "	79 "	1.10 "	33 "	3.90×1.70 "	118×51½ "
	丸卓子	高サ 2.00 "	60½"	天板		2.00尺丸	dia 60½ "

図5-44㉓　マルニ木工株式会社カタログ

No. 177 セット

No. 178 セット

No.		凭　　　高		坐　　　高		坐　　　　徑	
177	肘 掛	2.60尺	79 c.m.	1.10尺	33 c.m.	1.70×2.00尺	51½×60½ c.m.
	肘ナシ	2.40 "	72½ "	1.20 "	36 "	1.50×1.65 "	45½×50 "
	丸卓子	高サ2.00 "	60½ "	天 板		2.00尺丸	dia　60½ "
178	椅 子	2.70 "	82 c.m.	1.00尺	30½ c.m.	1.70×1.80尺	51½×54½ c.m.
	卓 子	高サ1.90 "	57½ "	天 板		2.00尺角	60½×60½ "

図5-44㉔　マルニ木工株式会社カタログ

MARUNI

No. 179 セット

No. 180 セット

No.		凭　　高		坐　　高		坐　　徑	
179	肘掛	2.30尺	69½c.m.	1.05尺	32 c.m.	1.60×1.70尺	48½×51½c.m.
	肘ナシ	2.50 ”	76 ”	1.20 ”	36½ ”	1.45×1.50 ”	44 ×45½ ”
	丸卓子	高サ2.00 ”	60½ ”	天板		2.00尺丸	dia 60½ ”
180	椅子	2.85尺	86 ”	1.40尺	42½c.m.	1.40×1.70尺	42½×51½ ”
	卓子	高サ2.00 ”	60½ ”	天板		1.60×3.50 ”	48½×75½ ”

図5-44㉕　マルニ木工株式会社カタログ

No. 181 セット

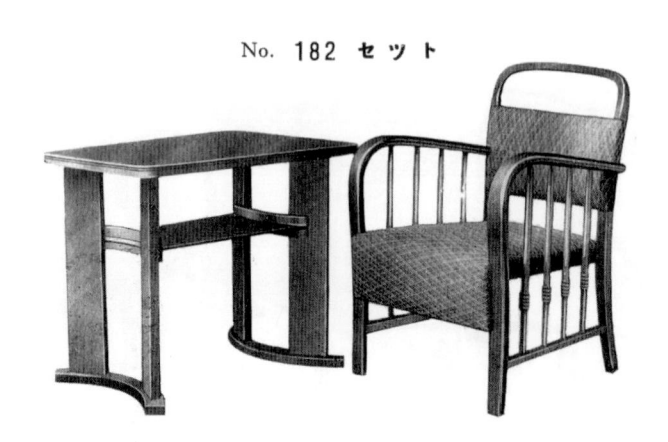

No. 182 セット

No.		凭　　高		坐　　高		坐　　徑	
181	肘　掛	2.30尺	69½c.m.	1.10尺	33c.m.	1.80×1.70尺	54　×51½c.m.
	肘ナシ	2.50 ″	76　″	1.20 ″	36　″	1.50×1.55 ″	45½×47　″
	丸卓子	高サ2.00 ′	60½ ″		天　板	2.00丸尺	dia 60½ ″
182	椅　子	2.75尺	83　″	1.35尺	41c.m.	1.45×1.80尺	44　×54　″
	卓　子	高サ2.00 ″	60½ ″		天　板	1.40×2.20 ″	42½×66½ ″

図5-44㉖　マルニ木工株式会社カタログ

第5章　昭和初期における曲木家具　　281

MARUNI

No. 183 セット

No. 184 セット

No.		凳　　高		坐　　高		坐　　　徑	
183	椅子	2.85尺	86c.m.	1.20尺	36c.m.	1.70×1.80尺	51½×54½c.m.
	卓子	高サ1.80"	54½"	天板		1.40×2.20"	42½×66½"
184	椅子	2.80	85½"	1.00尺	33c.m.	1.60×1.80	48½×54½"
	卓子	高サ1.80"	54½"	天板		2.00尺丸	dia 60½"

図5-44㉗　マルニ木工株式会社カタログ

No. 200
No. 201 分解式高低兩用机

分　解　圖

No.		高　　サ		間　　口		奥　　行	
200	小	腰掛用 2.50尺 坐　用 1.25 〃	76c.m. 38 〃	3.00尺	91c.m.	2.00尺	60½c.m.
201	大	腰掛用 2.50 〃 坐　用 1.25 〃	76 〃 38 〃	2.50尺	106c.m.	2.40尺	72½c.m.

図5-44㉘　マルニ木工株式会社カタログ

MARUNI

No. 202

No 203

No.	高 サ		間 口		奥 行	
202 卓子	2.05尺	62c.m.	2.20尺	66½c.m.	1.60尺	48c.m.
椅子	凭高2.00〃	60½〃	坐高1.25〃	38 〃	坐徑1.10×1.13尺	33½×34 〃
203 卓子	2.40〃	72½〃	2.70〃	82 〃	1.85尺	56 〃
椅子	凭高2.20〃	66½〃	坐高1.45〃	44 〃	坐徑1.15×1.20尺	35×36 〃

図5-44㉙　マルニ木工株式会社カタログ

No. 204

No.		高サ		巾		奥行	
204	菊 六板段	5 尺	151½c.m.	2.80尺	85c.m.	8 寸	24c.m.
	松 五板段	4 "	121 "	2.50"	76 "	8 "	24 "
	竹 四板段	3 "	91 "	2.00"	60½"	7.5 "	22½"
	梅 三板段	2.20 "	66½ "	1.50"	45½"	7 "	21 "

三板段ヲ除キ各種共下部戸付キ、戸ナシノ二種アリ

図5-44㉚　マルニ木工株式会社カタログ

第5章　昭和初期における曲木家具　　285

MARUNI

No. 205

No.	高　　サ		間　　口		奥　　行	
205 卓子	2.50尺	57c.m.	3.00尺	91c.m.	2.00尺	60½c.m.
椅子	凭高 2.35″	71 ″	坐高 1.45″	44 ″	坐徑 1.25×1.20尺	38×36 ″

図5-44㉛　マルニ木工株式会社カタログ

なっていたので、リデザインする余地がなかったのである。

　今回①に入れなかった製品においても、ヨーロッパの伝統的な製品をリデザインしたものが散見される。リデザインの重要な要素に座面のクッションを挙げることができる。長時間使用する椅子、例えば回転椅子の類はコイルスプリングも含め、何らかのクッション性を有し、布張りにして仕上げている。こうした座り心地に関する工夫は、1920年代にヨーロッパのドイツで開発されたカンチレバー構造の椅子にも見られる。日本でリデザインされたカンチレバーの椅子は、やはり座面のクッションに特徴がある[注50]。ダイニングチェアはオリジナルのコピーが多いのに対し、休息用の椅子には座面にクッションを付加したものが目立つ。

　図5-44には回転椅子と応接セットが多い。回転椅子は戦前期のステータスシンボルであった。インテリ層を中心に需要があり、両袖机とセット化して使われていた。1950（昭和25）年に公開された映画『宗方姉妹』でも、図5-44に掲載された回転椅子に類似したものが使用されている。この回転椅子の意匠で問題となるのは脚の部分である。図4-1⑦に示した大正初期の秋田木工株式会社カタログでは、回転椅子が9例見られる。この中で、第七十一號の脚は他と構造が異なる。他の脚はトーネット社のカタログと同じように丸棒を曲げて成形しているのに対し、第七十一號は厚いソリッド材の板を削って成形している。図5-44に見られる回転椅子は、リング状の補強を施しているが、すべて板材の削りによる成形を行っている。こうした脚のオリジナルはヨーロッパとは限らない。図5-45、5-46[注51]は、1895年から1908年あたりのアメリカ家具のカタログに掲載された回転椅子で、脚に曲げ加工は施していない。この事例を通して見る限り、マルニ木工株式会社の回転椅子は、アメリカの製品を参考にしていた可能性がある。

　応接セットには、ドイツ型の意匠が取り入れられている。ところが、先に紹介した図5-38の

図5-45　アメリカの回転椅子　　　　　　　　図5-46　アメリカの回転椅子

東洋木工株式会社カタログに見られるドイツ型の椅子に比較すると、使用する木材の厚みがやや薄い。また、細かな曲面成形が認められるなど、明らかに違いがある。ただし、机に関しては強い類似性があることから、マルニ木工株式会社の応接セットの椅子には、独自の意匠が加えられていると推察される。その代表的な事例がNo.183セットである。この椅子の形態はウインザーチェアと共通性がある。座面がソリッドで構成されているという確証はないが、後ろの脚は座面に突き刺していないと説明がつかない。問題なのは、この後ろ脚の角度が低すぎる点である。荷重が脚の上部に集中することから、補強を施して荷重を分散させている。しかし、どう見ても構造に無理があり、更に改良する必要がある。それでも、こうした果敢な試みは高く評価しなければならない。

第一次大戦後の大正中期あたりから、インテリ層の生活に椅子坐が進展したことはよく知られている。応接間の新設と応接セットを備える習慣は、昭和初期には上流階級だけでなく、中流家庭でも少しずつ広がりを見せる。図5-44のカタログは、椅子坐を取り込んだ戦前期の成熟した日本文化を示している言っても過言ではない。多様な応接セットのラインナップに、当時の富裕層の嗜好を垣間見ることができる。気を付けなければならないのは、カタログのラインナップと生産高との関係で、確かに応接セットのラインナップは多いが、生産高は月20セット売れる程度であった[注52]。それでもマルニ木工株式会社が戦後に力を入れたのは高級な応接セットであるから、戦前期に培ったデザイン力は企業として一つの財産となった。

No.204に4種類の棚がラインナップに加えられている。先の図5-13に示した秋田木工株式会社のカタログにも組み立て式の棚が掲載されていた。組み立て式＝ノックダウン方式の家具製作に、曲木家具業が取り組む目的があった。

マルニ木工株式会社も海外に曲木椅子を輸出していた。カタログが遺されているので図5-47に示した。制作年代は1938～1939（昭和13～14）年とされ、中国大陸や東南アジアが相手国である[注53]。これまで紹介した日本曲木工業合資会社、飛騨木工株式会社の輸出用カタログに比較して製品のラインナップが少ない。そしてロングセラーとなっているヨーロッパの製品をコピーしたものに限っている。そのコピーも2種類あり、完全なコピーと、No.8/SやNo.5/Rに見られる座面にクッションを付加したタイプに大別できる。ここにも日本的な曲木椅子の発展が見られ、ヨーロッパの製品を単に模倣しているだけではない。

家具の輸出に関しては、社史で次のようなエピソードが取り上げられている。従業員が1941（昭和16）年に召集をうけ、中国の海南島に上陸した際、町でマルニ木工株式会社の製品であるNo.1、No.30が使用されていて驚いたというのである[注54]。南京や上海ならそう珍しい現象でもないだろうが、海南島は大都市から離れている。輸出量に関しては社史でも示されていないので、マルニ木工株式会社の経営に占める割合は大きくなかったと推察するが、日中戦争の戦時下のことであるので具体的な実態はつかめない。

図5-47のカタログには「How to Construct No.31/R.」という組立図が掲載されている。このことから、輸出品はトーネット社が開発したパーツでの梱包を採用していたことは間違いない。つまり、ノックダウン可能な製品だけを輸出していたのである。

4.3　鳥取家具工業株式会社

鳥取市の曲木家具業については、大正初期に創業した協立物産木工株式会社、1921（大正10）

年創業の鳥取木工株式会社を紹介した。この二つの企業との関係も検証する必要があったので、1997年、2001年に鳥取市で聞き取り調査を実施した。1997年当時は、鳥取家具工業株式会社が会社更生法により再建され、工場も規模は小さくなったが稼働していたので、比較的新しい時期の実態はこのときの調査資料、また創業期の実態は、2001年の聞き取り調査[注55]から得た資料をまとめた。本章では創業時の実態について紹介する。

鳥取家具工業株式会社の創業者は松浦武儀で、大阪高商（現大阪市立大学商学部）を卒業して、鳥取一中の英語教師をしていたという珍しい経歴の持ち主である。鳥取家具工業株式会社創業以前には、鳥取木工株式会社に勤務（共同経営者として参画）している。そこでの経験が創業と深く関わっていることは事実であるが、実父の山家恒二が家具業を営んでいたことも大きな影響を与えているように思える。

鳥取家具工業株式会社は、鳥取木工株式会社に勤務していた松浦武儀と谷田与一の二人が中心となって1931（昭和6）年に創建した[注56]。谷田は曲木加工の技術者であった。いわば、鳥取木工株式会社の社員二人が独立した会社が、鳥取家具工業株式会社ということになる。

鳥取家具工業株式会社の社長であった松浦武儀は、秋田木工株式会社と交流があった。特に、1947（昭和22）年に社長に就任した長崎源之助とは親しかったようだ[注57]。長崎は、1926（昭和元）年に秋田木工株式会社湯沢工場長となる。松浦は秋田木工株式会社の技術供与を長崎を通して受け、独立した可能性がある。だとすれば、先行する鳥取木工株式会社も、秋田木工株式会社と何らかの交流があった可能性がある。

旧小島コレクションの中には、1935（昭和10）年に制作された鳥取家具工業株式会社のカタログが含まれているので、図5-48に示した。

ラインナップは44で、内訳は椅子（28）、応接セット（2）、卓子（4）、花台（3）、書棚（1）、帽子掛（1）、火鉢台（4）、傘立（1）となっている。先に紹介したマルニ木工株式会社の半分以下の種類で、特に応接セットの数が少ない。トーネット社のロングセラーの椅子をコピーした製品は意外に少ない。全体としては、20世紀に入ってから流行している椅子類が目立つ。それでも日本の曲木家具の定番となっている火鉢台が4と多く、製品に極端な偏りはない。

椅子の座面に着目すると、クッションの類を付加したタイプは19で、休息用の椅子には程度の差こそあれ、すべてクッションが付けられている。ダイニングチェアにも2例クッションを付けている。では、こうした傾向がトーネット社に認められないかといえば、20世紀に開発された長椅子、アームチェア、アームレスチェアのセットには、数多く見られる。半円筒形タイプのアームチェアは、3点セットの一つであるため、元々必ずクッションが付いている。この流行をセットではなく、単品の椅子にして用いたところに、日本の曲木家具業独自の改良意識がある。

鳥取家具工業株式会社は、輸出用カタログも小島コレクションに遺されているので、図5-49に示した。小島はこのカタログを1938（昭和13）年制作と規定している。図5-49に、KOBE BRANCH、OSAKA BRANCHという記載があることから、神戸営業所と大阪営業所で輸出家具を扱っていたのであろう。輸出品は、定番となっている折り畳み椅子と、トーネット社のコピー製品である。折り畳み椅子の座面は高さが45.5cmと47cm、曲木椅子はすべて46cmに統一されている。他社の輸出用カタログに見られるダイニングチェアの高さは、下記に示した内容である。（ ）内は製品数である。

CATALOGUE OF BENT WOOD FURNITURE

MARUNI BENT WOOD FURNITURE

NUMBER OF CHAIR

Each "number" indicates style of chair, and leg bindings are abbreviated as follows:

    R.........Ring   No. 1/R. No. 3/R. No. 43/R.
    S.........Square No. 8/S.
    3 B......3 Braces No. 40/3B. No. 41/3B.
    4 B......4 Braces No. 32/4B.
    U ......U Shape stretcher No 33/U.

UPHOLSTERING

Rattan, wood, veneer wood, brocke, plush, tapestry, immitation leather cloth & etc.

LACQUERING

Mahogany, black, oak, brown, walnut, vermilion light oak, natural & etc.

How to Construct No. 31/R.

Parts of same number to be gathered and constructed in one chair.

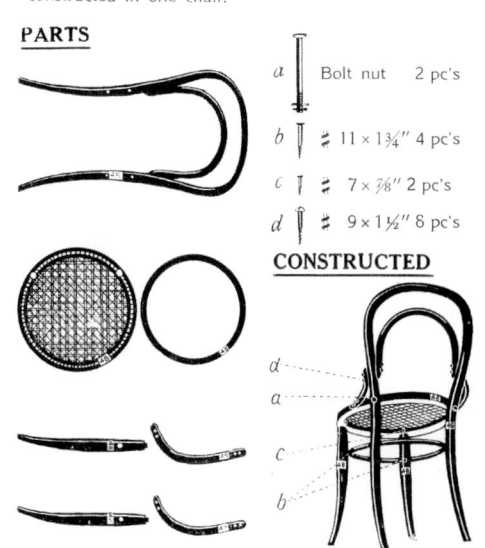

PARTS

a	Bolt nut 2 pc's
b	11 × 1¾" 4 pc's
c	7 × ⅞" 2 pc's
d	9 × 1½" 8 pc's

CONSTRUCTED

図5-47① マルニ木工株式会社カタログ（輸出用）

MARUNI

NO. 8/S
Back Height　80 c.m
Seat Height　46 c.m
Seat Size　35×38 c.m
Contents．3 dozen in parts.
Size：About 24 cu. ft.
Weight：Gross 180 kgs. Net 123 kgs.

NO. 30/R
Back Height　88 c.m
Seat Height　46 c.m
Seat Size　39 c.m
Contents：3 dozen in parts
Size：About 30 cu. ft.
Weight：Gross 180 kgs. Net 120 kgs.

NO. 31/R
Back Height　88 c.m
Seat Height　46 c.m
Seat Size　39 c.m
Contents：3 dozen in parts.
Size：About 30 cu. ft.
Weight：Gross 180 kgs. Net 120 kgs

MARUNI

NO. 1/R
Back Height　70 c.m
Seat Height　46 c.m
Seat Size　35 c.m
Packing case contains 3 dozen in parts.
Size：About 21 cubic feet.
Weight：Gross 160 kgs. Net 102 kgs

NO. 3/R
Back Height　67 c.m
Seat Height　46 c.m
Seat Size　35 c.m
Contents：3 dozen in parts.
Size：About 22 cu. ft.
Weight：Gross 170 kgs. Net 122 kgs.

NO. 5/R
Back Height　64 c.m
Seat Height　46 c.m
Seat Size　35 c.m
Contents：3 dozen in parts.
Size：About 23 cu. ft.
Weight：Gross 180 kgs. Net 123 kgs.

図5-47②　マルニ木工株式会社カタログ（輸出用）

カタログ

營業種目

曲木家具並ニ
一般家具製作
室内装飾設計
家具材料一式

TRADE MARK

鳥取家具工業株式會社
鳥取市吉方三二〇
電話 三一六番
振替 大阪八五七二六番

東京出張所
東京市本郷區金助町六八
電話 小石川二、五七四番

大阪出張所
大阪市東區淡路町三丁目一八
電話 本局五、七三九番

商品陳列部
大阪市西區南堀江下通四丁目三
電話 櫻川二、三五六番

生産ノ合理化ニ依リ大量製作ト品質本位ヲ以テ現下經濟界ニ順應セル經營ナルガ故ニ必ズ各位ノ御期待ニ添ヒ得ルヲ其ノ確信罷在候精々御利用御愛顧願上度候
トラック仕上ノ他ニ漆塗
尚普通ラック仕上ノ他ニ
製品モ有之候

図5-48①　鳥取家具工業株式会社カタログ

第 二 號　　　　　　　　　　　　第 一 號

二號　大　總高　二尺九寸　座徑　尺三寸　　　一號　大　總高　二尺九寸　座徑　尺三寸
二號　小　同　　二尺七寸　同　　尺二寸　　　一號　　　同　　二尺七寸　座徑　尺二寸

第 六 號　　　　　　　　　　　　第 四 號

竹節廻轉　座徑　尺三寸　　　　　　　四號　大　座徑　一尺一寸五分
結髮用廻轉　　　　　　　　　　　　　四號　小　同　　一　　尺
　　　　　　　　　　　　　　　　　　五號　布張大小各種

第 八 號　　　　　　　　　　　　第 七 號

大　座徑　一尺一寸五分　　　　　　　廻轉椅子
小　同　　一　　尺　　　　　　　　　藤張布張各種

図5-48②　鳥取家具工業株式会社カタログ

第5章　昭和初期における曲木家具　293

新第十號

樂掛椅子
布張レザー張

第九號

脊巻樂掛椅子
第10號同型脊巻ナシ
座徑　尺六寸

第十二號

肱掛椅子　座徑　尺五寸
布　張　籐　張

第十一號

應接用肱掛椅子
座徑　尺六寸
檜欅製各種

第十四號

肱付高級廻轉椅子
座徑　尺六寸

第十三號

應接用　食堂用
布張　籐張　座徑　尺五寸

図5-48③　鳥取家具工業株式会社カタログ

第十六號

事務用廻轉椅子
座徑 尺四寸

第十五號

肱掛椅子
總高 二尺三寸 座徑一尺三寸
布張籐張各種

第十九號

傘立 大 尺一五
　　 小 尺〇
銅落シ入

第十七號

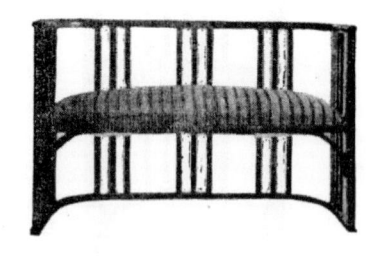

長椅子 間口四尺
10號型 11號型各種

第二十一號

火鉢（銅落シ入）

第二十號

應接丸卓子
各種

図5-48④　鳥取家具工業株式会社カタログ

第5章　昭和初期における曲木家具　　295

第二十四號

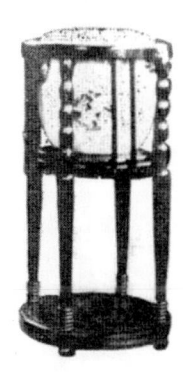

火鉢臺

第二十三號

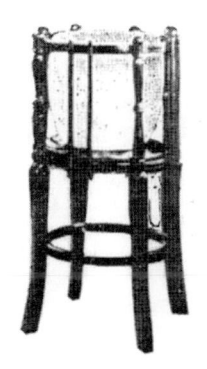

火鉢臺

第二十六號

張包椅子

第二十五號

火鉢臺

第二十八號

脊張肱掛椅子
間口尺五寸

第二十七號

茶卓子
大徑尺五
小徑尺三

図5-48⑤　鳥取家具工業株式会社カタログ

第三十號

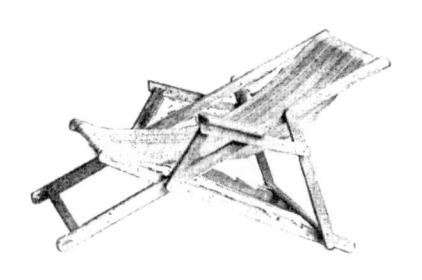

第30號 肱付
第31號 肱ナシ
布張デッキ椅子
檜製、欅製各種

第二十九號

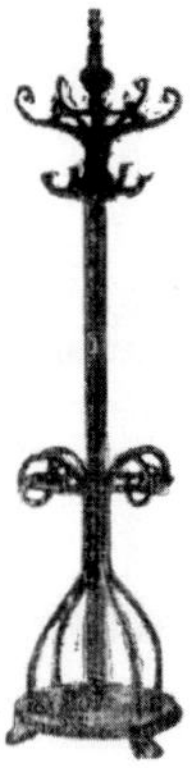

帽子掛
A 下渦四本
B 下渦三本

第三十六號

組立書棚
第36號　三尺×四尺
第37號　二尺×三尺

第三十四號

折疊椅子

第三十九號セット

丸　卓　子　　一　個
樂掛椅子　　二　脚

第三十八號セット

肱掛椅子　　二　脚
小　椅　子　　二　脚
卓　　子　　一　個

図5-48⑥　鳥取家具工業株式会社カタログ

第5章　昭和初期における曲木家具　　297

第四十二號　　　　　　第四十號

肱掛椅子　座徑　一尺三寸　　　幼兒運動椅子

第四十五號　　　第四十四號　第四十三號

曲木應用卓子
徑　二尺内外　　　　小花臺　　　花臺

第五十號　　　　　　第四十八號

食堂椅子　座徑　尺三寸　　　脊張食堂椅子

図5-48⑦　鳥取家具工業株式会社カタログ

第五十二號　　　　　　　第五十一號

應接用樂掛椅子　　　　事務用廻轉椅子
　座徑　尺六寸　　　　　座徑　尺三寸

第五十四號　　　　　　　第五十三號

花臺　徑一尺　　　　　　徑　二尺
　高サ　二尺七寸

第五十六號　　　　　　　第五十五號

食堂椅子　　　　　カフェー　食堂用樂掛
座徑　尺四寸　　　　　座徑　尺七寸

図5-48⑧　鳥取家具工業株式会社カタログ

TOTTORI KAGU KOGYO Co., LT

FOLDING CHAIR

Practical and smart Folding Chair for homes, restaurant, public halls, or camps.

FEATURES

1. Fold and open easily.
2. Elastic seat covered with fine leather cloth or comfortably concaved seat made of Veneers.
3. Small bulk and weight.
4. Made of beech wood.
5. Finished in teak colour lacquered, beautiful in appearance.

BENTWOOD CHAIR

With Rattan seat or concaved seat made of Veneers.
Lacquered in Mahogany colour.

Folding Chair No. 33

Chair 90cm. high
Seat 45½cm. high
Size of Seat 37 × 33½ cm.

Folding Chair No. 34

Chair 90cm. high
Seat 45½cm. high
Size of Seat 37 × 33½ cm.

BENTWOOD CHAIR No. 1

BENTWOOD CHAIR No. 2

BENTWOOD CHAIR No. 3

No. 1 & No. 2
Chair 88cm. high
Seat 46cm. high
and 40cm. in diameter

(No. 1 & No. 2 Small
Chair 85cm. high
Seat 46cm. high
and 36cm. in diameter)

Chair 90cm. high
Seat 46cm. high
and 40cm. in diameter

HEAD OFFICE AND FACTORY　　　　　**KOBE**
Yoshikata Tottorishi

図5-49① 鳥取家具工業株式会社カタログ（輸出用）

BENTWOOD FURNITURES-

Folding Chair No. 35

Folding Chair No. 34
One dozen chairs accumulated

Chair 90cm. high
Seat 47cm. high
Size of Seat 37 × 36½ cm.

Size 48 cm. high
45 cm. wide
90 cm. long

Article Number	How Packed	Quantity (Doz.)	Measmt (Cft.)	Weight (Kg.)
1	Knock-down Style	2	21	120
1 (Small)	″	2	19	100
2	″	2	21	120
2 (Small)	″	2	19	100
3	″	2	24	120
4	″	2	16	100
5	″	2	16	105
8	″	3	14	105
33	Set up	1½	15	90
34	″	1½	15	85
35	″	1½	24	100

BENTWOOD CHAIR No. 4

BENTWOOD CHAIR No. 5

BENTWOOD CHAIR No. 8

Chair 70cm. high
Seat 46cm. high
and 35cm. in diameter

Chair 70cm. high
Seat 46cm. high
and 35cm. in diameter

Seat 46cm. high
and 35cm. in diameter

NCH :
hidori Fukiaiku

OSAKA BRANCH :
Minamihorie Shimodori Nishiku

S. 13

図5-49②　鳥取家具工業株式会社カタログ（輸出用）

① 飛驒木工株式会社輸出用カタログ：44cm
　（4）、46cm（2）
② 日本曲木工業合資会社輸出用カタログ：
　45cm（12）
③ マルニ木工株式会社輸出用カタログ：
　46cm（6）

　①〜③を見る限り、座面の高さは必ずしも46cmに統一されているわけではない。それでも44〜46cmに設定されていることは、トーネット社に代表されるヨーロッパの曲木椅子に準じた高さにしたと読み取るべきであろう。図4-2に示した大正末期から昭和初期に制作された秋田木工株式会社のカタログでは、ダイニングチェアは、1尺5寸2分（46cm）〜1尺5寸5分（47cm）に統一されている。つまり、昭和初期には曲木のダイニングチェアは、国内製品と輸出製品は座面の高さが同じであった。現在、秋田木工株式会社のダイニングチェアは、43cmに座面高が設定されている。長い年月を経て、日本の一般的な椅子の座面高に移行した。

図5-50　鳥取家具工業株式会社の広告『大阪市商工名鑑』

　1936（昭和11）年の『大阪市商工名鑑』に掲載された鳥取家具工業株式会社の広告を、図5-50に示した。1931（昭和6）年に創業してから5年程度しか経過していないが、神戸市と大阪市に販売所を設けている。マルニ木工株式会社同様、毎年急速な発展を遂げていることが理解できる。1935年に制作された図5-48のカタログでは、東京出張所の記載がある。しかし、図5-50には認められない。おそらく、図5-50が大阪市とその周辺地区を商売の対象としているため、東京出張所は敢えて加えなかったのであろう。

　昭和に入って創業したマルニ木工株式会社、鳥取家具工業株式会社は、企業の大規模化、製品の量産化に向かって突き進む。図5-50に見られる「親切と薄利多賣主義」というキャッチコピーが、そうした企業の精神をよく表している。

5　折り畳み椅子の開発

　昭和初期より、折り畳み椅子が日本の曲木家具業で発達する。各社とも実用新案を出願し、似たような形態、構造の中で差別化を競うことになる。こうした日本国内での知的財産権に対する認識の向上は、必ずしも内発的なものではない。輸出産業において、欧米諸国と対等に渡り合うには、既に知的財産権の知識抜きには考えられない時代となっていた。

　折り畳み椅子は、トーネット社のカタログにも見られ、反り脚タイプは20世紀初頭には既に確立した意匠、構造となっていた。折り畳んで平面となるタイプは1920年代あたりに欧

米で開発されたようで、トーネット社における1910年代のカタログには、類似するタイプはあっても、背もたれ部分の意匠が異なる。

　日本の曲木家具業においては、実用新案の出願がなされた折り畳み椅子が多数ある[注58]。本章では曲木家具としての要素を持つU字形のフレームを有し、折り畳んで完全に平面になるタイプだけを扱う。折り畳み椅子を実用新案として出願した最も早い事例は、図5-51に示した株式会社三越呉服店が1927（昭和2）年に出願したものである。この椅子は、後方の脚が金属でできており、U字形のフレームと座面フレームは曲木加工で成形している。すなわち、木製ソリッド材と鋼管または鉄の丸棒という異質な材で図5-51は構成されている。後ろ脚は、金

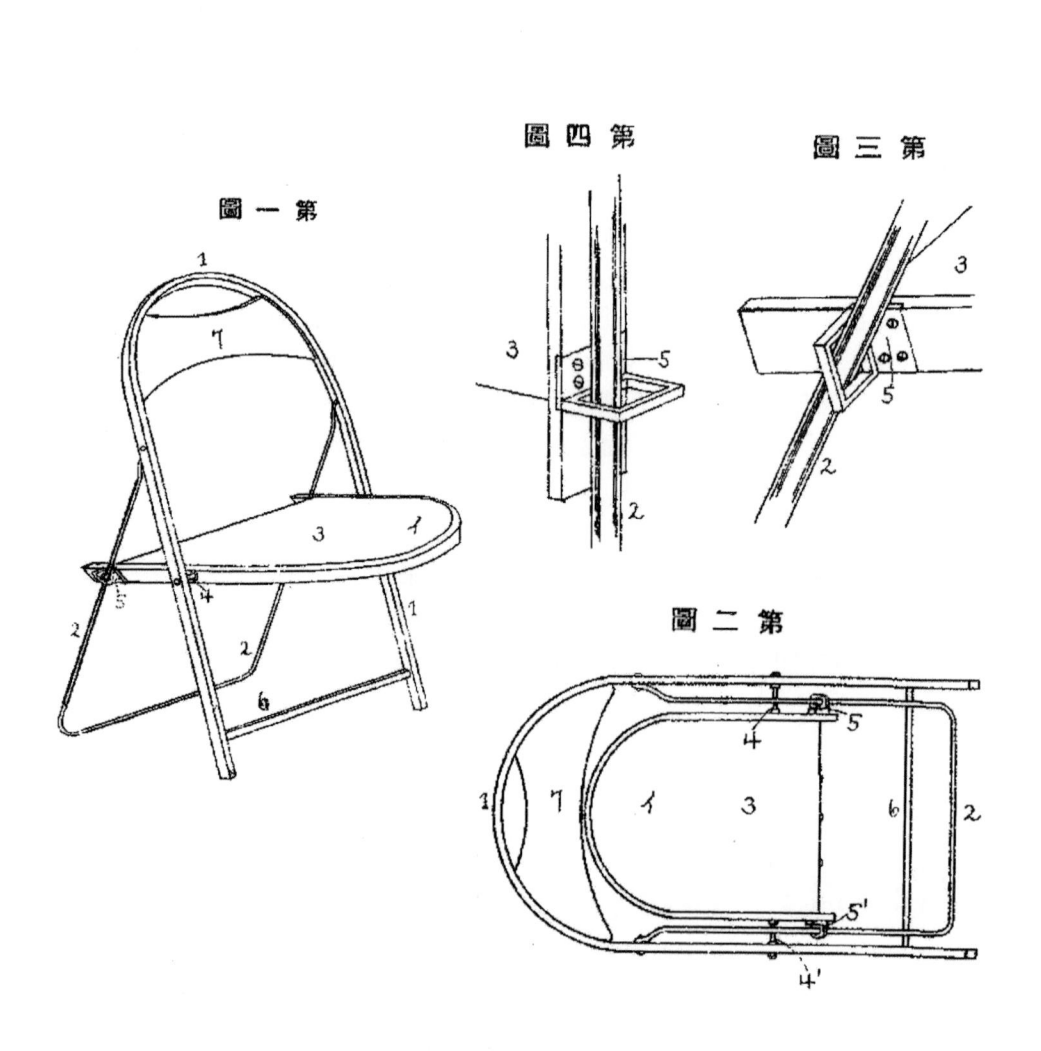

図5-51　実用新案出願公告 第7726号［1927（昭和2）年］
・実用新案出願公告 第7726号 第136類 四、椅子
・出願：1927（昭和2）年1月30日　　公告：1927（昭和2）年7月1日
・考案者：東京市麹町區三番町六十二番地　豊泉益三
・出願人：東京市日本橋區駿河町七番地　株式會社三越呉服店

属の穴をスライドすることで折り畳みの機能を持つ。

　株式会社三越呉服店は、設計部を設置し、家具のデザインも昭和初期には積極的に行っている。ただし、家具を製作する自社工場を持っていたかどうかは定かでない[注59]。

　考案者の佐野寛という人物と曲木家具業との関係は、**図5-52**からは読み取れない。ところが、考案者の住所が日暮里町であることから、曲木家具業との関連性を否定することはできない。東京における最初の曲木椅子生産は、1909（明治42）年に日暮里町の東京曲木工場で始まった。佐野寛は、東京曲木工場と何らかの関わりがあった可能性がある。

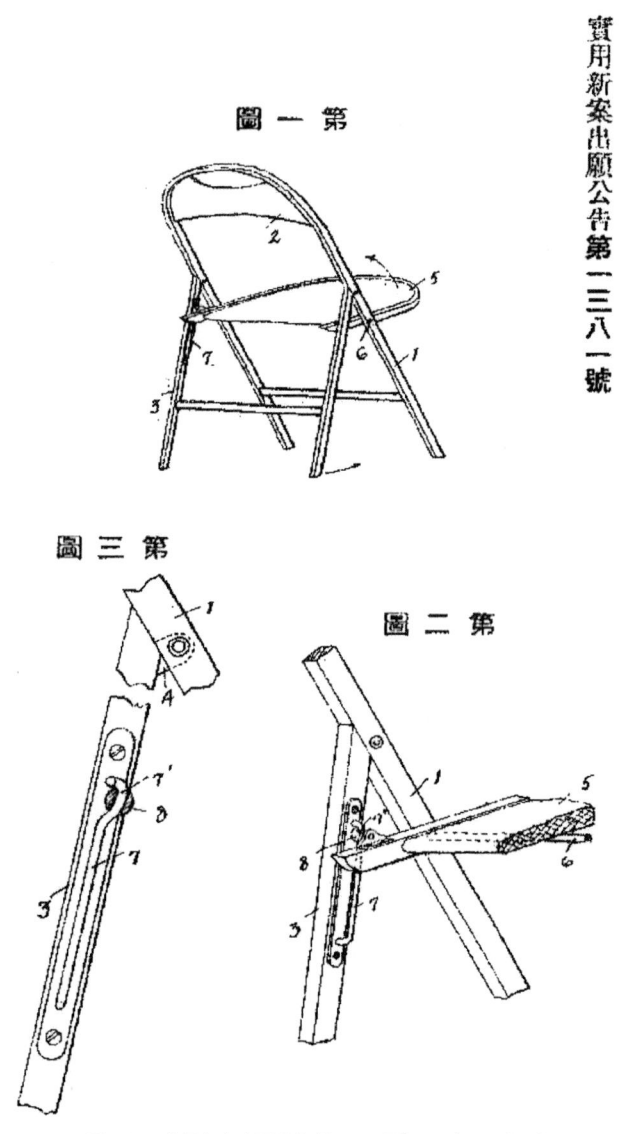

図5-52　実用新案出願公告 第1381号［1927（昭和2）年］
・実用新案出願公告 第1381号 第136類 四、椅子
・出願：1927（昭和2）年11月24日　公告：1928（昭和3）年2月23日
・出願人・考案者：東京府北豊島郡日暮里町元金杉五百九十九番地　佐野寛

出願人・考案者の山田誠一郎は東京曲木製作所の社長である。この人物は折り畳み椅子に限っても、実用新案の出願が多数ある。**図5-53**は、先に示した**図5-51**の構造とほとんど同じであり、後ろ脚が移動する穴が四角から丸になったという程度の違いである。穴が丸になることによって、椅子自体の精度が向上したことは事実であるが、全体の構造自体に大きな変化はない。

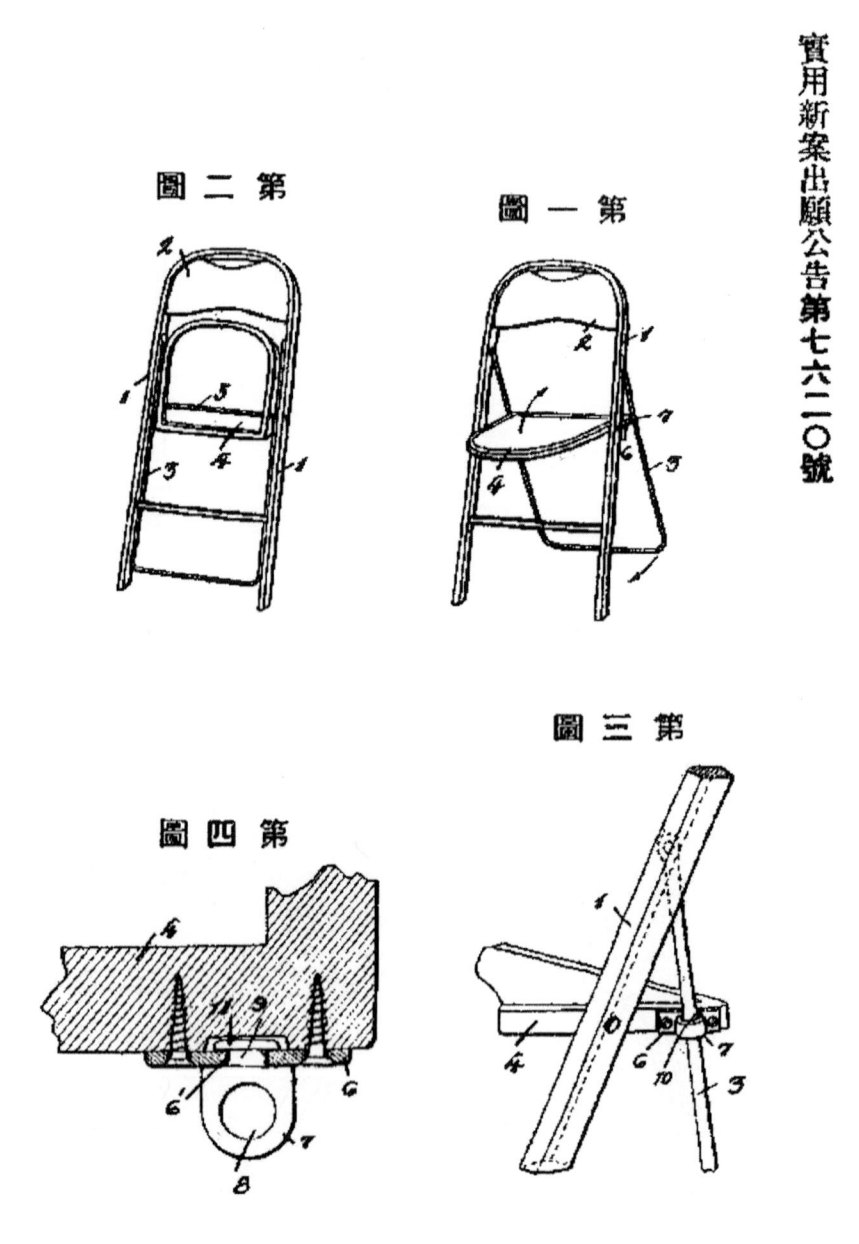

図5-53　実用新案出願公告 第7620号［1928（昭和3）年］
・実用新案出願公告 第7620号 第136類 四、椅子
・出願：1928（昭和3）年4月7日　　公告：1928（昭和3）年7月14日
・出願人・考案者：東京市本所區押上町二百二十番地　山田誠一郎

この椅子の構造は、先の図5-52と類似するもので、金属板の溝を利用する方法を改良したといえよう。いわば金具類だけに的を絞った実用新案の出願である。山田誠一郎の考案は、先行する実用新案に対する極めてニッチな内容である。図5-54は、図5-53の内容とは異なり、後ろ脚も木製にしている。山田誠一郎は1928（昭和3）年4月7日に3件、4月27日に1件の実用新案を出願している。

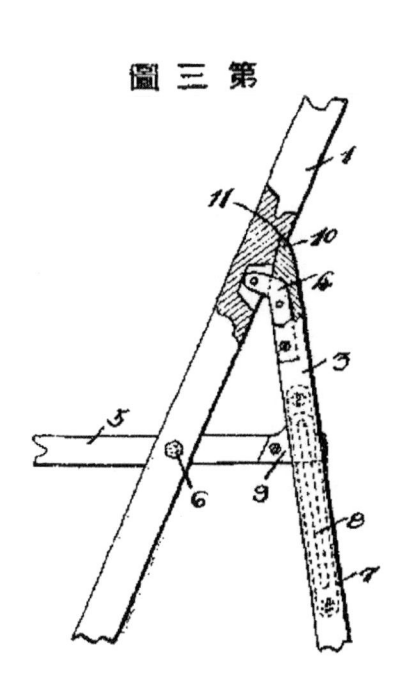

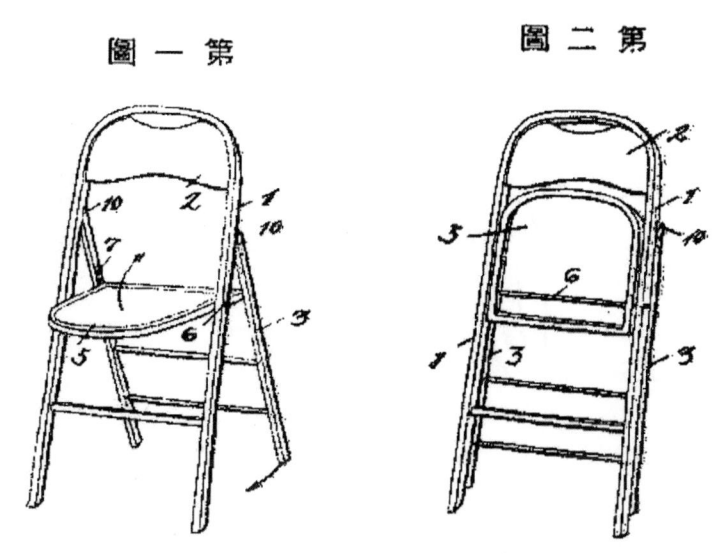

図5-54　実用新案出願公告 第11841号［1928（昭和3）年］
・実用新案出願公告 第7620号 第136類 四、椅子
・出願：1928（昭和3）年4月7日　　公告：1928（昭和3）年10月18日
・出願人・考案者：東京市本所區押上町二百二十番地　山田誠一郎

考案者の横田米藏は、飛驒木工株式会社の社員で、曲木加工技術に優れた技量を持っていた[注60]。考案者が企業の社員であることを判別することは、実用新案公告から理解することは難しいという指摘が、特許家具に関する刊行物にある[注61]。こうした指摘は間違っていないが、対象となる製品を生産する企業の歴史を時系列に整理し、社長や技術者の名前を丁寧に記録していけば多少は把握できる。

實用新案出願公告第一三〇三六號

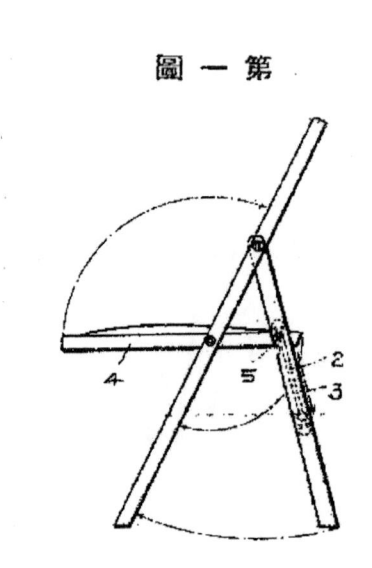

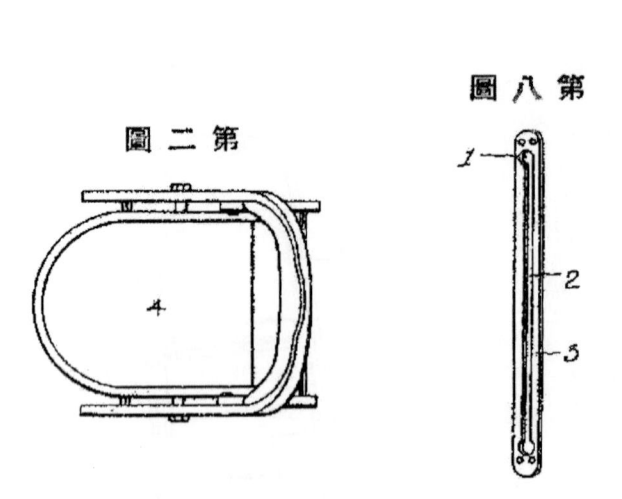

第一圖

第二圖　　第八圖

図5-55　実用新案出願公告 第13036号［1928(昭和3)年］
・実用新案出願公告 第13036号 第136類 四、椅子
・出願：1928(昭和3)年10月11日　　公告：1929(昭和4)年11月11日
・考案者：岐阜縣吉城郡國府村大字半田　横田米藏
・出願人：岐阜縣大野郡高山町大字空町千七十三番　飛驒木工株式会社

考案者の岸田政友は、飛驒木工株式会社の社員で、技術系の仕事を担当している注62)。図5-56は、座面にクッションを付けた点に新規性がある。ただし、その他に特別新規性があると図面からは読み取れない。飛驒木工株式会社は戦前、戦後を通して最も多く折り畳み椅子に関する実用新案を出願した曲木家具業である。

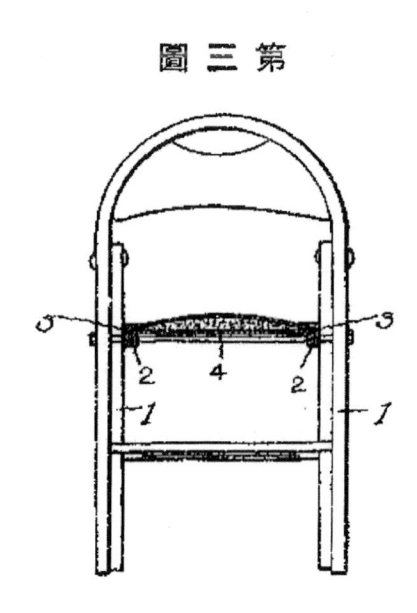

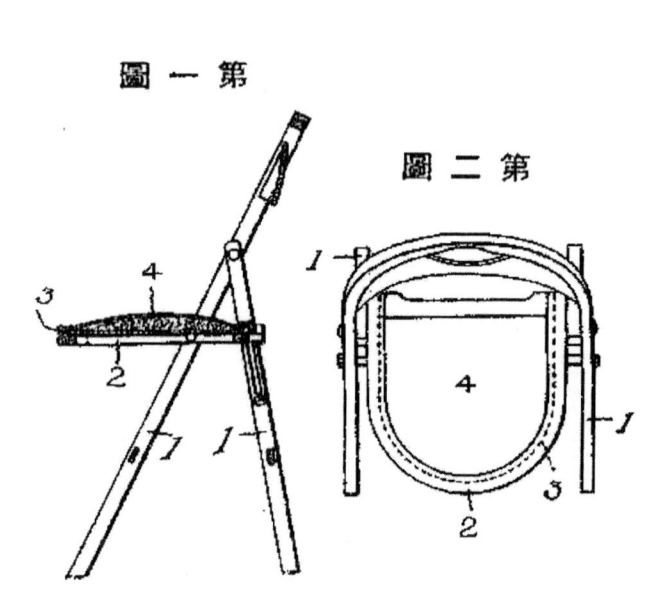

図5-56　実用新案出願公告 第6265号［1931(昭和6)年］
・実用新案出願公告 第6265号 第136類 四、椅子
・出願：1931(昭和6)年1月4日　公告：1931(昭和6)年5月28日
・考案者：岐阜縣大野郡大名田町大字七日町一三三番地ノ一　岸田政友
・出願人：岐阜縣大野郡高山町大字空町一〇七三番　飛驒木工株式会社

山中武夫と山中忠は、昭和曲木工場を設立した人物で、山中武夫は社長をしていたのだから、社長自ら折り畳み椅子を考案したことになる。山中武夫は曲木加工用機械の開発にも取り組んでおり、折り畳み椅子への関心も、先行する東京曲木製作所や飛騨木工株式会社の製品とともに、海外製品の研究から生じた可能性がある。図5-57の構造は、座面裏に金属の補強材を取り付け、座面の荷重を支えるようにしている。日本の折り畳み椅子に関する実用新案は、岐阜県、そして広島県という地方の企業にも拡散していった。

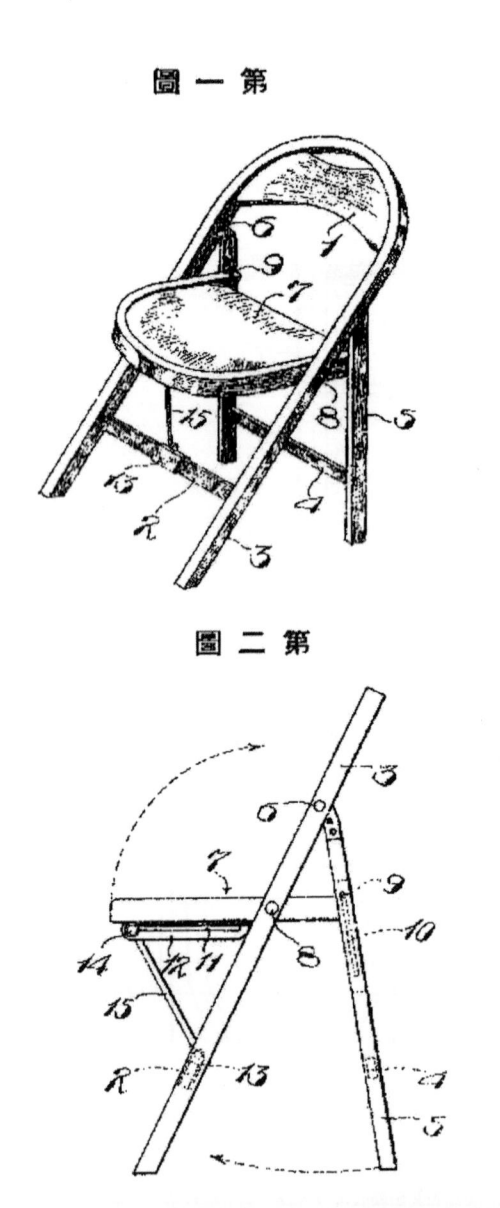

図5-57　実用新案出願公告第10911号［1931(昭和6)年］
・実用新案出願公告　第10911号　第136類　四、椅子
・出願：1931(昭和6)年9月17日　　公告：1932(昭和7)年8月27日
・出願人・考案者：廣島縣佐伯郡嚴島町五二四番地　山中武夫、廣島縣佐伯郡嚴島町五二四番地　山中忠

横田米藏が新たに出願したのが、**図5-58**に示したものである。先に示した**図5-56**と同じクッションを備え、座面の荷重を後ろ脚に逃がそうとする構造を採用している。前脚と後脚との違いはあるが、**図5-57**の発想と共通する部分がある。横田は、昭和曲木工場の山中とは経歴が異なり、職人としての技量を実用新案に発展させている。

實用新案出願公告第一六三五二號

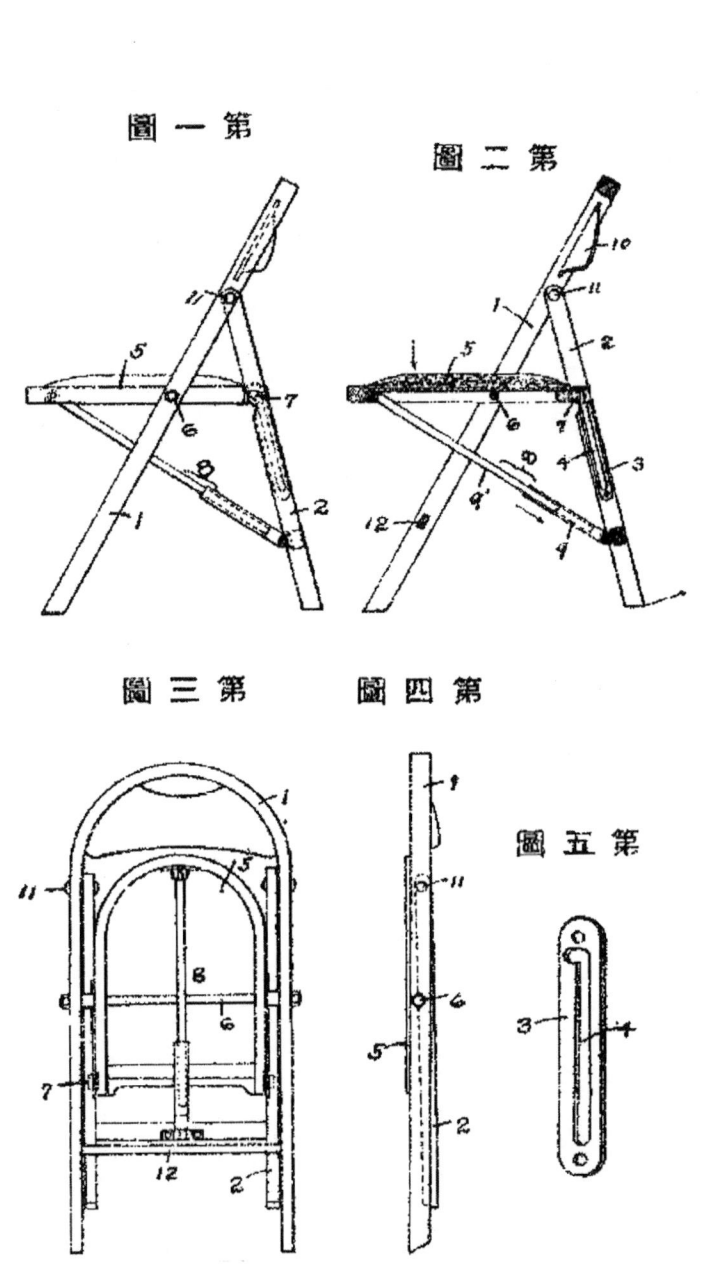

図5-58 実用新案出願公告 第16352号［1932(昭和7)年］
・実用新案出願公告 第16352号 第136類 四、椅子
・出願: 1932(昭和7)年4月14日　公告: 1932(昭和7)年11月18日
・考案者: 岐阜縣吉城郡國府村大字半田　横田米藏
・出願人: 岐阜縣大野郡高山町大字空町千七十三番　飛驒木工株式会社

山田誠一郎は、図5-59と同じ日に、もう1件折り畳み椅子の実用新案を申請している。形態はよく似ているが、折り畳みの構造が異なる。図5-59は折り畳んでも前脚のフレームの内側に後ろ脚は入らない。つまり、図5-59の第二圖のように平面に折り畳んだ場合でも、厚みが2倍になる。

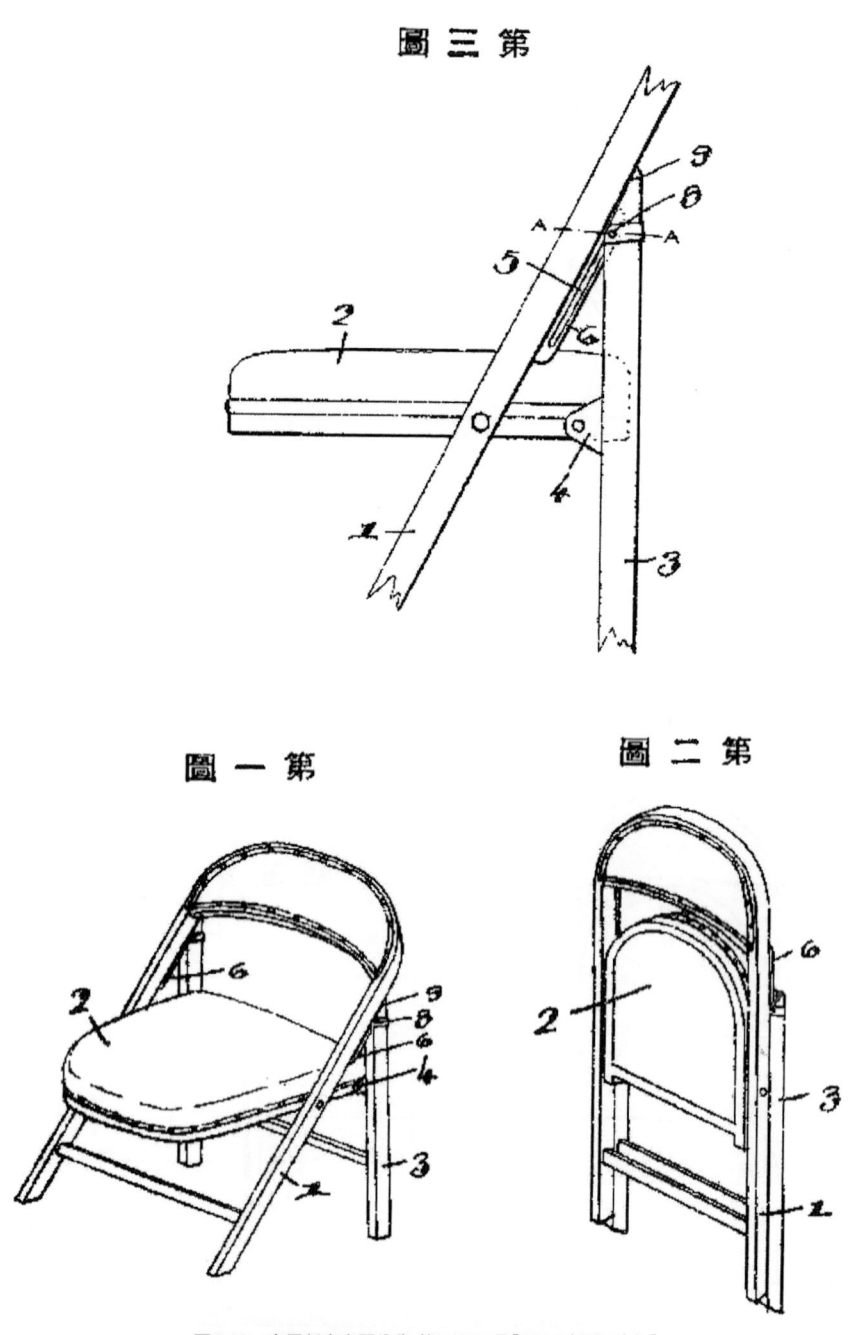

図5-59　実用新案出願公告 第16352号［1932（昭和7）年］
・実用新案出願公告 第19263号 第136類 四、椅子
・出願: 1932（昭和7）年6月18日　公告: 1932（昭和7）年12月28日
・出願人・考案者: 東京市本所區平川橋三丁目四番地　山田誠一郎

考案者の澁谷幸道は、東京木工製作所の社長である。図5-19に示した1935（昭和10）年あたりに制作されたカタログにも、図5-53を「澁谷式新製高級折畳椅子」として紹介している。この折り畳み椅子は、図5-51と同じように、後ろ脚を鋼管で製作している。後ろ脚の接地部分に二つの突起を備え、安定感の確保に努めている。他にも金属の溝を座板と連動させる等の工夫が見られる。

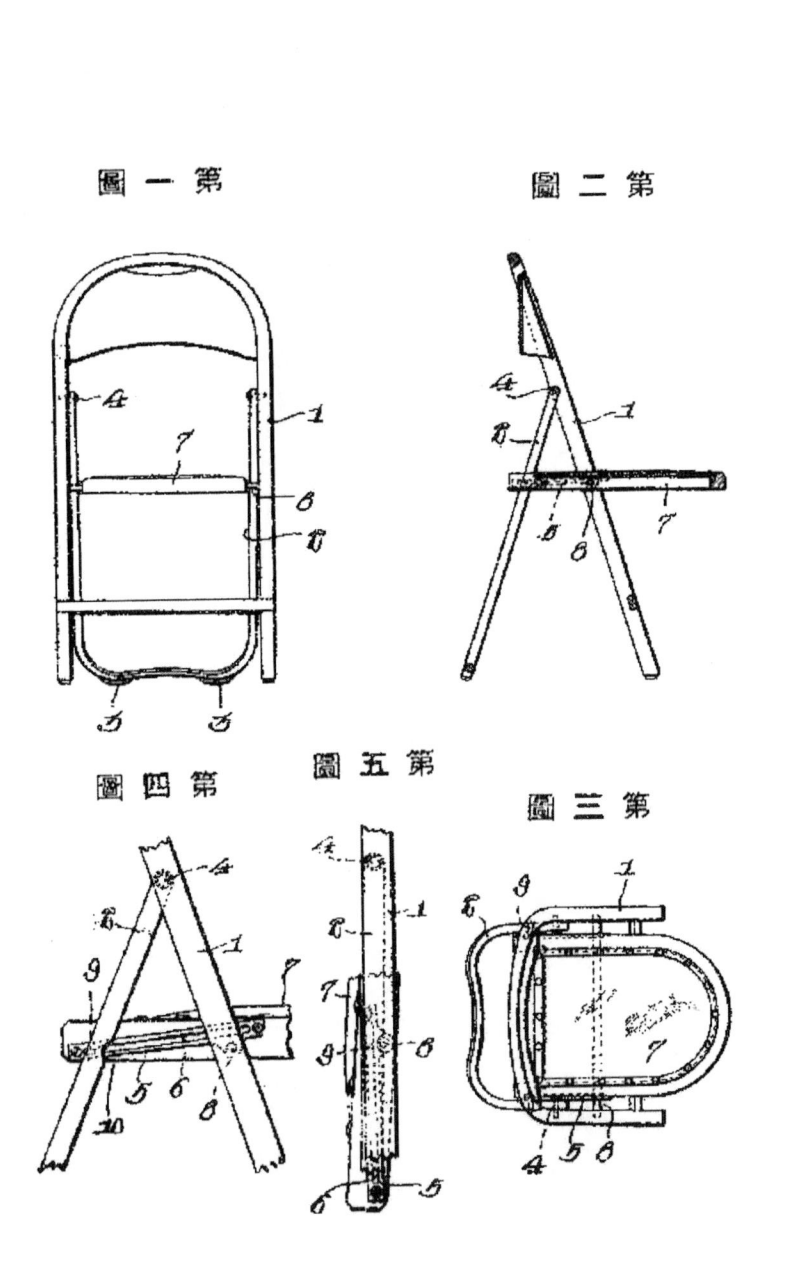

實用新案出願公告第五九六號

第一圖　第二圖　第四圖　第五圖　第三圖

図5-60　実用新案出願公告 第596号［1932（昭和7）年］
・実用新案出願公告 第596号 第136類 四、椅子
・出願: 1932（昭和7）年7月13日　公告: 1933（昭和8）年1月17日
・出願人・考案者: 東京府北豊島郡日暮里町大字日暮里一二九番地　澁谷幸道

図5-61の特徴は、背もたれの形状にある。形状だけなら意匠権しか認められないと思うのだが、背もたれの固定方法、弾性も実用新案の要件に加えているため、出願内容が認められたのだろう。考案者の堀井重治については、これまで曲木家具業に関連する人物として紹介されたことはない。ところが、秋田木工株式会社『八十年史』に、社長を務めた長崎源之助の戦中期に書かれた手帳のメモに、「堀井商会（堀井重治）名古屋市東区上飯田町宮前一〇〇九番地」とあるから[注63]、戦前期より曲木家具に関わっていたことは間違いない。おそらく曲木家具製造業を営んでいたと推察する。

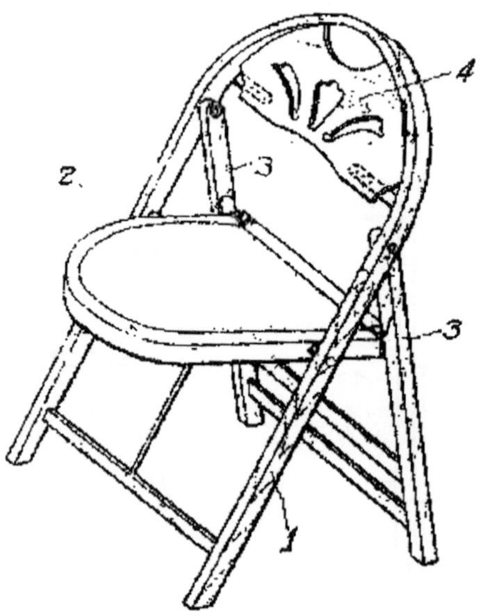

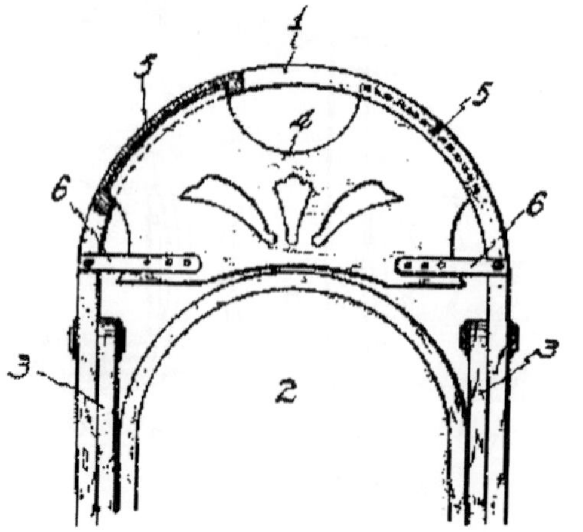

図5-61　実用新案出願公告第15116号［1937(昭和12)年］
・実用新案出願公告　第15116号　第136類　四、椅子
・出願：1937(昭和12)年1月4日　　公告：1937(昭和12)年10月13日
・出願人・考案者：名古屋市東區上飯田町宮前千九番地　堀井重治

図5-62は、先に示した**図5-57**の座面下構造と似ている。合資会社泉家具製作所の広告に見られる**図5-2**の椅子とは、基本的に構造が異なる。**図5-2**は1936（昭和11）年の刊行物に掲載されていたことから、**図5-62**はまだ開発されていなかったということになる。**図5-62**を実用新案として出願する以前から、合資会社泉家具製作所では、別のタイプの折り畳み椅子を製作していたのである。

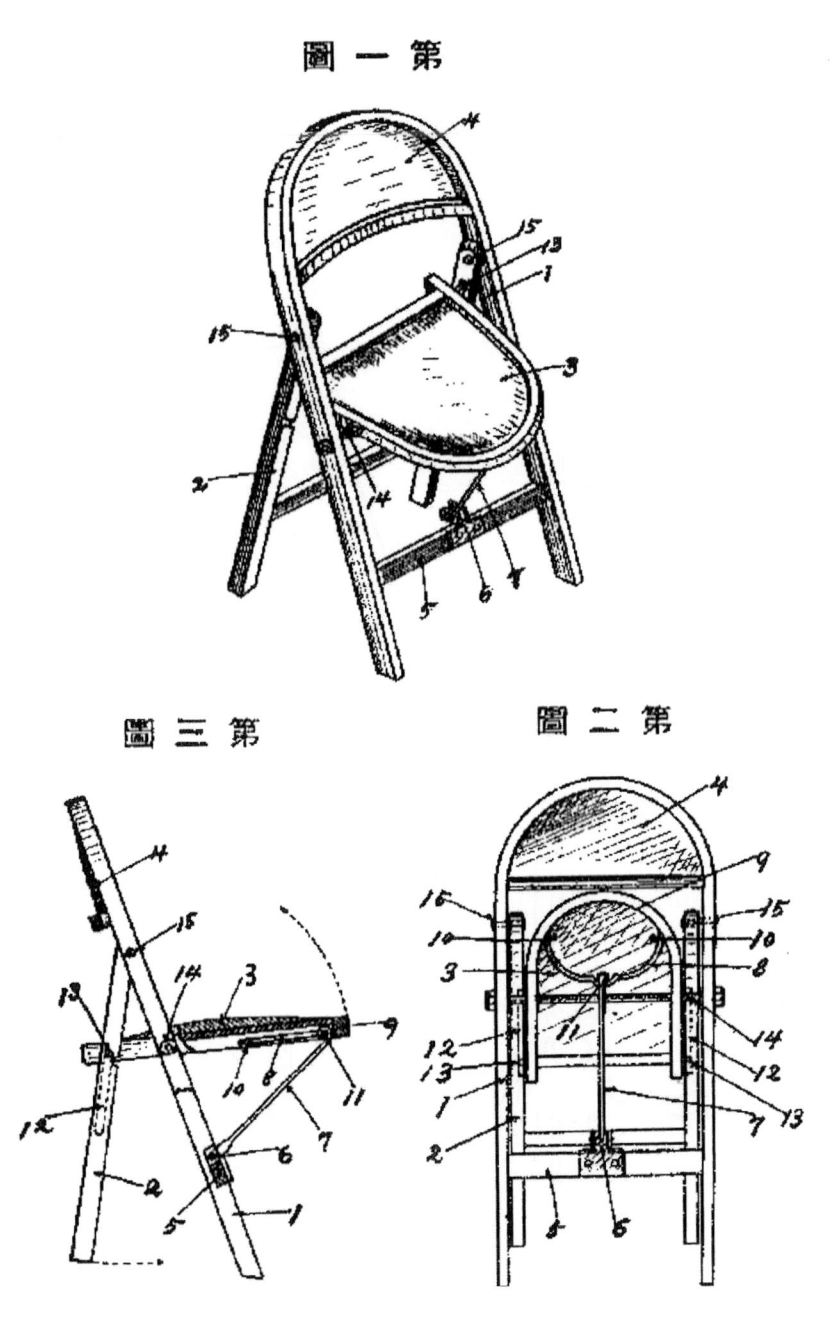

図5-62　実用新案出願公告第15537号［1937（昭和12）年］
・実用新案出願公告 第15537号 第136類 四、椅子
・出願：1937（昭和12）年2月26日　　公告：1937（昭和12）年10月22日
・出願人・考案者：大阪府中河内郡楠根町大字稲田一四〇三番地　泉藤三郎

考案者の小島班司は、飛驒木工株式会社の社員である[注64]。小島はその後1938年4月、1938年8月、1939年3月、1943年12月に、飛驒木工株式会社より出願された折り畳み椅子に関する実用新案の考案者となっている。また、横田米藏も1938年10月、1940年10月(2件)考案者になっている。小島が金具のメカニックに力を注ぐのに対し、横田は木材の組み手を活かした加工方法を駆使して臨んでいる。この二人を中心に、飛驒木工株式会社は新製品の開発を進めていく。

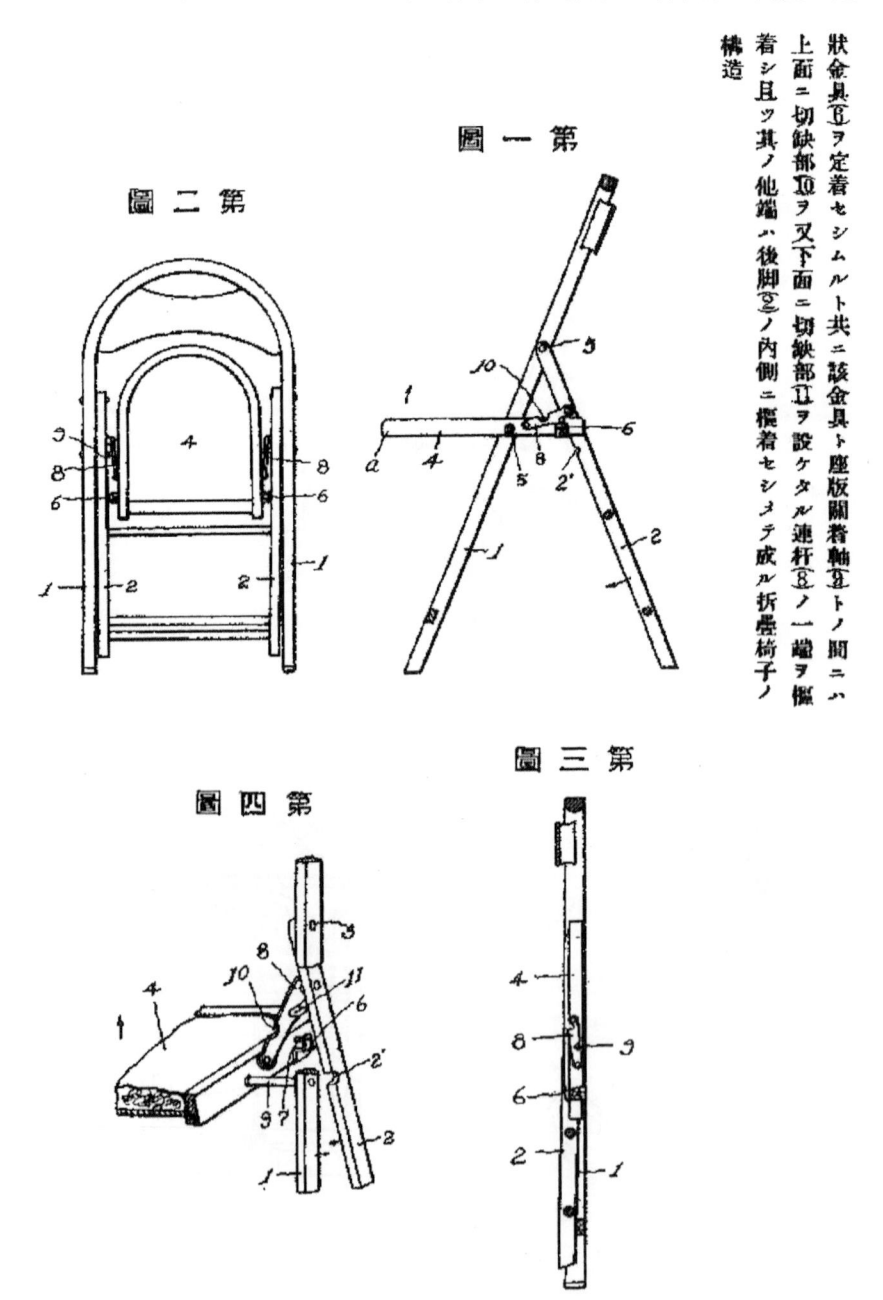

構造
着シ且ツ其ノ他端ハ後脚(2)ノ内側ニ樞着セシメテ成ル折疊椅子ノ
上面ニ切缺部(10)ヲ又下面ニ切缺部(11)ヲ設ケタル連杆(8)ノ一端ヲ樞
狀金具(7)ヲ定著セシムルト共ニ該金具ト座版開著軸(5)トノ間ニハ

図5-63　実用新案出願公告第12578号［1938（昭和13）年］
・実用新案出願公告　第12578号　第136類　四、椅子
・出願：1937（昭和12）年5月11日　公告：1938（昭和13）年8月25日
・考案者：高山市大字空町二五三番　小島班司
・出願人：高山市大字空町一〇七三番　飛驒木工株式會社

地方都市の企業が、大都市の企業でも成し遂げられない多数の実用新案を出願したのである。
　曲木家具業が関与する実用新案について概観したが、1927年に出願された図5-51、5-52を発展させた内容が大半である。日中戦争後は金属の統制が始まることから、図5-51タイプは姿を消す。第二次大戦中は、少量の金属で折り畳み機能を低下させないための工夫が出願の中心課題となる。1930年から1937年あたりにかけて、日本の曲木家具業界は、折り畳み椅子の輸出による外貨獲得を狙って、実用新案をこぞって出願した。曲木家具業界にとっては、7年余という短い期間だったが、誠に良き時代であった。

6　生活に見る曲木家具

　明治後期に大都市のビアホールで使われるようになった曲木椅子は、大正期よりカフェの椅子としても普及する。こうした洋風の男性中心の酒場での使用から、やがて庶民の家族を対象とする世界にも少しずつ普及するようになる。その一つの事例が、図5-64[注65]、図5-65[注66]に示した白木屋の食堂である。図5-64に使用されている椅子は、図5-44に示したマルニ木工株式会社No.1と同タイプで、他社でも量産していたトーネット社のコピー製品である。マルニ木工株式会社の社史では、この椅子に「銀行イス」という名称を付けている[注67]。多方面で使用されたようで、銀行もその一つだろうが、食事用として重宝されたことを重視しなければならない。
　都心に建設された百貨店の食堂は、東京の中流家庭でも少し倹約して1年に一度くらい家族で行ける場所であった。特に子供にとっては憧れの場所であった。
　都心の百貨店は、明治後期から大正期にかけて数多く創業する。おそらく食堂の椅子は、一部の百貨店では創業時から使用していたが、第一次大戦後の大正後期あたりになって、曲木椅子が増加したと推察する。
　図5-65は、石本喜久治の設計した白木屋が竣工した1931（昭和6）年に撮影されたものである。この食堂には、大人用の椅子と子供用椅子の2種類が置かれている。大人用椅子は、トーネット社No.578、No.581、No.582のいずれかのコピー製品で、日本では図5-26に示した日本曲木工業合資会社のNo.73A、図5-44に示したマルニ木工株式会社のNo.41、No.42、No.45に類似する製品である。子供用の椅子は、トーネット社No.4318という大人用モデルを、子供用サイズにしたような意匠をしている。日本の製品では、図5-26に示した日本曲木工業合資会社No.63Bの意匠に類似性がある。図5-65に見られる子供用曲木椅子は現在も継承されており、秋田木工株式会社で製作されている。
　図5-66[注68]は、1934（昭和9）年4月に刊行された『建築写真類聚』に掲載されているもので、先の図5-64に見られた白木屋の椅子と同じモデルである。食堂として紹介されているが、フローリングの室内には小型の囲炉裏がしつらえてあり、和洋折衷のLDKに似たインテリアを展開している。まさに戦前期のモダニズムを象徴する室内デザインである。個人住宅における曲木椅子の使用は、一部の富裕層や知識階級に限定されるが、日本人は大都市に建設された百貨店の食堂という、中流層でも利用できる場から徐々に曲木椅子との接点を持つようになる。こうした昭和初期の社会は、洋風文化の導入という視点だけでなく、和風文化との接合という

図5-64　百貨店白木屋（大食堂の一部）『建築写真類聚』(1929年)

図5-65　百貨店白木屋（食堂の概観）『建築写真類聚』(1931年)

図5-66　江口義雄邸(食堂)『建築写真類聚』(1934年)

視点でも追究する必要がある。

7　小結

　曲木家具に限らず、明治期から生産を開始していた欧米をルーツとする工業製品は、政府の輸出奨励もあり、輸出の可能性を探り、大正期の第一次大戦を契機として、アジア圏を中心に貿易を開始する。第4章では、大正期の曲木椅子の輸出について紹介したが、昭和初期の輸出については大正期と少し内容が変化する。

　その変化の一つが意匠、構造で、大正期のようなトーネット社のコピー製品だけではなく、20世紀になって開発されたヨーロッパのモダンな意匠を取り込み、日本人による工夫も積極的に活かしている。代表的な事例が、折り畳み椅子の実用新案出願であり、全国の曲木家具業が開発に取り組んでいる。飛驒木工株式会社に至っては、戦前期だけで15件を超える出願を行っている。

　大正末期から1930(昭和5)年あたりまでのカタログは、製品のラインナップが少ない。社会が不景気で製品が売れなかったことから、製品のラインナップを絞り込んだのである。その後1938(昭和13)年まで、日本の曲木家具業界は、多種類のラインナップを展開する。その代表的な企業が広島県のマルニ木工株式会社である。ただし、製品のラインナップの多さはカタ

ログ上のものであり、応接セットのような高額な製品は地方都市ではなかなか売れず、企業の経営を支えたのは廉価な製品である。それでもドイツ型家具といった製品のジャンルが日本国内で確立され、また折り畳み椅子が定着したことは、意匠、構造のグローバル化を考えるうえでは重要な意味を持つ。

　短期間でヨーロッパの流行を国内に取り込むことを可能にしたのは、一つの要因ではなく、輸出による知的財産権の学習、本や雑誌による海外情報の収集、海外留学者による欧米事情の紹介等、海外の曲木家具に関する情報がいち早く集まるような仕組みが、社会全体で共有されるようになったことも深く関与している。

　機械化による大量生産の進展も昭和初期の特徴である。1928（昭和3）年に十数名で創業した昭和曲木工場が、10年後の1938年には380名の従業員を抱えるマルニ木工株式会社に成長できたのは、社長自ら機械の設計をするという量産化に対する基本姿勢を貫いた点にある。1931（昭和6）年に創業した鳥取家具工業株式会社が、5年も経たないで神戸、大阪、東京に営業所を置き、海外へ椅子類を輸出したのも、社長である松浦武儀が大阪高商を卒業して英語が堪能であり、海外の量産化に精通していたことが影響している。曲木家具業も、量産化と、それを支えるマネジメントの時代に突入したといえる。

　昭和初期には、広島、鳥取、岐阜といった地方の曲木家具業の力が増大する。逆に東京の曲木家具業が衰退するのは、大都市における労働者の賃金、土地や材料の高騰が深く関与する。曲木家具業の本社機能は大都市で構わないが、工場の立地条件は原料であるブナ産地に近い方が有利である。そのことは既にトーネット社が19世紀後半に示しているのに、日本では秋田木工株式会社以外に導入されなかった[注69]。材料であるブナ資源が次第に枯渇化しているにもかかわらず、工場を稼働させていたところに、政府の雑木利用政策、そして曲木家具業の経営観に見通しの甘さがあった。ブナが曲木家具材として使用できるまで成長する年月については、山林局も民間の曲木家具業も、全く知らなかったのである。

注

1 ── 2000年に小島班司氏にお会いし、コレクションとして長く収集されている昭和初期の曲木業に関するカタログをお借りし、コピーをさせていただいた。また本書の原稿として使用させていただくことを、小島氏逝去後ご遺族よりご許可いただいた。
2 ── 中村朝彦：大阪家具指物同業組合員各録、家具指物新聞社、98頁、1936年
3 ── 泉和喜子氏所蔵
4 ── 旧小島班司コレクション
5 ── 泉和喜子氏所蔵　秋田木工株式会社の大正初期のカタログでは、帽子掛兼傘立と記している。しかし、コートとステッキがセットであるため、帽子・コート掛兼ステッキ立という名称を使用した。
6 ── Thonet:Thonet Bentwood & Other Furniture THE 1904 ILLUSTRATED CATALOGUE、p.80
7 ── 田畑亮氏所蔵　筆者撮影2001年
8 ── 筆者所蔵
9 ── 旧小島班司コレクション
10 ── 筆者所蔵
11 ── 筆者所蔵
12 ── 旧小島班司コレクション　小島氏はこのカタログが1933（昭和8）年制作と解釈されているが、秋田木工株式会社では1934（昭和9）年と解釈されている。本書では小島氏の解釈に整合性があると判断し採用した。
13 ── 秋田木工株式会社所蔵
14 ── 秋田木工株式会社編：八十年史、秋田木工株式会社、113-114頁、1990年
15 ── 旧小島班司コレクション　秋田木工株式会社は製品カタログの体裁であるが、他社のものは1枚の紙に製品をすべて掲載

している。いずれにしてもカタログと規定できる。
16 —— 前掲14）:49頁
17 —— http://oohara.mt.tama.hosei.ac.jp/kyochokai/k104/00220.pdf
18 —— 前掲6）:53頁
19 —— 前掲6）:73頁
20 —— 前掲6）:70頁
21 —— JACOB & JOSEF KOHN社の1916年カタログ、104頁　このカタログは、吉村實氏所蔵のものを使用させていただいた。
22 —— 旧小島班司コレクション
23 —— 旧小島班司コレクション
24 —— 前掲21）:104頁
25 —— 前掲21）:48頁
26 —— 前掲21）:32頁
27 —— 前掲6）:11頁
28 —— 前掲6）:47頁
29 —— 前掲21）:38頁
30 —— 前掲21）:68頁
31 —— 前掲21）:38頁
32 —— 旧小島班司コレクション
33 —— THONET:THONET BUGHOLZO BEL GESAMTKATALOG 1911&1915、p.5
34 —— 前掲33）:10頁
35 —— 福岡市内の骨董店で筆者撮影、2003年
36 —— 福岡市内の骨董店で筆者撮影、2004年
37 —— 加藤眞美編:飛騨産業株式会社七十年史、飛騨産業株式会社、27-33頁、1991年
38 —— 旧小島班司コレクション
39 —— 旧小島班司コレクション
40 —— 前掲37）:41-46頁
41 —— 前掲37）:13頁
42 —— 浜松市商工会議所よりご教示をいただく。
43 —— 東京營林局編:闊葉樹利用調査書 第一輯 ぶな篇、東京營林局、76頁、1930年
44 —— 故松本喜八郎氏よりご教示をいただく。
45 —— 故松本喜八郎氏所蔵
46 —— 創業50年史編纂委員会:創業50年史―洋家具と共に歩んだ半世紀、マルニ木工株式会社、5-7頁、1981年
47 —— 前掲46）:8頁
48 —— 前掲46）:57-75頁
49 —— このカタログは『創業50年史―洋家具と共に歩んだ半世紀』にも掲載されているが、本社に遺されているカタログを借用して図版を作成した。
50 —— 石村眞一:カンチレバーの椅子物語、角川学芸出版、182-185頁、2010年
51 —— Tina Skinner:American Wooden Chairs 1895-1908、Schiffer Publishing Ltd.、p.245 305、1997
52 —— 前掲46）:47頁
53 —— 前掲46）:44頁
54 —— 前掲46）:45頁
55 —— 創業者松浦武儀氏の二男で、戦後鳥取家具工業株式会社の専務を務められていた松浦寛氏より戦前期から戦後の話をうかがった。
56 —— 松浦寛氏は創業を1929年と話されたが、中国新聞（1981年6月26日）には1931年と記載されているので、本書では1931年とした。
57 —— 松浦寛氏よりご教示をいただく。
58 —— 近藤裕樹:日本の木製折りたたみ椅子の変遷に関する研究―1920年代後半から1950年代を通して―、九州大学芸術工学府修士論文、55-70頁、2009年
59 —— 1938年に開発した竹製のカンチレバーの椅子も、竹興社に外注している。鋼管製のカンチレバーの椅子も設計しているが、自社工場で量産したという記録は見当たらない。
60 —— 前掲37）:363頁
61 —— 宮内悊:日本の特許家具　戦前編、井上書院、140-141頁、2004年「特許第99833号『折畳式椅子』は、昭和7（1932）年の多氣田正による考案で、発明者の住所が『日本曲木工業（内）』と記載されている。そのことによって、これまで考案者

の人物像がほとんど描けなかったが、はじめて会社に所属している人であることが判明した。さらに昭和7(1932)年に大阪市西淀川区大仁本町に『日本曲木工業』という合資会社があったこともわかる」という記述がある。第4章で述べたように、日本曲木工業合資会社は戦前期における大阪の代表的な曲木家具業である。

62 —— 前掲37):363頁
63 —— 前掲14):251頁
64 —— 前掲37):364-366頁　小島班司氏の曲木家具カタログ収集は、1937年あたりに始まった可能性が高い。
65 —— 洪洋社編:百貨店 白木屋 大食堂の一部、建築写真類聚、45頁、1929年
66 —— 洪洋社編:百貨店 白木屋 巻二 食堂の概観、建築写真類聚、36頁、1931年
67 —— 前掲46):45頁
68 —— 洪洋社編:建築家の家 巻一 江口義雄邸、建築写真類聚、6頁、1934年
69 —— 岐阜県高山町の飛騨木工株式会社も近隣にブナの産地がある。しかし、トーネット社のコーリチャンの工場のように、ブナ産地と直結した工場立地は、秋田木工株式会社だけと筆者は考えている。

第6章

第二次大戦後における曲木家具

1 はじめに

　日本の曲木家具の全盛期は第5章で述べたように、1932～1938(昭和7～13)年という時期であった。ところが、同じ時期に関東圏を中心にカンチレバーの鋼管椅子が流行し、ヨーロッパ製品のコピーだけでなく、建築家によってオリジナルな製品が少数製作されている。水谷武彦、石本喜久治、レーモンド、土浦亀城等によって、いわゆるモダニズム建築内のインテリアの一環として設計され、製品化された。カンチレバーの椅子は設計者の名前が比較的広く知られているのに対し、曲木家具においては実用新案に関する書類から、考案者の名前がわかる程度である。

　工藝指導所は、戦前期において既に曲木家具の研究を行っている。しかし、工藝指導所内に蒸煮装置が設置されておらず、試作は概ね秋田木工株式会社に依頼していたようである。工藝指導所が宮城県の仙台市に設置されていたことから、また技師の豊口克平が秋田県能代の出身であったことも手伝って、秋田木工株式会社への依存度が増していった。図5-13に示した秋田木工株式会社が1938(昭和13)年に制作したカタログには、12の製品に「工藝指導所型」という名称が付けられている。試作を委託したとしても、結果として秋田木工株式会社の製品として販売している。このあたりの仕組みはよくわからない。

　上記の工藝指導所も、戦後はイームズの製品に代表される高周波成形による成型合板の椅子が研究の中心になっていく。やがて組織名称も1952(昭和27)年に工業技術院産業工芸試験所に改められる。この時期には曲木家具研究も行っているが[注1]、椅子の開発を行うような研究体制が徐々に消えていく。椅子の素材研究も、成型合板からFRPのようなガラス繊維や人工高分子の素材を対象とするようになる。ブナによる曲木家具研究は、国の公的研究機関から昭和30年代以降ほとんど姿を消してしまう[注2]。

　本章では、戦後に多くの曲木業が廃業したことから、戦前期に稼働していた曲木家具業の戦後に関する動向については、わかる範囲で紹介する。廃業するに至る過程については、特定の企業を事例とするのではなく、曲木家具業全体にかかわる要因について言及する。

　戦後に曲木家具業が増えた地域は、岐阜県高山市とその周辺だけなので、戦後の発達については、岐阜県の動向だけにとどめる。

2 明治期、大正期、昭和初期に創業した曲木家具業の動向

　昭和初期に稼働していた曲木家具業は下記に示したもので、その後の動向については個々に追記した。
① 泉曲木家具製作所：享和木工株式会社という社名の時代もあったが、昭和50年代初頭に閉鎖。
② 秋田木工株式会社：現在も稼働。
③ 東京曲木製作所：不明
④ 東京木工製作所：不明

⑤ 日本曲木工業合資会社：終戦後は曲木家具業を閉鎖。
⑥ 飛騨木工株式会社：1945(昭和20)年に飛騨産業株式会社に社名を変更し、現在も稼働。
⑦ 東洋木工株式会社：1981(昭和56)年あたりに閉鎖。
⑧ 鳥取木工株式会社：第二次大戦中に閉鎖した可能性が高い。
⑨ 奈良曲木製作所：昭和30年代初頭に閉鎖。
⑩ 合資会社山本曲木製作所：第二次大戦中の空襲で工場が全焼したため閉鎖。
⑪ 松本平三郎商店：不明、第二次大戦中に閉鎖した可能性が高い。
⑫ マルニ木工株式会社：株式会社マルニ木工として現在も稼働している。
⑬ 東曲木椅子製作所：三都屋曲木工業株式会社に社名を変更するが、その後閉鎖。
⑭ 鳥取家具工業株式会社：1976(昭和51)年に倒産、会社更生法により再建するが、1998(平成10)年に閉鎖。
⑮ 堀井商店：不明

　①の泉曲木家具製作所は、昭和50年代初頭まで稼働していた。日本で最も早く曲木椅子を製作した企業は、第5章でも述べたように、和風の木製家具が持つ意匠を取り込んで、独特な風情を醸し出した。

　②の秋田木工株式会社は、1947(昭和22)年から1969(昭和44)年まで長崎源之助が社長を務め、家具デザイナーを登用して新たな製品開発にも力を注ぎ、現在も稼働している。戦後に手がけた製品については、後でまとめて紹介する。

　③、④は不明であるが、1948(昭和23)年に刊行された『仙臺商工名鑑』には、仙台市中田町に東京曲木工藝株式會社という企業名があることから[注3]、2003年にフィールド調査を実施した。工場跡近くの聞き取り調査では、昭和40年代初頭までは稼働していたようである。東京曲木と秋田木工の看板があり、会社は15名くらいで運営されていた。昭和30年代にはスキーの製作も行っていたという。また、折り畳み椅子や自動車のハンドルも手がけている。秋田木工株式会社と戦前期に関係があったのは、東京曲木製作所を経営していた山田誠一郎である。山田の考案した折り畳み椅子を秋田木工株式会社が販売していることから、東京曲木製作所が仙台市の郊外に疎開したと読み取りたい。

　先の『仙臺商工名鑑』には、曲木椅子を扱う企業として他に仙臺曲木工藝株式會社、三協商事有限會社が掲載されている。仙臺曲木工藝株式會社は製造業のようで、社長の名前が荒光孝と記載されている。荒という姓は福島県浜通りの北部にも多いことから、仙台市近辺の出身者である。つまり、今まで曲木家具業として話題にならない場所で、新たな曲木椅子の生産が行われていたということになる。

　⑤の日本曲木工業合資会社は、JR大阪駅北西部でフィールド調査を行ったが、戦後に継承されたという明確な証を見いだすことはできなかった。曲木家具業の方々からは、パイプ椅子の製造に転じたのではという話もあった。大阪駅に近い場所に工場があっただけに、戦後の比較的早い時期に移転した可能性が高い。

　⑥の飛騨木工株式会社は、岐阜県高山市に工場があったため、戦災に遭わなかった。1945(昭和20)年9月1日に社名を飛騨産業株式会社に改めた。戦時中の木製飛行機製作に見られる軍需産業的なイメージを払拭するため、いち早く新社名にしたようである。この社名変更が幸いして、戦後も海外への輸出を行い、比較的安定した経営が行われた。戦後の代表的な製品につ

いては、後でまとめて紹介する。

⑦の東洋木工株式会社は、1981(昭和56)年まで営業していた。しかし、曲木家具に特化したラインナップを組んでいたようには思えない。戦前期にドイツ型家具に力をいれており、曲げ加工部分があったとしても、その部分が製品の主たる構造にはならなかったと推察する。すなわち、第5章で述べたように、曲木家具も昭和20年代は一部製作していたが、次第にその分量が少なくなっていったと筆者は考えている。

⑫のマルニ木工株式会社は、1946年より進駐軍からの発注があり、家具業として息を吹き返す。折り畳みの椅子には積層合板を使用するなど、新たな技術を導入している[注4]。戦後のマルニ木工株式会社は、トーネット社やコーン社の意匠を追従する路線をとらなかった。例えば、デッキチェアに改良を加えて独自の製品開発を行う。また、昭和20年代末より、鋼管家具の開発を行い、カンチレバーの椅子も販売するようになる。昭和30年代後半からは、デンマーク家具の意匠も取り込み、昭和曲木工場当時の企業ポリシーとは少し異なった路線を歩んでいく。すなわち、曲木家具業という範疇の家具業から脱却し、高級な応接セットを中心としたラインナップを組んだ。こうした傾向の萌芽は、戦前の最盛期にも認められることから、戦後になって初めて検討されたわけではない。変わらないのは設備の近代化に対する取り組みで、常に新たな設備の開発、導入を試みている。

一時期は1,000名近くいた従業員も300名以下になったが、近年は新たなブランド戦略を展開している。残念ながら、その戦略に曲木家具は含まれていないようである。

⑬の東曲木椅子製作所とともに、大正期に創業した奈良曲木製作所も、昭和初期には稼働していたはずである。1952(昭和27)年刊行の『奈良縣商工総覧』[注5]には生駒郡伏見町西大寺で曲木、家具を業種とする奈良曲木工業株式会社が掲載されており、宮本清吉が経営者となっている。おそらく、宮本清吉が大正期に奈良曲木製作所を創建したと推察する。奈良曲木工業は、その後1955年7月から9月にかけて社長が代わり、間もなく閉鎖している。

1955年に刊行された『奈良県工業名鑑』では、曲木に関係する企業は下記に示したように増加している。

- 大栄曲木工業(株)　代表者 大橋捨次郎　奈良市押上町四九
- 三都屋曲木工業(株)　代表者 細井武夫　奈良市肘塚町二五
- (株)奈良曲木工業　代表者 中島源之助　奈良市西大寺町二三四七

この中で昭和40年代まで稼働しているのは、三都屋曲木工業(株)だけである。戦前の東曲木椅子製作所は、経営者が代わって三都屋曲木工業(株)になったと推察する。

⑭の鳥取家具工業株式会社は、曲木家具を中心に高度経済成長期に会社の規模を拡大した。製品の中心は北欧の意匠を取り込んだものが増え、1965(昭和40)年には年間売上高2億6,000万円となり、従業員も257人となった[注6]。1966年に鳥取家具工業株式会社は松下電器産業株式会社のテレビキャビネット製造を開始する。いわゆる家具調テレビのキャビネット部分が当時は木製であったため、大量の受注があった。1969年には売上高が11億円に達した。ところが、1970年に新工場を建設した後は経営が悪化し、松下電器産業からの受注も減った。この時点では従業員は500人いた。結局1976(昭和51)年に会社更正法の適用申請を行っている。

1965～1975年は、家具調テレビが全国で流行した。当初はすべて木製であったが、次第に木目プリントを施した合板の製品、ビニールシートを合板に貼り付けた製品が多くなり、家具業

の仕事内容と乖離していく。鳥取家具工業株式会社だけでなく、全国ではかなりの数の家具業が同じような経営危機を迎える。大企業の家電メーカーに家具業が翻弄されたというのが実態であろう。家電メーカーも、自社の木材加工部を閉鎖し、木製部品はすべて外注となる。そして現在は、過去に使用していた木材部品のほとんどがプラスチック、軽金属に変わっている。

明治期、大正期、昭和初期に創業して、現在も曲木家具を製造し続けているのは、秋田木工株式会社と飛驒産業株式会社の2社だけである。日本における曲木家具業の最盛期は、企業の数という点では昭和初期ということになろう。

3 新たに創業した曲木家具業

戦前期以前に創業した多くの曲木家具業が閉鎖してしまったが、戦後に創業して現在も稼働している企業もある。本章では、その代表的な地域を岐阜県高山市とその周辺地に求め、戦後における創業を『創立50周年記念誌 飛驒から世界へ』[注7]を通して検討する。飛驒木工連合会会員の中で、現在曲木家具を製作している企業は**表6-1**の各社である。

表中②〜⑥の企業は、すべて①の飛驒産業株式会社の製作技術が、直接的または間接的に関与している。

⑥の(有)飛驒曲木民芸家具は小規模の企業であるが、高周波を利用して厚い部材を曲げ、質の高い椅子を製作している。

②の柏木工(株)、④の日進木工(株)は、飛驒産業(株)と同程度の規模を持ち、高山市における木製家具産業の中核を担っている。

ブナ資源が曲木家具業の立地条件とするならば、東北地方にも新たに企業が創設されても不思議ではない。そうした動きが、先に示した仙台曲木工芸株式会社と読み取れるが、稼働時期が短かったのか、認知度が低い。おそらく小規模の曲木家具業は、1950年代あたりまでは中国地方以東に広く見られたが、高周波による成型合板の家具、フラッシュ家具による廉価な家具が盛んに生産されたため、持続することができなかった。

ここで高周波による成型合板の家具、フラッシュ家具について少し触れておく。高周波加熱は木材の芯から熱が伝わることから、木材乾燥、合板製作まで幅広く用いられる。曲木家具

表6-1 飛驒木工連合会における曲木家具業

企業名	創業年	所在地
①飛驒産業(株)	1920年8月	岐阜県高山市名田町1-82
②柏木工(株)	1943年3月	岐阜県高山市上岡本町2500
③(株)イバタインテリア	1943年9月	岐阜県吉城郡古川町袈裟丸741
④日進木工(株)	1946年10月	岐阜県高山市桐生町667
⑤(株)白川製作所	1956年9月	岐阜県高山市漆垣内町407-3
⑥(有)飛驒曲木民芸家具	1990年5月	岐阜県高山市石浦町1-599

図6-1　高周波加熱装置の広告　　　　　　　　　図6-2　家具業の広告

業でも用いており、厚い部材を短時間で曲げることに使用することが多い。

　高周波は、成型合板の椅子製作には必需品となっている。単板に接着剤を塗布し、その単板を積層して型に入れ、高周波で加熱してプレスすると、熱硬化性の接着剤は数分で硬化する。その後エッジを機械で切削して成形し、サンディング後に塗装して完成する。量産する場合の型は金属製で、椅子の形状によって型の数、また多方向プレスの設定も変わる。チャールズ・イームズは、この成型合板による椅子をデザインして脚光を浴びた。

　図6-1[注8]に、1947（昭和22）年12月発行の『工藝ニュース』に掲載された高周波加熱装置の広告を示した。「本邦最初の高周波應用に依る加熱」というコピーがあるように、東京芝浦電気株式会社が業界をリードしていたようである。**図6-2**は、1951（昭和26）年8月発行の『新建築』に見られる広告で、イームズがデザインした椅子に類似するイラストがあり、高周波加工ベニヤという表記がある。とにかく、昭和20年代から30年代の木製家具業界は、高周波成形を取り込むことに熱中した。

　フラッシュ家具は、高周波成形の登場より少し後に普及する木材加工法で、箱物家具を中心に発達する。一種のパネル工法であり、合板を接着剤でパネルにして組み立てる。従来の框組みに対して簡単で量産が可能であるため、全国の中小家具製造業で発達した。

　口絵[注9]に掲載した曲木椅子を企画販売した株式会社アイデックは、加藤晃市が1977（昭和52）年に設立した企業で、曲木家具の輸入販売を主に手がけているが、創作家具の開発も行っている。椅子の製作は飛騨産業株式会社が請け負っている。加藤晃市は、1970年に鳥取家具工業株式会社に入社し、東京営業所に勤務していた。加藤自身が曲木家具のコレクターであった。国内で曲木椅子の企画・販売をしていることから、アイデックも、戦後創立した曲木家具業に加えておかなければならない。

4 戦後の曲木家具に見られる意匠、構造

4.1 秋田木工株式会社

　図6-3～6-22[注10]に戦後に開発された家具、また戦前から継承される秋田木工株式会社の家具を示した。このラインナップに関する特徴を考えてみる。

　秋田木工株式会社の製品は、古典的な曲木加工技術と意匠を継承しているものが多い。図6-4はトーネット社の完全なコピー製品といえる。図6-3はトーネット社の製品は側面のリングが多少交差していることから、少しリデザインを施しているということになる。

　図6-5のオリジナルはよくわからないが、古典的なモデルを参考にしていると推察する。図6-6はリデザインを象徴するような形態で、古典的な形態を現代生活にマッチするよう工夫が見られる。

　図6-5は、大正期のカタログでもNo.16という番号が見られ、100年近くこの番号を継承している。トーネット社の定番となっている形態が、延々と現代まで受け継がれている。図6-8も同じで、コルビュジエチェアの斬新さは、21世紀になっても色褪せることはないようだ。

　図6-9は、大正初期のカタログに掲載されている小卓子（サイドテーブル）を復刻したものである。図6-10も、大正初期のカタログに掲載されているNo.56をリデザインしたように見える。図6-9は、第5章の図5-12②で紹介したNo.110と類似性がある。しかし、完全なコピーではない。

　図6-12も昭和30年代から40年代にかけて復刻した製品とされるが、なぜかオリジナルがカタログには見当たらない。

　図6-13は座椅子と、通常の椅子の二つの用途に使用できる。すなわち、脚部の脱着によって、使い分けが可能となっている。図6-13は脚部を外した状態である。

　図6-14は、ハイバックチェアに属する形態をしている。背もたれに人間工学を取り込んだ曲面を配し、ハイバックチェアの持つ人体との接点が少ない欠点を補っている。

　図6-14は子供用の椅子で、トーネット社も子供用の椅子類に力を入れていることから、秋田木工株式会社も必要性を感じ、図5-13⑤に見られるように、戦前期から取り組んでいる。図6-15は、曲げ加工を施した部分が1カ所しかない。意匠面の特徴かもしれないが、コストダウンに関連しているように思えてならない。すなわち、曲げ加工の部分を増やすほど製品の価格に影響する。

　図6-16のダイニングテーブルは、脚の部分と甲板の縁に曲げ加工を施している。シンプルな意匠にデザインの新しい方向付けが感じられる。

　図6-17は、清水忠男が1984年にデザインした椅子である。1910年代から1920年代のウィーンで見られたホフマンの椅子を連想するのは筆者だけであろうか。

　図6-18は柳宗理がデザインした鏡で、実にシンプルなフォルムをしている。ソリッド材で円形の縁を作るには、必ずスカーフジョイントを用いる。おそらく、長いスカーフジョイントで対応していると推察する。着色しているため、接合部分はほとんどわからない。

　図6-19と図6-20は、背もたれの部分のフォルムに類似性がある。図6-19は福田友美のデザインで、1966年にGマーク選定品になっている。構造的にはトーネット社のNo.14と同じで、前脚

図6-3　No.5 ロッキングチェア

図6-4　ロッキングチェア No.2

図6-5　No.330 書見台・譜面台

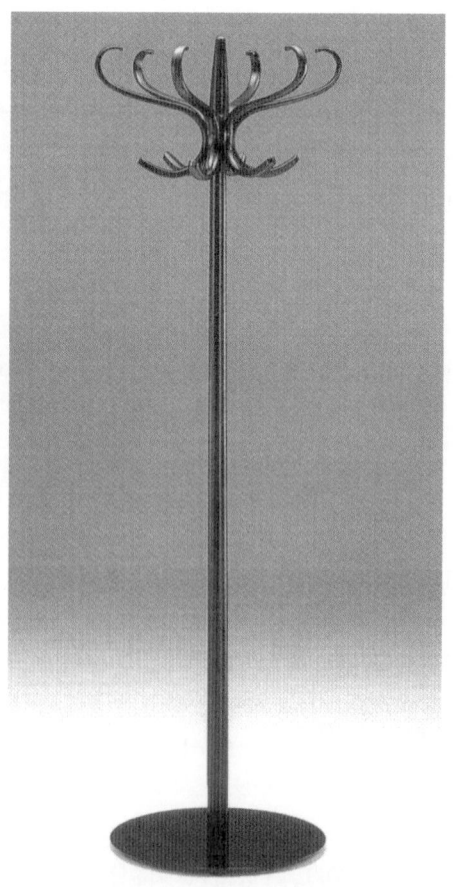

図6-6　No.48 コートスタンド（剣持デザイン研究所）

第6章　第二次大戦後における曲木家具　　329

図6-7　No.16 チェア

図6-8　No.508 チェア

図6-9　T-110 サイドテーブル

図6-10　T-120 丸テーブル

図6-11　T-130 丸テーブル

図6-12　OMC-No.10

図6-13　No.93 座椅子

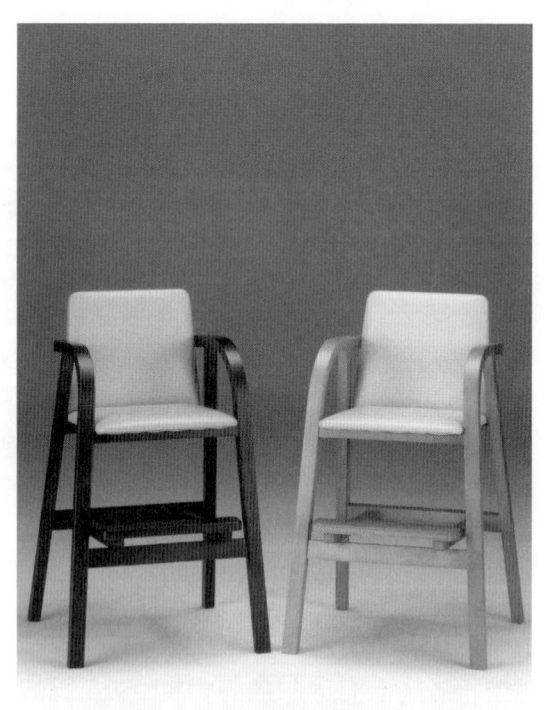

図6-14　No.2801 1991年Gマーク選定品(剣持デザイン研究所)

図6-15　No.42 ベビーハイチェア SG認定品

第6章　第二次大戦後における曲木家具　　331

図6-16　No.5041 ダイニングテーブル

図6-17　No.2001（清水忠男）

図6-18　No.402 鏡（小）1977年Gマーク選定品（柳宗理）

図6-19　No.503 1966年Gマーク選定品（福田友美）

図6-20　No.207 1964年Gマーク選定品（剣持デザイン研究所） 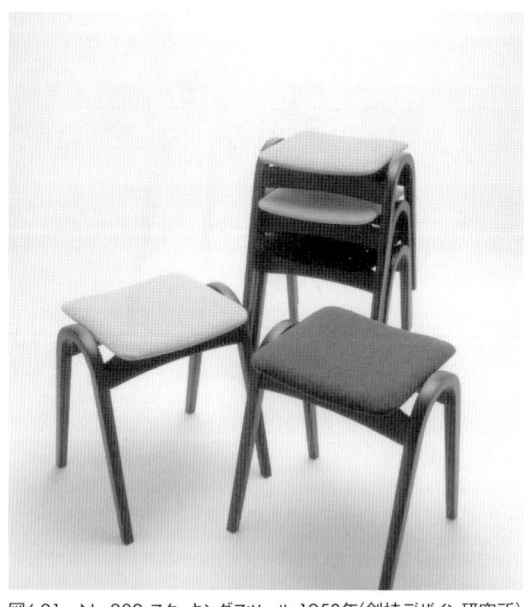　図6-21　No.202 スタッキングスツール 1958年（剣持デザイン研究所）

図6-22　No.25 ダイニングチェア 1958年 1963年Gマーク選定品 　図6-23　ベビーチェア（福岡市）

図6-24　No.202（福岡市）　　　　　　　　　図6-25　No.202（福岡市）

は枘結合で対応し、背もたれと一体化した後脚はネジ類で固定されているはずである。一方、1964年にGマーク選定品となった剣持デザイン研究所が設計した**図6-20**はウインザーチェアの脚構造を採用している。そして背もたれとアームを共有するパーツは、やはりウインザーチェアと同様に、座面に嵌め込んでいる。**図6-20**は1960年に発表されていて、4年後にGマーク選定品になった。座面の高さが38cmしかない。こうした低い座面は当時の流行で、坂倉準三、長大作、渡辺力、豊口克平等の椅子に共通性がある。ジャパニーズモダンの具現化の一つと読みとることも可能である。

　図6-21のスタッキングスツールは、剣持デザイン研究所で設計され、1958年に商品化されている。形態と構造の原形となるのは、**図5-13**⑤に示した工藝指導所の開発によるスタッキング形式のテーブルである。このテーブルを椅子にリデザインしたのが**図6-21**といえる。日本で最も多く生産されたスツールである。現在は上部の丸い**図6-24**と平らな**図6-25**の2種類がある。**図6-26**は食堂でスタッキングしている場面で、日常生活にスタッキング機能が活かされていることが理解できる。

　図6-22は、1958年に開発されたダイニングチェアである。1963年にGマーク選定品となり、海外にも多数輸出された。インハウスデザインなのか、デザイナーの名前は紹介されていないが、戦後の秋田木工株式会社を代表する優れたデザインである。インテリア関連の刊行物では、現在も必ず紹介されている。

　20種類の製品を通して、戦後の秋田木工株式会社の製品ラインナップを概観した。実際に販売店で目にする製品は、やはり伝統的なフォルムの曲木椅子が圧倒的に多い。

図6-26　No.202（福岡市）

4.2　飛騨産業株式会社

　飛騨産業株式会社の前身である飛騨木工株式会社は、昭和初期から第二次大戦中まで、折り畳み椅子の実用新案を多数申請している。その数は圧倒的に多く、日本の曲木家具業としては突出している。とにかく研究熱心で、常に新たな製品開発に情熱を傾けている。東京や大阪という大都市から離れた地域で、こうした積極的な製品開発が行われていることに敬意を表する。優れた木材文化を長く継承している土地柄だけに、工夫をするという精神が日常化しているのかもしれない。

　飛騨産業株式会社の戦後を代表する製品を選定していただいたので、図6-27に示す。製品の解説は、飛騨産業株式会社デザイン室によるものである[注11]。

　図6-27①～⑦には、それぞれの椅子に解説があるので、重要な点だけ補足するにとどめる。飛騨産業株式会社の製品は、一部に成型合板を使用したものがある。1968年製作の「#100」がその典型的な例で、難しい三次元形状を創出している。

　曲木家具の使用材はブナが定番となっているが、1989年に製作した「Benny」はアメリカンブラックウォルナットを使用している。ウォルナットは曲げにくいことから、新たな試みのように感じる。1992年にはタモを試験的に使用し、その後は2001年の「Sereno」、2002年の「baguette」もタモを使用している。一方、1994年には「CRESCENT」にナラを使用し、現在は輸入ナラ材が主流となっている。

　2005年からスギの圧縮材を使用している。圧縮材の原点は蒸煮であり、曲木技術と共通している。現在は直接ホットプレスをしていると思われるが、曲木加工技術が基礎になっていることは間違いない。圧縮で3Dにプレスしたパーツを用いている点に特徴がある。ブナが枯渇化した現代では、圧縮材によるスギの利用が今後大きな課題となる。

　秋田木工株式会社と共通するのは、戦前期の製品を一部復刻させている点である。新しい製品だけに曲木家具の良さがあるのではなく、伝統的な製品を見直すことも、21世紀のデザインといえよう。

5　曲木加工技術の実態

　曲木加工の最も基本的な部分を秋田木工株式会社の事例にて紹介する。秋田木工株式会社のボイラーは常圧であるから、蒸煮時間は3時間程度、部材が厚ければ5時間を要する場合もある。図6-28が蒸煮装置で、部材を抜き取って曲げ加工を行おうとしている。部材を持った際に重みがないと、十分蒸煮されていない。

　次に難しい曲げ作業の一つとされる、椅子の背もたれと脚が一体となった部分の作業を見ていく。なぜ難しいかといえば、三次元に曲げることから、材料の内圧縮が均等ではないため、割れが生じやすいからである。また、作業時間が必要であるため、材料が冷めやすく、外側に割れが生じることも関与している。図6-29は、トーネット法に必要な補助の鉄板を装着している。図6-30、6-31は、二人でブナ材を曲げているところである。最終的に曲げた後はクランプで固定し、図6-32のように台車の上に乗せ、図6-33の乾燥室に運ばれる。乾燥時間は曲げた材料の容積、角度によっても異なり、1～2日間置く。これで曲げ作業は終わるが、図6-32に示

肘付椅子（終戦直後）

製　　　造	1947年（昭和22年頃）
	飛驒産業株式会社
デザイナー	飛驒産業株式会社
サ　イ　ズ	W563×D530×H710 SH420 mm
主　　　材	ブナ
仕　上　げ	ラッカー塗装

当時大量に生産されたディペンデントハウスのための家具デザインに影響を受け開発されたと思われる。

脚下にある曲木によるすり桟から畳上でも使用されたものと思われる。

「ローガン」No.C60

製　　　造	1960年頃（昭和35年頃）
	飛驒産業株式会社
デザイナー	飛驒産業株式会社
サ　イ　ズ	W550×D550×H660 SH400 mm
主　　　材	ブナ
仕　上　げ	ラッカー塗装

このイスは、「ホームセット」（イス2脚×テーブル1台）の組み合わせによって販売された。この当時から既に核家族化の流れがあり開発された。

当社が得意としていた曲木技術に加え、ロクロの技術が組み合わせられたもの。

「アイガー」No.713

製　　　造	1960年（昭和35年）
	飛驒産業株式会社
デザイナー	葭原 基
サ　イ　ズ	W525×D560×H680 SH360 mm
主　　　材	ブナ
仕　上　げ	ラッカー塗装

1966年にGマーク選定品となったヒット商品であり、1982年度ロングライフデザイン賞を受賞した商品である。同じデザインのテーブルと3点セットでも売られ、当時の日本の住まいの客間に置かれ始めた。応接セットとしても使われた。脚部、アーム部、背部に連続性を持たせ、木の枝が自然に分かれるような感じの接合方法がとられている。機能美の追求と軽量化がなされると同時に、量産的な構造となっている。

図6-27①　飛驒産業株式会社における戦後の代表的な製品

「カスケード」　No.715

|製　　造|1961年（昭和36年）|
|飛驒産業株式会社・日進木工株式会社|
デザイナー	飛驒産業株式会社
サ イ ズ	W490×D600×H780　SH350 ㎜
主　　材	ブナ
仕 上 げ	ラッカー塗装

脚、背凭れ、背貫、座板、椅子を構成するそれぞれの部材は構造的な必然性をともなって組み立てられ、それがこの椅子の意匠性を決定づけている。
スタッキング機能が備わっていることも特徴の一つである。6脚まで積み重ねが出来る。美しさと合理性のバランス融合があり、素材特性を熟知したところから生まれた造形である。当時は「サロンセット」というかたちで3点セット（イス2脚＋小テーブル）でも販売された。

前脚と後脚に曲木が使用されている。

「パミール」　No.H15

製　　造　　1967年（昭和42年）
　　　　　　飛驒産業株式会社
デザイナー　飛驒産業株式会社
サ イ ズ　　W460×D535×H820　SH420 ㎜
主　　材　　ブナ
仕 上 げ　　ウレタン樹脂塗装

当時、レストラン等、業務用に多く使用されたもの。

曲木の技術に、成型合板、張り加工技術が加えられたモダンタイプの椅子。この頃より飛驒地方の木材資源は枯渇し、又、北陸地方でもブナ材が底をついたことから、東北地方のブナ材の入手に努めることになる。

「＃100」　No.100

製　　造　　1968年（昭和43年）
　　　　　　飛驒産業株式会社
デザイナー　堀田　明博
サ イ ズ　　W480×D450×H775　SH420 ㎜
主　　材　　ブナ
仕 上 げ　　エナメル艶消し塗装

安定よく積み重ねができる、3本脚のスタッキングチェアである。直線で構成されているところはブナの無垢材、曲面には成形合板が使われ、両者は木口端を斜めに削って重ねるスカーフジョイントによって接合されている。曲木の椅子ではなく、成形合板の椅子ではあるが、曲木技術がベースにあってこそ実現化された椅子である。使い勝手の良さとユニークな意匠性をそなえ、仕上げには黒や赤などのエナメル塗装が使われた。1968年には、Gマーク選定品に選ばれている。

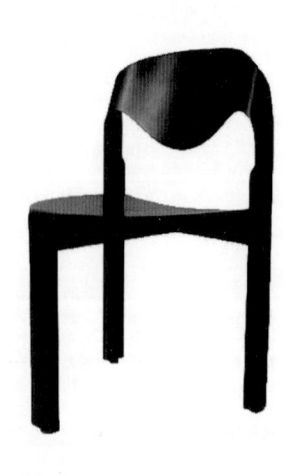

図6-27②　飛驒産業株式会社における戦後の代表的な製品

「ロッキー」 No.780

製　　造　　１９７０年（昭和４５年）
　　　　　　飛騨産業株式会社
デザイナー　莨原　基
サ　イ　ズ　W610×D530×H710 SH415 mm
主　　材　　ブナ
仕　上　げ　ウレタン樹脂塗装

もともとは休息椅子としてデザインされたが、ダイニングチェアとして使われ、Gマーク選定品に選ばれた椅子である。デザイナーの莨原　基は、特別なものをつくろうとしたわけではないが、見た目に美しく、これまで日本になかったものを、というテーマを持って取り組んだと語る。大わざを効かせたデザインではないが、後脚の曲線や9本の曲木による背棒の配り方、笠木の造形など、細部にわたって緻密な意匠をほどこし、木の持ち味を引き出した椅子といえよう。

「マッターホルン」 No.721

製　　造　　１９７０年頃（昭和４５年頃）より
　　　　　　飛騨産業株式会社
デザイナー　飛騨産業株式会社
サ　イ　ズ　W630×D620×H688 SH375 mm
主　　材　　ブナ
仕　上　げ　ウレタン樹脂塗装

前脚を一体化した二重曲木と成形合板によるシートが調和したモダンタイプの椅子。「アイガー」チェア同様テーブルと３点セットでも売られた。意匠登録済み。

「Benny」 CP202A

製　　造　　１９８９年（平成元年）より
　　　　　　飛騨産業株式会社
デザイナー　中川　輝彦
サ　イ　ズ　W740×D650×H690 SH405 mm
主　　材　　アメリカンブラックウォルナット
仕　上　げ　ウレタン樹脂塗装

ワンランク上のものが求められた１９８０年代後半に企画された。本皮革による仕様であるが、１９９０年代初頭のバブル崩壊後生産中止となり短命で終わった。

それまでの曲木の主流であるブナ材、ナラ材ではなく、アメリカンブラックウォルナット材の曲木に初めて挑んだ商品。ブナ材、ナラ材に比べ曲がりにくく、曲げる前の蒸煮加熱時間もブナ材やナラ材の5倍以上を要した。

図6-27③　飛騨産業株式会社における戦後の代表的な製品

「マノレジア」 プロトタイプ

製　　造　　1992年（平成4年）
　　　　　　飛騨産業株式会社
デザイナー　佐々木 敏光
サ イ ズ　W540×D455×H690 SH420 mm
主　　材　　タモ
仕 上 げ　無塗装

直線と曲線が美しく構成された一脚。トーネット時代の曲木家具とは異なり、直線的なパーツと曲木を構成することで対比により曲木の魅力を表現している。

肘木と背板は曲木によるが、幾何学的なカーブが採用されている。

「CRESCENT」 SG261A

製　　造　　1994年（平成6年）より
　　　　　　飛騨産業株式会社
デザイナー　佐々木 敏光
サ イ ズ　W620×D505×H710 SH395 mm
主　　材　　ナラ
仕 上 げ　ウレタン樹脂塗装

「クレセント」シリーズは盲人にも愛されるような、「感触のデザイン」をテーマに開発された。現在でも、年間3000脚以上の売れ行きを誇る。ブナ材で始まった家具づくりも昭和40年代に入ると枯渇し、昭和45年よりナラ材の輸入を始める。（現在では製品の大半がナラ材である）

この椅子の脚（前・後）4本と背凭れ部材は曲木によるもの。特に背凭れ部材については、あらかじめ人の背に馴染む形に凸型に切削されたものを曲げている。曲げ型についても、その形に対応する凹型に加工されている。

「HIDA OLD STYLE」 HS240A

製　　造　　1996年（平成8年）より
　　　　　　飛騨産業株式会社
デザイナー　飛騨産業株式会社＋ゼロファーストデザイン
サ イ ズ　W560×D550×H690 SH420 mm
主　　材　　ブナ
仕 上 げ　ウレタン樹脂塗装

20世紀もおわりに近づく頃、市場では懐古趣味的なものが求められる傾向があり、そこで開発された商品。

馬蹄形の台脚と肘木をもつチェア。背板から肘木にかけては、3つのパーツ（中央は曲木）をフィンガージョイントにて接合している。

図6-27④　飛騨産業株式会社における戦後の代表的な製品

「HIDA OLD STYLE」 HS150W

製　　　造	１９９６年（平成８年）より
	飛驒産業株式会社
デザイナー	飛驒産業株式会社＋ゼロファーストデザイン
サ イ ズ	W1450×D850×H780 SH370 mm
主　　　材	ブナ
仕 上 げ	ウレタン樹脂塗装

20世紀もおわりに近づく頃、市場では懐古趣味的なものが求められる傾向があり、そこで開発された商品。

昭和12年につくったモデルをモディファイしたもの。
当時のものは、前脚の下部にある球が付いていなかったが、前に倒れることから球を取り付けることになった。

「Sereno」 MK265A

製　　　造	２００１年（平成１３年）より
	飛驒産業株式会社
デザイナー	中川　輝彦
サ イ ズ	W660×D525×H725 SH410 mm
主　　　材	タモ
仕 上 げ	ウレタン樹脂塗装

「チョイ肘」と呼ばれる短めの肘木によるアームチェアで、左右への出入りが容易。また、タモ材につき軽いこともあり、使い勝手の良い椅子といえる。当時、中国からタモ材がナラ材に比べ安価で入手できたこともあり開発された。デザイン的には、シンプルでクラフト感のあるものが求められた。弊社におけるタモ材による曲木家具の走り。

「森のことば」 SN210

製　　　造	２００１年（平成１３年）より
	飛驒産業株式会社
デザイナー	佐々木　敏光
サ イ ズ	W440×D520×H815 SH425 mm
主　　　材	ナラ
仕 上 げ	オイル仕上げ

今まで捨てられていた木の節材を活かすことを目的に開発された。ナラ無垢材にて製作されたこの椅子は、ひとつ一つの表情が異なる「節」を随所に用いており、大量生産品でありながら、天然木ならではの個性的な魅力に満ちたデザインと言える。又、節を使用するに当たり、その美しさ、安全性、強度などを専用の節のガイドラインにまとめることで品質の維持と向上に努めている。

このプロジェクトにおいて曲木に対応しにくい節材の曲木を成功させた。

図6-27⑤　飛驒産業株式会社における戦後の代表的な製品

「baguette」 IB106W

製　　　造	２００２年（平成１４年）より 飛騨産業株式会社
デザイナー	五十嵐 久枝
サ イ ズ	W1460×D785×H795 SH360 mm
主　　　材	タモ
仕 上 げ	ウレタン樹脂塗装

デザイナー五十嵐久枝氏による作品。上質な普段使いの家具がテーマである。

ソラマメ型のリング状１本曲木による肘木をもつこのソファは、木取り寸法で長さ２２００㎜のタモ材を曲げている。継ぎ目は、最下部でスカーフジョイントされている。この肘木の曲げ加工方法は、部材の割れ、折れを予防するため、今までにない手法（企業秘密）が考案された。

「HIDA」 EM202

製　　　造	２００５年（平成１７年） 飛騨産業株式会社
デザイナー	エンツォ・マーリ
サ イ ズ	W405×D475×H805 SH430 mm
主　　　材	圧縮杉
仕 上 げ	ウレタン樹脂塗装

環境問題の本丸ともいえる「杉」による家具開発事例である。杉のやさしい質感や木目の美しさが際立つデザイン。座面のゆるやかなカーブは、手作業による彫り込みではなく、座面専用のプレス金型を用い、３Ｄ圧縮により加工したもの。メインフレームにあえて異素材のスチールを用いたシンプルな構造により、杉材の座面や背もたれ部分に独特の浮遊感が漂う。フレームには直径１２㎜のムク材を使用しているため強度を十分に保ち、使用時の安定感を確保。

創業期の曲木椅子に比べると、何かしらの物足りなさが感じられるかもしれないが、それまで「曲げられない」「家具には不向き」とされていた「杉」という素材を知る者にとっては画期的ともいえる一脚である。圧縮技術は産学協同研究から生まれたが、ベースには曲木の技術があったといえる。

「VIOLA」 WT201

製　　　造	２００７年（平成１９年）より 飛騨産業株式会社
デザイナー	小平 美緒
サ イ ズ	W480×D520×H830 SH435 mm
主　　　材	ウォルナット
仕 上 げ	ウレタン樹脂塗装

１本曲げによる優雅なフォルムのアームが印象的な椅子。モダンタイプの高級ゾーンとして、新たな販売チャンネルの拡大や、富裕層をターゲットに開発。

曲木にはあまり向かないウォルナットの厚材を、曲げＲの小さくなる部分は薄くし、曲木を実現化させている。（曲木後、捻りを加えたラインに切削し、繊細で美しいラインに仕上げている。）

図6-27⑥　飛騨産業株式会社における戦後の代表的な製品

「YANAGI CHAIR」 YD261A

製　　　造	２００７年（平成１９年）より 飛驒産業株式会社
デザイナー	柳　宗理
サ　イ　ズ	W540×D500×H680　SH395　mm
主　　　材	ナラ
仕　上　げ	ウレタン樹脂塗装

かつて東北のメーカー等により製作されていたが廃番となり、置き去りにされていた名作を、日本デザインの美と誇り高い足跡を後世に受け継ぐため、そして「飛驒の名工」を育成するためにも復刻生産されることになった。

元々は継ぎにより構成されていた馬蹄形の肘木の製作を、１本曲木で挑むことになった。曲げる前の木取り寸法は、厚み５０mm、巾１８０mm、長さ１２００mmであるが、更に蒸煮後は部材のみで１０kg、型も合わせると６０kgとなり、過去に例の無い重厚な部材の曲木加工に備え、プレス機をそれまでの約１.５倍の圧力に対応するための改良と、運搬等の重筋作業軽減のため、チェーンクレーンを増設をした。肘受と背受部材も曲木によるもの。

「crypto」 KC201

製　　　造	２０１０年（平成２２年）より 飛驒産業株式会社
デザイナー	川上　元美
サ　イ　ズ	W500×D505×H730　SH405　mm
主　　　材	圧縮杉
仕　上　げ	ウレタン樹脂塗装

創業９０周年を迎えた飛驒産業の記念すべき一脚。川上元美氏らしい美しいデザインである。

この背板は曲木によるもので５００Rである。ＨＩＤＡのチェア同様杉材では画期的といえる。過去９０年における飛驒産業の歩みは、新しい技術へのチャレンジの歴史でもあると言っても過言ではない。今後も飛驒産業では、環境問題こそ２１世紀の人類に課せられた火急な命題であると認識し、杉の家具づくりにチャレンジし続ける方針である。

図6-27⑦　飛驒産業株式会社における戦後の代表的な製品

したように、南京鉋[注12]という独特の道具で変形した部分を補正しなければ完成しない。

次に、渦巻き状の形態に曲げる方法を紹介する。**図6-35**が最初に使用する型で、**図6-36**に示したように部材を足していく。つまり、着脱式のあわせ型を使用しているのである。作業は**図6-37**のように、ブナ材の先を尖らし、蒸煮した後に鉄板とともに型に突き刺す。そして曲げ始める。**図6-38**は2周回したところで、最終的には**図6-39**のようにクランプで固定して終わる。そして乾燥室に入れられる。

座面の枠も特徴のある曲げ加工なので紹介する。使用する型は**図6-40**に示したように、リング状の一部に隙間を作っている。**図6-41**は作業台の上に型を固定したところである。まず最初に先を尖らせたブナ材を蒸煮し、**図6-42**のように隙間にブナ材の先を鉄板とともに差し込み、鉄板をブナ材にクランプで固定する。この工程は先の渦巻き状の曲げと同じである。次

に、図6-43のように腰に部材を当て、モーターで型を回転させていく。さらに図6-44のように回転させ、図6-45に示したクランプで固定し、乾燥させる。乾燥後は、小型の帯鋸にてスカーフジョイントができるよう、図6-46の形状にする。最後は図6-47に示したように、接着剤を塗布し、クランプで固定して図6-48の状態にする。接着剤による固定後は、クランプを外して外観を整える。現在は人工高分子の接着剤が発達したため、スカーフジョイントに木ねじは使用していないが、昭和30年代までは接着剤が膠であったことから、木ねじを併用していた。

　さほど難しくない二次元の曲げ作業は、機械加工で行うことが多い。1997年に筆者が鳥取家具工業株式会社の作業を見学した際、撮影した写真があるので紹介する。

　図6-49は蒸煮装置からブナ材を取り出すところである。この装置も常圧のボイラーを使用していると推察する。図6-50は4本のブナ材を型の下に並べている。つまり、機械によって一度に4本の部材を曲げるのである。図6-51は機械によって曲げている場面で、図6-52は曲げた後にターンバックルで曲げが戻らないように固定しているところである。図6-53は機械から型を下ろしてクランプで固定しているところである。最終的には図6-54で乾燥室に運ばれる。

　こうした二次元の機械曲げ加工は、ヨーロッパでは19世紀に開発が進み、日本にも影響を与えている。昭和初期のマルニ木工株式会社も、図6-50〜6-54に示した機械と類似する構造を持つ機械を使用している[注13]。この機械は、鳥取家具工業株式会社の図6-52に見られる加圧方式ではなく、ワイヤーで上に引き上げて加圧するという方式である。曲木家具業における機械化の進展は欧米が早い。人件費の軽減と大量生産という目的のために、先進国が行う必然的な対応策ということになろう。ところが、日本の曲木家具業は、明治末期以来、人件費が欧米より安いため、輸出品でも互角に勝負ができると考えていた。このあたりに、戦前期の日本が持つ経済観を垣間見る。ではこの機械化に対する視点が、21世紀になって変わったかというと、極端に変わったとも思えない。例えば、三次元の形状にブナ材を曲げる機械を開発することは、現在の日本の工業力を結集すれば不可能ではない。産業用ロボットを駆使することで、人件費の抑制も可能であろう。問題は、そうした技術力にあるのではなく、東欧やポーランドの安い曲木椅子が貿易の自由化で日本に入ってくる限り、機械化を実現したとしても、設備投資に経費が嵩み、簡単に利益を生み出すことはできない。戦前期の日本が取り組んだ輸出の方策を、東欧諸国やポーランドが現在行っているのである。

　それほど先ではない時代に、ヨーロッパに限らず世界中でブナの資源が枯渇化を迎えることになる。植林しても、少なくとも100年以上かけないと曲木家具用材にはならない。曲木家具産業に関する限り、ブナ材を対象とした高度な曲げ加工用の機械は必要なさそうである。日本にふんだんにあるスギを、圧縮材として瞬時に三次元加工するような機械を開発することの方が、経済的には理にかなっている。

　今回、紙面の関係で紹介できなかったが、曲木加工技術には、倣い装置付木工旋盤も必需品であった。長さ2m以上のブナ材を、正確にそして大量に椅子の脚、背もたれの寸法に切削するには、倣い装置が付加されていなければならない。また、曲木家具の型を製作するには金属加工の専門家が必要である。秋田木工株式会社で使用する三次元の型は、鍛冶屋職人の技術が導入されている。現在では、いくつかのパーツを作り、溶接によってできる型を、すべて鍛造で対応していた。それも数mmも違わない寸法に製作している。こうした伝統的な型は、今後資料として末永く後世にまで伝えていく必要がある。

第6章　第二次大戦後における曲木家具　　343

図6-28　三次元の曲げ作業①

図6-29　三次元の曲げ作業②

図6-30　三次元の曲げ作業③

図6-31　三次元の曲げ作業④

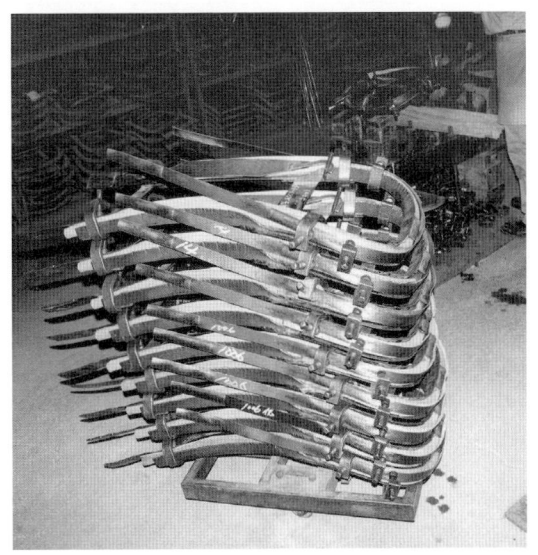

図6-32　三次元の曲げ作業⑤

図6-33　三次元の曲げ作業⑥

図6-34　三次元の曲げ作業⑦

図6-35　渦巻き状の曲げ作業①

図6-36　渦巻き状の曲げ作業②

図6-37　渦巻き状の曲げ作業③

図6-38　渦巻き状の曲げ作業④

図6-39　渦巻き状の曲げ作業⑤

第6章　第二次大戦後における曲木家具　345

図6-40　座面のフレーム曲げ作業①

図6-41　座面のフレーム曲げ作業②

図6-42　座面のフレーム曲げ作業③

図6-43　座面のフレーム曲げ作業④

図6-44　座面のフレーム曲げ作業⑤

図6-45　座面のフレーム曲げ作業⑥

図6-46　座面のフレーム曲げ作業⑦

図6-47　座面のフレーム曲げ作業⑧

図6-48　座面のフレーム曲げ作業⑨

図6-49　機械による曲げ作業①

図6-50　機械による曲げ作業②

図6-51　機械による曲げ作業③

第6章　第二次大戦後における曲木家具　　347

図6-52　機械による曲げ作業④

図6-53　機械による曲げ作業⑤

図6-54　機械による曲げ作業⑥

図6-55　手作りの蒸煮装置①

図6-56　手作りの蒸煮装置②

図6-57　手作りの蒸煮装置③

筆者は大学に勤務していることから、曲木家具を量産することはできない。したがって、曲木家具の検討用プロトタイプを、いかに自前の簡単な装置で製作することができるかを長年考えている。曲げ作業の基本となるのは蒸煮で、図6-55のような簡単な装置でも、厚さが30mmまでなら曲げることができる。図6-56ではプロパンガスを熱源としたが、木材を燃やして熱源にしてもよい。3時間程度蒸煮して、図6-55に示した取り出し口から引き出して、ずっしりとブナ材が重く感じたら、トーネット法によって内圧縮すれば曲がる。仮にブナ材が軽く、濡れ色をしていなかったら、もう一度蒸煮しなければならない。何度かの失敗を繰り返す中で体得するしかない。プロトタイプを製作するだけなら、こうした簡易装置で試みるのも一つの方法である。

　過去にトーネットNo.14の復元を大学の授業で試みたことがあるので、図6-58〜6-64を通して紹介する。使用した型は、秋田木工株式会社から短期間借用した。しかし、すべての型を借用することは難しいので、一部はコンクリートパネルで学生と作った。曲木家具業で使用するクランプはないので、少し力は弱いのが欠点ではあるが、作業に便利な市販品で代用した。

① まず最初にトーネットNo.14を計測し、形状を図面にする。
② ブナ材を購入し、木取りを行う。長尺材を切削する旋盤はないので、図6-58のようにノギスで計測しながら鉋で削った。
③ 木取りしたブナ材の含水率が20%以下の場合は、蒸煮する前日に水に浸しておく。
④ 業界では、曲げ作業は1人か2人で行うが、クランプでの固定作業に手間がかかるので、3〜4名で行った。図6-59は、最も失敗が多い背もたれ部分の曲げ作業を行っているところである。図6-60は座面フレームの曲げ作業を終えた場面である。図6-61は、二組の型で曲げ作業を終えた場面である。三次元の背もたれ部分は、一つに割れが入り失敗した。帯鉄は1mmのステンレスを使用し、シャーリングマシンで40mm幅とした。しかし、使用するブナ材によって幅は決めるべきで、曲げるブナ材の幅より狭いと、そこから割れが生じやすい。
⑤ 乾燥後に型から外し、組み立て作業を行う。ボルトとナットを使用する部分が2カ所、他は木ねじで固定する。図6-62は組み立て作業を行っているところである。
⑥ 図6-63が組み立てを完了したプロトタイプである。座面は合板を使用したが、籐編みに挑戦すべきだったと反省している。

　その後、図6-64の型を外部に依頼した[注14]。背もたれ部分の型は、三つに分割して製作し、最後に溶接するという手法で成り立っている。この作業はプロの仕事であり、簡単には真似ができない。換言すれば、曲木家具の最も難しい作業は、型づくりかもしれない。この型づくりから、既に曲木家具の製作は始まっている。

　曲木家具は、デザイン関連の刊行物では、ほとんどが意匠を中心に捉えている。そうした視点も大切であろうが、曲木家具の魅力は、形態を導き出す各種の型と作業方法にも存在する。特にデザイン教育では、型を使用した技術と造形を統合し、曲木作業を通して感性を磨くという実体験を重視すべきである。

第6章　第二次大戦後における曲木家具　　349

図6-58　No.14の復元①　丸棒つくり

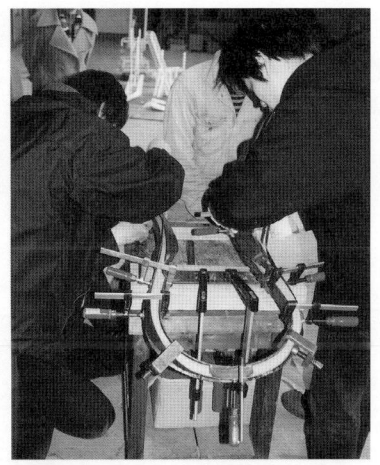

図6-59　No.14の復元②　曲げ作業

図6-60　No.14の復元③　曲げ作業

図6-61　No.14の復元④　曲げ作業の完了

図6-62　No.14の復元⑤　組み立て

図6-63　No.14の復元⑥　組み立ての完了

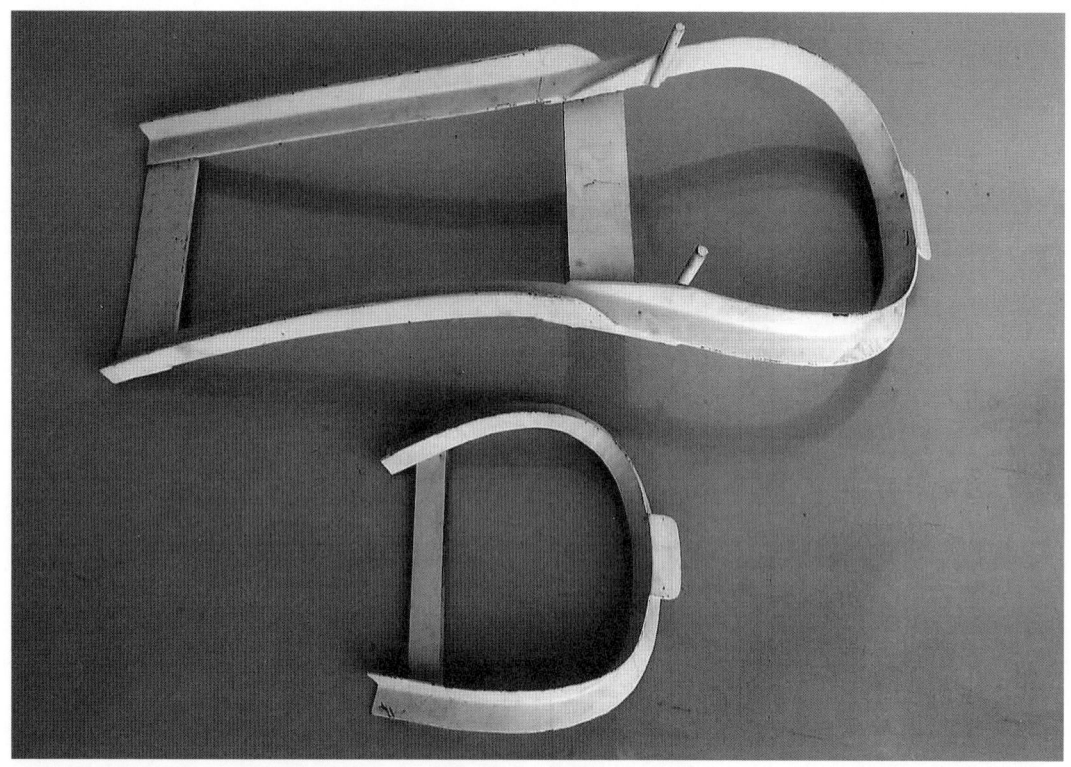

図6-64　外部発注した曲木用の型（株式会社日新鋼機製作）

6　小結

　日本の曲木家具業の最盛期は昭和初期である。とりわけ1930年から1938年にかけては、海外への輸出量も多い。その後戦災に遭った企業も多く、また戦後はイームズに代表される高周波成形による成型合板の椅子や鋼管製の椅子が流行したため、曲木椅子の需要が減ったことは間違いない。そうした家具の社会的動向に沿って、曲木家具業でも大きな方向転換をした企業もある。それでも秋田木工株式会社のように、戦前期の製品に新たな意匠を加えて緩やかにラインナップの変換を成し遂げていった企業、飛驒産業株式会社のように、戦前期の製品を継承するだけでなく、戦後の世界的な動向を見据え、大胆な意匠を取り込み、スギの圧縮材で新たな曲げ加工を展開する企業もある。

　戦後に曲木家具業が増えた地域は、岐阜県高山市とその周辺だけである。地域における家具産業の発展が、その基礎になっていることは間違いないが、飛驒産業株式会社と何らかの接点を持っている。岐阜県という一つの地域で稼働する木材加工業が連帯し、活性化を図ってきたことは特筆される。

　曲木家具の良さは、木材を曲げて生まれる独特な曲面にある。とにかく、この繊細で軽やかな曲面は、現在も多くの人を魅了する。直線的な形態に溢れている現代社会では、この曲面に精神的な癒しを感じる人も少なくない。飲食業での使用が多いのは、この癒しと深い関係が

あると筆者は考えている。

　曲木家具業に限らず、家具産業のグローバル化は、価格の低下を招き、量産方式に馴染まない日本の曲木家具業は、安い輸入品に価格だけで対抗することは難しい。こうした状況を打破するためには、近年の安価な曲木家具が持つ単なるコピー製品の量産化という意識を払拭し、デザイン力を強化した質の高い製品を少量製作するしか方策は見当たらない。戦前期に新たな造形を試み、漆による塗装を施して他国との差別化を図った発想を再考することも大切と考える。

注
1──工業技術院産業工芸試験所編：工芸ニュース、Vol.20、No.5、工業技術院産業工芸試験所、24頁、1952年
2──1980年以降も、各地の工業試験所ではスギの曲木試験を行っている。これはスギ間伐材の利用という国策への対応であって、ブナの曲木家具研究を継承しているのではなく、蒸煮とトーネット法という曲木家具の技術を応用していると捉えるべきである。
3──大久保良雄編輯：仙臺商工名鑑、仙臺市役所、80頁、1948年
4──創業50年史編纂委員会：創業50年史─洋家具と共に歩んだ半世紀、マルニ木工株式会社、113-114頁、1982年
5──中村貞三編：奈良縣商工総覧、奈良縣商工会議所、258頁、1952年
6──中国新聞、昭和56年6月26日、6面
7──創立50周年記念誌編集委員会：協同組合飛騨木工連合会創立50周年記念誌　飛騨から世界へ、飛騨木工連合会、2002年
8──商工省工藝指導所編：工藝ニュース、第十二號、技術資料刊行會、広告、1947年
9──株式会社アイデックより画像資料を提供していただく。
10──秋田木工株式会社より画像資料を提供していただく。
11──飛騨産業株式会社デザイン室長中川輝彦氏にご協力をいただく。
12──南京鉋は、明治時代に入って欧米から伝播したもので、極めて新しい道具である。日本では桶業が底板を削る際に用いている。この鉋だけ欧米と同じように日本でも押して使用する。
13──前掲4)：53頁
14──筆者の義兄皆川芳夫氏が経営する株式会社日新鋼機で製作していただく。

第7章

曲木家具用材の資源と今後の展望

1 はじめに

　現在、日本の家具業界で使用される広葉樹の90%は輸入材である。輸入材の使用状況に地域差はそれほどなく、椅子の生産が盛んな岐阜県飛騨地方でも似たような状況である。つまり、過去に広葉樹材が比較的豊富であった地域においても、他地域と同様に資源の枯渇化が進行している。

　曲木加工業の主たる用材であるブナは、国産材の中でも資源の減少が最も深刻な状態にあり、1990年代からは国有林のブナ林伐採は全国で自粛されている。ブナ林伐採反対運動が、そうした自粛の契機になったことは確かであるが、法的な規制があるわけではないので、実質的には禁止に捉えられているが、自粛しているにすぎない。

　では、家具や建築用材として需要のある広葉樹について、林野庁が長期的な育成計画を策定して実行しているかといえば、具体的な実践例は筆者の知る限り見当たらない。基礎研究は成されているが、各県で林業というレベルの取り組みには発展していない。強いて挙げるなら、針広混交林造成事業、里山の広葉樹保全の助成をしている程度である。後者の助成は、生物多様性や都市近郊の放置林整備への対応にねらいがあり、広葉樹の用材確保という木材需要を中核にした取り組みと規定することはできない。

　現在も総じて年々国有林、民有林の広葉樹林が減り、針葉樹が植林され続けている。こうした行為の基盤になっているのは、林野庁が1957(昭和32)年から着手した国有林生産力増強計画の策定である。すなわち、広葉樹の自生林を伐採して針葉樹を植林するという、針葉樹増産に偏った政策を延々と実施しているからである。その結果、日本の山林は明治初期には広葉樹と針葉樹の割合が7:3であったが、現在は3:7に逆転した。

　近年は、ブナ林を中心に広葉樹の純林、巨木を保護する動きが活発で、そうした運動の結実が白神山地の世界文化遺産登録であり、また、全国各地で取り組まれている国有林における貴重な天然林の保護である。こうした運動が民有林の所有者にも多少影響を与えており、また針葉樹の価格が暴落していることも手伝って、東北地方では針葉樹の植林から広葉樹の植林に転換する動きもある。

　曲木家具は、ブナというそれまで需要が少なかった樹種を用材として取り込んで、大量生産を確立した。ヨーロッパにおいても、曲木家具の量産がブナ植林と連動して展開したわけではない。明らかに天然林の伐採を前提として量産を捉えており、トーネット社がブナの植林を行って人工林を用材とする取り組みをしたといった話は耳にしない。日本でも同様で、曲木家具業が率先してブナの植林に関する研究を行ったという事例はない。

　これまでの曲木家具研究で、ブナの植林について言及したものは、筆者の知る限り一切ない。学問の領域としても、ブナの育成とブナ材の利用は別なものとされる。しかしながら、本来は需要があるから育成を研究するわけで、別々な研究領域ではないはずである。キリの栽培とキリ材の利用を統合して実践するという考え方は、近世には藩という単位で確立しており、持続的な広葉樹利用は現在も一部の地域で継承されている。

　本章では、最初に2003年から2006年に実施した広葉樹のアンケート調査、2003年より現在まで行っているブナ、コナラを中心とする広葉樹のフィールド調査を通して、ブナ資源が枯渇

化している実態を捉える。次に、その対応策をブナ植林と、コナラの利用に求め、ブナ植林の林業としての可能性、またコナラの曲木家具材としての可能性と資源について検討することを目的とする。

2 中国地方における広葉樹の利用

2.1 本節のねらい

2003年は、沖縄県と九州全県に関する広葉樹のアンケート調査、フィールド調査を実施した。引き続き2004年は、中国地方と四国地方の調査を前年度と同じ方法で行った。

中国地方には、九州ではほとんど見られないブナの天然林が戦前には豊富にあった。少なくとも昭和30年代までは、中国山地のブナが盛んに曲木家具に使用されていた。1998年から1999年にかけて何度か中国山地のブナを調査したことがあったが、国有林で保護されている大山とその周辺、広島県西部の山間地しか見当たらなかった。過去にブナの調査をした方々の話では、皆伐により母樹まですべて切り倒したことから、元のブナ林は再生することができず、森林としての景観はなくなってしまったというのである。

このブナは、日本でトーネット社の曲木家具をコピー生産するようになる明治40年代まで、天然林は未利用に近い状態であった。わずか50年でブナ林そのものが、一部の保護された地域を除いて、中国山地では激減してしまったようだ。

本節のねらいの一つは、中国地域でブナの利用があるかどうかを確認することにある。ブナはあくまで調査対象の1樹種ではあるが、標高の高い限られた地域に植生がみられるため、広葉樹の資源を検討する指標となる。わずかな期待を持ちながら、アンケートとフィールド調査を実施する。

2.2 中国地方におけるアンケート調査

アンケート調査は、2004年の9月から10月にかけて実施した。対象は中国、四国地域の市町村役場と森林組合である。アンケートの回答率は21.1%で予想より大きく下回った。確かに瀬戸内沿岸の町村は広葉樹自体が少ないことから、利用状況の把握は難しいかもしれない。しかし、中国山地の町村は、広葉樹の利用がないとは考えられない。広葉樹を産業の材料として意識していないということが、アンケートの回答率に反映されているとすべきであろう。各県のアンケート回収率については表7-1に示した。

表7-1を見る限り、鳥取県の回答率が全体からすれば少し低い程度で、広葉樹の育成と活用に本格的に取り組んでいる県はなさそうである。

アンケートの回答から、広葉樹の利用がある市町村と、全くない市町村に分類したものが図7-1である。

図7-1に見られる「利用なし」という回答の根拠がよくわからない。中国山地の中央に位置する町村で利用がないという回答は、回答をいただいた機関には失礼かもしれないが、利用状況を把握していないと読み取るべきである。そう捉えないとアンケート結果に実態が反映され

表7-1 アンケート結果総数(中国地方)

		依頼数	回収数	利用あり	利用なし	回収率(%)
岡山県	役場	78	19	9	10	24.4
	森林組合	29	6	3	3	20.7
広島県	役場	84	20	3	17	23.8
	森林組合	17	4	3	1	23.5
島根県	役場	39	5	2	3	12.8
	森林組合	8	1	1	0	12.5
鳥取県	役場	59	16	5	11	25.4
	森林組合	16	3	3	0	18.8
山口県	役場	53	14	6	8	26.4
	森林組合	13	3	1	2	23.1
計		396	91	36	55	21.1

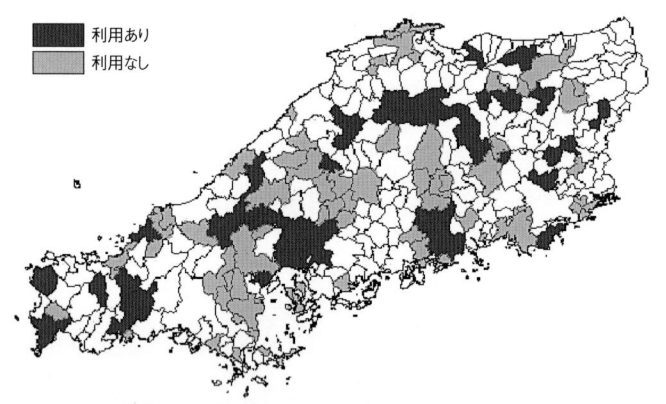

図7-1 中国地方における広葉樹の利用状況

ていないことになる。

　本節では、各県ごとに広葉樹の利用状況を検討していく。その際に一部の地域で行ったフィールド調査の内容も付け加える。

2.3　山口県における利用

　山口県のアンケート結果では、ナラ、クヌギ、シイ、カシ、ホオノキ、サクラ、ケヤキ、クリ、エゴノキの9種類が使用されている(**表7-2**参照)。ホオノキは北海道産の材であるので、県産広葉樹の使用は8種類ということになる。特徴的なのは、椎茸栽培のほた木への利用が多いことである。クヌギ、コナラ、ナラという表記をしているが、ナラはすべてコナラとすべきであろう。中国山地においては、ミズナラは標高が700〜800mにならないと自生しておらず、資源もないはずである。コナラ、クヌギは、里山の薪炭材として育てたものを、ほた木への供給に転換し

表7-2 アンケート結果による山口県の利用状況

県名	市町村名	製品	樹種	樹木産地	使用地
山口県	秋芳町	ほた木	ナラ、クヌギ	山口県一帯	山口県一帯
		木炭	シイ、カシ		
	下関市	彫刻	ホオノキ	北海道旭川市	下関市
	豊北市	ほた木	クヌギ、ナラ		豊北町
	旭村	ほた木	コナラ	阿武郡旭町	山口県
		木炭			
	阿武町	ほた木	クヌギ、ナラ、サクラ	阿武町	阿武町
		建築材	ケヤキ、クリ		
	山口市	大鋸屑(菌床栽培用)	クヌギ、コナラ、シイ、カシ	山口県内	山口県内
		大内塗	ケヤキ、サクラ、エゴノキ		特定地域なし
	錦川森林組合	ほた木	クヌギ、コナラ		

ているものと推察される。

　山口市で見られる大鋸屑は、椎茸の菌床栽培に利用されるもので、使用材の中心は里山の広葉樹である。山口市では塗り物の下地材であるエゴノキが使用されている。エゴノキは大木にはならないが、伝統的に挽物用材として用いられるもので、漆器の産地では重宝される樹種である。

　1991(平成3)年のフィールド調査では、長門市の黄波戸にて味噌桶にネムノキが使用されていることを確認している。九州では、ネムノキの利用が何カ所かで見られたことから、過去には広域で利用されていた可能性がある。しかしながら、アンケートの回答を通して見る限り、ネムノキの利用は見られない。

　山口県におけるアンケート調査では、特徴のある樹種は見当たらない。

2.4　広島県における利用

　広島県ではミズキ、トチ、ブナ、ナラ、キリ、ホオノキ、ケヤキ、クヌギ、コナラ、クリの10種類の使用が認められた(表7-3参照)。この中でミズキ、トチ、ブナ、ナラ、キリは他県の材ということから、広島県産の材は5種類ということになる。

　広島県の木製品は、宮島の杓子、福山市のキリを使用した製品、府中市の家具が知られているが、今回のアンケート結果には福山市の回答があるだけで、他の二つの産地に関する資料は、広島県東部森林組合の府中家具で利用されるキリしか該当しない。おそらく県産材の使用が少ないのであろう。

　大野町の杓子は、すべて東北地方の材料を使用しており、福山市の木製品も東北と北海道の材料に頼っている。琴に使用するキリ材は、福島県会津地方のものを使用している。キリはどこでも育つ。しかし琴のような高級材は、会津キリに代表されるように、限られた地域の材料を使用することが伝統的に継承されている。『木材ノ工藝的利用』[注1)]に関しては、中国地方の広葉樹にはほとんど触れていない。穿った見方をすれば、それだけ上等の材がなかったとい

表7-3 アンケート結果による広島県の利用状況

県名	市町村名	製品	樹種	樹木産地	使用地
広島県	大野町	杓子	ミズキ、トチ、ブナ	東北地方	
		住宅内装材	ナラ	山口県	
	福山市	福山琴	キリ	会津地方	福山市
		下駄	キリ		
		家具	キリ		
			ナラ	北海道	
	筒賀村	包装(材ではなく葉)	ホオノキ	筒賀村	筒賀村
	太田川森林組合	家具(花台、テーブル、皿立て)	ケヤキ	太田川流域	広島県内
		杓子、まな板	ホオノキ		
	広島県東部森林組合	家具	キリ	府中市近郊	府中市
	広島市森林組合	木炭	クヌギ、コナラ	太田川流域	広島市一帯
		建築材(土台、柱)	クリ		
		建築材(土台、柱)	クリ		

うことになる。

　今回のアンケートでは、木材市場のある三次市から回答がなかった。実際にフィールド調査で三次市を訪れ、木材市場における広葉樹の取引を見学したが、樹種は少なく、基本的には銘木に類するものが販売の対象になっているだけである。また三次市に設置されている広島県林業試験場を訪問して、広葉樹の育成と利用に関する聞き取りを行った。結論から先に言うと、広島県としては、広葉樹の計画的な育成と利用に力を入れていない。過去に広葉樹に関する調査は行っているが、針葉樹の育成と利用に比較すると微々たる内容である。育成しないから資源は減少しているというのが実態である。

　府中市では、まな板加工業の調査を行った。使用している材は、すべて北海道産のホオノキであった。過去には広島県産の材を使用していたが、材料の供給が途絶えたということらしい。

　庄原市近郊の森林組合を訪問し、広葉樹利用の実態に関する聞き取りを行った。里山の広葉樹は、チップ業者が皆伐し、トン単位で引き取っている。この中の樹木には直径が40cmを超えるアベマキ、コナラも含まれている。チップ加工業は、こうした樹木を選別し、別な単価を設定して器具の柄等の加工業者に販売している。

　庄原市東城町には、県指定の天然記念物となっているコナラがあり、幹周りが7m以上ある。コナラは、名前からミズナラより小型の樹木という印象を受ける。ミズナラは別名がオオナラであり、一般的にはコナラより大径木とされている。確かに、葉の大きさに関しては、コナラが小さい。またコナラの比重がミズナラより大きく、材が堅いことから、成長がミズナラよりやや遅いと考えている人も多い。さらに、里山のコナラは、薪炭材を目的として萌芽更新による株立ちになっているため、コナラがそれほど大きくなる樹種というイメージがない。

　コナラも二百年生のものになると、胸高直径1m近くなる。こうした大木に育つと、ミズナ

ラとほとんど変わらない大きさになる。コナラは別名をイシナラという。つまり硬いので扱いが難しいことから、明治時代より加工品にされることが少なかった。ミズナラに対してコナラは小型だというイメージを払拭していく必要がある。コナラは資源があるのに、広島県内でも放置林となっていることが多く、有効な活用法を検討する必要がある。

広島県の中国山地には、ブナ科のアベマキを民有林でよく見かける。アベマキは戦前期までコルクを製造するため、広島県、岡山県で広く育成されていた歴史がある。現在、自動車を製造する東洋工業株式会社も、元々はアベマキのコルク層を活用した東洋コルク工業が前身であり、広島県における重要な産業を担っていた。アンケート調査からアベマキの利用は見られなかった。海外から輸入されるコルクに席巻されたのであろうか。アベマキは、家具材等にも利用されていないようである。

ブナの使用は、アンケートから大野町で東北地方の材を使用して杓子を生産していることが確認できる。散孔材であることが杓子材としての条件と読み取れる。大野町は宮島の対岸であることから、地域でブナが生育しているわけではない。おそらくブナが廉価であったことから、元々使用していた用材の代用品としたのであろう。

2.5　岡山県における利用

中国地方のアンケート調査では、岡山県の広葉樹利用が最も多い。利用されているのは、ケヤキ、サクラ、ナラ、コナラ、クリ、シバグリ、エンジュ、カエデ、クヌギ、アラカシ、シラカシ、クワ、キリ、ウルシ、シナノキ、エゴノキ、キハダ、それに裸子植物のイチョウを仮に広葉樹として扱えば、18種になる（表7-4参照）。上記のナラは、現在の真庭市湯原町で産出されるものである。この地域は標高が高い、また使用目的が家具材であることから、ミズナラと判断した。

岡山県産の広葉樹材は、京阪神にも出荷されており、林業の一環として広葉樹材も生産されていることになる。材としては他地域に出荷されないが、旧川上村ではシナノキの利用がある。旧真庭郡一帯は中国山地の最も奥に位置する地域であり、伝統的な広葉樹の利用が多少は継承されているようだ。

岡山県では、真庭市、新見市を中心にフィールド調査を行った。中国山地の木材市場は、新見市、旧勝山町がよく知られている。勝山町の木材市場で取引される広葉樹は、ケヤキに代表されるような銘木が中心で、小径木は取引されない。クヌギ、コナラといった里山の広葉樹は、チップ業者が皆伐して引き取っている。値段は1トン当り8,000円前後が相場とされることから、生産者にとってはほとんど利益が出ない。旧哲西町では、椎茸栽培用のほた木の生産が少量見られた。以前は大分県にクヌギのほた木を大量に出荷していたが、菌床栽培の普及により、ほた木の需要が減っている。ほた木の輸送は、最盛期には貨物列車を使用していたようである。

アンケート結果には反映されていないが、旧真庭郡新庄村では、味噌桶の材料にハリギリが使用されていた。1991年に確認した当時も、つくられてから数十年を経ていることから、現在はそうした利用法はなくなったのであろうか。市場に出回らない広葉樹に関しては、行政は利用法を全く認識していない。地産地消という言葉が流行している。しかし、この用語は広葉樹の育成と利用については該当していると思えない。

旧川上村から鳥取県の県境にかけては、ミズナラが見られる。現状のミズナラは木材資源

表7-4　アンケート結果による岡山県の利用状況

県名	市町村名	製品	樹種	樹木産地	使用地
岡山県	湯原町	家具（テーブル、椅子）	ケヤキ、サクラ、ナラ、クリ、エンジュ、カエデ	湯原町	京阪神
	勝田町	盆、菓子器	ケヤキ	勝田町	勝田町木地山
	久米南町	木炭	クヌギ	久米南町	久米南町
		ほた木	クヌギ		
	玉野市	ほた木	アラカシ、シラカシ	玉野市、岡山県一円	玉野市
		木炭	クヌギ	玉野市	
	柵原町	ほた木	クヌギ	柵原町	
	高梁市	建築土台	クリ	岡山県内	高梁市有漢町
		欄間	ケヤキ		
	新庄村	縁側の土台	クリ	新庄村	新庄村
		馬屋の木戸			
		臼	ケヤキ		
		木工品（茶托）			
		欄間			
		杵	カシ		
		ほた木	クヌギ、ナラ		
	奥津町	盆	ケヤキ	不明	不明
		臼	ケヤキ	奥津町	奥津町
		木炭	クヌギ、ナラ		奥津町周辺
		ほた木	クヌギ、ナラ		奥津町
		チップ	クヌギ、ナラ、サクラ		奥津町周辺
		住宅材	ケヤキ		
	川上村	漆器	クリ、ウルシ	川上村	川上村
		がま細工の結束用	シナノキ		
	御津町森林組合	家具	キリ、ケヤキ、クワ、イチョウ	御津町	岡山県一帯
		下駄	キリ		
		柱	ケヤキ		
		土台	クリ		
		建具	クワ		
		建築用材	ナラ		
		ほた木	ナラ		
	真庭森林組合	独楽	エゴノキ	真庭郡一円	湯原町
	新見市森林組合	ほた木	クヌギ	岡山県北部	全国
		タバギ			
		薬の原料	キハダ	大佐町	
		建築材（柱、框、造作）	ケヤキ		
		建築材（敷居、高級日本建築に使用）	ヤマザクラ	大井野	岡山県北部
		建築材（土台、柱）	シバグリ		

2.6 島根県における利用

アンケート結果によると、ヤマザクラ、ケヤキ、カエデ、カキ、クリ、カシ、シイ、アベマキ、クヌギ、カバ、ツゲ、ムク、コナラ、ミズナラ、エノキ、シオジ、アサガラ、イタヤカエデ、トチ、ハリギリ、ミズメという22種類の広葉樹が使用されていた(**表7-5参照**)。この中でカバは東北地方から購入し、ツゲは中国から購入しているので、島根県産の材は20種類ということになる。他県の材や外国産材を購入している旧横田町は、算盤の生産額が日本一である。元々算盤の材料

表7-5 アンケート結果による島根県の利用状況

県名	市町村名	製品	樹種	樹木産地	使用地
島根県	海士町	敷居	ヤマザクラ	島根県隠岐	島根県隠岐
		家具	ヤマザクラ、ケヤキ		
		造作(床板)	ケヤキ		
		造作(床の間書院)	カエデ		
		造作	カキ		
		建築土台	クリ		
		柄木	カシ		
		框	シイ		
	邑南町	コルク栓	アベマキ	邑南町羽須美	邑南町羽須美
		木炭	クヌギ		
	横田町	雲州算盤の玉	カバ	東北一帯	横田町
			ツゲ	中国	
		工芸品	ケヤキ	全国各地	
		家具	ケヤキ	全国各地	
		木炭	クヌギ	横田町	
	金城町	家屋構造材、造作材	サNラ、ケヤキ、ムク	金城町	島根県西部
	飯石郡森林組合	ほた木(シイタケ)	ナラ、コナラ	飯石郡	島根県東部
		ほた木(ヒラタケ)	エノキ		
		ほた木(ナメコ)	サクラ		
		木炭・薪	ナラ、コナラ		島根県内
		柄木	カシ		
		建築材(柱)	ケヤキ、クリ		
		建築材(土台)	クリ		
		建築材(敷居)	サクラ		
	仁多郡森林組合	ほた木	クヌギ	仁多郡	島根県内
	高津川森林組合	挽物木地、玩具、しゃもじ等	ケヤキ、ミズナラ、エノキ、シオジ、アサガラ、ヤマザクラ、イタヤカエデ、ミズキ、イヌシデ、トチ、クリ、ハリギリ、ミズメ	匹見町周辺	匹見町

は唐木のような輸入材が多く使用されていた。現在も算盤玉に適した材を他地域から購入している。

広島県、岡山県では使用が確認できなかったアベマキが、中国山地に近い邑南町の旧羽須美村でコルク栓の材として使用されている。日本でもコルク生産が継承されていることはあまり知られておらず、特に島根県で生産されていることは興味深い。

建築の土台にクリが使用されている。昭和30年代あたりまでは、クリを土台に用いる習慣は日本各地に見られた。ところが、近年はクリ材の不足により、使用が著しく衰退している。岡山県でも野生のシバグリを用いた事例が見られたように、中国地方には伝統的なクリ材の土台が継承されている。

ほた木の使用も、椎茸、平茸、なめこでは樹種が異なる。平茸のほた木はエノキが使用され、なめこにはサクラが使用される。こうした樹種の使い分けは何時から確立したのであるのか判然としない。なにか本草学に似たような世界を感じる。

高津川森林組合の回答では、ケヤキ、ミズナラ、エノキ、シオジ、アサガラ、ヤマザクラ、イタヤカエデ、ミズキ、イヌシデ、トチ、ハリギリ、ミズメといった多彩な樹種が工芸品に使用されている。この中でアサガラはウコギ科のフカノキの別名である。フカノキは九州南部を北限とすることから、別の樹種と錯覚しているのであろう。高津川の上流は六日市町に近い中国山地である。ミズナラやイタヤカエデといったやや標高の高い場所で自生する樹種も含まれており、中国山地の広葉樹利用を代表する地域の一つに位置づけられる。

島根県西部の安蔵寺山のブナ林を2011年9月に調査した。過去にブナ林を皆伐して用材としているが、現在ブナの利用は見られない。

2.7　鳥取県における利用

鳥取県のアンケート結果では、クヌギ、コナラ、サクラ、クリ、カシ、ホウノキ、ケヤキの7種類しか確認できなかった。比較的広葉樹の利用が盛んと想定した日南町でも、わずか2種類利用されているだけであった。中国山地と接する三朝町、智頭町、八頭町、若桜町から回答をいただきたかった（**表7-6**参照）。

表7-6　アンケート結果による鳥取県の利用状況

県名	市町村名	製品	樹種	樹木産地	使用地
鳥取県	大山町	ほた木	クヌギ、コナラ、サクラ、クリ、カシ	大山町	大山町
		建築土台	クリ		米子市
		チップ	広葉樹全般		
	倉吉市	家具	ホウノキ	倉吉市	鳥取県内
		学校教材	ホウノキ		
		建築材(旧家、神社)	クリ		
	日南町森林組合	太鼓	ケヤキ	日南町	鳥取県内外
		衝立			
		木炭			
		建築土台	クリ		日南町

鳥取県においても建築土台材にクリが使用されている。クリの建築への利用は縄文時代に遡る。土台材として利用されるようになった時期を特定することは難しいが、予想以上に古い可能性がある。建築の土台材への利用は、鳥取県以外の島根県、岡山県、広島県でもアンケートに見られる。山口県の回答に示された建築の利用も、土台材としての機能を含む可能性があることから、中国地方全体に見られる利用法である。クリ材が豊富という理由もあるが、近世の木材文化を現在も広く伝承する生活が持続されているという視点で捉える必要もある。

大山町では、ほた木に5種類の利用が見られる。クリ、カシがどのような茸に使用されるかは明記されていないため、今後の検討課題とする。大山町は、ミズナラやブナが現在も国有林に見られる。伐採が禁止されているためか、木材加工品への利用はなされていないようである。

3 中部地方における広葉樹の利用

3.1 本節のねらい

2005年には、中部地方の各市町村、森林組合の545カ所にアンケートを依頼し、39.6%の回答を得た（**表7-6**参照）。回答率については、初期の目標を達成したが、当方のミスで山梨県へのアンケートを実施していないので、結果的に中部地方をすべて網羅した結果にはなっていない。

本節における目的は、中部地方の広葉樹利用の実態を捉えるとともに、岐阜県高山市に飛騨産業株式会社をはじめ、曲木家具業がその周辺に集中していることから、岐阜県、長野県、新潟県の山間地でブナ資源の利用をアンケートから確認することも、一つのねらいとする。

3.2 愛知県における利用

愛知県におけるアンケート結果は、**表7-8**に示したように、ケヤキ、ウルシ、シラカシ、ホオノキ、コウゾの5樹種が使用されている（**図7-2**参照）。

豊田市では、挽物用材にウルシが使用されている。ウルシはやや柔らかくて、ケヤキの心材に似たような綺麗な色をしている。東日本では味噌桶材に使用している地域も多く、広葉樹

表7-7 アンケート結果（中部地方）

	アンケート数	回答数	工場的利用	その他の利用	該当なし	回収率(%)
三重県	62	22	5	7	11	35.5
滋賀県	48	18	2	4	12	37.5
京都府	70	22	0	8	14	31.4
大阪府	68	21	1	0	20	30.1
兵庫県	94	30	3	4	24	31.9
奈良県	65	22	4	2	16	33.8
和歌山県	65	22	6	8	10	33.8
計	472	157	21	23	107	33.3

表7-8 アンケート結果（愛知県）

豊田市		
家具用材	テーブル天板	ケヤキ
挽物用材	漆工芸	ウルシ
	木地盆	ケヤキ
家具用材	ハンマーの柄	シラガシ
	鍬の柄	シラガシ
	木槌	シラガシ
	ドラムの撥	シラガシ
その他	和紙	コウゾ
額田市		
指物用材	まな板	ホオノキ
設楽市		
挽物用材	盆	広葉樹
	菓子器	広葉樹

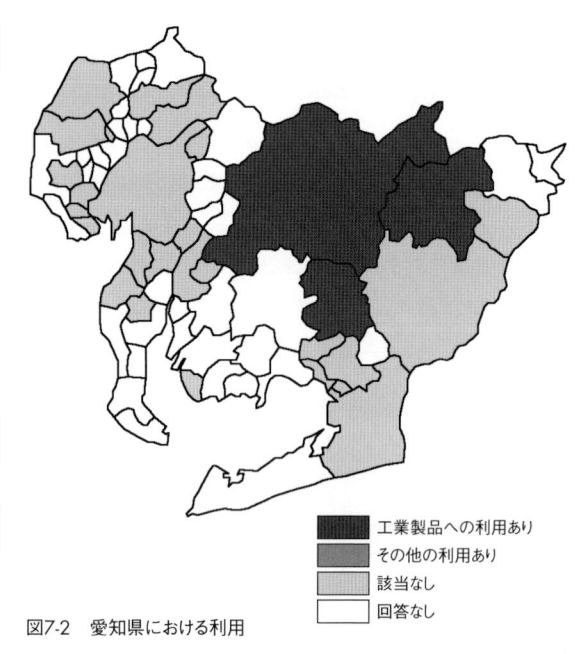

図7-2 愛知県における利用

の利用としてはあまり知られていないが、魅力のある樹種である。

豊田市では、和紙の材料にコウゾを使用している。額田町では、ホオノキをまな板材として使用している。各地で見られるホオノキのまな板へ利用は、古いのか、新しいのかが判然としない。

3.3 静岡県における利用

静岡県におけるアンケート結果より、**表7-9**に示したように、キリ、ヤナギ、ナラ、トチノキ、ケヤキの6樹種が認められた（**図7-3**参照）。

藤枝市では、ヤナギがまな板に利用されている。イチョウのまな板が多いと想定していたが、アンケート結果で見る限りヤナギとホオノキが多い。

同じく藤枝市で楽器に使用されるナラは、比重の小さなミズナラと推定する。仮にミズナラであると、他地域から購入したものということになる。トチノキは全国的に挽物用材として用いられることが多い。

浜松市では、家具材にトチノキが使用されている。この材は少し軟らかいので、テーブル材には不向きと思われるが、詳細な用途については今後の検討課題とする。

長野県に近い山間地の利用については、具体的な利用に関する回答が見当たらなかった。赤石山脈に位置する川根本町、旧水窪町あたりでは、山地で自生する広葉樹の利用が少しはあるように思うのだが、回答がないのだから確認できない。

3.4 岐阜県における利用

アンケートによる結果は、**表7-10**に示した。コナラ、ホオノキ、クロモジ、ミズキ、キリ、カキノキ、ケヤキ、トチノキ、ブナ、ハリギリ、タモ、サクラ、クスノキ、カシの14樹種が使用されて

表7-9 アンケート結果（静岡県）

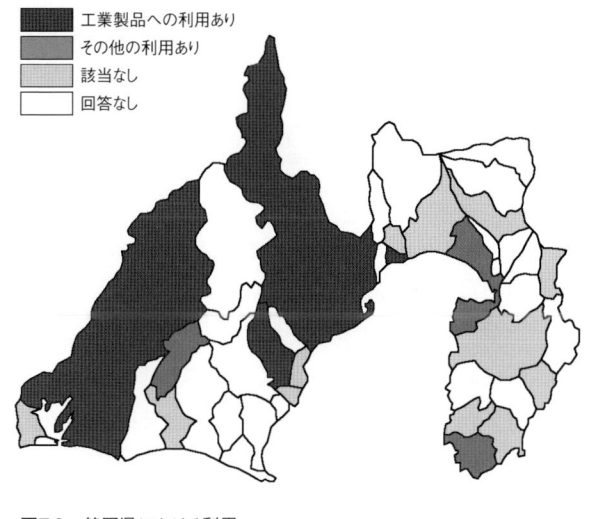

藤枝市		
家具用材	家具	ケヤキ
	箪笥	ケヤキ
指物用材	まな板	ヤナギ
	楽器	ナラ
	下駄	キリ
挽物用材	盆	トチノキ
	臼	ケヤキ
静岡市		
家具用材	テーブル	シラガシ
	椅子	シラガシ
浜松市		
挽物用材	家具	ケヤキ、トチノキ

図7-3 静岡県における利用

凡例：
- 工業製品への利用あり
- その他の利用あり
- 該当なし
- 回答なし

表7-10 アンケート結果（岐阜県）

高山市		
家具用材	家具（椅子座）	コナラ
指物用材	まな板	ホオノキ
その他	おたま	ホオノキ
	一位細工	イチイ
	イチイ笠	イチイ
	輪かんじき	クロモジ
	しゃもじ	ミズキ
下呂市		
家具用材	箪笥	キリ
指物用材	衝立	カキノキ、ケヤキ
	表札	カキノキ、ケヤキ
	花台	カキノキ、ケヤキ
中津川市		
挽物用材	盆	トチノキ
飛騨市		
家具用材	家具	ナラ、ブナ、ケヤキ、ハリギリ
郡上市		
家具用材	家具	トチノキ、ケヤキ、ナラ、タモ、サクラ、クスノキ
白川町		
家具用材	家具（椅子座）	コナラ
棒柄用材	道具の柄	カシ
その他	くさび	カシ

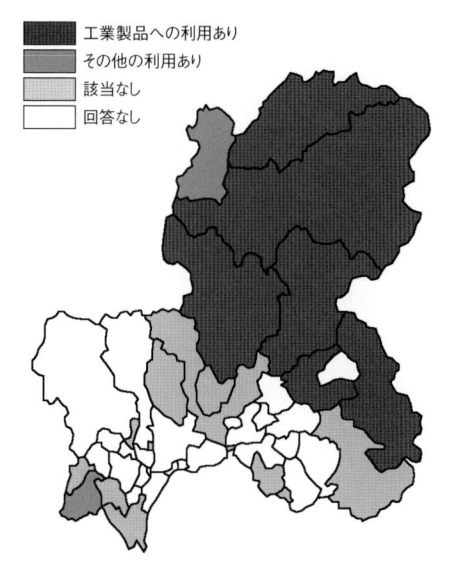

図7-4 岐阜県における利用

いる。予想した数よりやや少なかったが、輪かんじきにクロモジが使用されていることに驚いた。クロモジは、香気があることから楊枝に使われる材と思い込んでいたので、こうした使い方があったのは意外であった(**図7-4参照**)。

　高山市では、イチイを広葉樹と勘違いしている。材だけ見ていると広葉樹と間違いやすいが、自生している状態を見れば、裸子植物であることがよく理解できる。同じく高山市では、コナラを家具材に使用している。コナラはどこでも見られる樹種である。一般的には薪炭材か、ほた木に利用される程度で、家具に使用することは珍しい。おそらく、胸高50cm以上のもので、反りが発生しにくい良材を使用していると推察する。

　飛騨市ではナラ、ブナが使用されている。このナラはミズナラであろう。ブナが家具材に使用されている。この家具は曲木家具である可能性が高い。飛騨市は岐阜県の最北部に位置し、旧古川町は豪雪地帯でブナの自生地でもある。飛騨市の市の木はブナであることから、岐阜県産のブナは飛騨市周辺の天然林を中心に活用されたと考えられる。

3.5　長野県における利用

　長野県におけるアンケート結果は、**表7-11**に示したように、キハダ、ニレ、ケンポナシ、ヤチダモ、ニセアカシア、ハリギリ、カキノキ、エンジュ、イタヤカエデ、ミズメ、マカンバ、ミズナラ、クリ、オニグルミ、ヤマザクラ、サワグルミ、ケヤキ、キリ、トチノキ、シナノキ、カツラ、ホオノキ、ツゲ、オノオレカンバ、ブナ、シオジ、ハルニレ、コウゾの28樹種である。単一の県では、おそらく最も使用樹種が多い(**図7-5参照**)。

　松本市では、家具材として外来種のニセアカシアを使用している。ニセアカシアはマメ科の樹木で、正式名称はハリエンジュである。明治初年にアメリカから持ち込まれたもので、家具材としての用途があるといった解説は見当たらない。どのような家具に使用しているのであろうか。

　ケンポナシも松本市では家具材に使用している。この樹種も家具材に使用されることは少なく、どの程度資源があるのかが気になるところである。

　エレキギターにトチノキとシナノキが使用されている。こうした樹種がエレキギターに適材であるかどうかは判然としない。高級なエレキギターにマホガニー材を少量使用している。この場合も、音響にかかわる可能性は極めて低いと考えられる。トチノキやシナノキは、やや軽くて狂わない広葉樹という単純な理由で選定している可能性もある。

　松本市では、臼にミズメを使用している。臼は一般的にはケヤキ、マツを使用する。これまで見た臼でミズメを使用していた事例がないため、地域独自の伝承という可能性も

図7-5　長野県における利用

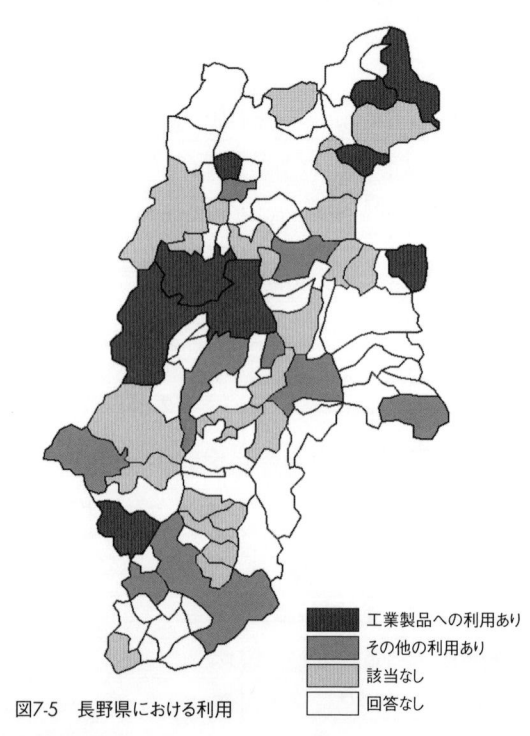

■ 工業製品への利用あり
■ その他の利用あり
□ 該当なし
□ 回答なし

表7-11　アンケート結果（長野県）

松本市		
家具用材	家具	キハダ、ニレ、ケンポナシ、ヤチダモ、ニセアカシア、ハリギリ、カキノキ、エンジュ、イタヤカエデ、ミズメ、マカンバ、ミズナラ、クリ、オニグルミ、ヤマザクラ、サワグルミ
	和家具	ケヤキ、キリ
	突板貼り家具	トチノキ
	木彫家具	トチノキ
	茶箪笥	ケヤキ
	ちゃぶ台	ケヤキ
指物用材	下駄	キリ
	エレキギター	トチノキ、シナノキ
	漆器下地	カツラ
	仏壇下地	ホオノキ
挽物用材	臼	ミズメ
	こね鉢	トチノキ
	ろくろ製品	ミズメ、ケヤキ、トチノキ、カキノキ
彫刻用材	木彫製品	ホオノキ、カツラ
その他	櫛	ツゲ、オノオレカンバ
安曇野市		
家具用材	家具	キリ
	机	ケヤキ
指物用材	下駄	キリ
	衝立	ケヤキ
	和太鼓	ケヤキ
挽物用材	臼	ケヤキ
南木曽町		
挽物用材	挽物器	トチノキ、ケヤキ、エンジュ、ハリギリ、ミズメ、ナラ、ブナ、イタヤカエデ、サクラ、シオジ、カキノキ、ハルニレ、キハダ、クリ、ホオノキ、カツラ
棒柄用材	刷毛の柄	ホオノキ
その他	木べら	ホオノキ
軽井沢町		
家具用材	軽井沢彫（家具類）	サクラ
高山村		
家具用材	家具	サクラ、ナラ
木島平町		
その他	内山和紙	コウゾ
小川村		
家具用材	家具	ケヤキ
栄村		
家具用材	家具	キリ、ケヤキ
	テーブル	トチノキ
指物用材	下駄	キリ
挽物用材	盆	トチノキ、ケヤキ
	小鉢	トチノキ
	臼	ケヤキ

ある。松本市では、コネ鉢にトチノキを使用している。福島県会津地方でもコネ鉢にトチノキを使用することから、広域で共通の使用目的を持っていることになる。松本市では、櫛の材料としてツゲの他にオノオレカンバを使用している。こうした使用例も珍しい。

南木曾町では、挽物用材に多様な広葉樹を使用している。やや軟らかいカツラから、硬いカキノキまで使用するのは、量産目的ではなく、地域の材料を上手に使い分けていると推察する。その中にブナが含まれている。挽物用材にブナを使用するのは、福島県会津地方で広く見られる。その目的は、ブナが優れた挽物用材だから使用しているのではなく、ケヤキの性質や美観には劣るが、資源が豊かで価格が安いので、廉価な椀類の生産に使用したのである。おそらく南木曾町で使用されるブナも、会津地方と同様の目的で使用しているのであろう。このブナは民有林から産出されたものと考えられるから、標高700〜800mあたりのブナ混交林を伐採して用材にしたと読み取りたい。

長野県のアンケート結果から見ると、ケヤキのように全国でソリッド材から突き板まで幅広く使用される樹種に加え、トチノキ、ホオノキ、キリの使用が多い。マクロ的に見れば、この4樹種は、日本の広葉樹の用材を代表するものといえる。長野県では、とりわけトチノキの使用が広範に見られる。成長が早く、材の狂いが少なく、軟質で加工が容易であるため、挽物用材として使用されることが多い。蕎麦を打つときに使用されるこね鉢は、トチノキが伝統的に用いられている。ホオノキは、軟らかく材が均質であるため、彫刻材やへらのような小型の加工品に用いられている。ホオノキはブナと混交することもあり、水辺に近い場所を好む。北海道の南部でも自生している。

キリ自体は九州の平地でも育つ。しかし、用材として美観に関わる部分に使用する場合には、山地で成長したものしか用いない。松本市、安曇野市、栄村で産出されるキリは、標高に多少差があっても、すべて寒暖の差がある山地で育ったものである。キリは江戸時代より盛んに植林され、山間地の畑で小規模の植林を行っている。

トチノキも地域によっては植林されることもあるが、ホオノキと同様に、天然更新したものを使用している。

3.6　福井県における利用

福井県における広葉樹の利用は、**表7-12**に示したように、キリ、ケヤキ、クリ、イタヤカエデ、ヤマグワ、トチノキ、サクラ、カキノキ、カツラ、ホオノキ、ミズメ、シナノキ、ハルニレ、タブノキ、キハダ、ミズナラの16樹種である(**図7-6参照**)。

旧名田庄村で使用されるタブノキは、暖地性の常緑樹である。小浜市の南方の山間地でタブノキが自生していることになる。旧名田庄村では、ミズナラ材も使用している。ミズナラとタブノキの自生地が同じ村域ということは、標高差が大きな地域ということになろう。福井県の広葉樹利用を見る限り、暖地性の樹種が多く、白山麓に代表されるように、ブナが多少県内に自生していても、多くが国有林であるため、利用はないようである。

3.7　石川県における利用

石川県のアンケート結果は、**表7-13**に示したように、ケヤキ、キリ、ヤマグワ、ミズメ、トチノキ、ハリギリ、キハダ、ホオノキ、エンジュ、カキノキの10樹種が見られる。石川県の輪島市、小

表7-12 アンケート結果(福井県)

		越前市
家具用材	家具	キリ、ケヤキ、クリ、イタヤカエデ、ヤマグワ、トチノキ、サクラ、カキノキ
		鯖江市
指物用材	仏具	ケヤキ
挽物用材	漆器木地一般	カツラ、ホオノキ
	漆器椀木地	ケヤキ、トチノキ、ミズメ
	漆器角物底板	シナノキ
	蓋物等の木地	シナノキ
		南越前町
挽物用材	そば打ち道具	ケヤキ
	挽き物	ケヤキ
		名田庄村
家具用材	家具	ハルニレ、トチノキ、タブノキ、クリ、キハダ
	電話棚	ミズナラ
指物用材	厨子	ケヤキ

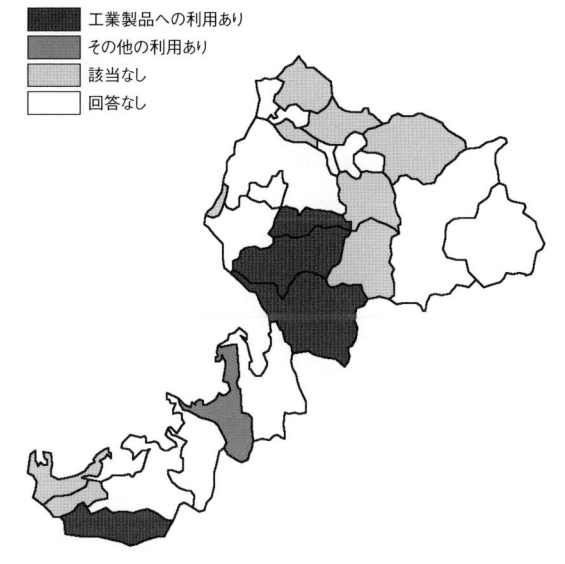

図7-6 福井県における利用

表7-13 アンケート結果(石川県)

		輪島市
挽物用材	椀	ケヤキ
		小松市
家具用材	家具	キリ
指物用材	和太鼓	ケヤキ
挽物用材	容器(山中塗)	ヤマグワ、ケヤキ、ミズメ、トチノキ、ハリギリ
	挽物(輪島塗)	ケヤキ
		七尾市
家具用材	家具	キハダ
指物用材	箱	キリ、ホオノキ
	太鼓	ホオノキ
		加賀市
挽物用材	挽き物	エンジュ、ヤマグワ、カキノキ

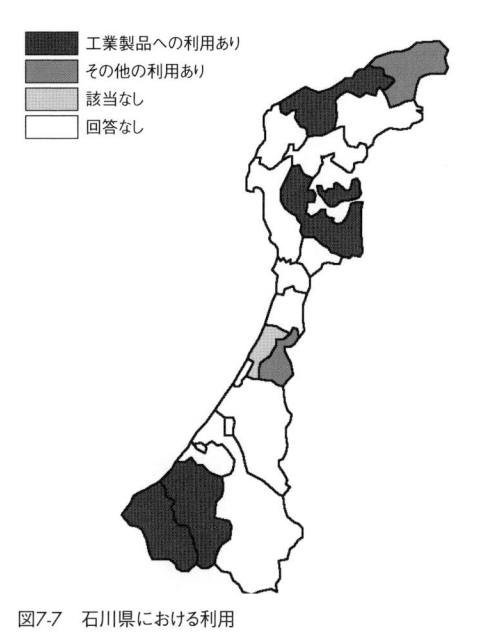

図7-7 石川県における利用

松市はいずれも漆器の産地である。ところが、使用する木地の種類は同じではなく、輪島市はケヤキしか回答していない。これが事実であれば、同一県の中でも、木地の伝承方法は根本的に異なる。小松市の山中塗の木地は、トチノキ、ハリギリというやや軟らかい材と、ケヤキ、ミズメといったやや硬い材料も使用している（図7-7照照）。

加賀市では、挽物用材に非常に硬いマメ科のエンジュを使用している。長野県でも挽物材に使用しており、地域独自の使用ではなさそうである。

3.8 富山県における利用

アンケートの結果は、**表7-14**に示したように、トチノキ、ホオノキ、クロモジ、ヤチダモ、クスノキ、ケヤキ、コウゾの7樹種である（図7-8参照）。

富山市でも、クロモジがかんじきの輪に利用されている。先の岐阜県高山市でも同様の回答があったことから、発祥の地は不明であるが、材料に関する共通の認識を持っていることは間違いない。

南砺市では、彫刻用材にクスノキが使用されている。クスノキの自生北限は関東南部以西の温暖な地域であることから、おそらく他地域から購入した材であろう。

富山市のフィールド調査では、味噌桶材に外来種であるチャンチンを使用している。チャンチンは、福井県勝山市、石川県珠洲市、新潟県新発田市の調査でも、建築の土台と味噌桶に使用されている。なぜか日本海側に集中した利用が見られる。しかし、今回のアンケートでは一切チャンチンに関する回答がない。

富山県も、新潟県、長野県、岐阜県に隣接する町村は、高い山地が連なる地域である。長野県にあれだけ多様な広葉樹の利用が見られるのだから、富山県側でも多少類似する使用法があったとしても不思議ではない。具体的な樹種の使用例に関する回答が少ないので、長野県との比較については言及する術がない。

表7-14　アンケート結果（富山県）

富山市		
家具用材	テーブル	トチノキ他
棒柄用材	鍬、鎌の柄	ホオノキ
	かんじきの輪	クロモジ
南砺市		
挽物用材	バット	ヤチダモ、ホオノキ
彫刻用材	置物	クスノキ、ケヤキ
朝日町		
その他	和紙	コウゾ

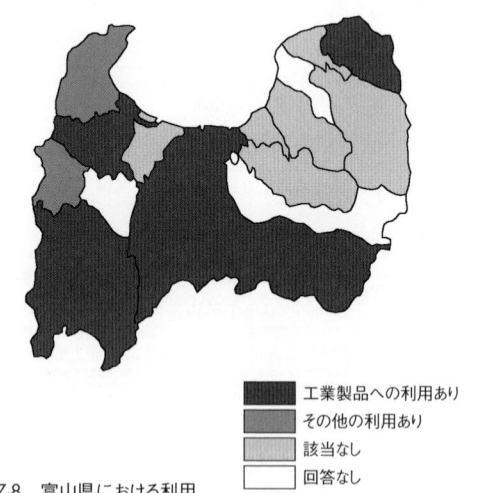

図7-8　富山県における利用

3.9　新潟県における利用

アンケートの結果によると、**表7-15**に示したように、キリ、ホオノキ、トチノキ、ナラ、カエデ、ケヤキ、ハルニレ、イタヤカエデ、カキノキ、コウゾの10樹種が使用されている（図7-9参照）。

村上市で生産される堆朱の木地には、トチノキ、ホオノキといった軟らかい材が使用されて

加茂市は、現在キリ箪笥の主産地であり、地域でキリの植林も行っている。明治期には埼玉県川越市の方が産地としては知られていたが、昭和期に入ると材料立地型の生産地が活気づく。加茂市もその一つで、戦後は代表的なキリ箪笥の生産地となった。新潟県は、加茂市だけでなく、長岡市、津南町でもキリ箪笥がつくられているようだ。

新潟県でもホオノキでまな板をつくっている。数量は別としても、九州以北では、広くまな板をホオノキでつくる習慣がある。

新潟県の山間地ではブナが生育している。また積雪の多い津南町では、民有林でもブナを造林している。今回のアンケートでは津南町からも回答が寄せられているが、ブナの利用は報告されていない。過去の民有林におけるブナを利用したという時代は終わったということなのだろうか。アンケート結果の特徴として、いわゆる工芸品というジャンルの利用が回答に多い。そのことがブナ利用の実態を不明確にしている可能性もある。

3.10 中部地方における広葉樹利用の特徴

本節のアンケートで取り上げた工業製品への利用には、製紙用チップ用材が多数含まれている。確かに、チップ用材も広葉樹の利用であり、海外からのユーカリを中心とする安価なチップが輸入される1980年代以前は、放置された薪炭林が盛んにチップ業に売られた。こうしたチップの樹種を特定化することは不可能に近い。本アンケートにチップが記載できないのは、樹種がわからないためである。チップ業は、1トンで単価を決めて広葉樹を購入する。ところが、この広葉樹の中には、直径が40cm以上の有用材が混じっていることも多く、チップ業は、こうしたものを選別して別の業者に転売している。木材市場を経由しない広葉樹の販売に関しては、行政側

表7-15　アンケート結果（新潟県）

長岡市		
家具用材	家具	キリ
村上市		
その他	木彫堆朱	ホオノキ、トチノキ
上越市		
家具用材	家具	ケヤキ
挽物用材	挽物容器	ケヤキ
魚沼市		
指物用材	額縁	ナラ、カエデ、ハルニレ
挽物用材	酒器	トチノキ、ケヤキ
その他	ゴルフクラブ	イタヤカエデ、カキノキ
	木工品	トチノキ、ケヤキ
	和紙	コウゾ
妙高市		
指物用材	まな板	ホオノキ
加茂村		
家具用材	箪笥等家具	キリ
	家具	ホオノキ
津南町		
家具用材	箪笥	キリ
	テーブル	トチノキ、ケヤキ、ナラ
指物用材	看板	トチノキ、ケヤキ、ナラ
	下駄	キリ
	高級米びつ	キリ
	まな板	ホオノキ
	表札	ケヤキ、トチノキ

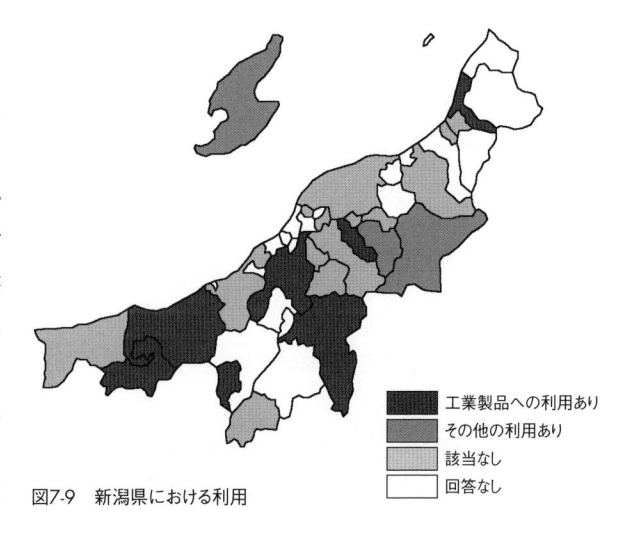

図7-9　新潟県における利用

凡例：
- 工業製品への利用あり
- その他の利用あり
- 該当なし
- 回答なし

でも把握することが難しく、アンケートに反映されていない。

　中部地方では、長野県の広葉樹利用が突出して多い。近畿地方の平地は別にしても、日本の山地は、長野県で利用されていた樹種の半分以上は過去に利用していたはずである。ところが、指物業に代表されるような木材加工産業が継承がなされていないと、広葉樹は地域ですぐに忘れられた存在になる。その意味では、長野県に伝統的な木材加工業が現在も稼働しているといえよう。

　本節では、クロモジが富山県と岐阜県で、かんじきの輪をつくるのに利用されていたように、低木の樹種も少数利用が認められた。使用量は少なくとも、こうした低木類の利用も正確に記録しておく必要がある。

　ホウノキやヤナギ類を利用したまな板の製造も各地で認められた。特にホウノキのまな板は多く、都市での販売につながっているように感じた。ヤナギのまな板は、江戸期の文献史料にも記されており、日常使用する生活品の中では、古い歴史を持つものである。ケヤキ、トチノキ、キリも広域で使用されていた。とりわけトチノキの使用が多く、挽き物加工されている。

　ミズナラは、比較的多くの地域で使用されている。ところが、昭和30年代には大量に使用されていたブナは、岐阜県飛騨市で家具に使用されているという回答があるだけで、現状では民有林でも伐採はほとんど行われていないようである。換言すれば、ブナは利用対象の樹種ではなくなってきているといえよう。

4　東北・北海道における広葉樹の利用

4.1　本節のねらい

　東北と北海道は、ミズナラ、ブナといった未利用広葉樹の産地として、明治後期に脚光を浴びた地域である。1903（明治36）年には、北海道の砂川に三井物産が広葉樹専用の製材所を建設し、石狩川流域の広葉樹の利用を開始する。とりわけ北海道産のミズナラ材は海外で高い評価を受け、欧米に輸出される。同時にクリ材等は中国に輸出され、鉄道の枕木に利用される。海外および国内取引の拠点となったのが小樽市である。北海道の豊かな広葉樹資源は、明治後期から山林局の雑木利用政策で急速に開発が進み、大正後期になると、日高地方のミズナラ資源は既に枯渇化が始まっている。トロッコで内陸部にまで入って乱獲されたことから、20年も経ないで資源が著しく減少したのである。

　北海道の開拓は、ものすごい勢いで広葉樹の資源を奪っていった。例えば、明治中期に積極的な開拓がなされた現在の旭川市では、石狩川流域に繁茂している広葉樹の大木を切り倒し、多くはその場で焼いたとされる。もったいないの一語に尽きるが、開拓というものは世界各地で似たような方法で対応している。先祖代々受け継いできた土地であったならば、そうした方法は木材資源の減少に帰結することから、慎重に木材の伐採を行い、活用したはずである。

　東北地方も、山林局の雑木利用政策の対象となった地域である。未利用であったミズナラ、ブナ林が明治後期から伐採され、家具等に利用される。1909（明治42）年には、宮県県玉造郡温

泉村に、鍛冶谷澤製材所が林業試験場の支場として設置され、東北地方の未利用広葉樹の伐採が本格化する。鍛冶谷澤製材所は、大正初期の洪水による被害と、地域の林業関係者の反対運動もあって、設置されてから10年も経ないで閉鎖されてしまう。こうした地域の反対運動は、北海道の広葉樹利用には見られない現象である。未利用広葉樹資源であっても、地域の生活者にとっては大切な資源である。急速な伐採は資源の枯渇化につながることを懸念する姿勢は、当初から地元住民にあったようだ。

明治後期に開始された雑木利用政策から100年以上の歳月が流れた。資源が減少したとはいえ、他地域の曲木家具業のフィールド調査からも、東北・北海道産のブナは現在も多少取引されている。本節では、2006年度に実施したアンケート調査と、フィールド調査から、東北地方、北海道のブナを中心とした広葉樹利用の実態を把握する。

4.2 明治末期の東北・北海道地方における広葉樹の利用

アンケートの結果と比較するために、明治期の東北・北海道における広葉樹を利用した製品を、1912(明治45)年に刊行された『木材ノ工藝的利用』を通して、地域ごとに利用状況をみていく。『木材ノ工藝的利用』における工芸とは、現在の工芸と工業の両面を指しており、非常に幅広く捉えている。

4.3 明治末期の東北地方における利用

東北地方は、青森県、岩手県、宮城県、秋田県、山形県、福島県の6県からなる。『木材ノ工藝的利用』では、県名だけでなく、東北地方、奥州、奥羽という産地名もみられる。東北では、マメガキ、キリ、ナラ、ホオノキ、カツラ、サクラ、クルミ、イタヤカエデ、ブナ、サワグルミの記述がある。奥州では、ケヤキ、ホオノキ、キリ、カツラ、ヤマナシ、ブナなどを産出する。これらの樹種は、ほとんどが東京、京都、大阪に送られている。つまり、大都市の木材加工業の材料には、東北産の材が多数含まれていたのである。こうした東北地方、奥州、奥羽といった地域に関する史料調査結果は、**表7-16**に示す。

ブナに着目すると、綿糸紡績用木管(大阪)、和風馬鞍という記述がある。前者の木管は、紡績用の横糸木管というように理解したい。現在も木管は利用されているらしい。イタヤカエデが併記されているので、散孔材と関係

表7-16 明治後期における東北地方の広葉樹産地・加工地域一覧

地域	広葉樹産地	製品	製品産地	利用樹種
東北地方	東北	和風家具	東京	マメガキ
		箪笥および長持	大阪	キリ
		洋風家具	東京	ナラ
		薩摩琵琶		ホオノキ、サクラ
		板物漆器木地	東京	ホオノキ、カツラ
		木版(版木)		サクラ
		銃床(猟用)		クルミ
		綿糸紡績用木管	大阪	イタヤカエデ、ブナ
		下駄	東京	サワグルミ
		鉛筆	東京	ホオノキ
	奥州	和風家具		ケヤキ
		京都琴三味線	京都	キリ
		時計枠	東京	ホオノキ、カツラ
		玉突台および玉突杖		ホオノキ、ヤマナシ
		和風馬鞍		ケヤキ、ブナ
		胴丸火鉢		キリ
		車両	大阪	ケヤキ
		和風楽(琴)	東京	キリ
	奥羽	車両	大阪	ケヤキ

があるのかもしれない。和風馬鞍はケヤキとブナが併記されている。しかし、なぜブナが適しているのかが理解できない。ケヤキとブナでは木材の特性が異なるため、この場合のブナ利用も目的がよくわからない。

次に、東北各県広葉樹産地と加工地について『木材ノ工藝的利用』から摘出し、整理する。

福島県

クリ、ケヤキ、ホオノキ、ブナ、カキノキ、サクラ、アサダ、トチノキ、イタヤカエデ、ドロヤナギなど多種類の広葉樹が利用されており、その詳細は**表7-17**に示す。

ホオノキ（板物漆器木地など）は、会津漆器に利用される他、新潟の漆器にも用いられる。材料が豊富で、かつ良好なものがとれる。錆が生じるのを防ぎ、刃を傷つける恐れが少ないため、槍や刀剣の柄にはホオノキのみが用いられている。

ブナについては、会津、岩代、白河が産地としている。会津は現在もブナの豊富な地域である。しかし、岩代、白河については資源があるとも思えず、現在の天然林の状況とは乖離している。白河は会津に接する比較的高地を指していると推察される。岩代は伊達郡から阿武隈山系の安達郡を指していると捉えると、それほど高地はなく、現在ブナの群生はほとんど見られない。また、イヌブナが自生していることもあり、イヌブナと混同している可能性がある。しかしながら、阿武隈山系の高太石山（863.7m）には、ブナの大木があり、過去に群生していたことは間違いない。明治末期には、阿武隈山系の高地ではブナ群生が多数あり、無計画に伐採したことにより、壊滅に近い状態になったという仮説も否定はできない。

会津と岩代で伐採されたブナは東京に送られている。そのブナの一部は、東京曲木工場で使用され、曲木椅子が生産された。東京に近く、鉄道が既に東北に通じていたことから、貨車によって輸送されたことは間違いない。岩代のブナは、東北本線で東京に送るには最も便利な場所であった。

表7-17 明治後期における福島県の広葉樹産地・加工地域一覧

県名	広葉樹産地	製品	製品産地	利用樹種
福島県	会津	和風家具		クリ
		太鼓および鼓		ケヤキ
		板物漆器木地	新潟	ホオノキ
		槍柄		ホオノキ
		刀剣鞘		ホオノキ
		曲木細工	東京	ブナ
		下駄歯	東京	ホオノキ
		銃床（猟用）		カキノキ
	岩代	運動具	東京	サクラ、アサダ、ブナ
	磐城	日光細工		トチノキ
		木型彫刻		サクラ
	白河	運動具	東京	トネリコ
		和風家具	東京	ホオノキ
		錦糸紡績用木管		ブナ
		銃床（猟用）		イタヤカエデ
		下駄	東京	キリ
		下駄歯	東京	ブナ
		経木		ドロヤナギ

山形県

クロガキ、ホオノキ、ブナ、ドロヤナギが産出され、その詳細については、**表7-18**に示す。なぜか東北地方では山形県の広葉樹利用が少ない。

カキノキには　クロガキと呼ばれるものがあり、黒色の縞模様や濃淡をもつものが使われる。将棋駒はツゲ製のものが最も上等品とされ、ツゲの代用材としてツバキ、最下等品としてヤナギが利用される。クロガキには一種の風流な趣があり、天童市の名産となっている。

産地が天童となっているが、ブナが東京に送られている。おそらく、朝日山地のブナが天童に集められたと筆者は考えている。東京に送られ、東京曲木工場で曲木家具材として使用されたのであろう。天童から木材を東京に送れるのは、1905（明治38）年に奥羽本線が開通したことによる。

表7-18　明治後期における山形県の広葉樹産地・加工地域一覧

県名	広葉樹産地	製品	製品産地	利用樹種
山形県	天童	将棋駒		クロガキ
		刀剣鞘		ホオノキ
		下駄歯		ブナ
		経木		ドロヤナギ
		曲木細工	東京	ブナ

宮城県

シオジ、ケヤキ、ブナ、ドロヤナギなど、他の東北地方と同じような利用がみられた。産地として記述がみられたのは仙台のシオジ、ケヤキである。この仙台という産地名は全く意味がない。宮城県は、山林局の林業試験場の支場である鍛冶谷澤製材所が設置された地域である。この製材所の設置されたのが1909（明治42）年であり、『木材ノ工藝的利用』が刊行されたのが1912（明治45）年であるから、当然山林局に勤務していた編集者の望月常は、製材所が把握する広葉樹の資源についても精通していたはずである。

ところが、『木材ノ工藝的利用』には、宮城県の広葉樹資源について実に曖昧な記述しか認められない。また仙台箪笥についても一切触れていない。表7-19に示したように、宮城県の木材は東京に送られている。どうも『木材ノ工藝的利用』における製品産地と、使用する樹種の産地についての関係は、一部の地域しか調査を行っていないように思えてならない。

表7-19　明治後期における宮城県の広葉樹産地・加工地域一覧

県名	広葉樹産地	製品	製品産地	利用樹種
宮城県	仙台	和風家具	東京	シオジ
		墨壺		ケヤキ
		下駄歯	東京	ブナ
		経木		ドロヤナギ
		曲木細工	東京	ブナ

秋田県

シオジ、ブナ、ホオノキ、ドロヤナギ等が産出される。宮城県と同じく、樹種が極めて少ない。特に洋家具材として人気があったミズナラの表記がない。なぜこのように樹種が少ないのかが理解できない。東北の代表的な広葉樹であるミズナラの資源を山林局は把握してなかったとは思えない。山林局の雑木利用政策で、秋田県内に曲木家具業が設立された経緯もあり、このあたりの内容は今後の課題とする。

表7-20によると、ブナは曲木細工材として、東京に送っている。当時の東京には、曲木業は東

表7-20　明治後期における秋田県の広葉樹産地・加工地域一覧

県名	広葉樹産地	製品	製品産地	利用樹種
秋田県		和風家具	東京	シオジ
		刀剣鞘		ホオノキ
		下駄歯	東京	ブナ
		経木		ドロヤナギ
		曲木細工	東京	ブナ

京曲木工場と淀橋曲木工場しかなく、特定の業者に出荷していたと推察される。当時の東京への供給量は、曲木家具業に限れば1年間で1,000㎥程度であったと推定する。すなわち、1日に椅子を50脚程度生産するための用材で間に合ったのである。

岩手県

キリ、ホオノキ、ドロヤナギが産出され、特にキリは南部キリとして評価されていたこともあり、埼玉、東京、京都、名古屋、大阪といった都市部の家具業に送られている（表7-21参照）。この埼玉は、川越のことであろう。

キリ（箪笥および長持など）は、東京、埼玉、京都、名古屋という広い地域で、南部のキリが用いられている。南部のキリは下りキリとも呼ばれ、山の肥料がない場所で育成され、目が細くて堅く、虫害にかかるのも遅いという。キリ材共通の長所として、軽く、狂いの度合いが少ないことや、木理に趣があることが挙げられる。特に、湿気を防ぐという点では他の材より大いに優れている。南部キリは、明治末期には既に全国的なブランド品となっていた。

表7-21 明治後期における岩手県の広葉樹産地・加工地域一覧

県名	広葉樹産地	製品	製品産地	利用樹種
岩手県	南部	箪笥および長持	東京	キリ
			埼玉	キリ
			京都	キリ
			名古屋	キリ
		和風楽器（琴）	東京	キリ
		仮面彫刻		キリ
		木象嵌		キリ
		下駄	大阪	キリ
		経木紙		キリ
	遠山	下駄	東京	キリ
		刀剣鞘		ホオノキ
		経木		ドロヤナギ

岩手県ではブナが用材として扱われていない。岩手県にブナの資源がないということなら納得するが、どうも明治末期の山林局による取り組みは著しく偏っている。秋田県には、人脈を通じて1911（明治44）年に秋田木工株式会社を設立させ、宮城県には先に示したように、1909（明治42）年に山林局の林業試験場の支場である鍛冶谷澤製材所を設置させている。また、青森県は山林局の東北支所があったことから、岩手県の雑木利用政策には力が入っていないように感じる。

秋田木工株式会社は、1919（大正8）年に岩手県閉伊郡岩泉町小川、岩手県閉伊郡川井村、1920（大正9）年に福島県耶麻郡奥川村にブナ材の製材所を設置している注2)。

閉伊郡岩泉町は、太平洋の陸中海岸まで20km足らずの場所である。そこに製材所を設けることは、周囲にブナの天然林が豊富にあるという証しである。また、閉伊郡川井村は、閉伊川中流に位置し、北上山地の早池峰山に近い場所にある。このあたりにもブナの天然林が豊富にあった。確かに、ブナは日本海側に天然林が多いのは事実である。しかし、岩手県のそれほど高地でない山間地にも、多数群生していたことを認識しておく必要がある。山林局は、岩手県のブナ資源には着目していなかった。換言すれば、だからこそ、岩手県にブナ資源が現在も民有林に残っているのであろう。

青森県

ケヤキ、キリ、ホオノキ、カツラ、ヤマナシ、ブナ、ドロヤナギの7種が産出される。表7-22に

史料調査の結果を示す。

　名古屋における鉄道車両の多くは、青森産のケヤキで製造される。車体の骨格および内部の構造に利用され、特に出入り口の柱のような、戸の開閉をする部分には材質が良好で反りが少ないものを選ぶ。ケヤキは、日向（宮崎県）や木曽（長野県）の材が良質とされるが、高価なので車両に利用されることは少ない。江戸期には小型の箪笥類にも使用されるようになり、明治期には和風家具にも広く用いられるようになった。ケヤキを箪笥や仏壇に用いるようになったのは、それほど古くはない。確かに、船箪笥のような小型のものは、江戸中期あたりから表面をケヤキ、内部はキリという構造になっている。しかし、仏壇に総ケヤキのものが出現する時期、箪笥に総キリといったものが出現するのは、実は大正期に

表7-22　明治後期における青森県の広葉樹産地・加工地域一覧

県名	広葉樹産地	製品	製品産地	利用樹種
青森県	奥州	和風家具		ケヤキ
		京都琴三味線	京都	キリ
		時計枠	東京	ホオノキ、カツラ
		玉突台および玉突杖		ホオノキ、ヤマナシ
		和風馬鞍		ケヤキ、ブナ
		胴丸火鉢		キリ
		車両	大阪	ケヤキ
			名古屋	ケヤキ
		和風楽器(琴)	東京	キリ
		陳列棚		ナラ
		経木		ドロヤナギ
		経木		ドロヤナギ

なってからである。総ケヤキの住宅はあっても、さすがに箪笥は重くて持ち上がらないので、内部はキリが使用された。青森県のケヤキが名古屋で使用されるに至ったのは、山林局の政策と考えて間違いない。青森県に山林局の支所を設置したことにより、東京では知ることができなかった東北の豊かな木材資源を活用することができた。

　山林局の調査では、経木材を対象している。これは広葉樹全体を見渡して調査したというのではなく、過去の別な調査で行った資料を、『木材ノ工藝的利用』のために当てはめたと推定する。

　先に述べたように、ブナは和風馬鞍しか使用していない。この活用方法については理解しがたいので今後の課題としたい。

4.4　明治末期の北海道地方における利用

　ミズナラ、ヤチダモ、トネリコ、シオジ、ハルニレ、ヤマグワ、シウリザクラ、エンジュ、キハダ、シナノキ、ハリギリ、シラカンバ、カツラ、ホオノキ、アサダ、オニグルミ、ブナ、イタヤカエデ、ドロヤナギ、コリヤナギ、ケヤキ、ヤマナラシなど、22種の広葉樹を産出する。ハリギリのように、北海道が産出の大半を占める樹種も多い。製品項目も多彩で、特に家具に使われる広葉樹の多くには北海道産のものが含まれている。表7-23に史料調査の結果を示す。

　ミズナラは利用されているが、コナラは具体的な利用例が記されていない。コナラは別名がイシナラとされ、比重が大きく硬いため、明治期には加工が難しかったのであろう。柾目に製材すると斑（ふ）が見える。この斑がナラ材の特徴となっている。斑自体は他のブナ科の樹種にも見られることから、ナラだけの特徴ではないが、ミズナラの斑は家具材、フローリング材として好まれる。明治末期になると、徐々に西洋建築、西洋家具に使用されるようになるが、大都市での需要が多くなるのは大正期以降である。

表7-23 明治後期における広葉樹産地・加工地域一覧

県名	広葉樹産地	製品	製品産地	利用樹種
北海道	北海道	車両	神戸	ナラ、タモ
			名古屋	シオジ
		荷車	名古屋	ハルニレ
		和風家具	東京	ヤマグワ、シラカンバ、シウリザクラ、エンジュ
			大阪	ハリギリ、シオジ、キハダ、シナノキ
		箪笥および長持	大阪	ハリギリ、キハダ、タモ
		洋風家具	東京	ナラ、ヤチダモ
			神戸	ナラ
			名古屋	ハリギリ、ナラ
		陳列棚		ナラ、シオジ
		板物漆器木地	東京	ホウノキ、カツラ
		写真器械		シオジ
		時計枠	東京	ホオノキ、カツラ
			名古屋	カツラ、ホオノキ、ハリギリ
		玉突台および玉突杖		ミズナラ、カツラ
		額縁		シオジ、タモ、ハリギリ、カツラ
		看板額面	東京	ハリギリ、カツラ
		置物彫刻		シラカンバ
		鞍型		シウリザクラ、アサダ
		看板額面	東京	ハリギリ、カツラ
		置物彫刻		シラカンバ
		鞍型		シウリザクラ、アサダ
		銃床(軍用)		オニグルミ
		銃床(猟用)		クルミ
		天秤家		クルミ
		運動具	東京	トネリコ、ハリギリ、ミズナラ
		バット	大阪	シオジ
		箱根細工(指物)		ホオノキ、カツラ
		算盤玉	大阪	シウリザクラ
		錦糸紡績用木管		ブナ、イタヤカエデ
			大阪	ブナ
		その他の酒精含有飲料用桶樽		ナラ
		道具の柄		ハリギリ
		刀剣鞘		ホオノキ
		下駄	東京	ハリギリ
		柳橋		ドロヤナギ

北海道	北海道	柳行李		コリヤナギ
		鉛筆	東京	カツラ
			岸和田	ホオノキ
		経木		ドロヤナギ
		ブラシおよびハケ	大阪	シラカンバ
		碁盤および将棋盤		カツラ
		喫煙パイプ		ケヤキ、ハリギリ
		マッチ軸木	阪神地方	ヤマナラシ、ドロヤナギ
		曲木細工	大阪	シラカンバ

　ハリギリは、セン、センノキとも呼ばれる。材質が軽く、工作が容易なので好んで使用されるが、材の保存性は低く、狂いやすい。幅が広いものを安価に購入でき、卓袱台はハリギリを利用することが多い。ハリギリを使用した卓袱台は、センちゃぶと呼ばれていた。また、東京における下駄のうち、安価なものはほとんどがハリギリで作られている。

　ブナは、東北地方の一部でも使用されている綿糸紡績用木管用として製造地に送られている。曲木家具用材としての利用は見られない。ブナの北限は函館市と札幌市の中間に位置する寿都郡黒松内町あたりである。ということは、ミズナラのように北海道全体で自生する樹木ではない。明治末期には大量に利用されることはなかった。北海道では雑木利用政策でも、ミズナラの活用が先行していた。

4.5　現在における東北・北海道地方の利用

(1) アンケート調査

　関東、東北、北海道の728市町村役場、311の森林組合、計1,039件に郵送によるアンケート調査を行った（実施期間:2006年10月～2007年1月）。アンケートの項目は、樹種名、樹種産地名、利用目的、使用（加工）地とした。本節で使用するアンケート結果は、ブナの使用がほとんどないと推定する関東地方のものを除いている。

(2) アンケート調査結果

　調査の結果、市町村役場、森林組合から483件の回答が得られた。回答率は46.5%で、必ずしも参考になる結果とはいえないが、これまでのアンケートでは最も高い回答率となった。換言すれば、関東以北の地域では、広葉樹の産業利用が比較的多くあり、行政もそのことを少しは承知しているということになる。アンケート回答より、利用のあった地域と利用のなかった地域を**図7-10**に示す。

　回答の内容については、家具や割り箸などの工業製品、また、こけしなどの工芸品への利用を併せて「工業、工芸への利用あり」、椎茸などの栽培に使われるほた木や、製紙用チップ材、建築材への利用を「その他の利用あり」、そして「広葉樹利用の該当なし」の3種類に分類した。それぞれの割合については、回答の7割近くが「該当なし」を占め、利用状況が認識されていない回答も見られた。「工業、工芸への利用あり」は52件と、回答全体の1割ほどしか満たなかった。

■ 利用あり
■ 該当なし

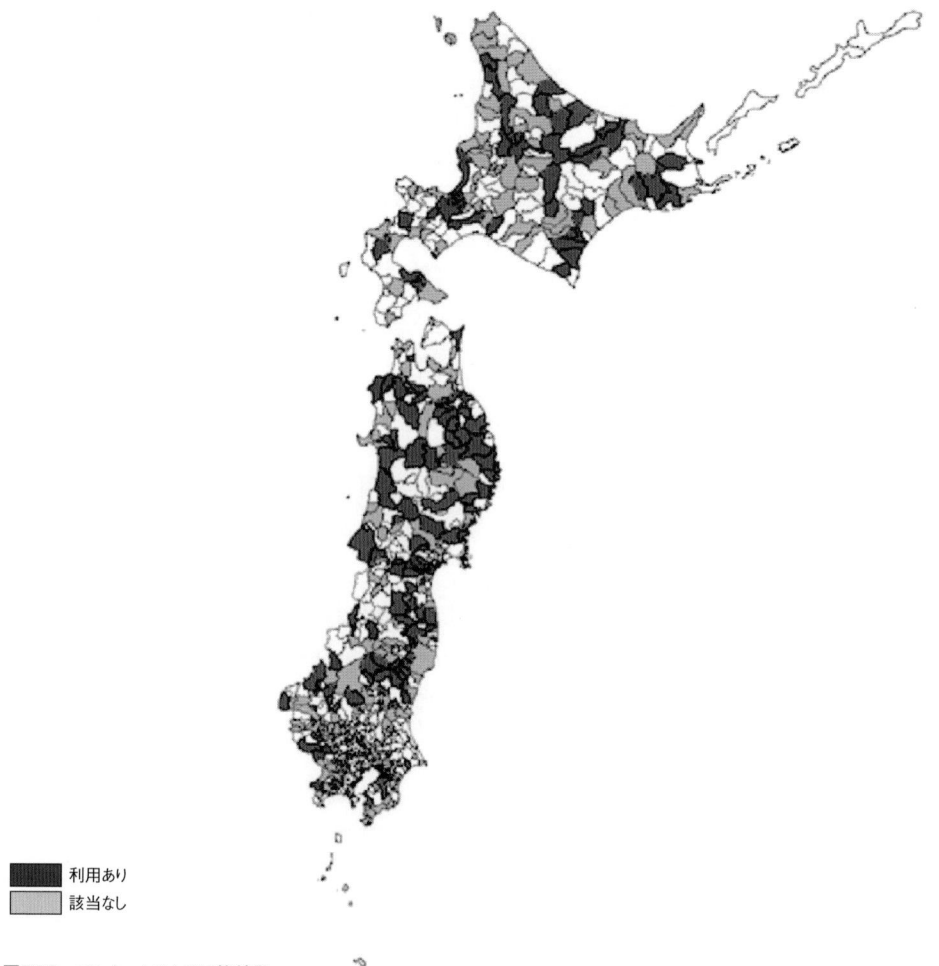

図7-10　アンケートによる回答結果

　都道県別に見ると、どの地域も「該当なし」という回答の割合が多いが、北海道や、青森、岩手、宮城、秋田、山形、福島の東北各県には「工業、工芸への利用あり」も含めて、「利用あり」の回答が比較的多く見られた。「利用あり」の回答が最も多かったのは北海道であった。北海道、東北地方に対して、関東地方には「工業、工芸への利用」はほとんど見られなかった。
　回答より、樹種と製品項目を明治期の文献史料のものを基に分別すると、利用樹種数は34種、製品項目数は14項目であった。最も多かった項目は家具用材で、全体の約53%を占めた。

(3) 東北地方おける利用
　東北地方全体としては、「利用あり」の回答割合が多く、50%を超える県もみられた。樹種は明治期と比較すると多いとはいえないが、ケヤキ、ミズナラ、ブナを中心に利用が見られた。地域ごとに特徴をみていく。

福島県
　61市町村と27の森林組合、計88件に実施した。回答数は43件(48.9%)あり、「工業、工芸への利

用あり」5件、「その他の利用あり」19件、「該当なし」19件であった。回答全体の「利用あり」の割合は55.8%となった(**表7-24参照**)。

　福島県を代表する樹種はキリである。三島町、喜多方市は、現在もキリの産地として、他県に販売している。広島県で製作される琴に使用されるキリも、福島県産のものである。福島県内でも、とりわけ三島町はキリの栽培が盛んで、フィールド調査においても確認した。第三セクターでキリ箪笥の企業を設立し、三島町で栽培したキリを使った家具づくりが行われている。近年は家具金物も自社で生産している。販売所も第三セクターで行い、町中でキリの育成と活用に取り組んでいる。この取り組みで最も重要なのは、資源が維持できる製品の生産量を割り出し、持続的なキリ育成と活用を実現している点である。キリの生育期間が比較的短いとはいえ、日本の広葉樹育成のモデルケースとなる官民一体の取り組みといえる。

　会津地方では、広くブナ林が見られる。ブナの伐採については、環境保護という面からも、国有林での伐採は事実上禁止されている。現状の資源は国有林、民有林ともに枯渇

表7-24　アンケート結果(福島県)

会津一円		
家具用材	家具	キリ
	家具	ナラ
	家具	ブナ
	茶箪笥	シマガキ
指物用材	楽器	キリ
	下駄	キリ
	盤	ヤナギ
	まな板	ヤナギ
	漆器	ウルシ
	漆器木地	ホオノキ
	マッチ箱	サワグルミ
田村市		
家具用材	茶箪笥	ナラ
挽物用材	こね鉢	トチノキ
三島町		
家具用材	タンス	キリ
指物用材	下駄	キリ
	美術品収蔵用箱	キリ
	文書箱	キリ
魚沼市		
彫刻用材	三春駒	ホオノキ

化が進行し、特に民有林は活用できるサイズの樹木が激減している。アンケートに見られるブナの家具材への利用は、民有林でのことである。筆者のフィールド調査では、昭和初期のブナ資源を100とすると、現在は10以下になっていると推定している。2008年以降の民有林調査で、胸高直径60cm以上のブナが広域で群生している地域に出会ったことがない。福島県のブナ集積地は南会津郡南会津町(旧田島町)の営林署であった。昭和40年代後半からブナ伐採反対運動が起こり、近年は国有林での伐採は行われていない。とにかく信じられない無計画な皆伐が昭和30年代から40年代にかけて行われ、ブナ資源はわずか20年程度の伐採で、簡単には回復できない状況に至った。

　ヤナギがまな板、盤に使用されている。まな板の利用は、先にも述べたように、ヤナギが良材として古くから評価されている。盤というのは、まな板と同じようなもので、菜っ葉や大根等を切るまな板を、かて切り盤と呼ぶことから、盤と分類しているのであろう。

　阿武隈山系に接する田村市では、こね鉢にトチノキが使用されている。トチノキのコネ鉢は、かつては福島県全体で見られ、そば打ちには欠かせない道具であった。

山形県

　35市町村と15の森林組合、計50件に実施した。回答数は17件（34.0%）あり、「工業、工芸への利用あり」2件、「その他の利用あり」5件、「該当なし」10件であった。回答全体の「利用あり」の割合は41.2%である（**表7-25**参照）。

　天童市では御蔵島（東京都伊豆諸島）のツゲなどを利用した将棋駒が見られた。このことから、御蔵島のツゲに関するアンケートの回答はないが、現在も他県に販売していることが確認された。伊豆諸島の小さな島の特産品が、山形県まで運ばれているのである。将棋の駒には、マユミ、ハクウンボクといった樹種も使用されている。ニシキギ科の落葉低木であるマユミは、櫛材としての利用もあることから、木目の細かな材ということになる。また、エゴノキ科のハクウンボクは、マユミよりは少し大きくなるが、それでも高木の中では小型の樹種である。長い年月の中で、こうした樹種の利用を見つけ出したのであろう。

　山形市の刀の鞘に利用されるホオノキとイタヤカエデは、堅さがまるで違う。ホオノキが白鞘として用いられることは広く知られているが、イタヤカエデの鞘はどのような使用目的があるのだろうか。興味深い使用法である。

　明治末期の文献に記されていたブナの活用は、現在の天童市には見られない。山形県においてもブナの資源が減少し、ブナ林を守る運動が活発に行われている。

秋田県

　24市町村と15の森林組合、計39件に実施した。回答数は18件（46.2%）あり、「工業、工芸への利用あり」6件、「その他の利用あり」3件、「該当なし」9件であった。回答全体で「利用あり」の占める割合は50.0%となった。ケヤキ、ホオノキ、ブナが多く見られ、主に家具用材として利用されていたが、ブナを利用したピアノやオーディオ部材などの楽器指物への利用も見られた。楽器等は専門のメーカーが使用することから、大館市内で生産しているものではない。楽器の専門メーカーは、ブナが自生する東北地方の民有林を所有し、自社製品専用の製材を行っている場合もある（**表7-26**参照）。

　秋田県南部の湯沢市をフィールド調査で訪れた。ここには明治期末に創業された曲木

表7-25　アンケート結果（山形県）

天童市			
彫刻用材	将棋駒（高級品）	ツゲ	
	将棋駒（普及品）	マユミ、ホオノキ、ハクウンボク、ウリハダカエデ、イタヤカエデ	
山形市			
その他	刀の鞘	ホオノキ、イタヤカエデ	

表7-26　アンケート結果（秋田県）

由利本庄市		
家具用材	家具	ミズナラ、ケヤキ、カツラ、ホオノキ、トチノキ、オオヤマザクラ、イタヤカエデ
	曲木	ミズナラ
彫刻用材	彫刻	ケヤキ
その他	器具	ケヤキ、カツラ、ホオノキ、サワグルミ、トチノキ、オオヤマザクラ、サイハダカンバ
仙北市		
その他	桜皮細工	ヤマザクラ
大館市		
家具用材	家具	ナラ、ブナ、クリ
指物用材	ピアノ	ブナ
	オーディオ	ブナ
その他	児童工作教材	ホオノキ
湯沢市		
挽物用材	こけし	イタヤカエデ
五城目町		
家具用材	家具	ケヤキ、キリ
	タンス	ケヤキ、キリ

家具会社があり、現在も稼働している。使用する主たる材はブナである。しかし、湯沢市の回答にブナはなぜかない。

宮城県

36市町村と16の森林組合、計52件で実施した。回答数は27件(51.9%)あり、「工業、工芸への利用あり」3件、「その他の利用あり」9件、「該当なし」15件であった。回答全体の「利用あり」の割合は44.4%となった。10種の広葉樹が見られたが、特に使用量の多い樹種はなかった(表7-27参照)。

製品項目は主に家具用材で、柴田町ではエゴノキを利用したアクセサリーなども見られた。エゴノキは明治時代から洋傘の柄等に使用されており、一地域での工芸的伝承ではなさそうである。

アンケートの回答に栗原市の家具用材があった。栗原市の一部は、かつて山林局の支場であった鍛冶谷澤製材所が設置されていた地域である。フィールド調査で川渡温泉付近の跡地を訪れたが、大正初期まで存在していた製材所について知っている人はいない。旧鳴子町役場でも史料から確認することはできなかった。

岩手県

35市町村と28の森林組合、計63件に実施した。回答数は27件(42.9%)あり、「工業、工芸への利用あり」6件、「その他の利用あり」11件、「該当なし」10件であった。回答全体の「利用あり」の割合は63.0%となった。ブナ、ケヤキ、ミズナラ、トチノキ、ハリギリなど、多彩な樹種が見られた。ほとんどは、家具用材と木工クラフト用材であり、挽物、指物用材はほとんど見られない。利用件数は決して多くはないが、岩泉町に見られるように、実に丁寧な回答をいただいた(表7-28参照)。

岩手県における使用樹種には、ダケカンバ

表7-27 アンケート結果(宮城県)

栗原市		
家具用材	家具	ヤマザクラ、ケヤキ、カツラ、ミズメ、トチノキ
柴田町		
その他	アクセサリー	エゴノキ
	キーホルダー	エゴノキ
仙台市		
家具用材	タンス	ケヤキ、キリ
彫刻用材	置物	ホオノキ、ヤナギ
その他	木製品	コナラ

表7-28 アンケート結果(岩手県)

宮古市		
家具用材	家具	ケヤキ、サイハダカンバ、ミズメ、ハリギリ、ホオノキ、サクラ、トチノキ、ブナ
挽物用材	こけし	ミズキ
二戸町		
指物用材	漆器	ウルシ
釜石市・大槌町		
家具用材	家具	ブナ、ダケカンバ、サイハダカンバ、オニグルミ
挽物用材	おわん	ホオノキ、ヤナギ
	こけし	ウルハダカエデ、シナノキ、ミズキ
その他	割り箸	オニグルミ
	教材(版画用)	サワグルミ、シナノキ、ミズキ
雫石町		
家具用材	家具	ケヤキ、ブナ
	机	コナラ、ミズナラ
	椅子	コナラ、ミズナラ
	正座椅子(キット)	ミズキ
挽物用材	遊具	ブナ
岩泉町		
家具用材	家具	ケヤキ、クリ、クルミ、タモ、ハリギリ、ニレ、ミズナラ、トチノキ、シウリザクラ、ブナ、カツラ、ミズメ
その他	木工クラフト	ケヤキ、クリ、クルミ、タモ、ハリギリ、ニレ、ミズナラ、トチノキ、シウリザクラ、ブナ、カツラ、ミズメ、エンジュ

に代表される本州では比較的標高の高い地域で自生する、また北海道であれば多少標高が低くとも自生する樹種の使用がいくつか見られる。こうした樹種が家具材に活用されていることは興味深い。

フィールド調査で過去に確認しているが、二戸ではウルシが現在も栽培されている。全国的にウルシの栽培が減る中で、二戸の取り組みは極めて貴重である。

岩手県のアンケート結果では、ブナの使用が宮古市、釜石市・大槌町、雫石町、岩泉町で見られる。雫石町は奥羽山脈に近い地域であるが、他の地域は太平洋に面しているか、少し内陸に入った程度の地域である。それでも役場に問い合わせると、標高800m以上の地域でブナが生育していることが多い。白神山地のブナ林が世界文化遺産に指定されたことから、秋田県のブナ天然林が近年話題になる。ところが、岩手県ブナ天然林が話題になることは少ない。今後のブナ林管理も含めて、岩手県太平洋岸に近いブナ群生林の実態に着目する必要がある。また、岩手県では、ブナに類似するイヌブナも自生しており、ブナの利用に組み込まれている可能性もある。

岩手県におけるブナの利用内容は、家具が圧倒的に多い。この家具が地元で生産されるものを指しているのか、他地域で生産されるものを指しているのかは判断し難い。少なくとも、家具はすべて洋家具を指しており、学校で使用する机、椅子といったものから、ダイニングセットまで、ブナは広範な分野で使用されている。

青森県

40市町村と13の森林組合、計53件に実施した。回答数は28件(52.8%)あり、「工業、工芸への利用あり」8件、「その他の利用あり」5件、「該当なし」15件であった。回答全体の「利用あり」の割合は46.4%となった。ケヤキ、ハリギリ、ブナが多くみられ、製品項目では指物用材、家具用材が7割近くを占めた（表7-29参照）。

青森県は津軽塗が有名である。漆器を製造している弘前市では、県内産のホオノキ、トチノキ、ケヤキを津軽塗の漆器用木地として利用している。また、1956(昭和31)年より、ブナコというブナを利用した漆器も作られている。しかし、平成18年より国産ブナ材の入手が困難になったため、現在では在庫の国産材(青森県、北海道、岩手県産)と輸入材を併用している。国産材の在庫がなくなり次第輸入材だけを利用することになる。

表7-29　アンケート結果(青森県)

八戸市		
彫刻用材	八幡馬	カツラ、ハリギリ
黒石市		
挽物用材	こけし	イタヤカエデ
弘前市		
指物用材	漆器用木地	ホオノキ、トチノキ、ケヤキ、ブナ
平川市		
挽物用材	こけし	イタヤカエデ
三戸町		
指物用材	まな板	ヤナギ
弘前市		
家具用材	テーブル	ハリギリ、ケヤキ、キハダ
	座卓	ハリギリ、ケヤキ、キハダ
深浦町		
指物用材	イーゼル	ブナ
	額	ブナ
挽物用材	茶托	ケヤキ
	一輪挿し	エンジュ

(4) 北海道地方おける利用

　180市町村と123の森林組合、計303件に実施した。回答数は120件（39.6%）あり、「工業、工芸への利用あり」16件、「その他の利用あり」25件、「該当なし」79件であった。回答全体の「利用あり」の割合は34.1%となった。「利用あり」の回答数は多かったものの、回答全体の割合はあまり高くなかった。樹種ではカバ類が最も多く、ナラ類がそれに続く（**表7-30**参照）。

　「工業、工芸への利用あり」の回答は道内のほぼ全域に見られたが、使用（加工）地は旭川市が多く、製品産地として栄えた旭川市が現在も生産を継承していることが確認された。しかし、旭川の道産材利用については、過去にはミズナラ材が鉄道の枕木等に利用され、その後家具を中心に利用されていたが、近年の旭川地域の家具・建具製造業は、輸入材を中心として製作している。すなわち、木材加工による産業は継承されても、道産材の占める割合は極端に減少したということになる。

　道産の良質なミズナラ材は、明治時代後期から昭和30年代まで海外に輸出されており、輸

表7-30　アンケート結果（北海道）

紋別市			京極町		
家具用材	家具	ミズナラ、タケカンバ、ハリギリ、ニレ	家具用材	家具	ナラ、カバ、クルミ、セイヨウハコヤナギ、カツラ
その他	木工品	ニレ	鷹栖町		
札幌市			家具用材	家具	ナラ、カバ
棒柄用材	かんじき	ヤマグワ	その他	割り箸	カバ
旭川市			鹿部町		
彫刻用材	木彫品	エンジュ、ハリギリ、クルミ	指物用材	蛸箱	ブナ
挽物用材	挽物製品	エンジュ、ハリギリ、クルミ	遠別町		
深川市			家具用材	家具	ナラ、タモ、ハリギリ、イタヤカエデ、サイハダカンバ
家具用材	家具	ナラ、サイハダカンバ、ノリウツギ、ヤチダモ	その他	割り箸	ハンノキ、シナノキ、シラカンバ
指物用材	楽器	イタヤカエデ	佐呂間町		
	楽器側板	サイハダカンバ	指物用材	まな板	バッコヤナギ
広尾町			清水町		
家具用材	家具	サイハダカンバ	家具用材	家具	ブナ
天塩町			指物用材	パチンコ台	ブナ
指物用材	看板	各種広葉樹		碁盤	カツラ
	表示板	各種広葉樹		まな板	バッコヤナギ
下川町				パイプ	ノリウツギ
家具用材	家具	ナラ、カバ、タモ	挽物用材	バット	アオダモ
	家具調こたつ	ハリギリ	その他	割り箸	シラカンバ
挽物用材	皿	シラカンバ	その他	爪楊枝	シラカンバ
様似町						
挽物用材	バット	トネリコ				

出品目として扱われていた経過もある。しかしながら、昭和40年代以降は輸出から輸入に転じ、年々輸入材が増加している。それでも道産のミズナラ材が、少量ではあるが旭川市の木材市場に出ることがあり、高級家具材として販売されている。

　フィールド調査で小樽市の商工会議所に出かけ、北海道産の広葉樹の輸出について調べてみた。その結果、戦後間もない時期から広葉樹資源の衰退が進行し、昭和30年代には広葉樹を取り扱う木材業者がほとんどなくなっていることが確認された。本格的な海外への輸出は、実質的には戦前期までに終わっているように感じた。三井物産が設立した砂川市の製材所も現在は手放されており、隆盛を極めた広葉樹の輸出は遠い昔の話になってしまった。　旭川市の木材に関連する施設にもフィールド調査で訪れた。とにかく、戦前期までは豊かな広葉樹資源があったようだ。戦後は石狩川流域の広葉樹資源は既に枯渇化しており、かなり奥地に入らなければ伐採ができなくなっている。

　ブナについては、鹿部町で蛸箱、清水町で家具およびパチンコ台に使用されている。鹿部町は函館市に近い場所であることから、近隣にブナが自生している。清水町は帯広市に近い場所に位置しており、他地域からブナ材を取り寄せて使用しているのであろう。

4.6　東北・北海道における利用の特徴

　明治末期に刊行された『木材ノ工藝的利用』によれば、明治後期に利用されていた国産広葉樹種は123種類であった。アンケート調査から、現在も利用されている関東以北の広葉樹は34種類で、数だけで比較すると、極端に減少している。地域の生活で使用される広葉樹の利用が減ったこと、国産材の資源が乏しく高価であるため、廉価な輸入材に頼るようになったことが、使用樹種減少の主たる要因であろう。

　日本各地の生活が均質化し、消費経済が山間地でも進行したため、東北地方に代表される伝統的な広葉樹と生活の関わりが軽視され、結果として手間暇のかかる使用方法が消えていった。それでも、アンケートからヤナギのまな板に代表されるように、近世の生活文化が一部継承されていることが確認できた。

　ブナは、東北地方で現在も利用が見られる。アンケートでは岩手県の利用が多く、福島県や秋田県での利用が多いと予測していたので意外であった。

　フィールド調査も一部の地域で行った。その一つが福島県の会津地方で、三島町とその周辺のキリ造林について確認した。三島町はアンケートの回答があり、その利用がフィールド調査と一致した。こうしたアンケート調査とフィールド調査の整合性がある場合はよいが、整合性がない場合は判断が難しい。ブナについては、国有林に限らず民有林においても伐採中止を求める運動が活発である。筆者の調査では、もっとアンケートでも回答があると予測していたが、東北地方でも利用に関する回答は少ない。ブナの利用については、行政側でも伐採の反対運動があることから、触れないという配慮があるように感じる。

5　曲木家具用材に関する資源の実態と今後の展望

5.1　本節のねらい

　ブナに関する研究は戦前期より行われていたが、天然林の択伐という管理方法を基盤としたもので、林野庁では現在も植林によって造林するという具体的な計画がないことから、ブナ植林に関する研究は集約されていない。ブナ植林は、大学、地方の林業試験場が中心になって進めており、鳥取大学附属演習林では1970年代から取り組んでいる。それでもわずか30数年しか経ておらず、太いもので胸高30cm程度にしか育っていない。したがって林業としてブナ植林が成立するといった評価を得るには至っていない。

　本節では、2003年から実施している広葉樹のフィールド調査資料を軸として、文献史料も加えて曲木家具の材料であるブナ材の資源と植林による造林の可能性を探る。また新たな使用材としてコナラを提示し、その資源を探り、持続的な曲木家具産業のあり方を提案する。

5.2　調査の方法と対象

　文献史料、フィールド調査、聞き取り調査によって得られた資料を通して考察し、提案を導き出す。文献史料の主たるものは、『ぶな林ノ研究』[注3]『ぶな—その利用—』[注4]「ブナ人工植栽地の成長について」[注5]『ブナ林の自然環境と保全』[注6]『大山・蒜山のブナ林—その変遷・生態と森づくり—』[注7]『ブナの森とこの国の未来』[注8]『ブナ林再生の応用生態学』[注9]とし、戦前、戦後の高度経済成長期、バブル期以降のブナ林に関する更新方法を比較する。フィールド調査は、北海道、東北、中国、九州地域の代表的なブナ林、コナラ林で行う。聞き取り調査は青森県、福島県の森林管理署、秋田県および福島県の広葉樹専用製材業より行う。

5.3　和家具用材の造林

　江戸時代には、ケヤキとキリが我が国で広く植林されていた。ケヤキは中国の明代に流行した用材で、日本はその影響を受けて発達したと考えられる。江戸時代の前期に、仙台藩では農家にケヤキを屋敷の周囲に植えるよう奨励している[注10]。東日本の屋敷林にケヤキが広く

図7-11　屋敷林のケヤキ(福島県郡山市)

図7-12　屋敷林のケヤキ(福島県郡山市)

見られるのは、仙台藩の先行する政策が関与しているという指摘もできる。
　ケヤキが大木になるには150年程度必要なことから、長期的な植林計画を江戸時代前期より東日本の平地で構築していた。図7-11、7-12[注11]は、福島県郡山市の郊外に見られる農家と、その屋敷林である。防風林としての機能を持つスギ、カシ、竹類とともに、ケヤキが見られる。夏には日陰をつくり、大きく育つと換金されるという平地でのケヤキ造林が、現在も広域で継承されている[注12]。山地に自生するケヤキに対し、平地で育つ屋敷林のケヤキは成長が早いため、決して良材とはいえない。山地の岩盤でゆっくり育つケヤキは木目が精緻で、狂いが少ない。こうしたケヤキを人工造林することは難しく、山地のケヤキは値段が高い。
　ケヤキは建築材とともに、家具材としても広く使用される。江戸期には現在見られる座卓はなかったことから[注13]、専ら船箪笥のような箱物家具に用いられている。
　キリも日本で広く植林されている広葉樹である。ケヤキと同様に、農家の屋敷周りか、畑の端に少量植えられる。50年程度で箪笥に使用するような大きさに成長する。
　農家で女の子が生まれるとキリを植え、嫁に行く時には箪笥にするという話が各地に伝えられている。この話は、植えたキリが箪笥の材料になると捉えるのではなく、20年間にて成長したキリを下駄材として売り、箪笥を買う際の足しにしたと解釈しなければならない。いくら成長の早いキリでも、20年では箪笥にできない。いずれにしても、広葉樹のキリが換金性の高い商品となるので、積極的に植林を行ったのである。集約的な小規模の造林であっても、農家の戸数が多ければ、まとまった量の材を得ることができる。福島県の三島町、金山町では、現在も伝統的なキリの造林を行い、三島町では箪笥等の生産量を規制している。平地のケヤキに対して、キリは山地における広葉樹の植林ということになる。
　ケヤキやキリの植林が確立した背景にあるのは、農山村の経済観、生活観で、自給的な生活の中で換金性のある植林は貴重な財源となった。

5.4　日本の曲木家具材
(1) ブナ材
　ブナの北限は北海道南部の黒松内低地帯（1927年天然記念物に指定）とされ、南限は鹿児島県高隅山（標高1,236m）である。宮城県北部以北では、垂直分布の最低分布限界は平地となる。ただし、戦前期に小規模な群生林は多少認められたが、東北地方の平地で大規模なブナ群生林が現存するという報告は見当たらない。
　ブナは陰樹の散孔材で、気乾比重0.65、曲げヤング係数120（1,000km/㎠）である。材は乾燥時に狂いやすく、その性質を活かしたのが曲木家具である。
　明治末に曲木家具用材として使用される前は、主に木炭材[注14]、福島県会津地方に代表される木地師が移動して製作する廉価な椀類等に利用されていただけで、建築材としての利用はマクロ的に見れば極めて少ない。明治以降は針葉樹の代用品として、山形県や新潟県の山間地で使用している。
　ブナ帯（年平均気温6～13℃）[注15]に隣接する地域での利用はあったが、物流にて遠方に運ばれることはなかった。換言すれば、曲木家具用材として着目され、そのことを契機として、戦前期よりフローリング材や合板に使用範囲が広がった。ヨーロッパではトーネット社が曲木家具材として利用するまでは、木材としての需要は極めて少なかった。日本でも明治後期までブ

ナの利用はヨーロッパと似たような状況であった。

　資源が減少しているとはいえ、現在でも曲木家具用材としては、最も適していると評価されている。

(2) ミズナラ材

　ミズナラは陽樹で、光のあまり当たらない森林内で稚樹は育たない。垂直分布はブナとほとんど同じであり、南限は鹿児島県、北限は北海道の最北部で、シベリア南部にまで分布している。つまり、ブナの北限までは同じ樹林帯に属しているが、その地域以北ではブナ帯は存在しないので、ブナとは異なった樹林帯を形成する。

　ミズナラは環孔材で、気乾比重0.68、曲げヤング係数100（1,000km/cm²）である。この係数を見る限り、ブナに比較して曲げ加工が容易に行えるように思えるが、実態は判断する資料が見当たらない。曲げヤング係数だけで、曲げ加工の優劣を論じることは難しい。

　ミズナラもブナと同様、明治初期まで国内での使用はほとんどなかった。薪炭材の需要は多少あっても、ブナのような木腕の生地にするという利用法はなかった。

　日本国内では、明治10年代より北海道で馬橇材（ばそりざい）として使用され、蒸煮による曲げ加工が行われている。戦前期よりウインチを使用し、60mm以上の厚みを持つ材を400mmのアールで曲げるという実績もある。明治30年代には北海道のミズナラが欧米に輸出されたこともあり、洋家具材として、また洋樽材としても脚光を浴びる。

　少量ではあるが、近年は曲木家具材としても使用されている。これまで用いられなかった理由は、ブナに比較して価格が高く、第二次大戦後には資源の枯渇化が進み、昭和40年代以降は入手が難しくなったためである。それでも少量しか使用されないのは、国有林のブナを入手することが不可能になり、民有林のブナも極端に減少しているためである。

(3) コナラ材

　コナラの垂直分布は、ブナやミズナラとは異なり、かなり低い。しかし、ブナ、ミズナラの最低分布限界と重なる地域もある。コナラの南限は九州南部から種子島で、北限は北海道札幌市の少し北あたりとされている。自生北限に近い勇払郡厚真町幌内にはコナラ保護林があり、林相の推移が観察されている。

　日本全体では西日本以東にコナラの原生林があると思われがちであるが、大分県由布市湯布院町岳本地区に原生林があり、1961（昭和36）年3月14日に県指定の天然記念物に認定されている。

　コナラは環孔材で、気乾比重0.82、曲げヤング係数110〜120（1,000km/cm²）[注16]である。ブナやミズナラと異なるのは、比重が大きく、辺材部分が多い点である。ミズナラと比較すると、材が狂いやすいという指摘がある。この点はブナと類似性があり、曲木加工と何等かの相関があるのかもしれない。

　コナラは、主にこれまで薪炭材として利用されることが多かった。しかし、戦後の高度経済成長期に木炭の需要がなくなる。その後は放置林となることが多く、製紙用のチップに利用される程度で、家具用材への利用はほとんど見られなかった。ところが、近年は曲木家具用材の定番であったブナ材の入手が難しくなったことから、コナラ材で代用する曲木家具業があ

る[注17]。しかし、曲げ加工材としては、ブナより多少劣るようである。また、ミズナラに比較して辺材部分が多く、さらに辺材と心材の色が顕著に異なることから、着色する製品に限って使用されている。

ミズナラは辺材部分が少ないので、家具材として取引する場合には、辺材部分を除いて板材にされているようだ。ところが、コナラでは辺材部分を除くと容積が極端に減ることから、商売にはならない。このあたりにコナラ材の解決すべき問題がある。

(4) その他の材

農商務省山林局の林業試験所が、曲木家具用材の実験結果を1909 (明治42) 年に公表している[注18]。第3章でも触れたが、その内容は次のようなものである。

① 実験の使用材
- 闊葉樹(かつようじゅ):ブナ、イヌブナ、ケヤキ、シオジ、トネリコ、イヌエンジュ、ヤチダモ、シイ、ソロ(イヌシデ)
- 針葉樹:シラベ(シラビソ)、トドマツ

② 実験結果
- ブナが優れており、板目でも柾目でも曲げが可能である。イヌブナもそれほど見劣りはしない。
- イヌエンジュ、トネリコも曲げやすい良材である。
- ソロ、シオジ、ヤチダモも曲げることはできる。
- 針葉樹のシラベ、トドマツは曲げには適さない。

上記の内容から、ブナが優れた曲木用材であることは間違いないが、ほかにも使用可能な樹種がある。ブナとその他の樹種が異なるのは、資源の蓄積量である。山林局林業試験所は、当初からブナの利用しか考えておらず、他の樹種の実験結果を活かす政策は持ち合わせていなかった。

蒸煮して木材を軟化するということに差異がないとすれば、曲げヤング係数の小さな広葉樹が曲木用材に適すということになるが、実際には散孔材と環孔材とでは性質が異なり、散孔材のブナは柾目でも板目でも曲げ加工に使用できることから、優位性を持つことになる。比重、曲げ強さ、せん断強さも含め、蒸煮による曲げ加工とその固定には多様な要因が含まれているようだ。

この実験にミズナラが含まれていないのは意外である。おそらく、林業試験所では、北海道の馬橇に曲げ加工を施したミズナラ材が広範に使用されていることを知らなかった。山林局の雑木利用政策は、明治後期よりブナとミズナラの利用を中心に開始された。ミズナラは建築の内装材として欧米に輸出され、外貨獲得に貢献していた。仮に北海道の馬橇に関する情報が山林局へ正確に伝わっていたならば、少し値段が高くとも、実験に使用したはずである。

また、針葉樹に日本で伝統的な曲げ加工の実績があるヒノキを加えていないのは、廉価な未利用材を実験の対象にする目的があったため、意図的に除外したのであろう。トドマツのような北海道で自生する材を選んでいるのも、未利用材の活用という視点が当初からあったとすべきである。

林業試験所のブナ以外の実験結果は、その後の曲木用材研究には一切活かされていない。

林業試験所における曲木用材の研究は、明治末期のこの実験だけしか見当たらない。

5.5 ブナの資源
(1)ブナ資源の現状

日本におけるブナ材の大量使用は、山林局の雑木利用政策からすれば、明治40年代から始まる曲木家具生産であると考えていたが、1912(明治45)年に刊行された『木材ノ工藝的利用』には、表7-31のような使用実態が記載されている[19]。

表7-31を見る限り、なぜか軍用銃床の利用が突出して多く、曲木家具の使用量はほんのわずかである。ところが、大正期には日本国内で20社以上の曲木家具業が稼働し、少なく

表7-31 明治末期におけるブナ材の利用状況

種別	ブナ材年需要量	
	製材　尺〆	立木換算　尺〆
紡績用木管	3,000	10,000
軍用銃床	11,200	37,300
軍馬鞍骨	560	1,866
一般鞍骨	21	70
亜鈴,棍棒	319	1,063
曲木家具	550	5,500
下駄歯,板草履	6,300	21,000
輸出用洋傘手元	220	550
ショベル、スコップ柄	1,760	4,400
計	23,930 (8,000㎥)	81,749 (27,000㎥)

とも1日に100㎥のブナ材を使用していた[20]。まずこの大正後期に、伐採後の運搬が容易な地域のブナ資源が減少する。この時期を、第一次減少期と規定する。天然林の更新を前提とした適正な択伐はなされておらず、山林局自体もブナ林更新の研究に着手していない。

昭和初期には、ブナがフローリング材として使用されるようになる。つまり、曲木家具用材だけではなく、建築用材としても大量にブナが使用されることになり、山林局もブナ林の調査を始める。この時期を第二次減少期と規定する。それでも、東北地方では、ブナ林が激減したという深刻な状態には至っていない。

第二次大戦時には、飛行機のプロペラ材としてブナが使用されている。この時期に接着剤の研究も進み、カゼインを使用したブナ合板の生産も盛んになる。第二次大戦末期には、戦前期に存在した木材資源をバランス良く持続するという環境倫理が日本人全体に希薄となり、戦後の広葉樹育成に大きな影響を与える。

第二次大戦後は、まず最初にGHQの住宅に使用するフローリング材の需要があり、大量のブナ林が伐採された。また熱硬化性接着剤の使用が盛んになり、尿素樹脂によるブナ合板、ブナ集成材が住宅、家具、ピアノの製造に用いられるようになる。高度経済成長期には、ブナ合板の海外への輸出も盛んになり[21]、国有林、民有林を問わず、北海道、東北地方のブナ資源も更新を前提としない皆伐が続く。そして伐採後には、スギを中心とした針葉樹の植林がなされ、ブナだけでなく、この時期に日本の広葉樹林は激減する。日本のブナ資源は、曲木家具用材で減少したのではなく、合板とフローリング材の量産で極度の減少が進展したのである。この時期のブナ資源減少を、第三次減少期と規定する。

こうしたブナ資源の減少に対し、1960年代後半より自然保護団体による国有林のブナ伐採を阻止する運動が各地で起きる。例えば、1970(昭和45)年には、福島県岩瀬郡天栄村と南会津郡下郷町にまたがる二岐山の国有林内ブナ林伐採に対する反対運動が起き、1972(昭和47)年には伐採が中止された。しかし、後で詳しく検証するが、ブナ平と呼ばれるブナ群生林の多くは皆伐され、40年経っても一向に回復する気配はない。

福島県では、その後会津地方の烏帽子山ブナ林伐採反対運動[注22]、博士山林道訴訟[注23]等の取り組みがあり、現在は国有林のブナ伐採を全面的に禁止している。こうした状況は東北の他県でも同様で、国有林のブナ伐採は、ダム等の建設といった特別な理由がない限り、一切禁止されているというのが実情である。

東北地方では、民有林のブナが現在も少量取り引きされている。標高の低い地域でもブナの群生林が存在するため、資源の活用に結びついていると推察される。

昭和30年代後半のブナ使用量(単位:1,000㎥)は、下記のようになっている[注24]。

- 1961(昭和36)年　　国有林　　982　　民有林　1,078
- 1962(昭和37)年　　国有林　　987　　民有林　1,105
- 1963(昭和38)年　　国有林　1,109　　民有林　1,097
- 1964(昭和39)年　　国有林　1,067　　民有林　1,339

とにかく、この時期に大量の伐採を行っていることが理解できる。1960年代前半までは、国有林と民有林で、ほぼ同量のブナを伐採している。民有林の資源が全体の20%程度とすれば、民有林が資源から見て過剰な伐採がなされ、まず最初に枯渇化が始まり、その後国有林の枯渇化に至ったと推察される。天然林の更新方法が確立しない前に、無秩序な乱獲がなされた。第三次減少期の伐採量は予想以上に多く、明治末期の800倍以上に達している。

日本ぶな材協会が1966(昭和41)年に刊行した『ぶな―その利用―』では、ブナ資源について次のように記述している[注25]。

「……全国のブナ資源の約80%が国有林に分布しており、さらにその75%が東北、北道道(道南)地区に集中していることになります。資料3の資源推移を常識的に判断しますと、全国の80%を占める国有林においては、ブナ資源は概ね維持されているように見えます。しかし、ブナは概して奥地に分布しているため、過去の調査精度の信頼性があまり高いものではなかった点を考えますと、昭和33年頃のブナ資源は、もっと多かったのではないかと思われます。近年は、空中写真の活用等による調査技術の向上によって、より高精度の資源把握が可能になったこと、および現在の国有林の経営方針では、ブナ林の多くが拡大造林の対象になっていること等から考えますと、ブナ資源は最近、減少の一途をたどっていることが推察されます」

上記の文章は「日本のブナ資源」の一部で、著者の福森友久は当時林野庁の指導部長の職にあった。つまり、林野庁の幹部が、既に45年前にブナ資源の枯渇化を懸念しているのである。それでも林野庁による針葉樹造林政策は変わらなかった。

現在、なぜか林野庁の公開資料では、ブナも含め、広葉樹の樹種別伐採量が示されておらず、広葉樹というカテゴリーですべてまとめている[注26]。

(2)ブナ資源の更新に関する研究

1938(昭和13)年に刊行された『ぶな林ノ研究』は、戦前期の最も優れたブナの研究書である。青森営林局管内の調査地において、1931(昭和6)年から研究を開始し、ブナ天然林の更新に関する定点観察を長年行っている。『ぶな林ノ研究』の自序で、著者の渡邉福壽は次のように述べている。

「近年頓ニ闊葉樹林利用開發ヲ唱ヘラレルニ至ルヤ或ハ用材トシテ或ハ製紙原料トシテ闊葉樹ノ王者タルノ地位ヲ占ムルぶなハソノ蓄積ノ甚大ナルノ故ヲ以テ今後益々ソノ重要性ヲ

加ヘントシツツアリ、從テソノ施業モ亦吾人ノ重大關心事タラザルベカラザルトキニ當リ、……」

つまり「ぶなハソノ蓄積ノ甚大ナルノ故ヲ以テ」ということから、資源の減少という意識はそれほど明確にあるわけではない。これが1938（昭和13）年における山林局のブナ資源に関する認識だったのである。

『ぶな林ノ研究』には、それまでのブナ林に関する先行研究が記載されているので紹介する[注27]。

① 稲葉廣道:ブナ林の成立、林學會雑誌第十巻、1928
② 寺崎渡:ブナ林の天然更新に就て、林友 第百七十七號、1929
③ 渡邉福壽:ブナ林の生物學的研究、林學會雑誌 第十五巻、1933
④ 春日三郎:ブナ林の成立と之が取扱の一考察、東京榮林局報 第一號 第三號 第五號、1933
⑤ 渡邉福壽:ブナ林施業に關する基礎的考察 第三報、日本林學會誌 第十六巻、1934
⑥ 菊池捷治郎:會津御前山國有林に於けるブナ林の天然更新に關する二三の考察、日本林學會誌 第十七巻、1935
⑦ 佐藤正巳:ブナ樹皮上の地衣群落、植物及動物 第四巻、1936
⑧ 渡邉福壽:ブナ林施業の基礎的考察 第四報、日本林學會誌 第十八巻、1936
⑨ 渡邉福壽:ブナ林施業の基礎的考察 第五報、日本林學會誌 第十九巻、1937
⑩ 渡邉福壽:ブナ林施業の基礎的考察 第六報、日本林學會誌 第十九巻、1937

上記の内容を見る限り、日本のブナ林に関する研究は昭和期に入ってから開始され、天然更新という手法を追究していることがうかがわれる。この天然更新の主たる技術は択伐で、ドイツの林学、また日本の針葉樹林の先行研究を参考にしながら、ブナの択伐によって天然林内における樹齢別本数を調整しようとしている。

②の寺崎渡は、先に紹介した明治末期の林業試験所で、最初に曲木家具材の試験をした山林局の技師である。曲木家具業界の動向に詳しい寺崎でさえ、天然更新が可能と考えている。

ブナの天然更新を難しくしている要因に、林床に根付くササ類の作用があると考えられていた。日本各地でササの種類が異なり、北海道南部や東北地方の日本海側ではチシマザサがブナの林床を覆っている。このササの地下茎を掻き起こしによって除去し、ブナの天然下種の発芽と根付きの歩留まりをよくするという試みが戦前より行われ、戦後も継承されている。種子の落下時期を考慮して掻き起こしを行い、覆土に種子を大量に落下させれば、確かに発芽する種子の量が多くなることは間違いない。問題なのは発芽の後で、日照量が多くなったことで繁茂したササではあるが、陰樹であるブナが稚樹を経て成長する過程で、日照量が多い環境でどの程度生き残っていくかは、長期間（少なくとも樹高が5〜10m程度になる）の定点観察による実態の把握が必要であろう。

筆者の知る限り、ブナの研究は現在も公設研究所、大学等で行われているが、曲木家具用材に使用することを前提とするような研究成果はない。林学における林産加工研究と、デザイン学における家具材料研究が乖離した状態になっている。

(3) ブナ林のフィールド調査

ブナ国有林の実態を把握するため、2010年11月から2011年9月にかけて北海道、秋田県、福

図7-13 ブナ林の調査地

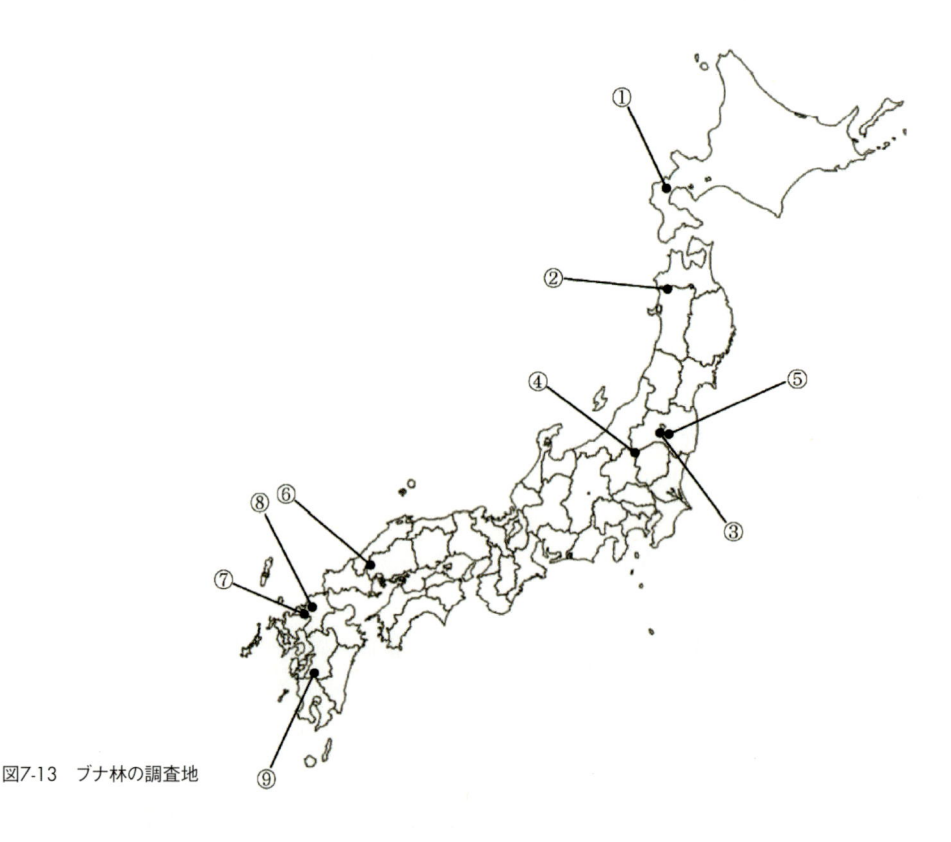

島県、鳥取県、島根県、広島県、福岡県、熊本県のブナ群生林がある山に出かけた。そこで観察した内容を下記に示す。また、調査地に近い気象台または消防署の気象測定値を参考にした。図7-13にその調査位置を示す。

① 北海道寿都郡黒松内町（歌才天然記念物ブナ林、標高27m、42°66′・140°31′）（黒松内町、標高27m、年平均気温7.8℃、年間降水量1,461.8mm、暖かさの指数67.0℃）

日本のブナ北限地域とされる黒松内町の歌才天然記念物ブナ林は、平地の丘陵に形成された群生林である。図7-14に示したように、ほぼブナの純林で、幼樹も育っており、今後も持続する環境を保っている。この林相が原生林とされているならば、過去のブナ林研究では、どの程度択伐可能と考えたのだろうか。筆者が見る限り、樹間が混み合っているわけでもないので、仮にこうした原生林を択伐すれば、日照量が増加してササが繁茂するようになり、ブナ林の更新は難しくなる可能性が高い。天然林を伐採した場合、萌芽更新をすることもある。ただし、木材としての利用目的が胸高60cmといった100年以上を要する場合は、制約が大きいことから更新が難しいように思える。ブナの持つ陰樹としての特性を活かす更新は予想以上に大変である。歌才のブナ林

図7-14 歌才天然記念物ブナ林

は、その難しさを我々に教えてくれる格好の教材となる。

　図7-15は歌才のブナの中でも、一際真っ直ぐに成長したもので、曲木家具材としては理想的なものといえる。下枝のないこうしたブナは、概して密集している。つまり、密植にて同様の樹形が得られることを示唆しているように思えてならない。ただし、こうした樹形は、ブナ林全体の中で占める割合は決して多くはない。定量的なデータは持ち合わせていないが、歌才の原生林を見る限り、おそらく20％にも満たないように感じる。人工林は、利用に適したブナの比率を高くすることに目標があり、天然林の特性をどのように分析するかが今後の課題となる。

② 秋田県山本郡藤里町（岳岱自然観察教育林、標高610〜620m、40°25′・140°16′）（藤里町消防署、標高37m、年平均気温11.7℃、年間降水量1,722.8mm、暖かさの指数80.0℃）

　白神山地の最南端に位置するこの地域は、標高500mあたりからブナ混交林が認められる。この標高500mが天然林の垂直分布の下限というわけではない。サワグルミ、ホオノキ、ヤチダモ、イタヤカエデ、アサダ等の中にブナが点在する。岳岱自然観察教育林は、盆地のような地形にブナの天然林が見られる。表土が流出した可能性もあるが、盆地上の地形で、地面にも岩が目立つような地表である。決して土壌の肥えた環境ではない。**図7-16**に示したような岩の上に根付いたブナもある。環境の変化に弱いとされるブナも、意外に難しい土地で育っている。

　この観察教育林で最も大型のブナは**図7-17**で、推定樹齢が400年とされている。枝も少なくなっており、かなり老化している。地衣類が広く覆っており、また幹の一部が空洞化していることから、今後長い寿命は見込めない。『ぶな林ノ研究』ではブナの寿命を350年前後と推定している。ということは、ブナは

図7-15　歌才天然記念物ブナ林

図7-16　秋田県藤里町のブナ

図7-17　秋田県藤里町のブナ林

図7-18　秋田県藤里町のブナ林

図7-19　秋田県藤里町のブナ

ケヤキより寿命が短く、大きさも少し小型で、成長が遅いということになる。先の新潟県林業試験場の調査では、ブナはミズナラの成長と大差ないと結論づけているが、成長する場合としない場合の個体差が大きいというのが実態と推察する。140年を経ても胸高が30cmにも満たないブナが、ガルトネルが植林した北海道七飯町のブナ林に多数認められることから、個体差に関する一つの目安になる。図7-17の大木の近くには幼樹が密集しており、世代交代の時期が迫ってきているように感じる。

　図7-18は、大きなもので胸高直径40cmという比較的若い林相である。こうした林相が多数を占める限り、今後も長くブナの群生が生き残る可能性が高い。チシマザサも一部の林床に認められるが、必ずしもブナの林床を覆いつくしているわけではない。観察教育林内には、図7-19に示したように、一部の樹に番号が彫られている。この番号は第二次大戦末期に彫られており、何等かの目的で調査を行ったのであろう。図7-20は、幹に「用」の文字が彫られている。おそらく用材にする予定であったが、終戦となって伐採されないで生き残ったのである。少し不思議に感じたのは、終戦から65年以上経過しているのに、胸高直径60cm程度しか成長していない点である。ケヤキのような大径木を除けば、ブナに限らず、広葉樹の製材業は直径60cmの丸太を基盤にして、6:4に割り、柾目材を取ることを想定している。

　図7-19、7-20のブナは、成長が遅い環境にあるか、または成長が遅い性質を持っていると推定する。ブナの成長速度を捉える場合、すべての樹が同じであると想定することはできない。ガルトネルが植林したブナ林でも、140年を経て成長の早いものと、成長の遅いものでは、胸高直径で倍以上の差がある。

③ 福島県岩瀬郡天栄村(二岐山、標高1,544.3m、37°16′・139°58′)(天栄村湯本、標高630m、年平均気温9.0℃、年間降水量1,608.2mm、暖かさの指数60.4℃)

二岐山は、福島県内でも特に標高が高いというわけではない。この山では、標高1,298mの地域一帯がブナ平と呼ばれ、1970(昭和45)年に大規模伐採がなされる前は、ブナの大きな群生があった。伐採が始まると地元住民からブナ林伐採反対運動がすぐ起こり、1972年には伐採が中止になった。この運動はブナ林の保護運動に関する比較的早い事例で、その後の保護運動に大きな影響を与えている。図7-21は伐採された場所で、40年経ってもほとんどブナ林は再生しない。ブナ林ではやってはならない皆伐を行ったからで、戦前の山林局が研究した択伐方式の知恵は一切活かされていない。とにかくブナ林は壊滅的な状況となっている

図7-22は、ブナ平の登山道脇で、伐採後の萌芽が成長し、株立ちになっている。40年近く経っているのに、この程度しか育っていない。ブナ平の営林署認可による皆伐は、天然林の保護という視点だけでなく、ブナ林の持続的な育成という視点においても、批判されなくてはならない。

ブナ平を少し下った標高1,100〜1,200mの地点は、現在もブナの群生が見られる。7-23はそうした群生の一部で、幼樹も育っている。また、図7-24に示したような胸高直径80cmを超える150年生以上の樹も健在である。こうした景観が40年前のブナ平だったのだろう。二岐山は標高が1,150mから1,000mに下がると、針葉樹のアスナロ、広葉樹のブナ等による針広混交林になる。ブナは図7-25に示したように、標高1,000mの御鍋神社あたりまで混交林に見られる。しかし、二股温泉街より下の標高800m以下の民有林では見かけることはなかった。だからといって、標高800m以下の民有林に自生していなかったと

図7-20 秋田県藤里町のブナ

図7-21 福島県二岐山のブナ平

図7-22 福島県二岐山のブナ平

図7-23　福島県二岐山のブナ林

図7-24　福島県二岐山のブナ林

図7-25　福島県二岐山のブナ林

いうことにはならない。国有林のブナ伐採の前に、民有林のブナが先に伐採され、針葉樹の植林に転換されたというのが実態であろう。それも戦前とは限らず、1960年代あたりまでは多少ブナは存在したと推測する。ブナは図7-24のような真っ直ぐな樹形で、下枝がほとんどない胸高直径60cm程度のものが好まれる。曲木家具業では、80～120年生の比較的若いブナを使用する。大きさにして胸高直径50～60cmである。図7-22は胸高80cm程度、図7-25は胸高78cmである。曲木家具材としては少し太い。太くなると材に柔軟性がなくなるため、大きければよいというわけではない。樹高が25mあり、細く長く成長したものが良材となる。

④ 福島県南会津郡檜枝岐村（尾瀬国立公園内のブナ平、標高1,370～1,420m、36°58・139°18′）（檜枝岐村、標高930m、年平均気温8.2℃、年間降水量1,697.5mm、暖かさの指数38.℃）

　調査を11月後半に実施したので、尾瀬への道路は閉鎖されていたため、檜枝岐村の郊外からブナ平までの雪道を4km歩いて昇る。ブナ平は標高が他地域とは異なり、1,400mと高い。結果的に200mの標高差を歩いたことになる。標高1,200m地点でも当然ブナは生育しているが、大きな群生はない。図7-26は真っ直ぐ立った樹形が印象的であった。標高1,250mあたりに見られた小さな群生で、下枝が多少有ることから、曲木家具用材としては上級の類といえない。

　図7-27はブナ平の一部である。この場所はブナ平の端であるため、斜面地となっているが、ブナ平自体は平地というより、少し盆地状になっている。鬱蒼とした森林で、ブナのほかにはミズナラ、シラカンバ、高地性の針葉樹も見られた。しかし、矮性の樹形は見かけない。真っ直ぐな幹を持つ高木がほとんどである。冬期に雪が多く、国立公園内に位置するため、原生林に近いものと推察される。ミズナラ、シラカンバ、針葉樹との混交林であるが、ブナの割合が圧倒的に多いことから、ブナ群生地と言ってもおかしくはない。ツキノワグマが生息しており、晩秋はミズナラの実を求めて木

登りもする。

　ブナ平は、緯度からすれば、ブナの垂直分布の高度限界に達する地点である。檜枝岐村中心部の暖かさの指数が38.9である。ブナ平はさらに標高が200m以上高いため、おそらく暖かさの指数は37程度であろう。ブナが成長するには、暖かさの指数が45〜85℃の気候に属しているとされるが、これは一般的な目安であって、絶対的な条件ではないと筆者は考えている。暖かさの指数は地理学から発展したものであり、この指数だけで樹木の生態を論じるのは危険である。したがって檜枝岐村の気候を簡単に特殊と規定すべきではない。檜枝岐村役場の話では、ブナ平よりさらに標高が高い地域でもブナが生育しているとのことである。3mを超える積雪と低い気温の中でも、ブナは群生を形成している。

　暖かさの指数から北海道を俯瞰すると、ブナの北限から先でも、ブナ自生の目安となる45〜85℃の指数内に属する地域が多数ある。第4間氷期におけるブナ自生範囲は、現在が最も広いとされるならば、さらに1万年程度時間が経てば、北限地が移動する可能性がある。暖かさの指数による樹木分布の規定は、気象学と樹木のフィールド調査によって検証されたのであろうが、上限の85℃は別にしても、下限の45℃についてはさらに検討しなければならない。具体的には檜枝岐村のブナ群生林の実態を、気象、地形、土壌、DNA等から総合的に捉えることで何等かの結論が得られるように感じる。ただし、気象については、積雪を単に量だけで比較するのではなく、雪が積もってしまえば暖かく感じるといった人間の感性と同じように、積雪内の温度についても観測データを通して検討する必要がある。ブナにとって、雪は寒さをしのぐ役割を果たしている可能性もある。

図7-26　福島県檜枝岐村のブナ林

図7-27　福島県檜枝岐村のブナ林

　檜枝岐村のブナ平調査後、南会津町田島へと下った。標高700〜1,000mというブナが生育してもおかしくない民有林を道路沿いに眺めてみたが、樹高が20mを超す群生林を見いだすことはできなかった。木材の運搬に便利な場所は、既にブナは伐採され、針葉樹の植林が行われたと読み取るべきであろう。

図7-28　福島県高旗山のブナ幼木

図7-29　福島県高旗山のブナ林

図7-30　福島県高旗山山麓のブナ林

④ 福島県郡山市（高旗山、標高968.1m、37°22′・140°13′）（郡山市、標高249m、年平均気温12.4℃、年間降水量1,152.5mm、暖かさの指数91.3℃）

　高旗山は標高が1,000mにも満たない山である。しかし、山頂の直下にブナの群生林があること、また郡山市の中心地から17km程度しか離れておらず、炭焼き材としてブナが戦時中に使用されたというような履歴を近隣の住民がよく知っていることから、2010年12月29日に調査を行った。

　標高420mの林道起点から登り始めた。しかし、2時間後に標高650mに達した地点で積雪が1mを超えたので、歩行が困難となり、ブナ群生林に近づくのは危険と判断して引き返した。下山の際に、ブナの自生について観察した。30～40年生と推定するような若い樹は何本かあったが、母樹になるようなものは見当たらない。近隣の三穂田町住民からの聞き取り調査では、1970年代あたりまで薪炭材にするための伐採があった。また、山の中腹には鉱山があり、昭和30年代あたりまで小学校もあったとされている。

　図7-28は、標高550mあたりで見られたブナの幼木である。周囲に母樹は見当たらない。おそらく、ここ数年の間に道路工事に代表される何らかの要因で母樹が伐採されたのであろう。

　2011年5月に高旗山に2度目の調査を行った。頂上の下から2～3ha程度が美しいブナの群生林となっている。**図7-29**はその一部で、林床のササもそれほど多くない。山頂近くに近隣の人たちが信仰する祠もあり、ブナが保護されているのは、そうした信仰と関係しているように思える。標高800mあたりから下は、混交林の中にブナはほんの少数しか見当たらない。ブナはこの地域では標高700m以下でも育つ環境にあることから、ほとんどが伐採されたと判断した。

　地元で生活する人の話では、標高420mの

林道起点とほぼ同じ高さでも、100年生程度のブナが何本か群生しているということから、現地に出かけてみた。図7-30に示したように、私有地に5本のブナが密集している。高齢の所有者の話では、「戦前には高旗山の中腹にもブナは多数見られた。しかし、そうした場所のブナは、戦後薪炭材として伐採されたことから既にない。昭和初期には、高旗山の山頂下からここまでブナ林がつながっていたように思う」と語っている。東北南部の福島県中通り地方で、標高400mという地理的条件でもブナが自生していることは、民有林でのブナ造林に関する可能性を大きく前進させる指標となる。

福島県では他に大沼郡昭和村、耶麻郡猪苗代町にてブナ林を調査したが、家具用材に供出可能な資源を持つ民有林は見当たらなかった。国有林では昭和村にブナの資源はあるように感じたが、すべて奥地で、道路沿いの運搬に便利な地域では、既にかなりの量が消費されていると推察する。また、冬の積雪量が多いため、道路を利用したとしても、運搬が難しい地域が多い。

⑤ 広島県山県郡北広島町（臥龍山、標高1,223m、34°41′・132°12′）（北広島町大朝、標高385m、年平均気温1.5℃、年間降水量1,803.6mm、暖かさの指数78.6℃）

広島県西部に位置する臥龍山のブナ林は、大山ほど規模は大きくない。それでも140haあり注28)、中国地方を代表するブナの群生地である。標高700～800mから少しずつブナが針広混交林に見えるようになり、標高900mを超えると、図7-31に示したブナの群生林が目立つようになる。図7-31のブナは、ほとんどが萌芽更新による株立ちで成長しており、図7-32はその典型的なものである。周辺のブナはすべて二次林で、少なくとも一度は伐採されている。その時期は、現在の大きさから第二次大戦末期から戦後間もない時期と推

図7-31　広島県臥龍山のブナ林

図7-32　広島県臥龍山のブナ林

図7-33　広島県臥龍山のブナ林

図7-34　広島県臥龍山のブナ林

図7-35　福岡県脊振山のブナ林

図7-36　福岡県脊振山のブナ

定する。比較的運びやすい、なだらかな地形に成長するブナのみを伐採し、何らかの用材としたのである。この伐採に関しては、地域の役場でも把握していない。記録がないのに大規模な伐採が行われたとすれば、第二次大戦中における軍の指示か、戦後の物資がない時代に薪炭材として盗伐されたと捉えるべきである。

標高1,100mになるとブナの大木が目立つようになる。図7-33の手前の樹は若いブナだが、後方には樹齢200年を超える大木がある。山頂に近づくと、図7-34のような胸高直径2m近い巨大なブナが見える。老木で、数十年後には倒木となる可能性が高い。臥龍山は標高が1,223mである。山頂が垂直分布の限界まで達していないためか、また風の影響も少ないのか、山頂近くになっても矮性の樹形は見られない。国有林内で保護されているため、老木も多く、今後は倒木が増加することが懸念される。結果的に民有林と全く異なる景観となる。国有林の自然保護は、倒木を一切片付けないで対応している。倒れる時は極めて危険なことから、老木には近づかないのが得策である。

山頂に近いブナ林は、若い樹が少なく、群生するブナには勢いがない。大径木が枯れた後、臥龍山のブナ群生は著しく衰退するように思えてならない。

⑥　福岡県福岡市（脊振山、標高1,055m、33°27′・130°22′）
　　（福岡市、標高2.5m、年平均気温16.6℃、年間降水量1,632mm、暖かさの指数149.7℃）

脊振山は福岡県と佐賀県の県境に位置する山で、頂上には自衛隊の基地がある。標高900mあたりからブナが見られ、自衛隊基地のすぐ下に群生林がある。おそらく現在の自衛隊基地は、ブナの群生林を伐採して建造されたと考えられる。

図7-35はブナ群生林の一部で、東北地方のチシマザサとは種類が異なるが、ミヤコザサが林床を覆っている。樹間が広く、日照量が多いことから、ササ類が繁茂しているのであろう。母樹となる巨

木は少ない。それでも図7-36に示した高木もあり、標高が低いことから、垂直分布の高度限界まで達していない。

図7-37は、明らかに萌芽更新したもので、株立ちになっている。おそらく100年以上前に伐採されたのであろう。林床にササが多く、こうした状態では実生の稚樹が育ちにくい。このままの林相が続くと、ブナ林の持続は難しくなる。

現在は、山頂近くに脊振神社上宮しか山岳信仰に関連する施設はない。しかし、脊振山の山岳信仰は平安時代にまで遡り、中世まで活発な活動をしていた。長い歴史を通して、ブナも含めた木材文化が発達したことは間違いない。その結果、多くの大径木は、建築材

図7-37　福岡県脊振山のブナ

を中心に使用されたと考えられる。それでもブナの群生林が多少残っているのは、英彦山と同様に、山岳信仰が山頂近くの樹木を大切に保護したことに起因すると推定する。

⑦ 福岡県嘉麻市・朝倉市（馬見山、標高978m、33°28′・130°47′）（朝倉市、標高36m、年平均気温15.3℃、年間降水量1,911.7mm、暖かさの指数131.2℃）

馬見山は標高が1,000mにも満たない低い山であるが、温帯性の植物が自生することはよく

図7-38　福岡県馬見山のブナ

図7-39　福岡県馬見山のブナ

知られており、ブナ林もその一つに入る。2010年11月下旬に東峰村から長い林道を経て山頂に登った。ブナの小木は標高750mあたりから散見される。しかし、母樹になるような樹は、標高850mにならないと現れない。図7-38はそうした地域に見られる大木である。樹に勢いがあり、これからも母樹としての役割を果たしていくものと予測される。しかし、図7-39に示したように、それほど大きく成長しているわけでもないのに、地衣類がはびこり、洞が出来て今後枯れる心配のあるブナも少なくない。

⑧ 熊本県球磨郡あさぎり町（白髪岳、標高1,416.7m、32°9′・130°56′）（あさぎり町上、標高166m、年平均気温14.9℃、年間降水量2,421.0mm、暖かさの指数118.4℃）

図7-40　熊本県白髪岳のブナ林

図7-41　熊本県白髪岳のブナ

白髪岳はブナの自生南限に近い山で、比較的大きな群生を持つことで知られている。この大きなという表現は、九州の山としてはという程度で、先の広島県の臥龍山で見られた140haのブナ林と比較すれば規模は小さい。1980（昭和55）年に150haの国有林が白髪岳自然環境保全地域に指定されている。ブナの群生林は2〜3haと推定される。それでも白髪岳のブナは多種多様な林相を示している。

標高が1,200mを超すと、アカガシのような暖地性の樹種にブナが混じっている。こうした混交林は九州の山地に見られる特徴である。図7-40はブナの群生林で、気になるのは胸高直径が40cmにも満たないのに表面が朽ちている点である。

標高が1,300mを超えたあたりから大木が目立つようになる。図7-41の樹もその一つで、胸高直径1m以上ありそうな巨木である。しかし、こうした巨木の多くは表面が朽ちて、老朽化が進行している。図7-41、7-42は山頂に近い地域に見られる倒木である。倒木は天然林である以上、当然起こる現象であるが、これほど目立つのは、このブナ群生の将来が危ういという警告を発しているように思えてならない。国有林内における天然林を観察するうえでは、倒木をそのままにしておくことも重要であろう。ただし、木材資源の活用という観点からは、巨木が朽ち果てるまで放置することに、具体的な意味があるとも思えない。

図7-42　熊本県白髪岳のブナの倒木

図7-43　熊本県白髪岳のブナの倒木

図7-44　熊本県白髪岳のブナ

図7-45　熊本県白髪岳山頂のブナ

図7-46　熊本県白髪岳のブナ混交林

　山頂近くなると、**図7-44**に示したような矮性の樹形を示す。垂直分布の限界高度でもないのに、こうした樹形を示すことは、風等の条件が山頂以下の地域とは異なるのかもしれない。**図7-45**は山頂の状況である。枯れたブナが多く、陰樹であるブナの生態系が完全に崩れている。1995（平成7）年には、山頂の林床はスズタケに覆われていた[注29]。その後何らかの要因でスズタケが枯れ、地面がむき出しになっている。現在鹿の進入に備えて防御ネットが標高1,300mから頂上まで張られている。地面がむき出しになると傾斜地では表土が流出し、台風等で根の浅いブナは倒木となるケースが増えてくる。

図7-46に標高1,200m付近の林相を示した。ブナ林の手前にある常緑樹は自生であるが、奥に見える針葉樹は植林によるものである。林野庁の政策で、標高1,416.7mの白髪岳は1,200m近くまで広葉樹が伐採され、スギで覆われてしまった。こうした状況もブナ材の枯渇化に間接的に関与していると推察する。針葉樹の植林も程度問題である。

九州の国有林には、ブナを家具材として利用する資源は全くない。現在自生するブナ林も、活発に稚樹が育っているものは少なく、100年以内には消滅する可能性がある。

5.6　コナラの資源
(1)コナラとミズナラの正確な大きさ

『樹木大図説』ではコナラは高17m、径0.6m、ミズナラは高30m、径1.7mと記述している[注30]。『有用樹木図説 林木編』ではコナラの通常樹高15〜20m、胸高直径50〜60cm、大きいものは樹高50m、胸高直径2.3m、ミズナラは通常樹高20〜25m、胸高直径70〜80cm、大きいものは樹高35m、胸高直径2mと記述している[注31]。

『樹木大図説』の著者である上原敬二は、明らかにミズナラよりコナラを小さな樹木と認識している。『有用樹木図説 林木編』の著者である林弥栄は、基本的には上原と同じ認識だが、大木に関しては、コナラの方が大きいとしている。しかし、日本で最も巨木とされる広島県指定の天然記念物のコナラでも、樹高が30mであり、樹高50mという記述には同意しかねる。根拠となる具体的な事例が示されておらず、実際に見て測定したとは思えない。

コナラがミズナラより小さな樹と考えられているのは、天然林の樹齢200年生以上のコナラを比較の対象としていないからである。コナラは薪炭材として広く利用され、大きく成長する以前に伐採され、萌芽更新されることが多い。日本人にとって身近な広葉樹であるため、また材質が硬くて加工が難しいため、大径木に育てる必然性がなかったのかもしれない。

図7-47は、福島県猪苗代町達沢の神社裏地に見られるコナラで、推定樹齢が300年以上とされている。胸高直径1.39mあり、同じ敷

図7-47　福島県猪苗代町のコナラ

図7-48　福島県猪苗代町のコナラ

地内にほぼ同一樹齢と推定されるコナラが10本ある。標高が780mで、ミズナラとコナラの大木が混交していることは極めて珍しい。図7-48は、この地域で最も大きなコナラ（胸高直径1.5m）である。地域の人にもそれほど知られていないのは、コナラがありふれた樹種であるからだろうか。広島県の指定するコナラの天然記念物で、日本で最も巨木とされているのが図7-49に示したものである[注32]。樹高30m、胸高周囲7.4m（胸高直径2.4m）という大きさで、ミズナラの天然記念物（樹高30m、胸高周囲7.25m）を上回る。まずこの樹を見てから、コナラの大きさに関する検討をすべきであろう。

図7-49 広島県庄原市東城町のコナラ

(2)コナラ材の曲木家具用材としての可能性

樹木に関する刊行物のほとんどが、コナラは狂いやすい材質と記述している。確かに直径が30cmにも満たないコナラは、鋸類で製材すれば狂いやすい。ところが、胸高直径60cmのコナラを天然乾燥と長期人工乾燥を上手に組み合わせ、柾目に帯鋸で製材すれば、それほど大きな狂いは生じない。

日本における広葉樹の人工乾燥は、ほとんどが針葉樹材と同様の短期高温乾燥である。アメリカのホワイトオーク材は、3カ月程度の長期低温乾燥が施され、日本にも大量に輸出されている。元々狂いやすいと考えられている材であっても、長期低温乾燥で対応すればリスクは少ない。現状では、そうした大型の設備が日本には少ないため、リスクの大きな短期高温乾燥に依存している。

2007～2008年度に中国経済産業局の委託を受け、コナラ材の家具開発についてプロジェクト研究を実施した。基礎的な物性のデータを得た後、福島県産の胸高直径55cmのコナラを人工乾燥し、ソリッド材でテレビボードを2台試作した。使用材はすべて柾目材とし、接合方法にフィンガージョイント、チキリ等を加えて接着面積を多くすることにより、これまで指摘されるような狂いは、ある程度抑制できることが確認できた[注33]。

(3)コナラ林のフィールド調査

コナラ林の資源に関するフィールド調査は、2002（平成14）年から断続的ではあるが、福島県、岡山県、広島県、大分県で実施しており、調査地は図7-50に示した。また、調査地に近い気象台の気象データを示した。

図7-51　大分県由布市湯布院町岳本地区

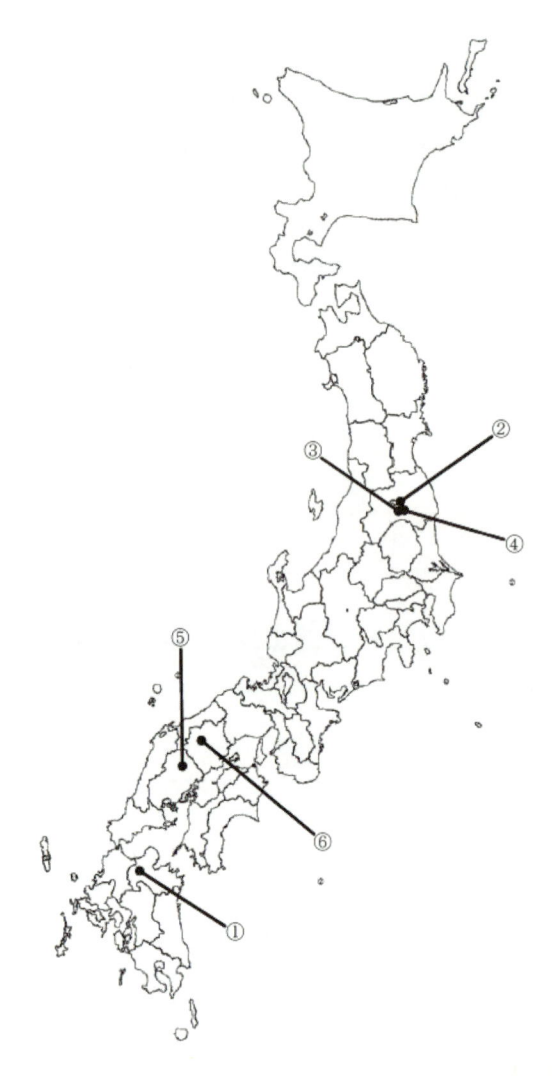

図7-50　コナラの調査地

図7-52　大分県湯布院町のコナラ

① 大分県由布市湯布院町岳本地区（県指定の天然記念物に指定されるコナラ原生林、33°15′・131°20′）（由布市湯布院町、標高435m、年平均気温12.9℃、年間降水量1,984.5mm、暖かさの指数94.3℃）

　コナラが家具用材になると考えられていなかったこともあり、湯布院町の中心部から1.5kmという隣接した地域にありながら、それほど話題にもならない場所である。
　2011年1月5日に調査を実施した。岳本地区の外観は図7-51に示したように、民家に隣接しており、一部は私有地である。急斜面のスギ植林地域を過ぎれば、常緑広葉樹と落葉広葉樹の混交林となる。図7-52は比較的山麓に近い地域で見かけた巨木で、胸高直径130cmである。原生林は地表に届く光量が少なく、灌木類が密生している。林床は地面が露出しており、鹿の糞が多数見られることから、鹿の食害を受けている可能性もある。

原生林には大きな倒木があり、**図7-53**に示したような胸高直径1mを超す樹が放置されている。コナラの稚樹や若い樹ははほとんど見られないことから、落葉広葉樹林から常緑広葉樹林へと、遷移が少しずつ進んでいるように感じた。

② **福島県須賀川市岩瀬（37°18′・140°15′）（郡山市、標高249m、年平均気温12.4℃、年間降水量1,152.5mm、暖かさの指数91.3℃）**

旧岩瀬村の山林は標高が300〜400m程度で、いわゆる里山である。それでも単なる炭焼材としてではなく、コナラ林を大切に育てる人たちがいる。**図7-54**のコナラは胸高直径60cm以上あり、おそらく樹齢は150年に近い。いかにも良材になりそうな樹である。近隣の里山でこうしたコナラの造林を行っている人はおらず、チップ業にコナラ混交林全体を売っているケースが多い。

③ **福島県岩瀬郡天栄村（37°15′・140°5′）（天栄村湯本、標高630m、年平均気温9.0℃、年間降水量1,608.2mm、温量指数60.4）**

天栄村の羽鳥湖は常時満水位が686mで、周辺はコナラを中心とした広葉樹が整備され、野外公園のような雰囲気を醸し出している。植林したものではなく、天然林を択伐して更新している。**図7-55**はそうしたコナラの混交林で、2005年に調査した時は、ほとんどの樹が胸高直径35cm以下であった。こうした若い樹が理想的な曲木家具用材になるには、少なくとも今後50年が必要となる。とにかくコナラのように比重の大きな広葉樹の成長は遅い。

④ **福島県郡山市只野町（37°23′・140°15′）（郡山市、標高249m、年平均気温12.4℃、年間降水量1,152.5mm、暖かさの指数91.3℃）**

図7-56は、郡山市の中心部から15kmの距離

図7-53　大分県湯布院町コナラ原生林内の倒木

図7-54　福島県須賀川市のコナラ

図7-55　福島県岩瀬郡天栄村のコナラ林

にある標高400〜450mの民有林で、コナラの天然林を択伐にて更新している。大きな樹は既に胸高直径60cmもあり、里山の雑木林という風情ではなく、広葉樹を本格的に育成しているという精神が伝わってくる。

⑤ 広島県庄原市東城町（34°56′・133°25′）（庄原市、標高300m、年平均気温12.2℃、年間降水量1,485.0mm、暖かさの指数84.8℃）

旧東城町森林組合の紹介で訪れた民有林が図7-57である。胸高直径60cmを超えるコナラも見られ、戦前からコナラを育成していることがうかがえる。東城町は天然記念物のコナラもあり、巨木を保護する精神が地域に根付いているように感じる。図7-57の山林所有者は、特に経済的効果を期待してコナラを育成しているわけではないらしい。

同様の精神は、図7-58に示した農家に隣接した里山のコナラにも認められる。図7-58のコナラは胸高直径45cm程度あることから、炭焼き用に育成していたわけではない。高台に垂直に立つコナラ林は、里山のシンボル的存在である。毎日の農作業に、このコナラ林が奏でる四季折々の景観が癒し効果をもたらす。用材を育てることは、確かに換金性を目的としているが、マクロ的に見れば一つの樹木文化を地域で創出することにつながる。

⑥ 岡山県真庭市（35°5′・133°45′）（真庭市久世、標高144m、年平均気温13.3℃、年間降水量1,455.3mm、暖かさの指数95.3）

広葉樹を製紙原料に加工する業種をチップ業と呼んでいる。チップ業は放置される里山林を買い取り、皆伐して、自社に運搬してから選別する。何のための選別かといえば、直径が35cm以上ある有用材は、単価を高くして木材加工業に販売するためである。図7-59は選別された広葉樹で、この中にコナラも含まれている。調査地では、農機具の柄を製造

図7-56　福島県郡山市只野町のコナラ林

図7-57　広島県庄原市東城町のコナラ

図7-58　広島県庄原市東城町のコナラ

する業者も、この選別された用材を購入していた。木材市場に広葉樹が出回らなくなった理由には、このチップ業による選別後の転売も少なからず影響している。

5.7 聞き取り調査による曲木家具用材の資源

広葉樹の植林について聞き取りをしたので、下記にその内容を示した。

① 青森市森林管理署:国有林内のブナは、現在一切伐採を行っていない。ブナの植林も森林管理署では行っていない。ブナの植林に関する研究は、スギやヒノキといった針葉樹に比較して進んでいないように思う。ブナを植林している自然保護団体の林分も近年見られるが、ほとんどが幼木で、どの土地でも育つわけではない。近年は民有林でもスギを植える人が減っており、広葉樹の植林が以前に比較して増える傾向にある。しかし、ブナを対象とはしていない。

② 福島森林管理署白河支署:天栄村羽鳥湖周辺のコナラ林は、植林したものではない。支署管内では、広葉樹の植林は行っていない。

③ 秋田県仙北市の広葉樹専門の製材所:国有林のブナは伐採されないので、民有林で伐採されたわずかなブナを製材している。森林管理署に対して、伝統的な曲木業にはブナを提供してもらいたいと常々お願いしている。製材する広葉樹は、チップ業からほとんどを仕入れている。

④ 福島県南会津郡南会津町田島の広葉樹専門の製材所:20年くらい前までは民有林のブナも出回ったが、近年は資源がなく、全く見ない。大きな樹は、国有林だけでなく、民有林でも自然保護団体が伐採の中止を求めてくる。製材する広葉樹はチップ業から買っている。

聞き取り調査においても、ブナの資源は乏しく、またコナラに関しても、計画的な育成は極めて少ないことが確認された。

図7-59 チップ業による広葉樹の選別

5.8 曲木家具用材資源の将来

(1) ブナ資源の将来

現在、国有林のブナは伐採が原則禁じられている。今後も天然林の保護という観点から、こうした措置は継続して実施されるであろう。ところが、九州の一部のブナ林には、21世紀末までに絶滅するという危惧がある。もはや天然林の保護という次元では解決できない状況になっている。すなわち、曲木家具材の資源再生を考える以前の、資源喪失という問題を抱えている。

では、北海道、東北の国有林が昭和30年代初頭の資源蓄積量に将来再生できるかといえば、現状のような特段手立てをしない管理では、200年経っても再生しないように思える。過去に皆伐したブナ群生林跡を見る限り、単に放置しているだけでは再生しない。

林野庁は、ブナ林再生のためのプロジェクト研究を立ち上げ、大学等と連携しながら、戦前からの基礎研究を継続し、天然林の択抜と新たな植林の両面から検討すべきである。土壌の

問題、日照量を中心とした陰樹としての性質、結実、発芽、稚樹、母樹という成長の過程を純林と混交林で試し、定量的なデータを国民に提示していただきたい。

　民有林は、中部・北陸地方、東北地方を中心に資源の再生を検討すべきである。標高500～600m以下が大半を占める民有林は、北陸地方以北でなければ積極的にブナ造林を進めることは難しい。民有林は国有林以上に森林の履歴が多様である。混交林も、長い時間をかけて有用材になる樹種が伐採されてきた。標高、地域の環境特性も含め、ブナ混交林の樹種は、これまで詳細に研究されている[注34]。このブナ混交林の再生も、ブナ植林に関する一つのテーマである。

　ブナの造林を林業として捉える場合は、とにかく良材を産出しなければならない。**図7-60**は、昭和40年代初頭に撮影された福島県会津地方のブナである[注35]。真っ直ぐな幹を持つ樹が密集し、スギの密植[注36]のような様相を呈している。こうした林相は他地域でも多少認められることから、成立要因を明らかにし、人工林にも応用すべきである。

　ブナの植林に関する研究は、新潟県や山形県で行われる伝統的な山引苗によるものと、近年行われる実生の苗によるものとに大別される。まず前者のものから検討していく。新潟県林業試験場の阿部正博は、1959～1960年に新潟県の積雪の多い東頸城郡、中魚沼郡の標高300～580mの山地を調査している。そこで戦前期から戦中期にかけてブナ山引苗による植林地を探し出し、実測調査を行い、ブナの成長は必ずしも遅くないと推定した。さらに、スギの育たない積雪の多い山地には、山引苗による密植が有効という提案を行っている。

図7-60　福島県会津のブナ林

図7-61　ブナ植林調査地

　阿部正博が調査したブナ林は、1964年当時で植林後18～48年経過していた。現在もブナ林が存在するならば、65～95年生に育っている。その一部を調査することにより、植林して胸高直径60cmになる年数とその比率を割り出すことができる。

ブナ植林の実態を見るために、北海道亀田郡七飯町と岡山県鳥取大学蒜山演習林を訪れた。二つの地域の位置は図7-61に示した。

日本におけるブナの山引苗による植林に関する早い事例は、北海道亀田郡七飯町にドイツ人のガルトネルが、1869（明治2）年から1870年にかけて行ったものがある。ガルトネルは用材を得るために行ったのではなく、故郷であるドイツの景観を再現することを目的とした。近年の調査では、人工林の胸高直径平均36cm、平均樹高22mと報告されてい

図7-62 ガルトネルが植林したブナ林

る。筆者は2011年9月に訪れ、簡単な実測調査を行った。図7-62に示したのが、植林されたブナ林で、山引苗を移植してから140年を経過している。かなり密集して植えられており、いわゆる密植による植林と規定することができる。注意しなければならないのは、ブナの成長には、同じ地域でも大きな差がある。筆者の測定では、成長の早いものは胸高直径70cm以上に達していた。逆に遅いものは30cmに達していない。だから平均36cmなのである。林業としては、60cmに達すれば伐採して、また苗を植え、極端に育ちの悪いものは早い内に伐採して苗を植え直す。そうしなければ採算が合わない。いずれにしても、成長が早いブナは植林して100年で胸高60cmに到達することは間違いない。図7-62に見られるように、密植を行うと、ブナが成長すれば下枝は付かず、真っ直ぐな幹になるという特徴がある。林業では、この特徴を活かすべきである。図7-63は、北海道島牧郡島牧村で見かけたブナの密集林である。歌才のブナ林でも触れ、先の図7-58の福島県会津地方のブナ密集林でも触れたが、ブナの密集林は、曲木家具材として最も優れた樹形をしている。密集林の樹形は天然林でも人工林でも極めて類似性が高い。図7-64は、福島県岩瀬郡天栄村の二岐山中腹に見られるブナで、密集はしておらず、枝が多い。こうした樹形は曲木家具材に適さない。

1970年代より実生の苗による植林の研究を開始したし鳥取大学蒜山演習林には、既に植林後35年を経過したブナ林がある。演習林で橋詰隼人が実施した植林に関する特徴は、3～4年生の60～100cmの高さに育った大苗を移植することにある。また、育苗には腐敗菌のいない土を使用し、夏季には日除けを施している[注37]。

2011年9月に蒜山演習林を訪れ、植林したブナ林を見学した。図7-65が現在の状態で、密植を行っている。太いもので胸高直径30cm程度である。やはりブナの成長に差があり、胸高直径が10cmにも満たないものも散見される。図7-66には、植林に使用した種の母樹を示した。蒜山高原には、こうしたブナの大木が過去には数多く見られたと推察する。

山引苗による植林がよいのか、それとも実生の苗がよいのかについては、答えを出すのは先の時代である。理想とする大きさに双方が成長してから比較すべきである。

実生の苗づくりは、確かに効率がよい。ただし、植林する地域以外の種子が混入していたならば、遺伝的な問題が生じやすい。植林は近隣の母樹から種子を採取しなければならない。その点では山引苗の方が安全な方法だといえよう。

ブナの植林が林業として成り立つかという問題に対して、私見を述べる。2005年あたりか

図7-63　北海道島牧村のブナ

図7-64　福島県二岐山のブナ

図7-65　鳥取大学蒜山演習林のブナ

図7-66　鳥取大学蒜山演習林のブナ

らスギの価格が暴落し、銘木ではない普通のスギは1m³が1万円以下という値段も出現した。スギを育てても、伐採と運搬費用を支払えば利益が出ないという話を九州各地で耳にする。この話には、土地所有者の持つ昔のしきたりと価値観が交錯している。山林保有者の中には、自分で山仕事をしなくても、木材を伐採すれば収入があるといった過去の意識を未だに払拭出来ない人がいる。山林保有者がなぜスギを伐採し、運搬しないのかが筆者には理解できない。戦前期の地主は小作に田を貸し、年貢を取って暮らしていた。少なくとも40〜50ha程度の田を所有していれば、田を耕すことは一切しなくても生活できたのである。山林は農地改革の対象とならなかったことから、古い山の所有者が持つ体質が残ったのであろう。

　木材価格のグローバル化に対応するには、林業でも新たなコスト削減計画を打ち出さない

限り、利益を生み出すことはできない。すなわち、大規模経営を行うか、森林所有者がグループで自ら伐採、運搬に携わらなければ、輸入材の価格に対応できない。こうした林業の様相は九州に限らず、全国でも同様である。

　針葉樹は値下がりしても、激減した広葉樹は今後値上がりすることが予測され、ブナの価格も安くなることはない。スギの植林に不向きな土地、すなわち高地や積雪の多い地域では、積極的にブナの植林を行うべきと考える。またブナを純林として育てるだけではなく、地域で見られる混交林を参考にして、2種類、または3種類の混交林として育成するのも一つの方法である。単一樹種の植林を中心に考える必要はない。むしろ生態系の維持という点では、アスナロとブナといった針広混交林の植林も検討すべきである。

　ブナは密植を基盤とし、大きく成長しないものは早く伐採して植え直す必要がある。問題なのは、早く伐採した直径30cm以下の中・小径木の利用である。JASでは、丸太の径が30cm以上を大径木、丸太の径が14～30cmを中径木、丸太の径が14cm以下を小径木と規定している。これまで我が国では、広葉樹の中・小径木を家具に活用する研究に取り組んでいない。ブナ密植は、この中・小径木利用を前提としなければ採算が合わない。

　ブナは1玉が大きくて7～8尺程度である。つまりスギに対して運搬しやすい大きさである。この利点を活かし、搬出と運搬の経費削減の研究を行うことも、林業経営の重要な課題となる。

　ブナ植林は、まだまだ取り組みが浅く、林野庁が奨励していないことが大きなネックになっている。したがって、林野庁がブナ植林に本腰を入れることが専決事項で、大学や公設研究機関等の研究者が、先行している研究成果を積極的に示すことが林野庁を動かすには最も効果がある。スギやヒノキの植林を研究するだけが林学ではないはずである。

(2)コナラ資源の将来

　ブナの資源が簡単に回復しないことから、新たに曲木家具用材を選定し、資源を維持しなければならない。現状ではコナラが曲げ加工に適し、資源も全国的に多い。

　福島県林業研究センターが、2006年に福島県の民有林で実施した広葉樹林の調査結果を**表7-32、7-33**に示す。この結果を見る限り、コナラの資源蓄積量は他の樹種に比較して圧倒的に多い。問題となるのは、予想以上に径の細い樹が多いということである。コナラを建築用材や家具用材にするという目的が現在もほとんどないことから、新たな情報を森林組合等を通して生産者に流さない限り、薪炭材する以外は、チップ業に売ったり、シイタケ栽培のホタ木にするという用途しかないと捉える。

　コナラも放置していると、図7-67に示したような樹形になりやすい。図7-67のコナラは胸高直径70cmに生長しているが、理想的な用材としては1玉(2.1～2.4m)しか採れそうにない。最低3玉を採ることが採算の向上につながるため、枝打ち作業を計画的に行う必要がある。図7-68は、木炭材に使用するため整備された若いコナラ林である。用材にするためには、こうした目的に応じた整備が大前提となる。

　これまでの調査を通して、曲木家具用材としては、コナラが現在最も資源の蓄積が多いと筆者は考えている。コナラは紅葉の最後を彩ることから、遠くから山を眺めていてもすぐわかる。図7-69は、福島県双葉郡浪江町津島[注38]で見かけたコナラを中心とした晩秋の混交林で

表7-32 福島県の民有林での広葉樹林調査①

樹種名	材積割合	材積(千m³)	面積(百ha)
コナラ	48.7	11782	1617
ミズナラ	9	2179	273
クリ	6.8	1635	242
サクラ類	6.2	1502	206
ブナ	4.6	1119	122
カエデ類	4.1	992	133
シデ類	2.9	701	85
ホオノキ	2.6	634	81
クヌギ	2.5	614	90
ケヤキ	1.4	334	38
シナノキ	0.7	178	24
アオハダ	0.6	152	20
トチノキ	0.6	131	18
ミズキ	0.5	111	14
その他	8.8	2134	285
合計	100	24198	3248

表7-33 福島県の民有林における広葉樹林調査②　　材積(千m³)

樹種名	径4-16cm	径18-34cm	径36cm以上
コナラ	7754	3928	100
ミズナラ	1242	779	158
クリ	916	659	60
サクラ類	1158	336	8
ブナ	413	545	161
カエデ類	704	240	48
シデ類	558	138	5
ホオノキ	330	266	38
クヌギ	377	236	1
ケヤキ	154	136	44
シナノキ	93	84	1
アオハダ	149	3	0
トチノキ	38	73	20
ミズキ	66	44	1
その他	1468	558	108
合計	15420	8025	753

図7-67　福島県下郷町のコナラ

図7-68　福島県南会津町のコナラ林

図7-69　福島県浪江町のコナラ混交林

ある。また、**図7-70**は、広島県山県郡北広島町郊外のコナラ混交林である。コナラの資源は、間違いなく日本の広葉樹の中では蓄積量が多い。ただし、家具用材に使用される胸高直径60cm程度の樹は少ない。太いものでも、40cm前後、すなわち80～100年生程度である。

コナラの苗を生産している業者が福島県には2軒ある。コナラも今後は家具材を中心とした用材として使用するという計画的な植林をする必要がある。コナラの植林がブナほど難しいといった話は聞かないことから、

図7-70　広島県北広島町のコナラ混交林

胸高50cm以下のものに対する産業での利用方法が確立すれば、林業としてはスギより優位性を持つように思えてならない。

コナラとブナは現状での資源量が全く異なる。ブナは中径木が少ないため、民有林でも資源回復には膨大な時間を要する。コナラは手入れをし、持続的な択伐と植林をすれば、今後曲木家具用材として大きな利用が見込まれる。現状ではコナラはブナの代用品といった印象はまぬがれない。しかし、曲木家具業が生き残るには、代用品という概念から脱却しなければならない。辺材部分の多いコナラの曲木家具は、本格的な研究が開始されていないため、具体的な製品開発を急ぐ必要がある。日本においては、研究の進展次第で、20世紀までのブナによる曲木家具から、21世紀はコナラによる曲木家具に転換する可能性が高い。

(3) 小径木の利用

イギリスでは、中・小径木を割って挽物加工にし、椅子の脚等に利用する習慣がある。乾燥も難しいが、水分の多い素材と水分の少ない素材を接合させ、水分の多い材の収縮率を利用することで、接着剤を使用しない構造を創出している。生木を用いて加工する工法は、グリーン・ウッドワークという名称を用い、少数ではあるが、近年は日本でも取り組みが見られる[注39]。

小径木の利用は日本の薪炭材にも見られる。コナラやクヌギの萌芽を、20年程度成長させたものを伐採し、炭にしてきた。こうした里山の薪炭林は、現在も全国で広く認められる。ところが、多くの薪炭林の類は中・小径木であるため、これまでは製紙用チップに利用される程度で、家具材になることはほとんどなかった。

近代以降の林業は、針葉樹であれば建築の軸組工法の柱を基盤に、伐採する樹木の大きさを決めていた。4寸または3寸5分角の柱を芯持ちで1本取るか、もう少し大きく育てて4本取るといった木取り方法を想定して、植林を行っていたのである。萌芽更新したコナラは、元口が20cm以上になれば伐採し、割材にして変形を極力小さくする。その後、天然乾燥を行い、さらに長期低温乾燥を施せば、挽物材として使用可能になる。仕上げの寸法が直径4cm以上あれば、椅子の脚にすることができる。つまり、約30～35年程度コナラを育成すれば、家具材の一部になる。

この小径木も、芯持ち材が使用できれば、植林に要する時間が短くとも用材になる可能性がある。これまで、14cm未満の広葉樹の小径木を乾燥しても、芯から放射線状に割れるとされて

きた。確かに、自然乾燥でも人工乾燥でも同様な傾向になるという見方が大勢を占めていた。では、乾燥試験でそのことを立証した論文が存在するかといえば、筆者が知る限りそのような研究はないように思う。つまり、天然乾燥の際に生じる割れだけで、芯持ち材の人工乾燥を否定的に見ており、具体的な試験は行われていない。また、樹木の種類によって辺材と心材の占める割合は異なることから、乾燥によって生じる樹木内の応力は一定ではない。辺材部分が多いコナラは、木口面の割れがどのように進むのかという点に興味が集中し、人工乾燥での実験を行うことになった。

2012年3月に大分県日田市大山町で直径10cm前後のコナラを伐採し、1ヵ月程度天然乾燥を行った後[注40]、九州大学農学研究院の藤本登留准教授に、直径10cm程度の皮付き丸太の人工乾燥を依頼した。

乾燥試験は5月上旬に行われ、初期含水率は50～60%であった。

乾燥炉の温度設定と含水率20%になるまでに要した時間は下記に示した内容である。
① 45～70℃程度、600時間以上
② 80℃程度、150時間程度
③ 105℃程度、80時間程度

①の結果を木口面で示したのが図7-71、③の結果を木口面で示したのが図7-72である。低温で長時間かけて乾燥することが、コナラには優位性があるように思える。木口の割れは、人工乾燥をする以前から生じており、伐採した後、1ヵ月間自然乾燥をした際に、木口面に乾燥防止を施さなかったことが災いしている可能性がある。

鋸で挽いた二つ割り丸太、四つ割り丸太での人工乾燥も行われたが、四つ割り丸太は65～70℃程度の乾燥温度で、含水率20%まで90時間程度であった。また、全長にわたり割れは発生しなかった。このことから、芯持ち材に比較して、挽き割りした材の方が人工乾燥には優位性がある。ただし、これは当初から予想されていたことである。

今後もコナラ小径木の人工乾燥を続ける必要はあるが、小径木の利用は間違いなく可能である。特に割り材にするならば、歩留まりがよい。椅子の前足のような細い短尺材には、大径木を使用する必然性もないように思える。我々が理想としてきた広葉樹の大きさは、何も特

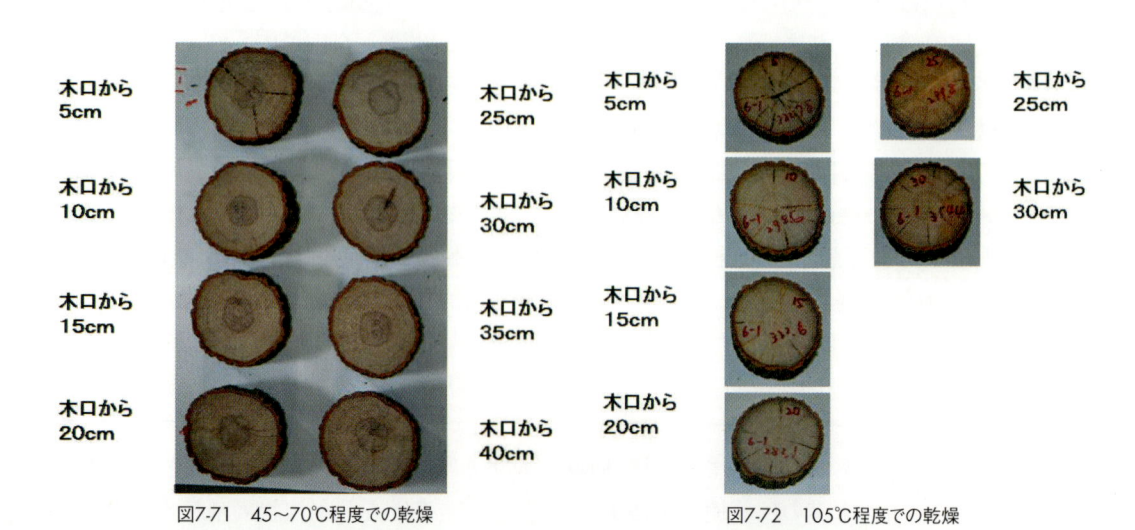

図7-71　45～70℃程度での乾燥

図7-72　105℃程度での乾燥

別配慮する必要のない良材を指しているだけで、広葉樹の使用法は伝統的にはもっと多様に展開していた。このフレキシブルな多様性を無視した規格化による近代の加工法は、確かに合理的である。しかし、本来材料が持つ特性を理解しておらず、資源の枯渇化を招いた要因ともなっている。

6 小結

　ブナを含む広葉樹の利用実態とその変遷、ブナの曲木家具用材としての特性、ブナの資源と今後の展望、コナラの資源と今後の展望といった内容について、文献史料、アンケート調査、フィールド調査によって検討した。

　針葉樹に比較すると、広葉樹は行政でも軽視しており、利用と育成に関する正確な資料を持っていない市町村も多いようである。ケヤキ等の大きな樹を除けば、広葉樹＝雑木という考え方は、現在も変わっていない。

　日本の広葉樹資源は、明治末期の資源と比較した場合、無秩序な伐採で簡単には復元できない状況にある。ブナだけに限ってみても、国有林、民有林ともに1970年代から枯渇化が進行し、もはや資源を利用するというより、資源再生に専念する必要がある。

　当面は日本の曲木家具用材の中心をブナからコナラに移行し、ブナほど曲がらないコナラの特性に応じた製品の意匠、構造を研究していくしかない。過剰なブナの輸入は海外のブナ資源の減少にもつながり、他国の環境問題へと発展する恐れがある。

　曲木家具材の研究は、明治末期に林業試験場で行われているが、その後大々的に行われたという話は聞かない。曲げヤング率を一つの目安として、多くの樹種から絞り込めば、まだ新たな可能性があるのではなかろうか。研究の姿勢としては、現状の資源量だけ先行して検討するのではなく、木材の性質を基盤に考えるべきである。そうしたヒントは、かんじきにクロモジを使用するという伝統的な事例のように、長く伝承される我が国の広葉樹文化にあるように思えてならない。

　広葉樹の間伐には、現在助成金は一切出ていない。生物多様性が問われる現代に、政府がなぜ針葉樹一辺倒の補助をするのかが理解できない。少なくとも針葉樹の間伐と同程度の助成金が出れば、生産者も意欲的に取り組める。やはり行政の意識が変わらなければ抜本的な解決にはならない。

注
1——農商務省山林局編纂:木材ノ工藝的利用、大日本山林会、1912年
2——秋田木工株式会社編、八十年史、秋田木工株式会社、52-57頁、1990年
3——渡邉福壽:ぶな林ノ研究、興林會、1938年
4——日本ぶな材協会編:ぶな——その利用、日本ぶな材協会、1966年
5——阿部正博:ブナ人工植栽地の成長について、新潟県林業試験場研究報告第9号、111-131頁、1964年
6——村井宏・山谷孝一・片岡寛純・由井正敏編:ブナ林の自然環境と保全、ソフトサイエンス社、1991年
7——橋詰隼人:大山・蒜山のブナ林——その変遷・生態と森づくり、今井書店鳥取出版企画室、2006年
8——博士山ブナ林を守る会編:ブナの森とこの国の未来、歴史春秋出版、2007年

9 ── 寺澤和彦・小山浩正編:ブナ林再生の応用生態学、文一総合出版、2008年
10 ── 瑞巌寺に聞き取り調査を行った。仙台藩が江戸初期に建造した瑞巌寺は、材料のケヤキ、スギを紀州の熊野で伐採し、海路で運搬して使用している。また地元材も使用しており、他地域の材料だけではない。瑞巌寺の建造を行った工人も材料とともに移動している。仙台藩のケヤキ植林奨励には、この瑞巌寺創建の経験が深く関与していると推察する。
11 ── 筆者撮影、2010年
12 ── 石村眞一:屋敷林とその利用、デザイン学研究特集号 第5巻1号、6-11頁、1997年
13 ── 座卓は中国の影響を受けて明治10年代から20年代にかけて作られるようになったもので、江戸時代には存在しない。
14 ── 工藤父母道編著:滅び行く森・ブナ、思索社、116-118頁、1985年
ブナの萌芽更新を連続してできる形態を、山形県では「あがりこ」と呼んでいる。
15 ── 山中二男:日本の森林植生、築地書館、p.26、1979
16 ── コナラの曲げヤング係数は、一般の林学書に掲載されていないので、大分県農林水産指導センターで柾目と板目で測定した値を平均化したものを採用した。
17 ── 秋田県湯沢市の秋田木工株式会社が使用している。しかし、その量は少なく、辺材と心材の色に差があるので、ダークに着色した製品に限られている。
18 ── 寺崎渡・高橋久治:曲木椅子製作ニ關スル實驗、林業試験報告第6號、91-93頁、1909年
19 ── 農商務省山林局編纂:木材ノ工藝的利用、大日本山林会、1245-1248頁、1912年
20 ── 大正後期においては、曲木椅子を日産100以上とする企業も相当数あることから、1㎥で20脚生産すると換算して、1社平均5㎥を使用すると推定した。
21 ── 前掲4):55-57頁
22 ── 前掲8):168-184頁
23 ── 前掲8):40-45頁
24 ── 前掲4):21頁
25 ── 前掲4):15-18頁
26 ── 林野庁に問い合わせたところ、過去には各県の供給量を合算して示していたが、現在はそうした統計処理はされていないとのこと。現在は樹種別ではなく、広葉樹という枠組みのデータがあるだけである。重要な樹種からすれば統計の精度が下がったということになる。
27 ── 前掲3):409-418頁
28 ── 北広島町役場芸北支所よりご教示をいただく。
29 ── 熊本南部森林管理所よりご教示をいただく。
30 ── 上原敬二:樹木大図説I、有明書房、770-772頁、1961年
31 ── 林弥栄:有用樹木図説(林木編)、誠文堂新光社、217-220年、1969年
32 ── 筆者撮影2006年
33 ── 平成20年度 地域資源活用型研究開発事業の成果報告書は非公開となっている。
34 ── 前掲3):82-148頁
35 ── 前掲4):口絵
36 ── 密植は1坪に1本以上の苗を植えることを指す。
37 ── 前掲7):160-187頁
38 ── 浪江町津島地区は、平成23年3月11日に起きた東日本大震災による福島第一原子力発電所の事故で、極めて強い放射線を浴びた。
39 ── 岐阜県立森林文化アカデミーで取り組まれている。
40 ── コナラの小径木の入手に関しては、日田市の神川建彦氏にお世話になった。

終章

1 はじめに

　トーネット社による曲木家具の開発は、19世紀中葉におけるヨーロッパの家具に関す概念を一変させた。ただし、この新たな家具の開発はトーネット社だけの力で成し遂げたのでなく、ビーダーマイヤー様式のような中流層を対象とした家具研究の下地が熟成していたことも深く関与している。また、19世紀末のウィーンに代表される世紀末的な雰囲気は、曲木家具がアール・ヌーボーと連動する契機となり、曲線を多用する様式を確立していく。さらに、大都市での曲木椅子の使用は、新しいカフェの文化を創出した。

　こうしたヨーロッパで構築される曲木家具にまつわる話は、明治期以降の日本文化に大きな影響を与えている。日本のビアホールも、当初は外国人の利用者が多く、日本人のために設立したと言い切ることはできない。明治30年代後半になって日本人の利用客が増えたことが、国産曲木椅子製作の契機になった。ビアホールで国産曲木家具が使用されるようになると、他の洋風化した飲食施設でも使用されるようになり、ウィーンのカフェで使用される曲木家具とは異なった雰囲気も醸し出される。すなわち、ヨーロッパの文化を追従する精神と、和洋折衷の精神が、曲木椅子の使用を通して混在するようになる。

　明治政府は1909（明治42）年に曲木家具の輸入を禁止する。山林局は国内曲木家具業保護とともに、海外への輸出を奨励する。こうした強引な国策が後押しして、日本の曲木家具の輸出は大正前期より開始され、昭和初期に最盛期を迎える。しかし、戦後は新たな量産家具の発達で著しく衰退し、戦前から稼働している曲木家具業は現在2社だけである。

　本章ではヨーロッパの曲木家具業とその技術、意匠、使用方法と比較することにより、日本の曲木家具業と曲木家具が辿った道を再考する。そして、日本で生産された曲木家具の特徴、さらに今後の展望について検討を加える。

2 曲木家具における技術と意匠の変遷

　曲木家具に使用される技術は次のように大別される。
① 使用材の伐採、製材、乾燥
② 材料の切削（板状の切削、旋盤による棒状の切削）
③ 材料の蒸煮（ボイラーの使用を原則とするが、常圧と高圧の両方がある）
④ 材料の曲げ加工と乾燥（二次元の曲げと三次元の曲げとがある）
⑤ パーツの表面研磨、塗装
⑥ 組立（椅子類は、基本的には工場では行わず、営業所で行う）

　①においては、人工乾燥が進み、曲げ加工に適した含水率20％程度の均一した材料を取ることが可能となる。しかし、この人工乾燥は、日本の場合、短期高温乾燥法が多く、アメリカで盛んに行われている大規模な長期低温乾燥はほとんど行われていない。

　②の切削は、それほど大きな変化を示していない。倣い旋盤と似ているが、秋田木工株式会社では、ドイツのコマス社製「万能変形丸棒削機」を使用している。NCルータも用いられるが、

曲げ加工には直接関係しない。

蒸煮用ボイラーは、現在においても常圧で対応している企業もある。高圧のボイラーでは蒸煮時間を短縮することができる。ただし、蒸煮釜が高温になるので、取扱いが難しくなる。また、常圧でも蒸煮釜を真空にすることで、蒸煮時間の短縮が可能となる。

④の曲げ加工は、現状では伝統的な方法で対応している。すなわち、19世紀から行われている機械による二次元の曲げと、人力による三次元の曲げを継承している。

⑤の表面研磨の前に、丸棒を曲げたパーツはラッパという特殊な電動鉋を通して太さを均一にする。この方法も開発された年代は近年ではない。研磨は現在各種のサンダーを使用しているが、サンディングするという方法自体に大きな変化はない。

⑥の組立について、古典的な製品はまったく変化がない。新たな製品はノックダウン方式を採用していない。このことから、組立については進歩していると一概にはいえない。

上記の内容を通して見る限り、トーネット法やネジ類での組み立てが採用されて以来、予期せぬような大きな技術改革があったようには思えない。伝統的な技術面の継承は意匠にも関与し、やはり大きな変革はなされない。それでもヨーロッパでは、20世紀に入るとコーン社のように、ホフマン等のデザイナーを登用し、曲木家具における意匠の刷新を図る。この新たな意匠は、本家本元のトーネット社を脅かすことになり、結果的にトーネット社もとコーン社を追従する。日本の曲木家具業も、1920年代後半からコーン社の製品をコピー、リデザインするようになり、それまでの製品ラインナップから1930年代は種類が増える。

20世紀のモダニズムが、19世紀に定着した曲木家具の意匠に取り入れられ、あらたな製品を生み出していくというリデザインの構図は、現在も変わらない。マクロ的に見れば先進文化圏では、そうした構図の原型が近代以前から存在していたと読み取れる。しかしながら、新しい意匠が取り込まれていく速度には大きな差があり、結果的に20世紀後半以降の使用に関しては、短いスパンでの使い捨て現象が拡大する。曲木家具であっても、短期間で価値観が変化するため、新たな家具を買い求めて、古い家具を安易に捨てる。この早い消費活動のサイクルは、資本主義経済の基盤をなすものだが、過度に加速化すると必ず環境問題を引き起こす。ゴミの増加と木材資源の枯渇化が象徴的なものである。20世紀のモダニズムも、既存の曲木家具を批判して自己主張をしているが、結果として資本主義経済に組み込まれ、新たな環境問題を引き起こす。

トーネット社は、19世紀後半から合板の使用を開始する。この合板の使用は大量生産を加速化させた。確かに、合板の使用は、廉価な製品を市場に出すことには貢献した。しかし、製品の質は低下し、使い捨て文化へ傾斜する大きな契機になる。図8-1のような籐張りの座面は、長年使用していると破損することがある。破損すれば修理をするしかない。この修理が面倒だという風潮が社会全体に蔓延すると、籐張りの椅子が減少する。使い捨て文化の籐張りは、図8-2に示したように、機械で編んだ籐を張り付けるのである。現在生産される世界中の曲木椅子の座面は、座面フレームに穴を開けて編んではいない。手で編んでいてはコストが嵩むことから、機械編みのシートを使用するのである。では、手で編んだ籐張りの座面は、今後製品化されないのかというと、方策はある。籐を手で編む椅子をキットにし、販売すればよい。籐編みの好きなユーザーは、そうした製品の出現を待っている。本来籐を編むこと自体が楽しい行為なのである。

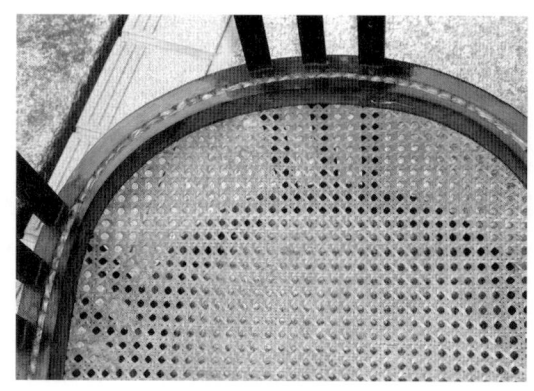

図8-1 手による籐編みの座面

図8-2 籐の機械編みによる座面

図8-3 帽子掛け兼傘立て（泉家具製作所）

図8-4　回転式の腰掛け（泉家具製作所）

　日本の曲木家具業の技術は世界でも極めて高い。**図8-3、8-4**[注1]は、戦前に撮影された泉家具製作所の製品である。いずれもトーネット社の製品をコピーしたものだが、完全なコピーではなく、多少独自の工夫が施されている。こうした工夫にデザインの意義を感じない人もいる。筆者は毎日繰り返し製作する中で生み出された工夫にも、日本人の美意識を強く感じる。曲木家具のルーツはトーネット社だが、**図8-3**は決して製品の質が劣っているわけではない。デザインの基本は、アイデアだけではなく、**図8-3、8-4**の製品を生み出す総合的な力量にある。この力量の意味を、曲木家具業だけでなく、大学のデザイン教育、研究でも再考していかないと、社会における造形力と発想力が上手に結びつかなくなり、日本の製品開発力が低下することにつながる。

3　曲木家具用材の資源

　日本の農商務省山林局が行った明治後期から大正期にかけての雑木利用政策は、曲木家具業を創出する原動力になった。しかし、この雑木利用とは、広葉樹を皆伐してスギを植林するといった極めて単純な考えである。ブナやミズナラを持続的に育成するという使命が、当初から欠落していた。この雑木という偏見に満ちた概念は、現在も日本各に認められ、広葉樹育成の妨げになっている。山林局、戦後の林野庁が押し進めてきた針葉樹の植林も、スギ材の値段が急落していることから、将来の展望が明確にあるわけではない。生物多様性という観点からも、針葉樹と広葉樹のバランスの取れた植林を研究する必要がある。その研究に産官学で取り組むことが、曲木家具業の持続にもつながる。

　本格的なブナの植林は、民有林での取り組みが先行されなければならない。植林が経済的な価値をもたらさない限り、民有林では受け入れられない。ガルトネルの山引き苗によるブナ密集植林は、平地の民有林におけるブナ植林の貴重な手本である。また、新潟県豪雪地帯では、ブナの山引き苗による密集植林が戦前期より取り組まれており、今後の民有林におけるブ

図8-5　ブナの葉に見る個体差

図8-6　筆者設計による曲木椅子の試作(秋田木工株式会社製作)

ナ植林の参考になる。**図8-5**に日本各地で見られるブナの葉を示した。左から福島県檜枝岐村ブナ平、福島県二岐山、広島県臥竜山、熊本県白髪岳、福岡県馬見山で採取したものである。ブナは地域によってこれだけ個体差があり、植林する際は近くの母樹から得た苗を使用しなければ生態系を崩す原因となる。

　ブナ材の著しい減少の対応策としては、コナラ材を曲木家具材として使用することを提案する。コナラはブナほどは曲がらない。**図8-6**の左はブナ材を使用した椅子で、右はコナラ材を使用した椅子である。この程度の曲げなら、コナラで十分対応できる。国産ブナ材が当面使用できないのであれば、全面的にコナラの使用に移行することも検討しなばならない。曲木家具業にとって、使用材の確保は、持続的な生産の要となる。

4　日本の曲木家具業における展望

　曲木家具、とりわけ曲木椅子は、**図8-7、8-8、8-9**[注2) に示したように、ヨーロッの文化を取り込む一つの手段として使用されてきた。現在もレストランや喫茶店で多く用いられているのは、やはりヨーロッパの文化を基調としているからである。今後もこうした使用法は、日本の生活文化の中に定着していくことは間違いない。つまり、欧米の生活文化を多少咀嚼はする

図8-7　曲木椅子の使用(ロンドン市内のレストラン)

図8-8　曲木椅子の使用(アムステルダム市内のレストラン)

が、追従することがステータスと日本人の多くは捉えているのである。それでも戦前期より、一部の知識人は曲木家具が和風の生活に馴染むよう、多様な工夫を生活空間で試みている。とにかく曲木家具は独特の魅力があり、明治30年代に正岡子規も和風住宅で愛好している。

図8-9[注3]では、函館市のラーメン店で、秋田木工株式会社のスツールが使用されている。どこにでもある地元の個人経営のラーメン店に、曲木のスツールが無造作に置かれていることに意味がある。おそらく、ラーメン店の主は、このスツールが戦前の工藝指導所で研究されたという事実も知らないだろうし、秋田木工が1958年以来製造していることも知らない。大事に使用さえすれば、それでいいと思う。

図8-10[注4]も秋田木工株式会社の椅子で、福岡市の食堂で使用されている。店の主は曲木椅子のメーカーには一切興味がない。筆者だけがこの椅子に一際愛着を感じているらしい。

世の中で話題になることが、商品の販売に重要であることは間違いない。デザインの力がそうした経済効果をともなうブランディングにあることはよく承知しているが、**図8-10、8-11**に見られる生活での定着性も見逃してはならない。ただし、生活での使用は定着しても、壊れたら修理をすることが、日常茶飯事の中で行われるという文化が、洋家具は未だ定着していない。**図8-11**も、壊れた部分があるのに、修理をする人がいないというのが実態である。

図8-9　曲木椅子の使用（ベルリン市内のカフェ）

図8-10　曲木スツールの使用（函館市内のラーメン店）

図8-11　曲木椅子の使用（福岡市内の中華料理店）

サスティナブルデザインという言葉が使われるようになって10年以上経つ。ところが言葉の使用と社会の実態とは乖離している。サスティナブルデザインという言葉は一種の流行語であり、そうした言葉が流行る前から、キリを苗から育て、半世紀を経て伐採して箪笥を製作し、何十年か使用したら、キリの箪笥の表面を薄く削って新品同様にして再び使用するという生活習慣を、日本人は長く継承してきた。国産広葉樹を使用した曲木家具も、洋家具という範疇で捉えるのではなく、キリの箪笥と同じ日本の家具文化になることを願って、本書の結びとしたい。

注
1──筆者所蔵
2──筆者撮影、2006年
3──筆者撮影、2008年
4──筆者撮影、2011年

資料

[資料1] 大日本山林會:曲木家具製造業の有望、大日本山林會報 第二百七十五號、大日本山林會、
　　　　pp.52-53、1905
○曲木家具製造業の有望　曲木家具製造を以て世界に冠たる墺匈國アレキサンデル、コリードは頃者我國に製造所を設置するの有望なる旨を陳べ資本家の紹介者を農商務省商品陳列舘求め來れり其要旨に依ば堅牢なる曲木を以て製造したる家具は多く墺匈國所在の製造所即ち

　　維　　　　納　　ゲブリユデル、トネット
　　同　　　　　　　ヤコブウント、ヨスフ、コーン
　　同　　　　　　　エミル、フイシユル、ゼー子
　　ヒユムヒ　　　　コーマー子ル、メーベルフアブリツク株式會社

等より産出して各國へ輸出するものなり佛、西、伊及獨の諸外國に於ても曾て該業を移植すべき試験を企てしも今尚功を奏するものなきは必竟曲木家具の原料たるブナノキに乏しく勢ひ原料を墺匈國に仰がざるを得ざるを以てなり之に反し日本はヒツホリー（サワグルミ屬）の如き其他類似の名を有せる樹種にして曲木家具を製造するに最も適切なる原料に富めるのみならず勞銀低廉にして且つ訓練し易き職工に富めるを以て若し該業を起すに於ては其品質を以て世界市場に於ける墺匈國産品に大打撃を與ふるは言を俟たず加之日本に於て該製造業を起すの有利なるは從來墺匈國産品が海外へ輸出せらるゝ經路はトリエスト及ヒユーム又は漢堡を經由して印度、清國、日本、濠洲、米國等へ輸出せられ頗る多大の運賃を要し隨つて高價のものとなるも若し之れ日本若くば其附近の地に於て製造する時は相當の代價と利益とを收め得べきは勿論なるべし其他木材以外の原料即ちシユエルラツクワニス及籐は日本に在りては原産地に近きを以て歐洲に於けるよりも一層廉直に調達するを得べく且つ該事業を導入するも他の製造所に比し特別の費用と困難とに遭ふこと稀にして僅かに日本在來の職工を指導する爲め墺匈國より二三の熟練せる職工を我國に渡航せしむれば足れりと云ふに在り。

[資料2] 飯島直助:ぶな、其他雜木の工藝的利用に就て(一〜五)、秋田魁新報、1909
　　○ぶな、其他雜木の工藝的利用に就て(一)本縣技師　飯嶋直助述
　我國の森林收益を増進するの方策多種多様なるへしと雖も世界に於ける林産需給に鑑み我森林國の施設として刻下の一大急務と認むへきは木材工藝の發達を講することなりと信す是れ世界を通し木材の需用に對し其供給不足を訴へ來つたる結果輓近金屬石材護謨石炭等の代用品逐年増加すると共に木材の使用法に變化を生し即ち可成節儉的用途を考究するに至れるを以て我邦の如き工藝用材に適せる樹種豊富なる現時に於て之れが利用を圖り一面從來贅澤に消費せる用材樹種の節約を講せさるへからさる所以にして抑亦我林産經濟の發展上最良手段あるへきものを認めすんはあらす
　由來秋田縣は杉の美林を以て天下の珍と稱せられ林産收穫は實に杉製材の外擧けて算ふるに足るものなし即ち百萬町歩以上の大森林中最多量を占領する闊葉樹の利用價に至りては用材に將た燃材に其の甚た微々たるを嘆せすんはあらす惟ふに是れ畢竟交通機關の不備なるに職由し尚ほ工藝的利用の發達せさる結果なるへきを以て此無盡藏の森林收益を開進するには交通機關の設備上政府當局の經營を望み木材搬路の開設に鋭意せられんことを要請すると共に木材木工を加設し本縣工業の振興を茲に啓發せんことを切に冀ふものなり蓋し本縣の地の利は天然の恩惠に鑑み森林の育成に適するを以て眞に無盡藏なるも其生産の活用上よりするも資材の無窮に且つ豐富なる木種を應用するは最も有望なる本縣經濟原資たるを信して疑はさるなり

　○ぶな、其他雜木の工藝的利用に就て(二)本縣技師　飯嶋直助述

況や勞働關係よりするも将た木材を原料とする工業の将来は多ゝ増ゝ發展すへきをや人或は我邦に於ける闊葉樹の利用は其の時期尚早なるを論し少くとも營利企業としては成功覺束なきを唱導すと雖も既に杉、檜等普通用ひらる、建築、家具類用材は需給の關係より近き将来には資材の供給不足を告くるに至るへき形勢あり殊に本縣の杉蓄積は國有林は格別なれとも民有林にありては殆んと其の大部を伐盡して之を保續利用するに足るもなきを以て現に盛に行はる、製材工業の上より之を觀るも其趨勢悲況なきにあらさる也故に今日に於て杉製材の利益一半を割ても他日の計を立つため闊葉樹の工藝的用途を新興し本縣永遠の工業策を圖らさるへからさるを認む聞所によれは政府當局に於ても來年度闊葉樹利用の端を啓き宮城林區内に於ける製材組織を革め主として山毛欅等の工藝的資材の製作を為す企畫ありと是れ一面より考らる所によれは從來非難の聲ありし杉檜葉製材の官營を廢し之を民營に委すると共に現時にありて民營として為す能はさる雜木の工藝的用途を開發するは政府の模範施設として之を經營するの機宜を得たるものなりと歡迎せらるへきを信すと雖も其の營企の性質より察するときは營利主義よりせは官營の失敗に歸すへきを豫斷するに憚からす何となれは其の製材と販路に於て比較的簡單且つ便利なる杉製材に於ける既往の成績に聽するも事業其の者に對する收入を得るは困難の業なれはなり即ち官營としての企業は其程度を資材製作（粗品供給）に止むるか少くとも工業の範圍に入るは行はれ難かるへし又官營の企業は如何なる種類程度に依るへきや模範設營たるへき目的の下に行はるへしと雖とも到底民業の如く經濟的措置を取るを得されは事業方法の則るへきものあるに關らす企業として當然得へき經驗は尚ほ之を民營に積まさるへからす故に現に官營のあるに關らす本縣の如き製材工業の發達せる地方にありては其の資材の上に考へ工業的經營の堅實を期するには此際より木工即ち工藝的木材利用の企業を試むることは斷して其時宜の尚早なるを認むる能はす況んや山毛欅の曲木工業の如き既に成功し將來漸く販路を擴張せんとするの機運に到達せるをや左に上京中視察せる工業一班を述へ併せて本縣に對する施設管見を披瀝せんと欲す

〇ぶな、其他雜木の工藝的利用に就て（三）本縣技師　飯嶋直助述
東京曲木工場視察　附山林局林業試驗所に於ける見聞
　木材の曲從性を利用し曲木細工を為すことは夙に墺國を初め獨逸に行はれ大規模の經營を以て製造せる工場頗る多く墺國重要國產の一にして其の產額實に巨大なりと云ふ從來本邦に於て使用せる曲木、椅子、傘立、運動具等は墺國より輸入したるものにして價格高きに拘らず年ゝ其の需用を增すは蓋し優美堅牢なるし使用輕便なるに依るべし故に歲ゝ西洋家具の輸入を加ふる趨勢に顧みるときは國家經濟上斯種の木工を興し輸入遏否一國生產力を富ますは刻下の急務なるを信す即ち東京曲木工場の如きは山林曲林業試驗所の試驗的研究に先つこと數年前より苦心經營曲木法を實驗し遂に山林局の試驗成績の發表を俟たす一工業として確實に成功の緒を啓き今や其製作上改良を加へ外品に劣らさる精良優美なる椅子、傘立、額緣等を製造販賣するに至り輸入防遏の目的を達せりと云ふ蓋し吉田順治氏の創意にか、り去る三十年一月を以て府下淀橋に工場を設け曲木工場を開始せしが山毛欅の成績は意の如くならす主として欅、楢を用ひ來り其の販路亦好況なりと謂ふを得さりき然るに場主と技術者との間に衝突起り遂に四十年七月を以て今の日暮里工場を新設するに至れるものにして淀橋なる本曲木工場に比し其の營業振り着實なるのみならす職工和協し其の技能又漸く熟達して需用頓に增進せるもの、如し而して本場は今や專ら用材を山毛欅に採り製品の種類も漸次增加し軍用行李、丸窓其他の建築材料車輪船具運動用具とらんく枠木等諸般の曲木器具の製作を試みるに至れり
　次に原材料の需用及乾燥木曲用蒸煮乾燥より製作工業の分業等に關し其の概要を記述すへし
　一、原料材の需用、原料材たる山毛欅は溫帶に屬する主林木なるを以て其の蓄積豐富にして價格低

廉なりと雖とも其の曲木製作に適する用材部分は極めて少量にして木理通直、靱質に富めるものならさるへからす産地よりせは暖地産のものは不良にして寒地より需用するを可とす就中本縣の山毛欅林は其の材質良美なりと稱せらる蓋し原料材に適する　要件は幹材通極節なきこと心材を去り邊材のみを用ゆること原木は其の徑一尺三寸及二　尺即ち樹齢四十乃至六十年生位を最適とすること是なり而して本場に於現に購入せる桿材は會津産又は常陸材にして其の價格左の如し

　一寸四分角　長六尺　一本金拾錢
　但し運送費とも
　一寸二分角　長七尺五寸　同
　九分角　　　長三尺五寸
　五尺五寸　二本同

　二、原材料の乾燥、本場に於ては前述の如く主として桿材を購入し儉査の上不良品を撰除し（四割減價にて引受く）買収するか故に比較的原料材の乾燥に意を用ひ居らさるか如しと雖も山毛欅材は乾燥其の宜を得されは腐朽し易く密積するときは變色し材價を損すへし又雨露に曝すことを忌む

　生材は曲從し易けれとも乾燥に多くの時間を要し又一ヶ年以上經たる乾燥材は水分缺失するにより蒸煮前一夜位浸水の手數を要するを以て最も好都合なるは二三ヶ月間倉庫内にて氣乾となしたるものなりと云ふ

○ぶな、其他雑木の工藝的利用に就て(四)本縣技師　飯嶋直助述

　三、曲木桿材の蒸煮、間接及直接の蒸煮法あり而して間接に蒸氣を以て蒸煮するには椅子、車輪等の如き小材に用ひられ一たひ他の用途に供せられたものを利用するものとす此法によるときは時間を多く要するものにして約十二時間に至る之に反し汽罐より直接に蒸煮するときは六乃至七氣壓を以て僅に十分間にて煮了するか故に一寸三分角以上の桿材は主として直接蒸煮法に依るものとす

　四、桿材の乾燥、蒸煮後直に曲氣作業を為し即ち模型（鐵製）に嵌めたる儘列氏六〇乃至六五度（攝七五度乃至八一度華氏一六七度乃至一七八度）の乾燥室に於て約十二時間乾燥せしむ

　五、工場の分業

　第一棟、挽材、削材、其他工作場と曲木室とより成る本場は縱覽謝絶の下に曲木製作を秘し殊に曲木室に至りては番場の職工て雖も他部のもの、出入を嚴禁し罰金に科する制裁を設け最も秘密に操業しつ、あるものとす

　工作場に鋸機を設備し桿材を製作し其の撰別乾燥をなし轆轤仕掛にて粗木取りをなすのみならず椅子坐の穿孔等を分業となせり

　曲木室は「部員外の入るを嚴禁す曲木場主任」の標札にて知らる、如く嚴秘室として縱覽を許さ、るを以て強て觀覽を要めさりき然れとも山林局試驗所に於ける成績と其措置より察知するを得たるは其製品と模型に徹し大過なきを信す即ち該室には原材料たる桿の蒸煮と曲型の設備及操業の外乾燥室の装備及曲輪の接着等の分業を為すものたるを知る詳説すれは第三項に述ふるか如く蒸煮するときは曲從性を増し容易に曲型に嵌め圓形若くは任意の形に留螺旋、歯車、手工業の作用に依り曲細工を為すを得へきを以て鐵型の曲從装置の儘之を乾燥室に入れ第四項説く處の如く乾燥し約十時間乃至十二時間位經れは桿材充分に乾固し凡八分一位細縮すへし依て之を曲型せり外し兩端輪の接合部を斜斷密着すへく膠付けをなし後膠の固着するを俟て仕上け削成したるとき更に其の接合部を締着するものとす而して椅子の背桿や運動椅子の縮輪若は傘立の如き曲物にして徑七八分の材料を四五寸徑の曲輪を製作するか或は鏡臺縁、額縁の如き角曲を為すことは難業にあらさるも椅子の手摺の一種の如く几形の兩端を外方に曲け天然の木理を逆從せしむことは技工の難事とする所なりと云ふ

第二棟、仕上製作場即ち組立、着色、塗装艶出、坐網又は薄板製坐其の他の仕上工作の分業を掌る。

第一棟の分業によりて成れる曲木細工の粗製品を轆轤に掛け所要の太さに仕上げ更に各種のScheifmachineにて木地を仕上くるものとすかくして木地の仕上終れば女工により着色せられ三回の塗漆及艶出をなすものとす一方には椅子の坐を籐にて網み又薄板製の坐を嵌込み且ち螺旋にて組立て椅子を仕組みたる後一度仕上の艶出をなすものとす蓋し椅子以外の諸製作亦之に準す

以上臚列せる記事は主として東京曲木工場の視察に依れりと雖も山林局林業試験所の裝置及其の説明を綜合したるるものにして偶然學識なき實驗家の熱心に成れる研究効果と歐州先進國の工作と一致したるは感すへきこと、す蓋し該工場は現に職工三十名を使用し一日の製作椅子六十脚乃至七十脚を度とし約一割五分の利益を見るに至り又歐國産に比し椅子一脚の代價に於て約一圓餘の低産なるを以て漸く内地の需用に應し販路の擴張を見る實況なりと云ふ

山林局試驗所の實驗によれば原料材の貯藏には最も注意を拂はされば腐朽を生し易く積重することを嚴禁せさるへからす浸水に依り保存するを得れとも乾燥に困難を來す

○ぶな、其他雑木の工藝的利用に就て(五) 本縣技師　飯嶋直助述

結論……ブナの用途、企業施設上の意見、木工教育に對する希望。

ブナの用途は歐州にありては最も廣く且つ諸方面に多量の利用する所となり良材部分は之を工藝的用途に供し不良部分は燃材に使用使用せらると雖も我邦に於ては未た工藝上の用途發達せさるを以て單に燃材に供用する外擧くるに足るものなし而して其の燃材に供用せらる、ものと雖も比較的搬出の便なる所若くは鑛業地附近等の需用ある地域に限り利用せらる、ものにして深山幽谷に分布せる多量の林分は徒に自然の腐朽に委するのみ前述の曲木工業の如きブナ利用の一の福音なりと雖とも其の使用率餘りに低きか爲め此工藝のみを以て滿足なる利用法と爲すを得す又鐵道枕木の如き防腐劑の廉價に供用し得るにあらされば未た我に需用の發展を見る望なきを如何せん或は燐寸軸木箱用に供せらる、も劣等品にして當分販路の競爭に勝利の見込なきを以て将來ブナ利用の發達を期するには須く歐州の例に倣ひ木工業の興起を圖らさるへからす惟ふに歐州には我邦の如く貴重用材種樹少きを以て多量に外國産を輸入するのみならすブナの如き劣等樹種に至るまで諸般の工藝的用途若は建築土木用材に消費せられ其の製作工業の發達を來せるものなるへし我國は種々なる貴重用材を産し從來運搬不便の地位にあるブナ林の如きは需用上一顧の値なかりか如きも逐年木材の需用を増進し森林蓄積漸く減縮の情勢を呈し來りたるを以て最早從來の贅澤使用を許すへきにあらさるなり從て工藝的用途の發達を促し未利用樹種を活用し搬出運輸の便を開き或は山中原料材採收に便なる場所を撰ひ小規模の鋸工場を設くるが如き或は山村の副業として轆轤細工を奬め其の精要若くは工業場を市附近に興すか如き何れも今後の施設として本縣に適切なるものなるべしと信す

歐州に於けるブナの工藝的用途を聞くに左の如し

一、家屋建築……………………………床板、壁被、会談、其他装飾用
二、木工…………………………………藥液注入の上枕木に用ゆ
三、水工及橋梁…………………………水面下に用ゆれば藥液を注入せさるも年を漸ふて石化す又橋梁及板に賞用さらる是れ割損又は剥削の處少く一様に摩耗するが故に其保存期(はかし)材に優り且つ價格の低廉なる以てなり
四、器械及道具類の製作………………水力鋸機の柱碎礦用杵粉磨車の軸及農具類鉋臺轆轤臺、柄、萬力、彫刻臺等
五、造船…………………………………龍骨材、粧飾材、櫂
六、車輌(橇)……………………………曲木として用ひ或は橇材汽車の客車
七、樽類…………………………………鯖、牛酪、油、酢、酒精、脂肪等小樽、浴槽等

八、彫刻材……………………………… 木鉢、木皿、剖肉臺、匙、槌、木履ブラシュ背板、銃臺、玩具
九、箱類………………………………… 葉巻煙草箱(着色)果物輸送用包装箱
十、指物及轆轤細工(曲木細工)……… 寝臺、机、帽子掛、着物掛、立鏡、屋外椅子類、盆、杖、洋傘柄、紡車及
　　　　　　　　　　　　　　　　　　　木筒道具の柄、窓掛の横棒、木皿、玩具、引手、刺繍框、針筒、肉槌等
　　曲木細工は前述せるを以て略す
　　歐國には一萬五千人の勞働夫三百人の職員を有する株式會社あり資本四百八十萬圓一年の消費粗材(丸太)三十萬尺〆日ゝ製作の曲木家具七千個に及ぶ
　　則ちブナの歐州に於ける利用率は頗る大なるものにして之を工藝的用途に需むれは如何に應用の範圍廣きやを察するに餘りあるへし況や本縣には雜木林中、楢、厚朴、鹽地、栓、栃の如き用材に供し將來有望なるもの少からさるに於てをや然りと雖も如上諸工藝製作業は直に大規模の經營を試むること危險なりと謂はさるへからすと何なれは工藝品は技工に熟練を要するのみならす販路の關係に察し或は建築土木家具業等の連絡を圓滑にせさるへからされはなり是故に本縣の雜木林を用材に供し其の利用價を高めんとするには運輸設備を開くは勿論木工に關する工業の興起を促し防腐劑の廉給を圖らさるへからす蓋し本縣は木工原料材に豊富なるに關らす指物業を初め工藝的製作業甚だ幼稚なるは經濟上頗る遺憾とする所なり又防腐劑にして現時用ひらる、ものは其價不廉にて一般の需用に適せす而して防腐の效用ある殺菌劑のクレオソートを産する方法にあらされは外界より菌類の侵入を防くへき效用のあるものに依らさるへからす由來本縣には土瀝青の湧産あるを以て此の防腐劑としての效用に對し試驗せられんことを望まさるを得す之を要するに本縣の工業は木材を原料とする種類に成功すへきや疑を容れす故に木材工藝化學的の企業は暫く措き機械的工藝則ち木工に關する教育に對し一言希望を陳述せんと欲す
　　工業學校若は市工業徒弟學校は左記の各項に付試驗製作を為し木工業に關する技藝を生徒に教授するは時代の要求に適し本縣産業振興の淵源たるを確信す
一、縣内多産の樹種に對し木工材料として適當なる種類の選定を研究すること
二、家具裝飾用としての壓搾工藝
三、燒繪に關する試驗
四、寄木細工及木象眼
五、糸鋸細工
六、藥液焦蝕法と大理石象眼
七、木材色付染色と着色(プロフエサー、クラウデー氏の三原色法)
八、薄板及張付細工
　　以上諸木工業は本縣の經濟に重要なる活用を為すへきものたるを信して疑はす蓋し本縣地理の大勢は工業の發展に待つへきもの多大なるや論なし而して縣勢に察し偉大の繁營を策するもの須らく思を林産應用に致さ、るへからす無窮に保續する生産は能く港灣設備の發達交通運輸の開進に伴ひ愈ゝ倍ゝ其の眞價を發揮すへきは具眼者の首肯すること、確認するものなり。

[資料3] 日南生:曲木業、大日本山林會報 第三百十八號、大日本山林會、PP.31-32、1909
○曲木業　日南生
　　墺國製曲木椅子其他家具は頗る高價なるにも拘らず其取扱ひ輕便なると品質優美且つ堅牢なるとに依り需要甚だ盛にして從來年々我國に輸入かる數量も多額に上ぼりしが東京曲木工場主伊藤力之助氏は夙に此事業に着眼した淀橋曲木工場石黒氏と匿名組合を結びこれが為め資金壹萬餘圓を投じ事業に從事したりしも不幸にして豫期の通利益なくなく中途にして遂に自から組合を辭退したるが

其後も曲木業の将來有益なる事業なるとを感想し全く斷念するに至らざる折柄現工場の技術主任たる佐藤德次郎氏に會晤し其共力を得て新に東京府下北豊島郡日暮村に工場を設けて再び曲木の方法を研究しつゝ之が製作に從事し幾多の實驗と改良とを重ねて遂に現今に於ては外國製品と比較して毫も遜色なく而も其價格は却て大に低廉なる種々の精巧品を販賣し一般の好評を博するに至れり此曲木に用ふる材種は椈（ぶな）樹にして此樹は我國の溫帶北部に於て繁殖し生育甚だ旺盛を極め國有林のみの蓄積量約二億八千三百四十八萬餘尺〆を算し本邦樹中最も豊富なるものなれども從來紡績用木管、枕木、薪炭材等の外には餘り多く使用せられざりしものにして新たに我國に於て此の曲木材料に供用せらるゝに至りしは眞にこれが利用上の一大發展を爲したるものと謂ふべく斯業のため大に此種の起業の成功を慶せざるべからす因みに該工場に於ては唐木類樫楢欅等の堅質材は勿論如何なる樹種にても家具は勿論車輪、農具、船具、運動具其他一般の曲木製作の求めに應ずべく準備中なりと謂ふ

[資料4] 大日本山林會：鍛冶谷澤製材所製品案内、大日本山林會報 第三百三十五號、大日本山林會、pp.87-91、1910

○鍛冶谷澤製材所製品案内

農商務省山林局にては宮城縣玉造郡溫泉村に設置せる鍛冶谷澤製材所製品案内なるものを調製して配布せり今其要項を摘記すれば左の如し

一、目的

世の中で使つて居る木材を大別すると軟材と硬材との二つであるがわが邦では古來スギ、ヒノキ、サハラ、マツ、ヒバ等の如き軟材が澤山あつて工作が容易なる爲め主として此等を用ひて居るから軟材を供給する針葉樹林は可なり能く利用せられて居るが、之に反して硬材の方は其樹種が多いにも係らず唯僅かにケヤキ、カシ、サクラ、カヘデ、及クルミ等の如き類を貴重材として又は裝飾材として使て居るに過ぎない、必竟硬材は其材質が堅く、木理が立派で且光澤があるから或る種類の工作には缺くべからざる必要材であつて世の進むに從ひ其用途が增すことは當然である然るに近頃の調査に依ると右のケヤキ、カシ類、櫻等の如きは元來蓄積の餘り豊富でなかつた所へ近來需要の增加に伴ふて官民林共に段々伐り出した爲に現に山林に存在して居る立木は僅少となつて來たから、今や山林當局者は之が保護に努むると共に其增殖を圖るに吸々たる有樣であるが、聰て木材は米や麥などを作る樣に容易に出來るもので莫く短きも數十年長きは數百年の後を期せざるを得ざるものであるから一朝原料が缺乏して工藝上の頓挫を來たす樣な事があつては由々敷大事である故に今の中に適當の工藝原料を工夫して置くことは最も緊要であると考へる、そこで我邦には未だ世間に用ひられて居らぬ硬材の種類が數多あつて工藝原料に適すべきものも種々あるが就中東北其他の地方に數億尺〆の立木材積を具へて居るブナ及ナラに如くものはなかろうと思ふ、是等は古來主として薪炭の外餘り世に用ゐられて居ないが段々調べて見るとナラは歐洲の市場に於て貴重材として近來一尺〆に付二十圓以上二十七八圓の市價を保つて居る彼の「オーク」（即ちアイヘ）と同一材であつて彼地では家屋内部の粧飾材、樽材、家具及什器材、貼木用薄板、小細工用原料等として實に珍重せられて居るものであつて現に海外より我邦に輸入する卓子、椅子、書函などは木質が堅緻で木理が美麗なる爲能く邦人の嗜好に適し我ナラ材と同一材を以て製作したるものなるにも拘らず之に向て隨分高價を拂ふことを辭さないと云ふ樣な滑稽なことがある。

またブナ材は一般闊葉樹に通有の缺點はあるけれども完全に之を乾燥すれば狂ひを減じ干割れを避け、其比重が0.6乃至0.7位となつて重きに過ぎず輕きに失せず、軟度はクリとクルミとの中間に位し、木質が平等で、着色並艶出し共に最も易く貴重樹種に模擬するに適し、之を蒸煮すれば靱性に富

み屈撓の自在なること到底他樹種の及ばざる所であつて、加ふるに到る處産額が多量に材價は低廉で、實に木材工藝の原料として其資格を完備して居るものであるから歐洲に於て家屋内部の建築材、土工材、水工並橋梁材、機械並器具材、指物材、彫刻並旋工材、車輛材、桶樽材、曲木原料等として有らゆる方面に使用せられて居る即ち歐洲に於て四五十年前迄は我邦の現状と同じく何等注意すべき用途がなかつたブナ材は今や工藝上缺くべからざる重要原料となつて居るのである。

　序上のごとく實に我邦に於てブナ及ナラ材は工藝原料として最も有望なるのみならず尚他に未利用の闊葉樹が澤山あるが當所は主として是等硬木類の性質並利用の途を攻究し一面供給豐富なる工藝原料を廣く世間に紹介して一日も早く此等の材料が多方面に用ひらるゝ樣に努むると同時に一面未利用闊葉樹林の利用を速に開發せしむることを唯一の目的として居る次第である。

二、位置

　當所の位置は仙臺の西北方で順路は舊日鐵小牛田驛から西方古川町迄二里半の間鐵道馬車の便があつて約一時間、古川町より當所迄約七里の間は平坦砥の如き縣道によつて腕車で凡四時間ならば達することが出來るのみならず數十臺の馬車は荷物運搬の爲常に此間を往復して居るから比較的便利であつて試に今夜十一時東京を發すれば明日午後三時既に當所工場内の鋸屑に浴する都合である尚當所は荒雄川の清流に沿ひ空氣清淨附近一帶の地には有名なる玉造八湯の温泉が湧出して共に身神を養ふに足り加ふるに天下比類少なき間歇泉もあつて到る處山水の風光幽邃閑雅で避暑には至極好適地である殊に小牛田より酒田に通ずる横斷鐵道も來年から起工せらるゝ筈であるから遠からず開通の上は一層有望なる場所柄である。

三、製品

　當所は普通製材機械のほか大小二十餘種の木工製材機械を備へてあつて製材部の方では大小各種の板子類並に大小角物類等を作つて廣く需用に應ずるのみならず木工部の方では

一、建築並家具用各種面縁類
二、ナラ其他木理美なる材の貼付用薄板
三、鉋削仕上け材
四、建築並家具用各種旋作類
五、曲木材料

を作り尚蒸煮及乾燥設備もあつて人工に依り完全に蒸汽乾燥を爲した材をも供給するのみならず當業者の希望應じて各種の見本をも寄贈するから遠慮なく申越されたい試に木工品の用途を説明すると

一、面縁類（モールヂング）は西洋建築や西洋家具類を作るに必要缺くべからざるもので木材に各種の曲線的工作を施したものである是等の材料は大工職でも指物業者でも大概手工で拵へて居るから容易ならざる時間と勞力とが掛つて自然高價になるのみならず形状寸法の一定は隨分困難であるが機械に依て作られたるものは何百本でも其形状寸法が皆一定して少しも差異がないのみならず一定時間に手工で拵へる數十倍も出來から甚だ廉價に仕上る譯で當所では長さ十二尺迄では如何なる形状のものでも注文に應じて製作することが出來る

二、薄板（ベニヤリング）の應用は歐米では最も長足の進歩を爲して今日では建築内部の粧飾並家具類の多くは大概薄板の貼付細工である現に日本でも外國から薄板を取寄せて使つて居る工業家もあるが此薄板は手工では到底出來ない仕事でどうしても機械に依らなければならぬ者である當所では長十二尺迄幅一尺二寸迄厚は三厘以上一分位迄各種の薄板を製作して廣く工業家の需用に應ずる

三、鉋削仕上げ材は當所に備付けある數臺の鉋機を利用して注文者の希望に應じて板子又は角物の四面なり二面なり削り上げたるものを供給して手工の勞力を省くのである

四、旋作類と云へば普通餘り珍らしいもので莫いが唯ブナ材は頗る旋作に適當している故に之を利用して大小卓子脚、椅子脚、手摺子類及徑一寸位長十二尺迄の測竿用、窓掛用又は車輛用等の丸棒を製作して需用に應ずる又一種正方形に旋作した各種の卓子脚類は到底手工では出來難い珍しいものである

五、曲木椅子材料は注文あらば製作するのみで平常は作つて居ない

以上各種木工製作品の主たる種類、寸法等は御尋ね次第直ちに御答します

四、製品の賣買

　一體民間では官廳を相手にすると手續が面倒であると思ふからわずかなものは買受に躊躇する風があるが製材所の製品は競賣に依らず明治四十年三月農商務省令第三號國有林野産物製品賣拂規則と云ふものがあつて極く簡易に賣買手續が出來ることになつて居て願書指令等の四角張つたものを省略する途があるから當所は營業者の希望に應じては數量又は價格の多少に不拘有合せ品は何時にても直ちに供給し注文品は速かに製作の爲めに應ずるから入用の節は遠方の處ならば端書にても書面にても別紙の雛形に依て申込まれたい近き所なれば強いて書面で無くとも口頭でも一向差支無ひ當所では申込を受くれば直ちに價格其他の點を取調べて御返事すると同時に賣買の節差出さるべき書面の雛形も御送りするから遠方の地でも簡便に買受くることが出來るのみならず多量の品ならば小牛田驛又は買受人の居住地迄運搬して御引渡する事もあるが少量のものならば當所に於て荷造の上運賃先拂を以て送達する小牛田駅では鎌田運送店、○運送店、共同運送店、古川町では中村運送店、新田運送店等の運送業者があつて何れも當所の製品は低廉迅速に運送することに爲つて居る

買受(注文)申込書

陸前國玉造郡温泉村

山林局鍛治谷澤製材所製品

一何　　何分板　長正寸何程　幅正寸何程乃至何程　並板目又ハ無節又ハ柾目等　何坪引渡場所引
　　　　渡期限　前記製材所構内何月何日限
　　　　此代金何程　但一坪ニ付金何程

一何　　何々　何本又ハ枚等
　　　　此代金程（以下總テ此ノ例ニ依ル但旋作ぶつ及面縁ハ第何號型ト記入ヲ要ス又薄板ハ厚ヲ記入ノ事）
　　　　總代金何程

右物品前記ノ代金ヲ以テ買受申度ニ付前記ノ期限迄ニ引渡相成度賣拂規則ヲ遵守シ此段申込候也

　　　　　年　　月　　日　　　　　住所　氏　名　印

　　　　　　　　　　　　　　　　　山林局鍛治谷澤製材所宛

[資料5] 農商務省山林局:吉林、蘇州及新嘉坡に於ける曲木細工、大日本山林會報 第三百三十六號、大日本山林會、pp.54-55、1911

○吉林、蘇州及新嘉坡に於ける曲木細工

　（四十三年九月三日附在吉林帝國領事館報告）

　（同年七月廿八日附在蘇州帝國領事館報告）

　（同年七月十三日附在新嘉坡帝國領事館報告）

◎吉林

　當地へ輸入せらるゝ曲木細工は從來隨時天津、上海、廣東方面より僅少の籐椅子を輸入し來りたれ

共運賃等を加算すれば比較的高値となるのみならず當地は木材豊富にして價格も従て低廉なるにより近來に至りては悉く當地製小椅子のみを使用し南清製を使用するものは皆無なり而して昨年に於ける籐椅子の小賣値段は一脚につき吉林官帖八吊(金一圓は約四吊五百文)なり

◎蘇州

　當地に於ける曲木細工家具として輸入せらるゝものは籐張食堂用椅子位に過ぎず而して其需要者は諸官署及旅館料理屋其他上流社會の一部に止まり一般清人間に需要するものなく其輸入も亦極めて少數にして未だ是れが統計を示す能はず價格は一箇二弗五六十仙乃至三弗位なり其種類には當地製のものと上海より仕入れ來るものとの二種あり其他當地に於ける曲木細工家具類は多くは竹を使用し木を使用するものは極めて少なし例令ば籠、揺車、圓籠の如きものも多くは竹細工なり

◎新嘉坡

▲最近三ヶ年間輸入額　西暦一千九百七年度より同九年度に至る三ヶ年間新嘉坡に於ける輸入高を示せば

一千九百七年度　　　凡ソ　　　五萬弗
同　　　八年度　　　凡ソ　　　四萬弗
同　　　九年度　　　凡ソ　　　三萬弗

▲輸入國別　輸入國は墺國のみと云ふを得べく實に輸出高の九割は同國品にして殘りの一割は英獨の二國品なり

▲種類並に價格　種類は臥用、腰掛用等種類多賣値は臥用のもの一脚二十五弗位又二十一弗位のものもあり臂掛附のものは五弗内外而して事務用椅子の如きは一打三十三弗なり而して卸賣値は通して約一割小賣値より廉なり

▲需要に關する狀況　統計表に示す如く新嘉坡に於ける需要は年々減少す抑も該品たるや一度購入せば短くも五六年間は使用さるゝものなり而して又當地にては昨今白人の販賣店に於て貸すものあるを以て一般の人には常に或る宴會又集會等の為めに備ふるの必要なきなり一方には當地に籐製品盛なるを以て官所、會社及び商店等事務用の椅子の外は曲木製の代りに籐製のものを用ふるもの多くなるに至れり全く當地は常暑の熱帯地なるを以て長椅子の如きものの需要多けれども曲木製のものは籐製のものに比し價格甚だ高きを以て或種の外は需要減ずるなり

▲其他參考となるべき事項色には塗らざる跳び鳶色あり塗りたり黒色あり價格は何れも同價なり需要には大差なけれども塗上等黒の方人の好むところなり

[資料6] 農商務省山林局:桑港に於ける曲木細工家具、大日本山林會報　第三百三十九號、大日本山林會、p.41、1911

○桑港に於ける曲木細工家具

(四十四年一月十四日附桑港帝國總領事館報告)

　太平洋沿岸諸州に於ける家具類は主として之れを當國東部より仰ぐものにして曲木細工家具も其一たり其精巧品に至りては東部に於けるが如く之れを歐州に仰ぎ東部地方より轉送さる歐洲品は主として維納より來ると云ふ

　美術品として曲木細工家具即ち所謂フアンシー、スタイルのものに在つては其の種類雜多なりと雖此種に屬するものは顧客の好尚趣味、意匠の流行變遷により需要の模様甚しく異り且つ其需要額も大ならず獨り曲木細工家具として比較的廣大不變の市場を有するは籐張り曲木椅子なりとす

　籐張り曲木椅子の用ひらるゝは居酒屋、安飯屋、集會場、掛茶屋等顧客の種類が粗野にして店主が外觀の如何よりは堅牢なる椅子を備付けんと欲する場合と貸椅子業者が持運び輕便にして永持する

種類の椅子を選ぶ場合とが主たるものにして當地市場に於て相應の需要あり

　右等地方に於ける價格は船來品中最も好評なる:Janett銘のもの一打卸値段二十二弗七十五仙（賣込周旋業者への渡し値段は之れより二弗方低し）小賣二十四弗にして内地製造品は卸値段十八、九弗位品堅く客受け佳良なり

　本邦製曲木細工椅子が果して當地販賣に適するや否やを知らんが爲には試に製品見本を送りて當地家具商の意見を徴するを必要なりとし其上インポート、オーダーを受くるを第一歩と爲すとも揄ゝ其製品が當地需要に適する商品として輸送さるゝ曉には家具卸商の手元在荷として平常多數を送付し置くの要あるべく然らざれば顧客は先づ東部産品若くは歐洲輸入品にして數量上若干にても差支なく手に入る者に向ふべしとなり

　椅子類輸入税率は從價税三割五歩とす

あとがき

　本書は、筆者の所属する九州大学芸術工学研究院の理念である「技術の人間化」を、曲木家具を対象として論じたものであり、過去のアーカイブにとどまらず、今後も持続して曲木家具を生産することを前提とした歴史研究である。既存のデザイン学に加え、産業・技術といったモノづくりの現場を重視した。
　曲木家具史が学際的な要素を持つことから、本書の内容が工学や林学の専門家にはご不満な点が多々あると推察する。それでも、生産技術や材料であるブナについて触れないで、曲木家具に関する流行現象の動向を探ることに内容が終始すれば、商業的な側面に研究が偏ることになるので、特に材料の持続性に関連する林学に隣接した分野については、浅学ながら私見を述べさせていただいた。

　専ら研究は一人で行っている。明治末期から大正期、昭和初期にかけて急速に拡大した曲木家具業の軌跡を求め、地方の小都市を調査していると、思いがけない史料に出くわすことがある。80年、90年前に取り組んだ人達の苦労が史料を通して伝わってくる。その一つが小島班司コレクションである。12年前、ご高齢の小島班司氏に岐阜県高山市でお会いした時、戦前期に収集されたカタログのコレクションについて丁寧な解説をいただいた。その後しばらくして小島氏が亡くなられたことから、何とか刊行物でこのコレクションを紹介できないものかと考えるようになった。

　日本で最初に曲木椅子を製造した、泉家具製作所の当主泉藤三郎氏のご息女である泉和貴子氏にお会いし、曲木家具業の実態について具体的なお話をお聞きすることができた。保管されていた貴重な開業時のボイラー検査証、戦前期の工場設計図と出会った時には、言葉に表すことができない感動を覚えた。こうした思いがけない出来事が、本書の刊行につながっている。

　映画は主演の俳優や監督以外に、数多くのスタッフが協力して制作され、クレジットとして映画の中でも詳細に紹介されている。曲木家具も、材料であるブナの選定、伐採、乾燥から始まって、製品の設計、材料の加工、組み立て、塗装、梱包、輸送まで、数多くの工程を経て市場に出回ることになる。スタッフ個々の名前は紹介できないが、沢山の人が関わって製品となっていることを、家具デザイン、家具製作を学ぶ若い世代に少しでも伝えることができれば幸いである。

　本書の第2章〜第6章は、日本学術振興会科学研究費補助金（平成2000年〜2001年、基盤研究（C）「日本の曲木椅子産業史に関する研究」）、第7章の前半部分は同補助金（平成2003年〜2006年、基盤研究（C）「国産広葉樹の工芸的利用に関する研究」）の成果をまとめたものである。

第2章3節は、石村眞一「橇の曲木加工技術と曲木家具製作技術との関連性」（芸術工学研究、Vol.5、九州大学芸術工学研究院、pp.1-14、2006年）の内容を敷衍したものである。

　第3章は、石村眞一・田村良一・本明子「我が国における曲木椅子製作技術の導入－曲木の造形文化に関する研究1－」（デザイン学研究1、通巻138号、日本デザイン学会、pp.9-18、2000年）、および、石村眞一・田村良一「秋田木工株式会社の設立と曲木家具製作技術の導入」（デザイン学研究、通巻148号、日本デザイン学会、pp.103-112、2001年）の内容を敷衍したものである。

　第7章5節は、石村眞一「日本における曲木家具用材の資源－伝統的に使用されるブナと新たな可能性を持つコナラを中心として－」（芸術工学研究 Vol.14、九州大学芸術工学研究院、pp.57-80、2011年）の内容を敷衍したものである。

　全国各地の調査地で、お忙しい中、林業、木材加工業、曲木家具業の関係者の方々から貴重なご意見をいただいた。広葉樹利用全国アンケートおよび折り畳み椅子の調査については、研究室に所属する西藤俊介君、山田真悟君、林空志君、近藤裕樹君他、大勢の学生諸君に大変お世話になった。また、この度の出版に際して、古い図版が多い面倒な原稿のレイアウトや校正に、鹿島出版会橋口聖一編集長より的確なご助言をいただいた。記して謝意を表します。

　最後に、人並み以上の体力と根気強さを授けていただいた両親と、長い単身赴任にも関わらず家族を支え、好きな道を歩ませてくれた妻に感謝します。

平成24年10月
九州大学大橋キャンパスの研究室にて

石村眞一

索引

【あ】

アイデック　326
秋田魁新報　64, 84, 92, 95, 96, 98
秋田山林會報　64, 95, 96
秋田曲木製作所　74, 96, 97, 98, 99, 111
秋田木工株式会社　81, 84, 85, 91, 92, 97, 99,
　　100, 103, 108, 110, 111, 137, 146, 172, 192, 194,
　　208, 243, 248, 251, 287, 301, 315, 322, 323, 325,
　　327, 333, 334, 342, 350, 427
秋田木工株式会社八十年史　64, 83, 92, 312
東曲木椅子製作所　251　323, 324

【い】

飯島直助　83, 84, 92, 94, 95, 96, 97, 98, 100
泉家具製作所　85, 87, 103, 110, 143, 152, 159,
　　208, 253, 322, 323, 425
泉藤三郎　85, 87, 91, 110, 151
イームズ　326, 350

【う】

ウインザーチェア　27, 29, 195, 254, 333
内圧縮　35, 43, 57

【え】

エンジュ　59, 370

【お】

オーク　22, 25, 27

【か】

ガイエル　65
鍛治谷澤製材所　74, 75, 80, 99, 373
鍛治谷澤木工所　75, 78
柏木工株式会社　325
型押し　45, 209, 219

闊葉樹材利用調査書　140, 144, 251
株式会社アイデック　326
株式会社昭和曲木工場　254
株式会社マルニ木工　323
ガルトネル　396, 413, 425
き
協立物産木工株式会社　138, 287
キルヒネル社　74

【く】

沓沢熊之助　84, 95, 96, 98
黒田清隆　54, 61
グロピウス　40
クロモジ　366, 370, 372

【け】

建築写真類聚　315
剣持デザイン研究所　333

【こ】

小泉吉兵衛　108
合資会社泉家具製作所　151, 313
合資会社山本曲木製作所　138, 145, 248, 251,
　　253, 323
神戸曲椅子製作所　138, 146
木檜恕一　108, 109, 146
コナラ　354, 355, 356, 358, 359, 361, 362, 364,
　　366, 377, 389, 406, 407, 408, 409, 410, 415, 417,
　　418, 419, 426
コルビュジエ　40, 45

【さ】

佐藤五郎　66, 68, 70, 71, 72, 73, 74, 79, 80, 82,
　　84, 94, 99, 100, 108
佐藤徳次郎　83, 84, 85, 91, 95, 96, 97, 99, 100,
　　143, 192

山林公報　94

【し】

志賀泰山　66
信濃興業株式会社　138, 142
清水忠男　327
清水曲木製作所　138
渋谷幸道　82, 83, 84, 110, 140, 142, 311
清水曲木製作所　82, 138, 141, 142
昭和曲木工場　251, 253, 254, 309

【す】

スカーフ接合　24, 342
杉田商店　111, 137
スプラット　30

【せ】

清明上河図　22
仙臺曲木工藝株式会社　323

【そ】

橇　24, 40, 51, 52, 53, 54, 60
雑木利用最新家具製作法　108, 109, 146

【た】

大栄曲木工業株式会社　324
大日本山林會報　64, 79, 81

【ち】

中央木工株式会社　92, 138, 143

【て】

手島精一　109
テレンプ　130, 190

【と】

獨逸型(ドイツ型)　194, 208, 221, 233, 254, 286, 318, 324
東洋木工株式会社　138, 142, 143, 144, 208, 221, 233, 243, 287, 323, 324
東京高等工芸学校　109, 172
東京曲木家具工場　138, 145

東京曲木工藝株式會社　323
東京曲木工場　81, 82, 83, 84, 85, 91, 93, 96, 97, 99, 100, 110, 140, 145, 192, 376
東京曲木製作所　138, 140, 172, 176, 304, 311, 322
東京木工製作所　83, 110, 138, 142, 176, 192, 308, 322
徳庵　84, 85, 153
獨墺兩國森林工藝研究復命書　70, 73, 94
鳥取家具工業株式会社　251, 287, 288, 301, 318, 323, 324, 325, 326
鳥取木工株式会社　138, 140, 143, 243, 248, 288, 323
トーネットウィーン社　44
トーネット法　42, 43, 56, 57, 59, 60, 61
トーネット・ムンドス社　50
豊口克平　84, 143, 333

【な】

長崎源之助　85, 99, 110, 143, 288, 312, 323
奈良曲木工業株式会社　324
奈良曲木製作所　138, 145, 323, 324

【に】

日進木工株式会社　325
日本曲木株式会社　82, 138, 140
日本曲木工業合資会社　138, 143, 192, 194, 208, 209, 248, 253, 287, 301, 315, 323

【ぬ】

沼田木工所　92, 138, 144, 253, 254

【は】

ハシバミ　24
馬橇　51, 52, 53, 54, 59, 60, 389
ハルニレ　59

【ひ】

挽物　23
飛騨産業株式会社　143, 323, 325, 326, 334, 350
飛騨産業株式会社七十年史　143, 233

ビーダーマイヤー　40, 422
飛騨曲木民芸家具　325
飛騨木工株式会社　220, 221, 287, 301, 306, 307, 308, 314, 316, 323, 334
平井博洋　67, 68, 69, 70

【ふ】

福田友美　327
富士木工株式会社　138, 144
ぶな林ノ研究　392, 393, 395

【へ】

ペヴスナー　40

【ほ】

ボイラー　56, 91, 159, 334, 342, 422, 423
北海道開拓使　40, 52, 53, 61, 79
北海道曲木工芸株式会社　82, 138, 140
ホフマン　50, 191, 207, 208, 327, 423
堀井商会（堀井重治）　312, 323

【ま】

松浦武儀　288, 318
松本平三郎商店　251, 253, 323
マルニ木工株式会社　254, 286, 287, 301, 315, 317, 318, 323, 324, 342
マンサク　59

【み】

ミズナラ　56, 74, 80, 147, 356, 358, 361, 362, 363, 364, 366, 368, 372, 377, 379, 382, 385, 386, 389, 406, 407, 425
三越呉服店　302, 303
三都屋木工業株式会社　323

【め】

明治林業逸史　64, 82, 84, 86, 87, 108
明治林業史要　64, 81, 82, 86, 140, 141
メッテルニヒ　42

【も】

木材工藝的性質論　65, 66

木材ノ工藝的利用　64, 65, 86, 91, 108, 146, 357, 373, 374, 375, 377, 386
望月常　65, 85, 108, 146
モリス　40, 51

【や】

ヤコブ＆ヨゼフ・コーン社（J&Jコーン社）　50, 114, 191, 192, 195, 207, 208, 324, 423
ヤナギ　24, 29, 364, 375, 381
柳宗里　327
山田誠一郎　140, 172, 176, 304, 305, 310, 323
山中武夫　253, 254, 308

【ゆ】

結物　22

【よ】

横田米藏　306, 309
淀橋曲木工場　51, 84, 93, 99, 376

【り】

林業試験報告　64, 81, 94

【わ】

和洋家具製作法及圖案　108

著者略歴

石村眞一
いしむら しんいち

1949年に岡山市に生まれる
福島大学 教育学部 卒業。博士(工学)
専攻:デザイン史・デザイン文化論
郡山女子大学附属高校 教諭、九州芸術工科大学 教授 等を経て、
現在、九州大学大学院 芸術工学研究院 教授
九州大学 芸術工学研究院長
・主な著書
『桶・樽Ⅰ・Ⅱ・Ⅲ』(法政大学出版局、1997年)
『まな板』(法政大学出版局、2006年)
『カンチレバーの椅子物語』(角川学芸出版、2010年)
・主な受賞
「日本伝統文化振興賞」(日本文化藝術財団、1998年)
「今和次郎賞」(日本生活学会、2009年)

日本の曲木家具
にほん まげきかぐ
その誕生から発展の系譜

2012年11月30日　第1刷発行

著者　石村眞一
　　　いしむらしんいち
発行者　鹿島光一
発行所　鹿島出版会
　　　104-0028　東京都中央区八重洲2丁目5番14号
　　　Tel. 03(6202)5200　振替 00160-2-180883

落丁・乱丁本はお取替えいたします。
本書の無断複製(コピー)は著作権法上での例外を除き禁じられています。
また、代行業者等に依頼してスキャンやデジタル化することは、
たとえ個人や家庭内の利用を目的とする場合でも著作権法違反です。

装丁・DTP:高木達樹　　印刷:壮光舎印刷　　製本:牧製本
©Shinnicni Ishimura, 2012
ISBN 978-4-306-08535-0 C3072　Printed in Japan

本書の内容に関するご意見・ご感想は下記までお寄せください。
URL:http://www.kajima-publishing.co.jp
E-mail:info@kajima-publishing.co.jp